高等学校“十三五”规划教材

过程检测技术及仪表 第三版

杜维 张宏建 王会芹 编著

化学工业出版社

·北京·

《过程检测技术及仪表》(第三版) 以信息为主线，从信息的获取、变换、处理等方面介绍了过程检测技术及显示仪表的基本概念、各种参数和检测方法、信号的变换技术及参数的记录、数字显示等内容；并结合检测系统的组成以及误差的产生，讨论了各种误差的补偿方法及途径；同时介绍了各种检测元件和实际工业过程仪表选型的原则，增加了检测技术的新进展 (智能检测技术和现场总线仪表)。

本书可作为高等学校自动化、测控技术与仪器等相关专业的教材，也可作为从事检测技术及仪表的研究生、科研工作者及工程技术人员的参考用书。

图书在版编目 (CIP) 数据

过程检测技术及仪表/杜维，张宏建，王会芹编著. —3 版. —北京：化学工业出版社，2018.8 (2024.2 重印)
高等学校“十三五”规划教材
ISBN 978-7-122-32356-9

Ⅰ. ①过… Ⅱ. ①杜…②张…③王… Ⅲ. ①自动检测-检测仪表-高等学校-教材 Ⅳ. ①TP216

中国版本图书馆 CIP 数据核字 (2018) 第 120201 号

责任编辑：唐旭华　郝英华　　装帧设计：张　辉
责任校对：王　静

出版发行：化学工业出版社 (北京市东城区青年湖南街 13 号　邮政编码 100011)
印　　装：北京虎彩文化传播有限公司
787mm×1092mm　1/16　印张 15¾　字数 390 千字　　2024 年 2 月北京第 3 版第 5 次印刷

购书咨询：010-64518888　　售后服务：010-64518899
网　　址：http://www.cip.com.cn
凡购买本书，如有缺损质量问题，本社销售中心负责调换。

定　　价：39.80 元

前　　言

本书是为高等学校自动化、测控技术与仪器等相关专业编写的一本专业课教材，是在笔者多年来讲授这门课程的基础上编写而成的。本书的思路如下。第一，不采用传统的每一种仪表的介绍方法，而是着重阐述过程检测技术及显示仪表方面较完整、系统的基本概念，例如检测系统的组成，显示仪表的结构型式、技术特点，误差产生的原因以及处理、消除或减小的方法，仪表的线性化和温度补偿等。第二，围绕组成检测系统的各环节加以介绍，突出共性及基本理论，培养解决实际问题的能力，使读者在阅读本书后，能分析和设计各种检测系统及其测量电路，而不是掌握某几种具体仪表。第三，引进了带微处理器的数字、屏幕显示技术和集散控制系统的数据采集及显示原理，介绍了部分模块的电路原理与实际使用时工程量的标度变换，使显示装置内容更加丰富，更具有实际应用价值，更有利于与集散控制系统的联系，使读者可获得集中监测管理的基本概念。第四，简要介绍了智能检测技术和现场总线检测等现代检测新技术。其中智能检测技术主要对软测量技术和虚拟仪表技术的基本概念和构成进行阐述。以嵌入式微处理器和通信控制器为核心的现场总线检测仪表已经广泛用于过程检测现场，本书主要对现场总线仪表的基本原理和设计、选型进行概念性介绍。

过程检测技术及仪表涉及范围相当宽广，特别是在检测器件和检测方法方面，种类繁多，不可能一一介绍。本书只重点介绍过程检测中最典型、最实用和较新的一些检测元件及检测方法，但给出了测量各过程参数常用的部分检测元件和检测方法的分类、用途及性能比较表，以便读者扩大知识范围及选用；对于过程参数中，应用最多、最重要的流量检测给予较多篇幅介绍；对于伴随计算机发展的数字和屏幕显示以及 DCS 系统中的数据采集、显示原理的基本概念给予一定篇幅的介绍，例如，信号的标准化与标度标换、模数（A/D）转换、非线性补偿及显示功能分类等，并结合实例予以分析；对于新近发展的软测量、虚拟仪器，作了概念性及基本结构的介绍，以扩展读者视野。

本书突出了检测技术及仪表的基本概念、基本理论及其共性，同时又新增加了 DCS 系统的数据采集和显示原理、智能检测、现场总线检测的基本概念，内容较丰富，深度和广度有所提高，老师在教学时可根据具体情况，进行安排。

本书相关电子课件可免费提供给采用本书作为教材的大专院校使用，如有需要请联系：cipedu@163.com。

参加本次修订的有杜维（前言、绪言、第一章和第四章的一～三节），张宏建（第二章和第三章一～三节、附录），王会芹（第二章第一节中基础效应及其余各节的第一部分概述和最后部分检测器件的选择及举例，第三章第四节、第四章第三节和第五章），王会芹作全书整理统排。

本书第一版由周春晖教授审定，乐嘉华高级工程师参与编写，他们对本书的出版付出了辛勤的劳动，在此深表感谢。

编著者

2018 年 5 月写于杭州浙江大学求是园

目　　录

绪　言

一、课程的意义

人们对自然界的认识，在很大程度上取决于检测和仪表。无论是日常生活，还是工程、医学、科学实验等各个领域，都与检测有着密切关系。例如，工业生产中，为了正确地指导生产操作，保证生产安全、产品质量和实现生产过程自动化，一项必不可少的工作，是准确而及时地检测出生产过程中各有关参数。又如，在科学技术的发展中，新的发明和突破，都是以实验测试为基础的。1916 年爱因斯坦提出的广义相对论，由于当时不具备验证的测试条件，而在将近半个世纪的时间内没有得到很快的发展，后来天文学上的发现和许多精确的检测技术对该理论进行了成功的验证，才使广义相对论重新得到重视和发展，这一事实说明科学和检测之间的密切关系。各种新的设备，新的工艺过程的研究与产生，都与各参数的检测有着密不可分的关系。工业生产的不断发展和科学技术的突飞猛进，对检测技术和仪表又提出了许多新要求，而新的检测技术和仪表的出现，又进一步推动了科学技术的发展，故检测技术的发展程度决定了科学技术的水平，换句话说，检测技术和仪表是现代科学技术水平高低的一个标志。

二、课程讨论的内容

在过程工业中，由于处理和生产的物质是各种各样的，因而相应的生产过程类型各不相同，物质形态各异，可能是气态、液态、固态和混合态。物质的性质可能是腐蚀性的、黏稠的、易挥发的等千变万化。对于这样复杂的生产过程的管理和控制，首先必须取得过程中各装置、设备工况以及各种物质的组分、储存、输送、能量变化和动力供应等信息。而这些信息的取得，必须由检测工具和显示装置来承担，因此检测方法及检测元件的种类必定很多，而它们所处的环境条件又相差悬殊，因而检测系统设计和组成也是千变万化的，不可能也没有必要一一加以介绍。所以，本书以使读者掌握共性的检测技术的基本理论和检测、变换的物理方法和概念为基础，通过典型示例，举一反三，着重介绍检测系统的特性分析及系统设计。关于参数的显示，主要分析带微处理器的数字及屏幕显示装置。近年来随着计算机多媒体技术、网络技术和通信技术的发展，集散控制系统（DCS）和现场总线仪表系统在工业中的应用日益广泛，其数据采集和显示也得以应用。本书对集散控制系统（现场总线仪表系统也类似）的数据采集和显示的一些基本概念和功能分类给予一定程度的阐述，其组成的部分模块电路原理，及应用时工程量的标度变换等，在数字仪表和屏幕显示装置中有较详尽的分析和示例。本书还增加了智能检测技术和现场总线仪表的相关知识。所谓智能检测技术就是将人工智能的技术和方法引入参数的检测。智能检测技术主要对难测参数（现有检测仪表测量误差大或者没有合适检测仪表）和测量精度要求高的重要设备和对象的参数进行测量。本书主要对智能检测技术中的软测量技术和虚拟仪表技术进行介绍。书中阐述了软测量的基本概念，并给出了简单直观的示例，以拓展学习者的学科视野。而虚拟仪表以通用微型计算机的软、硬件资源为基础，将仪表功能板插入计算机或直接与微型计算机连接，使计算机具有仪表的功能。

现场总线检测仪表是将现场总线系统引入到现场检测仪表。和传统检测仪表相比，现场总线仪表具有数字化、多参数化、多功能化等特点，它不仅具有自动化测量、数据处理和模拟人工智能的功能，而且还具备了远程测量硬件重构等功能，适用于对象规模日益庞大的工业现场的参数检测。通过引入这些现代检测技术，让学习者了解在计算机技术、微电子技术和数字通信技术、网络技术飞速发展的今天，检测系统也不是一成不变的，它不断将当今先进科学技术融合进来，仪表功能也不仅仅是测量，而是检测、数据处理、显示和通信甚至控制为一体的。因此大家在学习时，必须融会贯通，掌握精髓，不局限于检测和仪表的范围之内。

三、检测技术及仪表发展概况

工业生产的不断发展，对检测技术提出了新的要求。随着科学技术的进步，新的检测理论和检测方法也逐渐出现，因而出现了各种新的检测工具，这就有可能开拓新的检测领域。可以从以下几个方面来看检测技术及仪表的发展。

（1）检测信号数字化　随着计算机技术和数字通信技术的发展，检测信号数字化，是当前的主要趋势之一，它利于信息的传输、存储、运算、处理、判断和显示，同时还可以提高检测的可靠性和稳定性，使仪表的精度有较大提高，抗干扰能力加强，也为综合自动化提供了坚实的基础。

（2）检测理论方面　随着科学技术的发展，生产规模的扩大和强度的提高，对于生产的控制与管理要求也越来越高，因而需要收集生产过程中的信息的种类也越来越多，这就对过程参数检测提出了更高要求。由于过程参数的检测理论和方法与物理、化学、电子学、激光、材料、信息等学科密切相关，随着这些学科的发展，检测技术覆盖的范围也相应增大，不仅能对过程的操作参数，如温度、压力等进行检测，也能对物料或产品的成分进行检测，甚至对物性、噪声、厚度、泄露、火焰、颗粒尺寸及分布等也能进行检测。近年来随着信息类学科的发展，智能检测技术快速发展并广泛用于检测领域，从而实现对传统检测方法无法测量的参数进行检测和估计。例如油田汽驱现场的湿蒸汽干度检测，多通过人工手动检测实现，而利用神经网络软测量模型可以快速准确地实现对湿蒸汽干度的估计，同时可以有效地消除干扰噪声。将模糊推理技术引入检测仪表构成模糊传感器，可以使仪表具有识别和判断能力。

（3）检测领域方面　科学技术的发展，生活水平的提高，极大地扩展了人类的活动范围。对检测的影响，首先反映在新的检测对象、检测领域和检测要求。例如，随着工业生产的发展，工业中的“三废”对自然界造成了严重污染，破坏了生态平衡和人类赖以生存的自然环境。为了保护环境，改善污染问题，就需要对环境所含的各种杂质进行微量检测并加以控制，这就需要制造新的灵敏度极高的检测元件和寻找新的检测方法。随着过程工业不断发展，生产过程中的参数检测已逐渐由表征生产过程间接参数如温度、流量、压力、物位等转向表征生产过程本质的物性、成分、气分和能量等参数的检测；同时对于装置的检测，也已逐渐由单参数转向多参数的综合检测；参数的显示，也由模拟式转向数字式图像显示。检测范围也从工业生产扩展到日常生活之中，如出现了声音、味道、视频等信号的检测等。

（4）检测器件、检测方法和仪表　一方面，随着新的检测领域的出现，新的检测方法和检测工具也随之出现。如利用激光脉冲原理测量大距离（如地球到月球距离），可以大大提高精度。仿照动物某些方面的超常能力研制的仿生传感器（如视觉传感器、听觉传感器、嗅觉传感器等），利用量子力学诸效应研制的高灵敏度传感器，响应速度极快的红外传感器、光纤传感器等新的检测器件不断涌现。另一方面，随着计算机技术、微电子技术、通信和网络技术的突飞猛进，仪表功能也大大扩展。在仪表中嵌入微处理器、图形处理器等各种功能模块，可实现数据分析、计算、处理、检验、存储等功能，实现了原来单个仪表无法实现的诸多功能，大大提高了测量效率、测量精度和测量的经济性。如质量流量智能检测仪，利用微处理器等模块能存储大量数据和高速运算的特点，可对饱和蒸汽进行温度、压力补偿，同时还可以随时根据工况变化对流量系数进行即时修正，获得高精度的质量流量检测；现场总线的逐步应用，为信号的传输提供了条件，使得单信号传输逐步过渡到多信号传输；随着产品的日益丰富，各大公司都建立了自己的通信网络和接口，以实现与其他公司的网络连接，这样便可以真正实现系统集成，例如生产过程自动化、楼宇自动化、保安自动化、消防自动化等各系统通过各自接口，使不同功能的系统集成为一个整体，最终形成综合自动化。

第一章　过程检测技术基础

第一节　过程检测的基本概念

一、检测

检测就是用专门的技术工具，依靠实验和计算找到被测量的值（大小和正负）。例如水银温度计，是把水银（汞）封装在真空等径的玻璃管内，构成一个专门的技术工具；然后根据水银热胀冷缩的原理，计算出水银在不同温度时上升的高度，并加以温度刻度，或者以实验的方法，加以刻度标定，就构成了水银温度计，用来检测温度，这就是检测。检测的目的是为了在限定的时间内，尽可能正确地收集被测对象的有关信息，以便获取被测对象的参数，从而管理和控制生产。在生产过程中，为了监督和控制生产，使生产按照设计目标运行，就必须了解各设备、工段、车间的各有关参数信息，这就需要检测。检测是生产过程中的眼睛，是过程控制中最重要的一环，生产过程中，可以没有自动控制，但绝不能没有检测。

检测通常包括两个过程：一是能量形式的一次或多次转换过程；二是将被测变量与其相应的测量单位进行比较。前者一般应包括检测（敏感）元件、变换（或转换）器、信号传输和信号处理四部分；后者一般应包括测量电路及显示装置两部分。如图 1-1 所示。

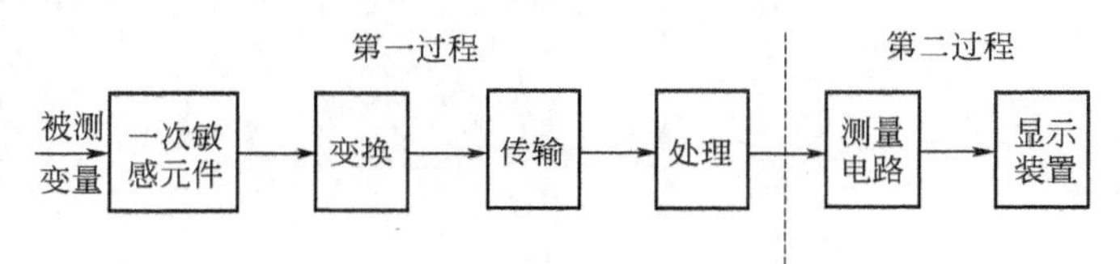

图 1-1　检测的两个过程

二、检测系统与检测仪表

1. 检测系统

检测系统包括被测对象及检测的全过程，即一个检测系统除被测对象外，总包括检测的两个过程。但对某一具体检测系统而言，除被测对象外，检测元件和显示装置总是必需的，而其余几部分则视具体系统结构而异。例如用水银温度计检测加热器的温度时，就构成了一个温度检测系统，在此系统中，加热器为被测对象；在检测过程中，首先水的热能传递给玻璃，再由玻璃传递给水银，水银受热则水银柱升高，水的热能就转换成水银柱的位能，这是能量形式的一次转换；在温度读数时，是将水银柱的高度与玻璃上标准温度刻度进行比较而显示出温度读数，这是测量单位的比较过程；该检测系统除加热器外，只包括检测元件（水银）和显示装置（玻璃刻度）两个部分。

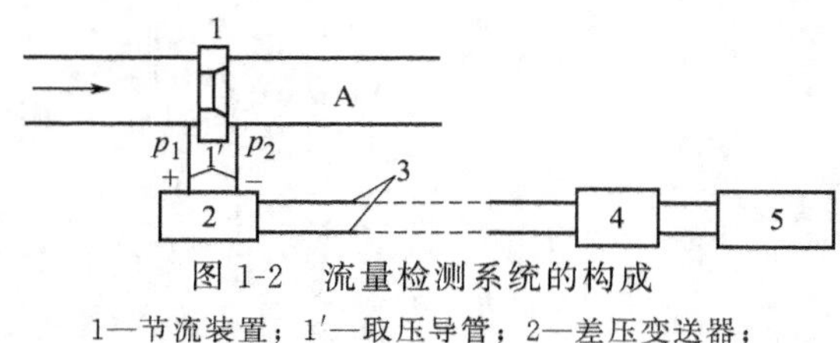

图 1-2　流量检测系统的构成

1—节流装置；1′—取压导管；2—差压变送器；3—电流信号传输线；4—开方器；5—显示仪表

图 1-2 所示为一流量检测系统，图中 A

为流体通过的管道，即被测对象；1 为节流装置（包括节流元件和取压装置），1′为取压导管，这两部分即为流量检测元件，它把管道内的流体流量转换成差压信号（$\Delta p = p_1 - p_2$），这是能量形式的一次转换，即把流体的动能转换成静压能（势能）；2 为差压变送器，它把差压信号转换成标准电流信号（0～10mA DC 或 4～20mA DC），这是能量形式的二次转换；3 为电流信号的传输线，将安装在现场的变送器信号，传输到控制室；4 为开方器，将输入信号作开方处理后输出，其输出信号与流体流量呈线性关系，便于后面显示仪表显示；5 为显示仪表，通常由测量电路和显示装置两部分组成；所以该检测系统除被测对象外，由包括检测元件和显示装置在内的完整的六部分组成。若该系统不用开方器 4（处理环节），而把差压变送器的信号直接送显示仪表显示，也是可以的，不过此时显示仪表的流量刻度只能是非线性（开方关系）的，故这个流量检测系统除被测对象外，由包括检测元件和显示装置在内的五部分组成。

当检测系统在进行测量时，首先是通过检测元件、变送器、传输、处理四部分把被测变量的能量形式经过多次转换，变成了与被测变量成一定对应关系（例如线性关系）的电信号或气信号或其他信号，这就是检测系统中的第一过程；下面要进行的是将经多次转换过的信号通过测量电路（或测量装置）和显示装置，进行测量单位的比较过程，即第二过程，这第二过程往往由显示仪表完成。

2. 检测仪表

检测仪表是实现参数检测过程的重要一环，是组成检测系统必不可少的部分，它往往是检测过程中的一部分或全部。例如用水银温度计检测某一容器（对象）温度，组成温度检测系统时，除被测对象外，它包括了检测元件（水银）和显示装置（玻璃刻度）在内的能直接进行参数检测的全过程。又例如用热电偶和数字显示仪表配合检测某一对象的温度时，则热电偶为检测元件，而数字显示仪表只是检测过程中测量电路和显示装置两部分，而不包括检测元件、变换等其他部分，所以该仪表只是测量过程中的一部分。

检测仪表就其本身的结构而言，无论是模拟式还是数字式，一般都具有变换、比较（测量装置）和显示装置三部分。而其变换部分往往是由若干个环节按一定方式连接而成，根据连接方式的不同，有两种结构形式。

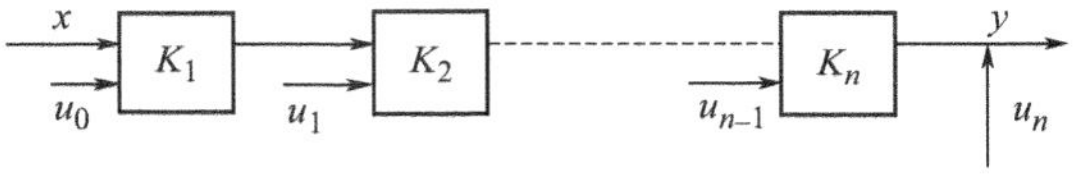

（1）开环结构　开环结构仪表的特点是：全部信息变换只沿着一个方向进行，如图 1-3 所示。其中 x 为输入量，y 为输出量，K_1，K_2，…，K_n 为各环节的传递系数，u_0，u_1，…，u_n 分别为作用于各环节的干扰。由于开环结构仪表是由多个环节串联而成，因此仪表的相对误差等于各环节相对误差之和，即

图 1-3　开环结构仪表框图

$$\delta = \delta_1 + \delta_2 + \cdots + \delta_n = \sum_{i=1}^{n} \delta_i \tag{1-1}$$

式中，δ 为仪表的相对误差；δ_i 为各环节的相对误差。

仪表的灵敏度等于各环节灵敏度之积，即

$$S = S_1 S_2 \cdots S_n = \prod_{i=1}^{n} S_i \tag{1-2}$$

式中，S 为仪表的灵敏度；S_i 为各环节的灵敏度。

下面对开环结构仪表作一简要讨论：由图1-3可知，仪表的输出 y 不仅与各环节的传递系数 K_1，K_2，…，K_n 以及输入量 x 有关，还受各个环节干扰 u_0、u_1、…，u_n 的影响，除非提高各环节抗外界干扰的能力，否则开环结构仪表很难获得高精度。该结构一般为简易仪表，如数显表、弹簧管压力表等。

由式(1-1)、式(1-2) 可知：若要增加仪表灵敏度 S，必须增加环节的个数或增大环节的灵敏度 S_i。增加环节个数，仪表的相对误差 δ 必增大；若不增加环节个数，而提高环节灵敏度，则对应较小的输入信号，就能得到相同的指针偏转，故仪表对应的测量范围必减小；若绝对误差不变，仪表相对误差 δ 必将随着增大。因此开环仪表在增加灵敏度的同时，仪表的相对误差也相应增大，从而降低了仪表精度。另一方面由于灵敏度增加，仪表的稳定性将大大降低，为了保证仪表具有较好的稳定性，则开环结构仪表的灵敏度不易做得很高。一般来说在同一量程的条件下，灵敏度高的仪表精度不一定都高；但精度高的仪表，灵敏度都是比较高的。

(2) 闭环结构　闭环结构仪表有两个通道，一为正向通道，一为反馈通道，其结构如图1-4所示。其中 x 为输入量，y 为输出量；Δx 为正向通道输入量，y 为输出量；反馈通道输入量为 y，输出量为 x_f。K_1，K_2，…，K_n 为正向通道各环节的传递系数（或称放大倍数），β_1，β_2，…，β_m 为反馈通道各环节的传递系数。则正向通道的总传递系数 $K=\prod_{i=1}^{n}K_i$，反馈通道的总传递系数为 $\beta=\prod_{i=1}^{m}\beta_i$。

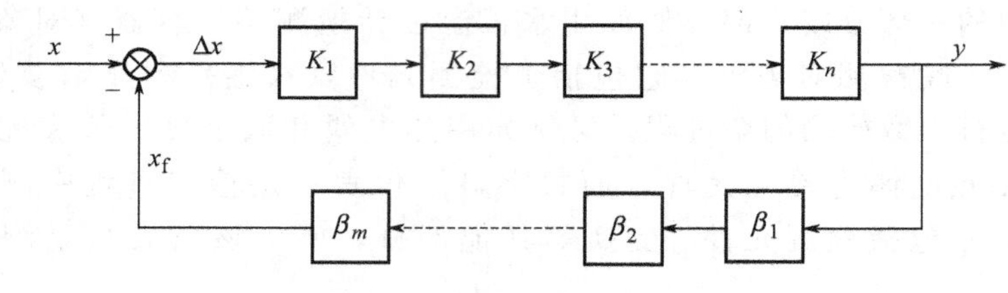

图1-4　闭环结构仪表框图

由图1-4可知

$$\Delta x=x-x_f$$
$$x_f=\beta y$$
$$y=K\Delta x=K(x-x_f)=Kx-K\beta y$$

所以

$$\frac{y}{x}=\frac{K}{1+K\beta}=\frac{1}{\frac{1}{K}+\beta}$$

当 $K\gg1$ 时，则

$$y\doteq\frac{1}{\beta}x \tag{1-3}$$

由式(1-3) 可知：对于闭环结构仪表，若正向通道总传递系数 K 足够大，则闭环结构仪表的特性取决于反馈通道的倒特性，而主通道各环节性能的改变不会影响仪表的输出 y。这为设计、制造仪表带来了很多好处，只要精心挑选元器件制作反馈通道，而对主通道不必苛求，就可以较方便地（相对开环而言）获得高精度和高灵敏度的仪表。

不难推导闭环结构仪表的相对误差为

$$\delta\doteq-\delta_f \tag{1-4}$$

式中，δ_f 为反馈通道的相对误差。

闭环结构仪表的灵敏度为

$$S \doteq 1/S_f \tag{1-5}$$

式中，S_f 为反馈通道灵敏度（β）。有关 δ、S 的详细推导请参见第四章第一节。

由式(1-4)、式(1-5) 可知：闭环结构仪表在正向通道总传递系数足够大的情况下，采用较小的反馈通道灵敏度 S（β），即 $\beta<1$，就可获得较高的仪表灵敏度，而仪表的相对误差却可以大大减小。这就是闭环结构仪表可以较易获得高精度、高灵敏度的原因所在。

三、检测仪表的基本性能

仪表的基本性能，是指评定仪表品质的几个质量指标。

1. 精度（精确度，也叫准确度）

(1) 相对百分误差　在用检测仪表对过程参数进行检测时，总伴随着有误差产生，即在检测过程中，不仅需要知道仪表的指示值，还应该知道该指示值接近参数真实值的准确程度，以便估计指示值（测量值）的误差大小，常用相对百分误差 δ 表示，即

$$\delta = \frac{x - x_0}{\text{测量范围上限值} - \text{测量范围下限值}} \times 100\% \tag{1-6}$$

式中，x 为被测变量的测量值；x_0 为被测变量的标准值；$x - x_0 = \Delta x$ 为绝对误差；（测量范围上限值－测量范围下限值）为仪表测量范围。

由式(1-6) 可知：仪表的相对百分误差 δ，不仅与绝对误差有关，还与仪表的测量范围有关。

(2) 精度　仪表精度通常是用仪表相对百分误差 δ 的大小来衡量的。

〈仪表精度等级（仪表精确度等级）〉是指仪表在规定的工作条件下，允许的最大相对百分误差。按照国家统一规定所划分的等级有：…，0.05，0.1，0.25，0.35，0.5，1.0，1.5，2.5，4.0，…，所谓 1 级表，即该仪表允许的最大相对百分误差为 1%，其余类推。精度等级的表示方法：如 1 级为(1.0)或△1.0，其余同。

【例 1-1】　有一台测压仪表，其标尺范围为 0～500kPa，已知其绝对误差最大值 $\Delta p_{max} = 4\text{kPa}$，求该仪表的精度等级。

解　先计算

$$\delta_{max} = \frac{4}{500-0} \times 100\% = 0.8\%$$

该仪表的最大误差大于 0.5%，而小于 1%，按仪表精度等级的划分，该仪表的精度为 1 级。

现根据测量的需要，仪表的测量范围改为 200～400kPa，仪表的绝对误差不变，此时仪表的最大相对百分误差

$$\delta_{max} = \frac{4}{400-200} \times 100\% = 2\%$$

故该仪表的精度等级为 2.5 级。同时也说明，仪表的绝对误差相等，测量范围大的仪表精度高，反之仪表精度低。

2. 变差（回差）

在外界条件不变的情况下，使用同一仪表对某一参数进行正反行程（即逐渐由小到大和

逐渐由大到小）测量时，对应于同一被测值所得的仪表示值不等，两者之差即为变差的绝对值，如图 1-5 所示。变差的大小，取在同一被测变量值下正反特性间仪表指示值的最大绝对误差Δ''_{max}与仪表标尺范围之比的百分数表示，即

$$变差=\frac{\Delta''_{max}}{测量范围上限值-测量范围下限值}\times 100\% \tag{1-7}$$

造成仪表变差的原因很多，如传动机构的间隙，运动部件的摩擦，弹性元件的弹性滞后等，因此在仪表设计时，应在选材上，加工精度上给予较多考虑，尽量减小变差。

3. 非线性误差

对于理论上具有线性特性的检测仪表，往往由于各种因素的影响，使其实际特性偏离线性，如图 1-6 所示。非线性误差则是衡量实际特性偏离线性程度的指标，它取实际值与理论值之间的绝对误差的最大值Δ'_{max}和仪表测量范围之比的百分数，即

$$非线性误差=\frac{\Delta'_{max}}{测量范围上限值-测量范围下限值}\times 100\% \tag{1-8}$$

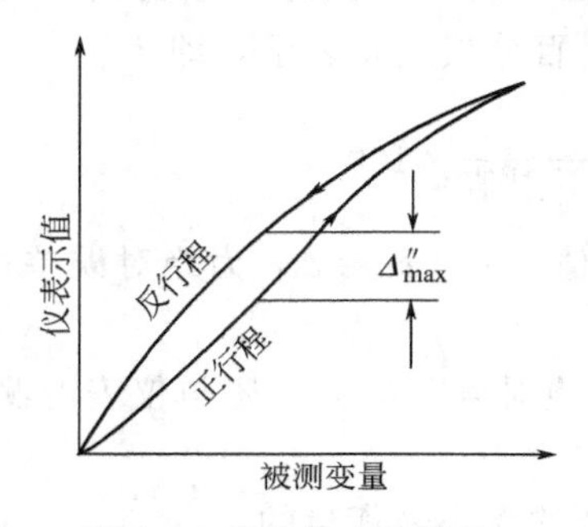

图 1-5 仪表的变差特性

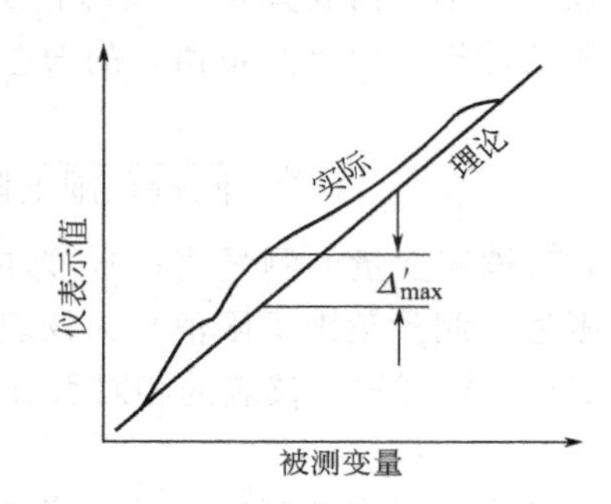

图 1-6 非线性误差特性曲线

4. 灵敏度和灵敏限

灵敏度是表征检测仪表对被测参数变化的灵敏程度，是指仪表在对应单位参数变化时，其指示的稳态位移或转角，即

$$S=\frac{\Delta\alpha}{\Delta x} \tag{1-9}$$

式中，S 为仪表灵敏度；$\Delta\alpha$ 为仪表指针的直线位移或转角；Δx 为被测变量的变化值。

检测仪表的灵敏度可以用增大环节的放大倍数来提高；若仅加大灵敏度，而不改变仪表基本性能，来企图提高仪表精度是不合理的，反而可能出现似乎灵敏度很高，但精度实际上却下降的虚假现象。为防止该现象，通常规定仪表标尺的最小分格值不能小于仪表允许误差的绝对值。

灵敏限　即引起仪表示值可见变化的被测变量的最小变化值。一般来说，仪表灵敏限数值应不大于仪表允许误差绝对值的一半。

5. 动态误差

上面所介绍的用来表示仪表精度的相对百分误差、变差、非线性误差都是稳态（静态）误差。动态误差是指检测系统受外扰动作用后，被测变量处于变动状态下仪表示值与参数实际值之间的差异。引起该误差的原因是由于检测元件和检测系统中各种运动惯性以及能量形式转换需要时间所造成的。衡量各种运动惯性的大小，以及能量传递的快慢常采用时间常数 T 和传递滞后时间（纯滞后时间）τ 两个参数表示。

（1）时间常数 T　例如采用热电偶和自动平衡式显示仪表组成测温系统，若被测变量有一阶跃变化，则记录仪表所显示出来的响应曲线将按一定规律变化，如图 1-7 所示，其中 T 为热电偶与自动平衡仪表的时间常数。若 T 越大，则响应曲线上升越慢，动态误差存在时间越长；反之，曲线上升越快，动态误差存在时间越短。在检测系统设计中，总是把 T 取得小一些。

（2）传递滞后（纯滞后）时间 τ　在成分分析系统中，由于存在较长的取样管线和预处理环节，故有纯滞后时间 τ，如图 1-8 所示。在纯滞后时间 τ 内，动态误差 Δ_1 最大，且一直延续到 τ 时间结束；像时间常数 T 对动态误差的影响是逐渐减少的。故在检测系统中 τ 的不利影响远远超过时间常数 T 的影响，应引起足够的重视，使 τ 越小越好。

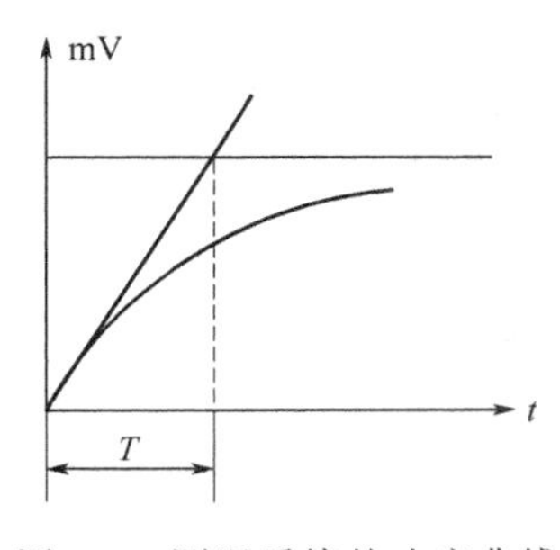

图 1-7　测温系统的响应曲线

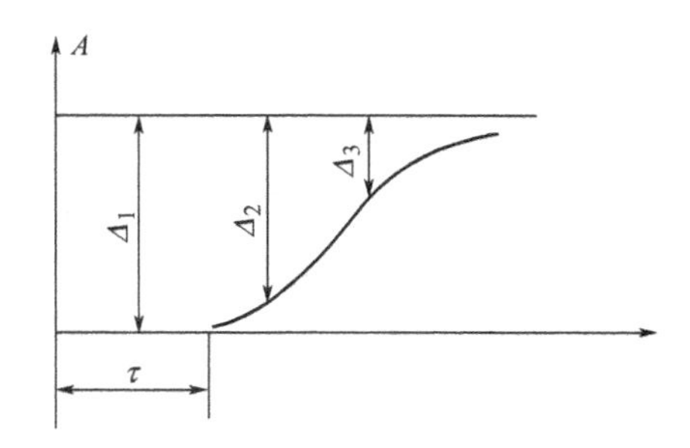

图 1-8　成分分析仪组成检测系统的反应曲线

第二节　误差的产生及分类

一、概述

在对各种生产过程的参数进行检测时，总包括有能量形式的一次或多次转换过程，以及测量单位的比较过程。如果这些过程是在理想的环境、条件下进行，即假若一切影响因素都不存在，则检测将是十分精确的。但是这种理想的环境和条件实际上是不存在的，例如用检测元件对被测变量进行测量时，势必伴随着各种形式的转换原理，但这种转换往往不是十分精确，而是某种程度近似，如金属铂在 0～630.74℃范围内，电阻值与温度的关系可用下式表示

$$R_t=R_0(1+At+Bt^2) \tag{1-10}$$

但有的资料在同样温度范围内，却又用

$$R_t=R_0(1+At+Bt^2+Ct^3) \tag{1-11}$$

表示，因此无论式(1-10) 或式(1-11) 都是一种近似，铂电阻就是利用该原理检测温度，所以总是存在一定的转换误差；又例如用节流法检测管道内的气体流量时，通常采用下式

$$M=\alpha\varepsilon a\sqrt{2\rho_1\Delta p} \tag{1-12}$$

或

$$Q=\alpha\varepsilon a\sqrt{\frac{2}{\rho_1}\Delta p} \tag{1-13}$$

式中，M 为质量流量；Q 为体积流量；ρ_1 为气体密度，它受工作状态下的温度、压力影响。若根据式(1-12) 或式(1-13)，在设定的工作状态下（T_1，p_1）设计流量检测元件，但利用该检测元件进行实际测量时，其实际工作条件往往偏离设计时的工作状态（T_1，p_1），因而对应的气体密度 ρ_1 也必然改变，所以最后测出的质量流量或体积流量都将产生附加误差；再看式(1-12) 或式(1-13) 中的 a，它是节流装置的开孔截面积，是一个常数，当节流装置

用来测量污垢流体流量时，经过一段时间的使用，其开孔处将逐渐受到磨损，除 a 将变大外，开孔处的形状也将发生变化，这都会产生检测误差，这种误差与以上两种误差不同，它是使用一段时间后逐渐产生的。除上述原因外，还有检测元件的安装位置、方法，以及被测对象、测量者本身，都不同程度地受到本身和周围各种因素的影响，而使检测产生误差，这样就会产生各种类型的误差，它们对检测系统的影响又是各不相同的，下面就误差产生的原因、分类及其处理方法分别予以讨论。

二、误差产生分类

1. 按误差出现的规律分类

（1）系统误差　按一定规律（如线性、多项式、周期性等函数规律）变化的误差，或是指对同一参数进行多次重复测量时所出现的数值大小和符号都相同的误差称为系统误差，前者为变值误差（规律误差），后者为恒值误差。引起系统误差的原因是检测元件转换原理不十分精确；仪表本身材料、零部件、工艺上的缺陷；测试工作中使用仪表的方法不正确；测量者有不良的读数习惯等等。因为系统误差是有一定的规律，它总可归结为一个或几个因素的函数，只要找出其影响因素，引入相应的校正值，该系统误差就可以消除或减小；而对于恒值误差的系统误差，可以通过仪表零点调整之。

（2）随机误差（也叫偶然误差）　在消除了上述误差之后，对同一参数进行多次测量，每次的测量结果彼此仍不完全相同，每一个测量值与被测变量的真实值之间或多或少仍然存在着差别。这是由于某种人们尚未认识的原因或目前尚无法控制的某些因素（例如电子热噪声干扰）所引起的，或者是由于某些偶然因素所引起，其数值大小和性质都不固定，难以估计，但其总体服从一定的统计规律。它不能通过校正的方法加以消除。但可从理论上估计其对检测结果的影响。

（3）缓变误差　缓变误差是指经过一段时间使用后，仪表出现数值上随时间缓慢变化的误差。引起的原因：是由于零部件的老化、检测元件的磨损等所造成。例如检测流量的孔板孔口的磨蚀，电子元器件的老化，机械零件内部应力变化所引起的变形等。

该误差特点：是缓慢单调变化，需要不断校正。而系统误差一般只要一次校正即可。

（4）疏忽误差　是一种显然与事实不符的误差，没有任何规律可循。这是由于操作者粗枝大叶，过度疲劳以及精神不专注所造成，其检测结果毫无意义，应尽量避免。

2. 按误差因次(单位)分类

（1）绝对误差

$$\Delta = x - l \tag{1-14}$$

式中，Δ 为绝对误差；x 为测量值；l 为真值。

绝对误差不能作为仪表测量精度的比较尺度。例如一台测温仪表，其测量范围为 0～500℃，出现的最大绝对误差 $\Delta_{max}=2.5$℃；而另有一台测温仪表，其测量范围为 0～100℃，出现的最大绝对误差 $\Delta_{max}=1$℃，这并不能说后一台仪表较前面一台仪表精度高。

（2）相对误差　相对误差通常有三种表示方法，即相对百分误差（有的资料叫引用相对误差）、实际相对误差和标称相对误差。

相对百分误差

$$\delta_1 = \frac{\Delta}{\text{测量范围上限}-\text{测量范围下限}} \times 100\%$$

$$= \frac{x-l}{\text{测量范围上限}-\text{测量范围下限}} \times 100\% \tag{1-15}$$

实际相对误差 $$\delta_2=\frac{\Delta}{l}\times 100\% \tag{1-16}$$

标称相对误差 $$\delta_3=\frac{\Delta}{x}\times 100\% \tag{1-17}$$

式中，Δ 为绝对误差；l 为真值；x 为测量值。

在自动化仪表中，通常以最大相对百分误差来定义仪表精度等级。

3. 按使用时工作条件分类

(1) 基本误差　是指仪表在规定的正常工作条件下（例如电源电压交流 220V±5%，温度 20℃±5℃，湿度小于 80%，电源频率 50Hz±1Hz 等）所产生的误差，一般用相对百分误差表示。

(2) 附加误差　当仪表使用时偏离规定的正常工作条件所产生的误差（基本误差除外）称为附加误差。例如当仪表的电源电压超出规定的 220V±5%时，或仪表所处环境湿度大于规定的湿度时就将产生附加误差，通常附加误差应叠加到基本误差上。又如概述中所介绍的，用节流法检测气体流量，在规定的工作条件 T_1、ρ_1 状态下设计节流元件，但实际工作时，气体处于 T_2、ρ_2 状态下，此时气体流量必然产生附加误差；不过该误差具有一定规律性，也符合系统误差的条件，故可以通过计算予以补偿。

4. 按误差的状态分类

(1) 静态（稳态）误差　当被测量处于稳定不变时的测量误差，本章主要讨论该误差。

(2) 动态误差　当被测量处于变化过程中，检测所产生的瞬时误差。

第三节　误差处理的基本方法

一、误差分析

由上面讨论可知：缓变误差是由于仪表内部元器件老化和检测元件的磨蚀所致，它可以通过更换元器件，或用不断校正的方法予以消除更正；疏忽误差是人为造成的，可用加强责任感予以避免。而系统误差是按一定规律变化的误差，可以通过分析计算并加以处理，使其影响减到最小，但总难以完全消除；随机误差是一些人们尚未完全认识的原因或目前尚无法控制的某些因素所致，例如电子热噪声、间隙、摩擦等所引起。这两种误差就是检测误差的两大来源，下面将予以分析讨论。

1. 系统误差分析

系统误差是服从一定函数规律的误差，设检测原理的函数转换关系如下

$$y=f(x,u_1,u_2,\cdots,u_m) \tag{1-18}$$

式中，y 为检测（或仪表）输出；x 为被测量；u_1，u_2，…，u_m 为检测系统（或仪表）的各种参量和外界因素。

当被测量 x 没有变化（$\Delta x=0$），而各参量有 Δu_1，Δu_2，…，Δu_m 的变化时，则将引起检测（或仪表）误差 Δy。且

$$y+\Delta y=f(x,u_1+\Delta u_1,u_2+\Delta u_2,\cdots,u_m+\Delta u_m) \tag{1-19}$$

式(1-19) 右端按泰勒级数展开时，取第一项略去后面的高次项得

$$\Delta y=\frac{\partial f}{\partial u_1}\Delta u_1+\frac{\partial f}{\partial u_2}\Delta u_2+\cdots+\frac{\partial f}{\partial u_m}\Delta u_m \tag{1-20}$$

其相对误差 $$\delta_y=\frac{\Delta y}{y}=\frac{\partial f}{\partial u_1}\cdot\frac{\Delta u_1}{y}+\frac{\partial f}{\partial u_2}\cdot\frac{\Delta u_2}{y}+\cdots+\frac{\partial f}{\partial u_m}\cdot\frac{\Delta u_m}{y}$$
$$=\frac{\partial f}{\partial u_1}\delta_{u_1}+\frac{\partial f}{\partial u_2}\delta_{u_2}+\cdots+\frac{\partial f}{\partial u_m}\delta_{u_m} \tag{1-21}$$
式(1-21) 即为系统误差的表达式。

2. 随机误差分析

对同一参数在相同条件下进行多次测量，从每次测量结果看似乎没有规律性，但从多次重复测量结果看，却具有一定的规律性，对于大部分检测系统其测量误差的分布情况如图 1-9 所示。由图 1-9 可知：

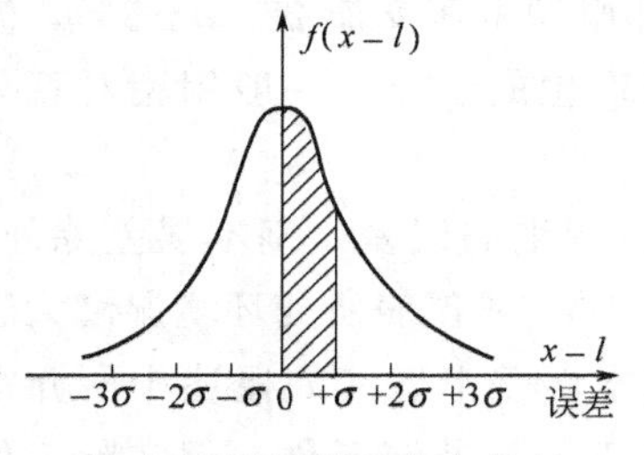

图 1-9 测量误差分布情况

(1) 误差越小出现的次数越多；误差越大出现的次数越少；当 $x-l=0$ 时，出现的次数最多。

(2) 出现正误差和出现负误差的次数几乎是相等的；对于同一个值的正误差和负误差出现的次数也几乎相等；如果重复测量的次数越多，则图形对称性愈好。

(3) 在同样条件下，对同一量的测量，各次随机误差 Δ_i 的算术平均值m_x'将随测量次数的增多而趋于零，即
$$\lim_{n\to\infty}\frac{1}{n}\sum_{i=1}^{n}\Delta_i=0 \tag{1-22}$$
这些性质十分符合正态分布的基本假定，故而可以认为误差的分布是正态的，从而按正态分布理论处理如下。对于正态分布具有下列数学表达式
$$y=f(\Delta)=\frac{1}{\sigma\sqrt{2\pi}}e^{-\frac{\Delta^2}{2\sigma^2}} \tag{1-23}$$
式中，y 为某一误差出现的次数；$\Delta=x-l$ 为随机误差；x 为测量值；l 为真值；σ 为均方根误差（或叫标准误差）。

(4) 对式(1-23) 进行积分运算可得，正态分布时的随机误差在$\pm\sigma$ 范围内出现的概率为 68.3%；出现在$\pm 2\sigma$ 范围内的概率为 95.4%；出现在$\pm 3\sigma$ 范围内的概率为 99.7%。即误差出现在 3σ 之外几乎不可能，也就是说在任何测量中，正态分布的随机误差的极限值为$\pm 3\sigma$，这可作为确定仪表随机误差的理论依据。

应当注意：在检测过程中所出现的随机误差，大部分为正态分布，但还有一些为均匀分布、柯西分布、泊松分布等。

由上面分析可知：在检测过程中正态分布的随机误差的最大值等于三倍均方根误差，在实际检测中如何求取均方根误差？其定义如下
$$\sigma=\sqrt{\frac{\Sigma\Delta_i^2}{n}}\quad(n\to\infty)$$
考虑到测量次数是有限的，常用下式
$$\sigma=\sqrt{\frac{\Sigma\Delta_i^2}{n-1}}=\sqrt{\frac{\Sigma(x_i-l)^2}{n-1}} \tag{1-24}$$
表示。但在实际测量中，被测变量的真值 l 是无法知道的，故常用下式计算
$$\sigma=\sqrt{\frac{\Sigma(x_i-\overline{x})^2}{n-1}} \tag{1-25}$$

式中，$\overline{x}=\frac{\Sigma x_i}{n}$为等精度测量时一组数据的算术平均值；$n$ 为测量次数，一般在 20 次以上；x_i 为各次测量的数值。

利用式(1-25) 可以很方便地求出均方根误差 σ，故随机误差的最大值也不难求出。从理论上说，给仪表定精度等级时，可在消除系统误差的情况下，在仪表测量范围内选定上、中、下三点，在规定的工作条件下作三列等精度测量，然后由式(1-25) 求出 $\sigma_{上}$、$\sigma_{中}$、$\sigma_{下}$，再由其中最大的 σ 求 3σ，而后再结合仪表的测量范围求出仪表精度等级。若系统误差不可能完全消除，在定仪表精度等级时，应考虑随机误差和系统误差两者之和。但在仪表制造厂要按照理论方法定仪表精度等级，尚有一定困难，故常采用精度较高的范型仪表作为标准表，与被校表对同一参数进行测量，比较所得结果来确定精度。该精度较高的范型仪表允许的最大绝对误差一般应小于被校表绝对误差的$\frac{1}{3}$。

二、误差处理

由上面分析可知：仪表误差的来源主要是系统误差和随机误差。对于系统误差和随机误差的计算方法及其特征，上面也予以讨论过，下面则就具体实例介绍如何处理仪表的系统误差和随机误差。

1. 系统误差的处理

按一定规律变化的系统误差，必须通过分析计算并加以处理，才能使最后的影响降至最小。在具体分析计算中，有两种方法：一种是已知各环节的系统误差分量，最终求取检测系统或仪表的系统误差总量，这叫误差综合，是用于现有仪表或检测系统的分析；另一种方法是将检测系统或仪表的系统误差总量分配给各环节，这叫误差分配，用于检测系统或仪表的设计。

(1) 系统误差综合

已知各环节系统误差分量，求系统误差总量。

【例 1-2】 用图 1-10 所示的电位差计测量电势信号 E_x,已知：$I_1=4\text{mA}$，$I_2=2\text{mA}$，$R_1=5\Omega+0.01\Omega$，$R_2=10\Omega+0.01\Omega$，$R_P=10\Omega\pm0.005\Omega$。设检流计 G、上支路电流 I_1 和下支路电流 I_2 的误差忽略不计；且测量时的随机误差暂不考虑。

求当 $E_x=20\text{mV}$ 时，电位差计的测量误差有多大？

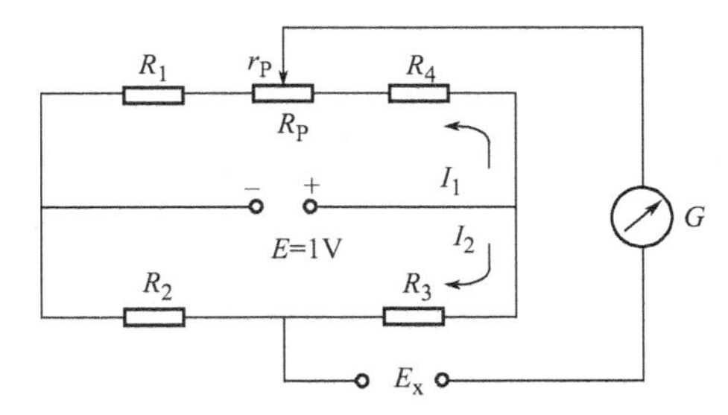

图 1-10 测量电势 E_x 的电位差计原理线路

解 首先调节滑线电阻 R_P 的滑触头，当电位差计的输出电位差与被测电势 E_x 达到平衡时，则检流计指零，此时有

$$I_1(R_1+r_P)-I_2R_2=E_x$$

关系，由于 R_1、R_2、r_P（R_P 的一部分）存在误差，所以在检测过程中也将随之产生系统误差，利用式(1-20) 可得

$$dE_x=I_1dR_1+I_1dr_P+R_1dI_1+r_PdI_1-I_2dR_2-R_2dI_2$$

由于 R_P 有$\pm0.005\Omega$ 的误差，而滑触头在滑动过程中本身还有一个线间接触误差，故令 R_P 的误差全部落在 r_P 内，则测量 E_x 时的绝对误差为

$$dE_x = 4 \times 0.01 + 4 \times (\pm 0.005) - 2 \times 0.01$$

由于R_P电位器的滑触头要经常移动位置，故误差δ_{R_P}可能出现正或负，应取最不利的方向，则测量E_x时的最大绝对误差为

$$dE_x = 0.04 + 4 \times 0.005 - 0.02 = 0.04\ (\text{mV})$$

而实际相对误差

$$\delta'_{E_x} = \frac{0.04}{20} \times 100\% = 0.2\%$$

该电位差计的测量上限为$I_1(R_1+R_P)-I_2R_2$，测量下限为$I_1R_1-I_2R_2$，故测量范围$=I_1R_P=4\times10=40\text{mV}$，所以该电位差计的相对百分误差

$$\delta_{E_x} = \frac{0.04}{40} \times 100\% = 0.1\%$$

由该例计算可知：若电位差计测量E_x的最大系统误差为B，随机误差为3σ，其测量范围为A，则该仪表的相对百分误差为

$$\delta = \frac{B+3\sigma}{A} \times 100\%$$

由δ的大小即可定仪表精度等级，该仪表的误差分布曲线如图1-11所示。

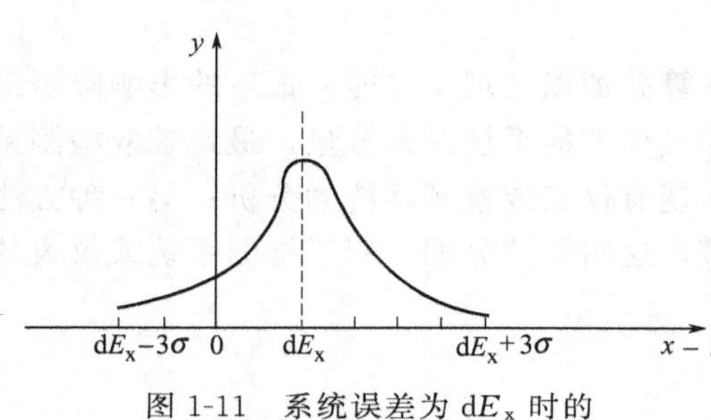

图1-11 系统误差为dE_x时的随机误差分布曲线

除上面介绍的这种形式误差综合外，在检测系统中，已知各环节的系统误差，如何计算检测系统的误差总量，以及由仪表的基本误差和各附加误差求总误差。上面介绍的系统误差是有确定规律的，可以用数学物理的方法加以分析处理。这里所提的两种情况可以这样处理：当系统误差分量的数目较少，而它们同时以最大误差充分起作用的概率却很大，这时应该将各误差分量的作用代数相加。但当误差分量数目很大时（一般大于6），这时每一误差分量都同时以最严重的情况出现的概率是较小的，如果仍采用各误差分量代数相加（常用绝对值相加），是不恰当的，而应当考虑它们的概率和统计特征。

【例1-3】 某仪表的技术说明指出：当仪表在环境温度20℃±5℃、电源电压220V±5%、湿度<80%、输入信号频率<1kHz时仪表的基本误差（即允许的最大相对百分误差）为2.5%。若仪表使用时环境温度超出该范围，则将产生±0.2%/℃误差；电源电压变化±10%时，将产生±2%的附加误差；湿度>80%，也将产生1%的附加误差；输入信号频率>1kHz，将产生2.5%的附加误差。现在35℃的环境中使用该仪表，湿度>80%，电源电压为200V，被测信号为0.5V、2kHz，该仪表量程为1V，试估计测量误差。

解 如果每个误差分量都取技术指标规定的极限值，则

基本误差 $\delta_{基} = \pm 2.5\%$

温度附加误差 $\delta_t = (35-25) \times (\pm 0.2\%) = \pm 2\%$

湿度附加误差 $\delta_\varphi = \pm 1\%$

电源附加误差 $\delta_v = \pm 2\%$

频率附加误差 $\delta_f = \pm 2.5\%$

这五项误差分量如何综合，才能最好地反映实际情况呢？

如果认为最不利的情况是五个误差分量都同时处在最大值，则

$$\delta_{\Sigma}=\sum_{i=1}^{5}\delta_i=2.5\%+2\%+1\%+2\%+2.5\%=10\%$$

这个数值估计显然偏大，因为这些误差实际上不大可能同时以最大值出现。而技术指标上给出的数值仅是一个不允许超出的极限值，每个系统误差分量都是以某一概率落入这个极限值规定的区间，如果按概率论的观点去处理，就会得到比较符合实际的结果。

本例的各误差分量的统计特征值

$$\begin{aligned}\delta_{\Sigma}&=\sqrt{\delta_{基}^2+\delta_t^2+\delta_{\varphi}^2+\delta_v^2+\delta_f^2}\\&=\sqrt{(2.5\%)^2+(2\%)^2+(1\%)^2+(2\%)^2+(2.5\%)^2}\\&\doteq 4.64\%\end{aligned}$$

若误差分量数目越多，则代数相加或绝对值相加的总误差，往往较实际可能值大得多；而各误差分量的统计特征值比较符合实际。

由于以上种种原因，对于系统误差的处理，应该根据系统误差各分量的具体情况，采用数学物理分析或概率统计估计。

(2) 系统误差分配

已知规定系统误差总量，求各环节系统误差分量。

在设计检测系统或仪表时，总存在着误差合理分配问题，即组成检测系统或仪表的各个环节的误差应该多大，才能保证检测系统或仪表总误差不超出给定的数值。误差分配原则如下。

① 要从各元器件的实际情况出发，即按各元器件的技术性能，可能达到的水平，提出要求，不要提出过高的要求。

② 具体分配，先给误差容易确定的元器件分配，然后余下的按均等分配，再根据可能性作适当调整。

③ 误差分配中还要考虑经济性，即既能保证误差要求，又要考虑经济性。

④ 应该充分利用误差正、负可以抵消的有利因素，同时也应当注意误差影响系数大的因素。

⑤ 对于元器件的误差不能知道其确切值时，一般取最大允许误差。

【例 1-4】 有一电位差计的原理电路如图 1-10 所示，现假定检流计 G 的误差忽略不计，且 $R_1=10\Omega$,$R_2=10\Omega$，$R_P=5\Omega$，$R_3=490\Omega$，$R_4=235\Omega$，当随机误差不考虑时，问各电阻的误差如何分配，才能保证其测量误差小于 1%？

解 由图 1-10 可知，电源电压 E 为 1V 稳压电源，则上支路电流

$$I_1=\frac{E}{R_1+R_P+R_4}=\frac{1000}{10+5+235}=4\ (\text{mV})$$

下支路电流

$$I_2=\frac{E}{R_2+R_3}=\frac{1000}{10+490}=2\ (\text{mV})$$

利用检流计 G 调整滑线电阻 R_P，使电位差与被测电势 E_x 达到平衡，则平衡方程式如下

$$E_x=I_1(R_1+r_P)-I_2R_2$$

取 E_x 的全微分得

$$dE_x=(R_1+r_P)dI_1+I_1(dR_1+dr_P)-I_2dR_2-R_2dI_2$$

该电位差计的测量上限为

$$E_{x\max}=I_1(R_1+R_P)-I_2R_2$$

测量下限为

$$E_{x\min}=I_1R_1-I_2R_2$$

其测量范围为

$$\Delta E_{x\max}=E_{x\max}-E_{x\min}=I_1R_P$$

则相对百分误差为

$$\begin{aligned}\delta_{E_x}&=\frac{dE_x}{\Delta E_{x\max}}=\frac{R_1}{I_1R_P}dI_1+\frac{r_P}{I_1R_P}dI_1+\frac{I_1}{I_1R_P}dR_1+\frac{I_1}{I_1R_P}dr_P-\frac{I_2}{I_1R_P}dR_2-\frac{R_2}{I_1R_P}dI_2\\&=\frac{R_1}{R_P}\delta_{I_1}+\frac{r_P}{R_P}\delta_{I_1}+\frac{R_1}{R_P}\delta_{R_1}+\delta_{R_P}-\frac{I_2R_2}{I_1R_P}\delta_{R_2}-\frac{I_2R_2}{I_1R_P}\delta_{I_2}\\&=\frac{10}{5}\delta_{I_1}+\frac{r_P}{5}\delta_{I_1}+\frac{10}{5}\delta_{R_1}+\delta_{R_P}-\frac{2\times10}{4\times5}\delta_{R_2}-\frac{2\times10}{4\times5}\delta_{I_2}\\&=2\delta_{I_1}+0.2r_P\delta_{I_1}+2\delta_{R_1}+\delta_{R_P}-\delta_{R_2}-\delta_{I_2}<1\%\end{aligned}$$

为了保证测量误差小于1%，r_P 取最大值 R_P，故上式变为

$$\begin{aligned}\delta_{E_x}&=2\delta_{I_1}+\delta_{I_1}+2\delta_{R_1}+\delta_{R_P}-\delta_{R_2}-\delta_{I_2}\\&=3\delta_{I_1}+2\delta_{R_1}+\delta_{R_P}-\delta_{R_2}-\delta_{I_2}<1\%\end{aligned}$$

上式中各误差分量如何分配，下面进行讨论。

可以采用两种方法，一种是定性分析，另一种为定量计算。首先进行定性分析：在 δ_{E_x} 的不等式中，第一项误差系数最大，第二项次之，其余三项为1最小，故在分配误差时，δ_{I_1} 应取最小，δ_{R_1} 次之，其余类推。具体分配时，可取 $3\delta_{I_1}=\delta_{I_2}$，$2\delta_{R_1}=\delta_{R_2}$，这样 $\delta_{E_x}=3\delta_{I_1}+2\delta_{R_1}+\delta_{R_P}-\delta_{R_2}-\delta_{I_2}=\delta_{R_P}$ 才可能最小。但要做到 $\delta_{I_1}=\frac{1}{3}\delta_{I_2}$，$\delta_{R_1}=\frac{1}{2}\delta_{R_2}$，也是很困难的，唯一的办法是使 δ_{I_1} 与 δ_{I_2}、δ_{R_1} 与 δ_{R_2} 符号相同，然后再尽量使 δ_{I_1} 与 $\frac{1}{3}\delta_{I_2}$、δ_{R_1} 与 $\frac{1}{2}\delta_{R_2}$ 靠近，这样总可以抵消很大部分。各误差分量的具体数值按它们的统计特征进行计算，即

$$\begin{aligned}\delta_{E_x}&=\sqrt{(3\delta_{I_1})^2+(2\delta_{R_1})^2+(\delta_{R_P})^2+(\delta_{R_2})^2+(\delta_{I_2})^2}\\&=\sqrt{9\delta_{I_1}^2+4\delta_{R_1}^2+\delta_{R_P}^2+\delta_{R_2}^2+\delta_{I_2}^2}<1\%\end{aligned}$$

结合上面的定性分析可知，δ_{I_1} 应取最小，δ_{R_1} 次之，其余则较大。现取

$$\delta_{I_1}=0.002,\ \delta_{I_2}=0.003$$
$$\delta_{R_1}=0.002,\ \delta_{R_P}=0.005$$
$$\delta_{R_2}=0.003$$

则

$$\begin{aligned}\delta_{E_x}&=\sqrt{9\times4\times10^{-6}+4\times4\times10^{-6}+25\times10^{-6}+9\times10^{-6}+9\times10^{-6}}\\&=\sqrt{95\times10^{-6}}\doteq0.975\%<1\%\end{aligned}$$

由计算可知，上面对 I_1、I_2、R_1、R_2 和 R_P 的误差分配满足测量精度要求。

下面进一步求出在满足上、下支路电流精度情况下 R_3、R_4 的允许误差。现假定稳压电源 E 精度较高，由其产生的误差可忽略不计，即 δ_{I_1}、δ_{I_2} 完全是由上、下支路电阻误差所引起，根据上面的误差分配，可得

$$dI_1=I_1\delta_{I_1}=4000\times0.002=\pm8\ (\mu A)$$
$$dI_2=I_2\delta_{I_2}=2000\times0.003=\pm6\ (\mu A)$$
$$dR_1=R_1\delta_{R_1}=10\times0.002=\pm0.02\ (\Omega)$$
$$dR_2=R_2\delta_{R_2}=10\times0.003=\pm0.03\ (\Omega)$$
$$dR_P=R_P\delta_{R_P}=5\times0.005=\pm0.025\ (\Omega)$$

又
$$\left|I_1-\frac{E}{R_1\pm dR_1+R_P\pm dR_P+R_4\pm dR_4}\right|<|dI_1|$$
$$\left|I_2-\frac{E}{R_2\pm dR_2+R_3\pm dR_3}\right|<|dI_2|$$

现按最不利情况进行计算，即各 dR 都取相同符号，于是得

$$\left|4000-\frac{10^6}{10+0.02+5+0.025+235+dR_4}\right|<8$$

所以
$$dR_4\leqslant0.45\ (\Omega)$$
$$\left|2000-\frac{10^6}{10+0.03+490+dR_3}\right|<6$$

所以
$$dR_3\leqslant1.47\ (\Omega)$$

故在稳压电源 E 精度较高，由其产生的误差忽略不计的情况下，各电阻误差分配如下。

$$R_1=10\Omega\pm0.02\Omega，R_2=10\Omega\pm0.03\Omega$$
$$R_3=490\Omega\pm1.47\Omega，R_4=235\Omega\pm0.45\Omega$$
$$R_P=5\Omega\pm0.025\Omega$$

2. 随机误差的处理

在随机误差分析一节中，对随机误差的产生、表现特征等作了较详细讨论，本节将结合具体测量问题，介绍随机误差的处理。

对一项精密测量任务的重复测量数据的处理过程如下。

① 在测量前应尽可能地消除系统误差，在此基础上将一列等精度测量的读数 x_i 按测量的先后次序列成表格，在估读数据时最多只能估读一位数字。

② 计算算术平均值 $\overline{x}=\frac{\sum_{i=1}^{n}x_i}{n}$，确定 $\overline{x}$ 的位数时，应保证剩余误差（$x_i-\overline{x}$）能有二至三位数字。

③ 计算剩余误差 $\Delta_i=(x_i-\overline{x})$，列表于相应的 x_i 旁。

④ 检查 $\sum_{i=1}^{n}\Delta_i=0$ 的条件是否满足，若不满足则说明计算算术平均值时有误差，应复查。

⑤ 计算（$x_i-\overline{x}$）$_i^2$ 和均方根误差 σ_x，依次列表于 $\Delta_i=(x_i-\overline{x})$ 旁，其中 $\sigma_x=\sqrt{\frac{\Sigma(x_i-\overline{x})_i^2}{n-1}}$。

⑥ 检查有无大于 $3\sigma_x$ 的 $|\Delta_i|$ 值，若有，应怀疑可能是疏忽误差，并检查该次测量过程有无差错，如有，应抛弃该次测量数据，并从②项重新开始；如果 $|x_i-\overline{x}|>4\sigma_x$，则一定舍弃，并从②项开始重新计算。

⑦ 计算$\overline{x_i}$的均方根误差

$$s=\frac{\sigma_x}{\sqrt{n}} \tag{1-26}$$

式中，s 为 N 列测量的均方根误差；σ_x 为一列测量的均方根误差；n 为一列测量的次数。

图 1-12 为一列测量数据所组成的正态分布曲线，图 1-13 为 N 列测量数据所组成的正态分布曲线。今后在进行一次测量（即依据一个测量数据）时，认为最大的误差为$\pm 3\sigma$（$p=0.997$）；而进行一列 n 次测量时，则最大误差为$\pm 3s$，即

$$x=\overline{x}\pm 3s \quad (p=0.997)$$

式中，$\overline{x}$ 为该列测量的平均值。

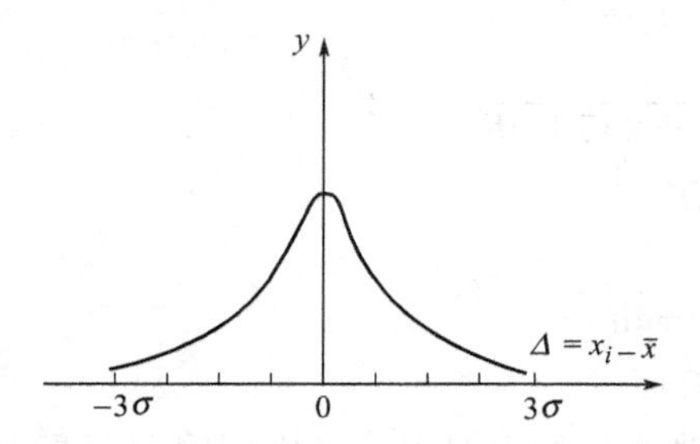

图 1-12　一列测量数据正态分布曲线

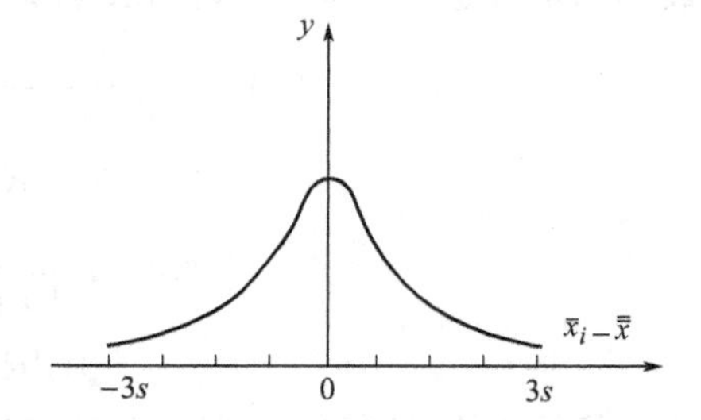

图 1-13　N 列测量数据正态分布曲线

【例 1-5】 某实验室的溶液温度测量结果的数据整理如表 1-1 所示。

表 1-1　测量数据整理

示值序号	示值 x_i/℃	抛弃疏忽误差前		抛弃疏忽误差后	
		$(x_i-\overline{x})_{\mathrm{I}}$/℃	$(x_i-\overline{x})^2_{\mathrm{I}}$	$(x_i-\overline{x})_{\mathrm{II}}$/℃	$(x_i-\overline{x})^2_{\mathrm{II}}$
1	20.42	+0.016	0.000256	+0.009	0.000081
2	43	+0.026	676	+0.019	361
3	40	−0.004	016	−0.011	121
4	43	+0.026	676	+0.019	361
5	42	+0.016	256	+0.009	081
6	43	+0.026	676	+0.019	361
7	39	−0.014	196	−0.021	441
8	30	−0.104	0.010816	—	—
9	40	−0.004	016	−0.011	121
10	43	+0.026	676	+0.019	361
11	42	+0.016	256	+0.009	081
12	41	+0.006	036	−0.001	001
13	39	−0.014	196	−0.021	441
14	39	−0.014	196	−0.021	441
15	40	−0.004	016	−0.011	121
$\overline{x}_{\mathrm{I}}=20.404$℃ $\overline{x}_{\mathrm{II}}=20.411$℃			$\Sigma(x_i-\overline{x})^2_{\mathrm{I}}=0.01496$ $\sigma_{\mathrm{I}}=0.033$℃		$\Sigma(x_i-\overline{x})^2_{\mathrm{II}}=0.003374$ $\sigma_{\mathrm{II}}=0.016$℃

① 现对某溶液温度测量 15 次，将示值列于表 1-1 的第 2 列。

② 计算算术平均值 $\overline{x}_{\mathrm{I}}=\frac{\Sigma x_i}{n}=\frac{306.06}{15}=20.404$℃，其结果写在 x_i 列末尾。

③ 计算剩余误差 $\Delta_{\mathrm{I}i}=(x_i-\overline{x})_{\mathrm{I}}$，其结果写于$(x_i-\overline{x})_{\mathrm{I}}$℃列中。

④ 检查 $\Sigma\Delta_{\mathrm{I}i}=0$：经检查结果符合 $\Sigma\Delta_{\mathrm{I}i}=0$。

⑤ 计算 $(x_i-\overline{x})^2_{\mathrm{I}i}$，其结果写于 $(x_i-\overline{x})^2_{\mathrm{I}i}$ 列中。经计算 $\Sigma(x_i-\overline{x})^2_{\mathrm{I}i}=0.01496$，再计算均方根误差 $\sigma_{\mathrm{I}}=\sqrt{\dfrac{\Sigma(x_i-\overline{x})^2_{\mathrm{I}i}}{n-1}}\doteq 0.03269℃\doteq 0.033℃$，其结果列于 $(x_i-\overline{x})_{\mathrm{I}i}$ 列的末尾。

⑥ 检查有无疏忽误差：$3\sigma=3\times 0.033℃=0.099℃$，在查找 $|\Delta_i=(x_i-\overline{x})_{\mathrm{I}i}|$ 值大于 0.099℃时，发现 $|x_8-\overline{x}|=0.104℃>3\sigma$，经检验该次测量过程认为读数 20.30℃中含有疏忽误差，故决定抛弃它。由剩下的 14 个数据重新计算，得 $\overline{x}_{\mathrm{II}}=20.411℃$，列写于 $\overline{x}_{\mathrm{I}}$ 下面。然后计算 $(x_i-\overline{x})_{\mathrm{II}}$，校验 $\Sigma\Delta_{\mathrm{II}i}=\Sigma(x_i-\overline{x})_{\mathrm{II}}=0.006℃$，可以认为是零（因为 $\overline{x}_{\mathrm{II}}=20.411428℃$ 近似为 20.411℃所致），再往下计算 $(x_i-\overline{x})^2_{\mathrm{II}i}$ 和 $\Sigma(x_i-\overline{x})^2_{\mathrm{II}i}$，接着计算

$$\sigma_{\mathrm{II}}=\sqrt{\frac{\Sigma(x_i-\overline{x})^2_{\mathrm{II}i}}{n-1}}=\sqrt{\frac{0.003374}{13}}=0.016℃$$

检查：$3\sigma_{\mathrm{II}}=3\times 0.016℃=0.048℃$，$|(x_i-\overline{x})_{\mathrm{II}i}|$ 中没有比 0.048℃大的，因此可认为不存在疏忽误差了。

⑦ 计算 $\overline{x}_{\mathrm{II}}$ 的均方根误差

$$s=\frac{\sigma_{\mathrm{II}}}{\sqrt{n}}=\frac{0.016℃}{\sqrt{14}}\doteq 0.0043℃\doteq 0.004℃$$

⑧ 测量结果表示式

$$t=20.411℃\pm 0.048℃$$

三、仪表的误差补偿及线性化

上节讨论的误差处理是根据系统误差和随机误差产生的规律和特点，计算误差的大小或进行误差的分配，就本质而言，它不能对仪表的误差进行补偿。为了提高检测系统或仪表的精度，就必须设法进行误差补偿以便消除或减少误差。由于疏忽误差可通过细心工作加以消除，故只讨论系统、缓变、随机误差的补偿方法。

1. 对系统误差的补偿方法

（1）恒值修正法　设某检测系统或仪表的函数变换关系式为

$$y=f(x,u_1,u_2,\cdots,u_m)$$

在测量中希望 u_1，u_2，…，u_m 保持恒定不变或在某一狭小范围内变动，这样 u_1，u_2，…，u_m 的影响基本为一定值，可用补偿（或校正）方法消除，使其输出 y 与输入 x 有一一对应关系。

例如电功率是电压和电流的乘积，即 $W=IU$，当电压 U 恒定时，则电功率 W 与电流 I 是一一对应的单值函数关系。若在测量 W 过程中，电压 U 由原先的 U_0 变为 U_1，此时电功率 W 的测量值将要产生误差，因此必须对 W 进行修正（或称补偿）。现计算如下。

当电压为 U_0 时，$W=IU_0$。

当 U_0 变为 U_1，即 $U_1-U_0=\Delta U$，则 $W'=I(U_0+\Delta U)=W+\Delta W$。

所以 ΔW 即为恒定修正值。

（2）差动法　使被测量 x 对变换元件两侧起差动作用，而其他有影响的变量对变换元件两侧起对称作用。其合成变换结果为变换元件两侧作用之差，这样被测量的作用相加，影响量的作用相减，这既达到了抑制干扰，又提高了仪表的灵敏度。这种差动结构在检测传感器中广为应用，是仪表的最基本结构之一。

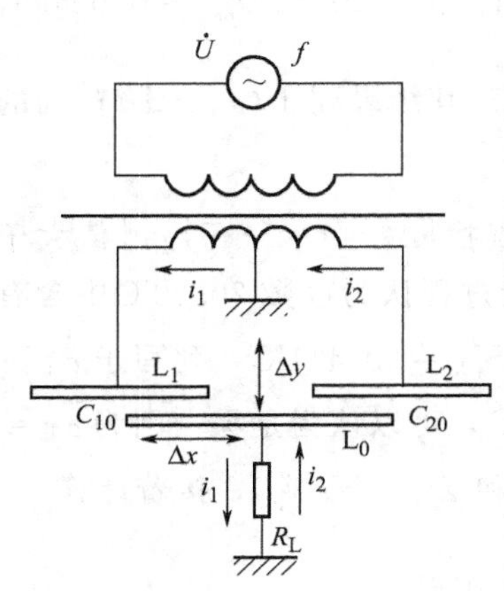

图 1-14　差动电容变换原理图

图 1-14 为差动电容变换器原理图，其中 Δx 为位移被测量，Δi 为输出量，L_0 为电容动极板，L_1、L_2 为电容静极板，Δy 为电容极板的上下抖动干扰，Δu、Δf 为电源电压幅值和频率的干扰。当尚未测量时，动极板 L_0 处于中间位置，则 $C_{10}=C_{20}$，$\dfrac{1}{\omega C_{10}}=\dfrac{1}{\omega C_{20}}$，$i_{10}=i_{20}$，式中 C_{10}、C_{20} 为动极板处于中间位置时的左右两边的电容初始值，i_{10}、i_{20} 为变换器左右两侧电流初始值，ω 为电源角频率。

测量时：设电容器极板 L_0 随着被测量向右移动一个 Δx 时，则

$$C_1=C_{10}-\Delta C_1,\quad \frac{1}{\omega C_1}=\frac{1}{\omega(C_{10}-\Delta C_1)}$$

$$C_2=C_{20}+\Delta C_2,\quad \frac{1}{\omega C_2}=\frac{1}{\omega(C_{20}+\Delta C_2)}$$

所以

$$i_1=i_{10}-\Delta i_1$$

$$i_2=i_{20}+\Delta i_2$$

故

$$\Delta i=i_1-i_2=-\Delta i_1-\Delta i_2$$

再考虑干扰 Δu、Δf、Δy 的作用，由于 Δu、Δf 对线圈次级两端绕组的影响是相等的，又为差动连接，故对 Δi 的影响为零（次级两端绕组是完全对称的）；若变换器受震动而产生 Δy 的抖动，则对 Δi 的影响也为零。

综上分析可知：差动电路对被测量 x 的输出响应增加一倍；对干扰又有很强的抑制能力。是仪表结构中经常采用的一种方式。

(3) 相互抵消法　除被测量 x 外，让其他影响因素 u_1，u_2，…，u_m 同时作用在敏感元件的两侧，这样除被测量 x 外的其他影响因素的作用就可以相互抵消了。

例如利用差压变送器测量某密闭容器液位，其检测系统如图 1-15 所示，容器上部为不凝结的气体，该测量将受环境温度变化的影响，即容器上方的压力 p_0 受温度影响。在测量过程中，由于差压连接，所以差压变送器中的检测膜片两侧都接受 p_0 的作用而相互抵消，差变的输出仅与液面高度 H 有关，而消除了环境温度的影响。

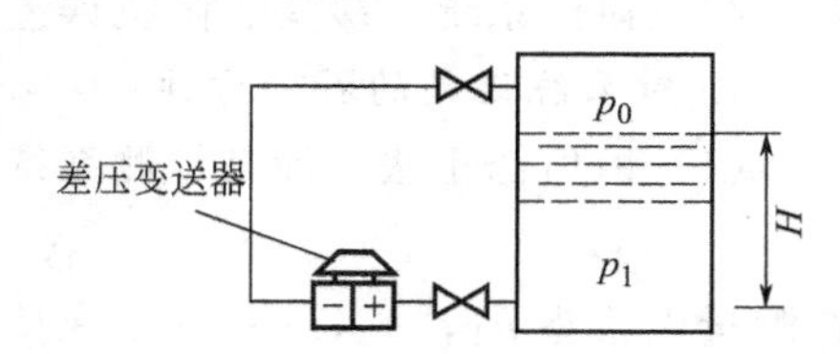

图 1-15　液位检测系统示意图

(4) 滤波法　使仪表只让含有有用信息的频带通过，而将噪声信息（即外界高频干扰信息）等无用频带截止。例如电位差计中的滤波电路，如图 1-16 所示。

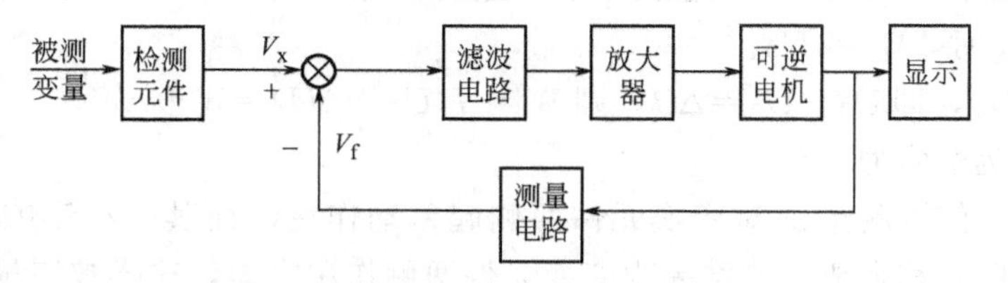

图 1-16　电位差计结构框图

以上几种误差补偿方法，是在检测系统或仪表结构设计时应加以考虑的。

2．减小随机误差的方法

（1）从仪表的设计、结构上考虑，随机误差大部分是由于机件的摩擦、间隙和噪声所引起。

例如在简易式模拟仪表中，常用具有弹性的张丝来代替原来的转轴、轴承和游丝；在差压变送器中用十字簧片代替原来的支点支承，都可以明显地减少摩擦。另外减小可动部分的重量，改善转动部分零件的工艺质量或者采用负反馈结构的平衡测量法皆可以减小因摩擦所引起的随机误差。对于传动机构中间隙所引起的误差，可应用无间隙传动链，采用负反馈的闭合回路等。

为了减小噪声对测量带来的误差，在检测系统或仪表中常采用一些防护措施：如采用各种屏蔽、接地、对称平衡、滤波、选频、去耦等方法。数字仪表比模拟仪表受噪声的影响要小些，因为较小的干扰不易引起数码脉冲的转换。智能仪表内附微处理器，使它能有多次测量和自动求取平均值的功能，这也是减小随机误差的一种措施。

（2）利用随机误差的统计规律：由前面讨论知，在对被测变量进行一次测量时，则最大随机误差为$\pm 3\sigma$。而对被测变量进行一列测量（n 次）时，则

$$x=\overline{x}\pm 3s$$

式中，x 为被测变量的准确值；$\overline{x}$ 为一列测量的平均值；$s=\frac{\sigma_x}{\sqrt{n}}$，$\sigma_x=\sqrt{\frac{\Sigma(x_i-\overline{x})^2}{n-1}}$。

由于元器件老化所引起的仪表灵敏度缓慢降低，这将导致缓变误差。经过一段时间使用后，仪表的零点和满度都将发生变化，其静特性如图 1-17 所示。仪表原特性为图中实线 1，偏移后的特性为虚线 2，其零点由原来的 O 点变化到 O'点，满度点由原来的 a 点变到 a'点。仪表上一般皆有调零和调灵敏度旋钮，此时通过先调零，后调满度，即可使仪表特性复原；但经过一段时间后，仪表特性又将产生偏移，须再次调整；当灵敏度旋钮调到极限位置时，仪表特性仍不能复原，则需更换高度老化的元器件。

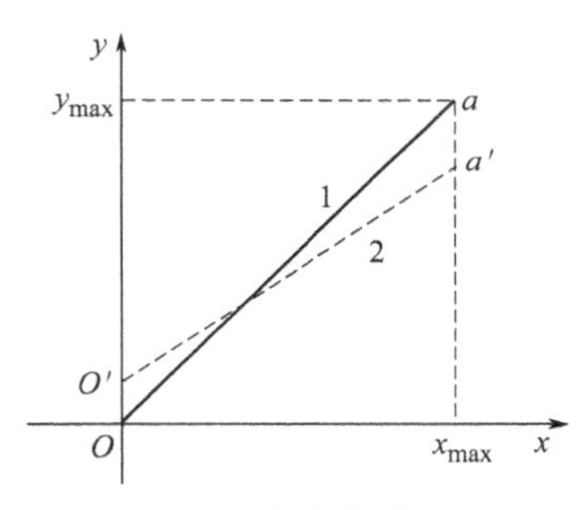

图 1-17 仪表静特性的变化示意图

3．仪表的线性化

对于检测仪表一般都希望是线性刻度，这样不仅读数方便，而且在整个测量范围内灵敏度保持恒定。但实际上，由于大多数检测元件或传感器的非线性转换关系，以及测量电路中往往存在着非线性元件等原因，使输入仪表信号与被测变量间存在着不同程度的非线性。这不仅使仪表刻度盘制造困难，互换性差，且存在安装调整不易，读数不方便等缺点。所以对仪表经常采用线性化处理。

例如数字仪表的线性化处理：图 1-18 为数字仪表结构框图及变换器特性，图(a)中 T 为变换器或传感器，A/D 为模数转换器，x 为被测变量，y 为变换器或传感器的输出模拟量，N 为 A/D 转换器的数字输出，通常 A/D 为严格的线性转换，即

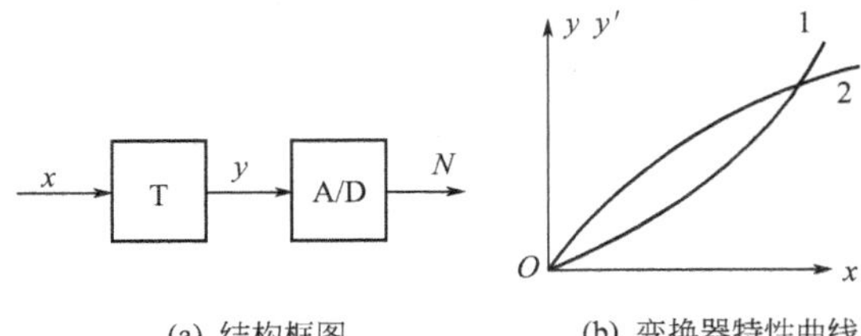

图 1-18 数字仪表结构框图及变换器特性

$$N=K_2 y$$

式中，K_2 为转换系数，是常量。若变换器 T 为非线性转换，即

$$y=K_1x$$

式中，K_1 为变系数［如图 1-18(b)中曲线 1 所示］。此时

$$N=K_1K_2x=K'x$$

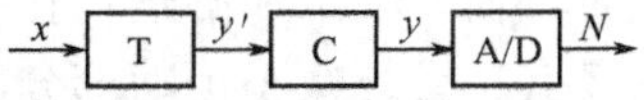

图 1-19 带线性化装置的数字化仪表框图

式中，$K'=K_1K_2$ 是变系数，故数字仪表输出脉冲数（数字量）N 与被测变量 x 不成线性对应关系。为使 N 与 x 有线性对应关系，应对仪表进行线性化处理，即在变换器 T 与 A/D 之间引进一个变系数环节 C，如图 1-19 所示。并令 $y=K_3y'$，且使 K_1K_3 为常数，则

$$N=K_1K_3K_2x=Kx$$

式中，$K=K_1K_3K_2$ 为常数，故可以获得仪表的线性特性。环节 C 的特性示于图 1-18（b）中曲线 2，由图可知，曲线 2 的非线性正好补偿曲线 1 的非线性。

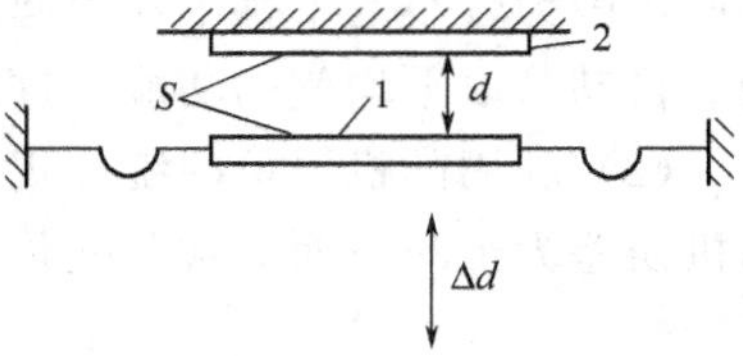

线性化的另一种方法：在变换器（传感器）设计时，选择与被测量 x 具有线性关系的量作为输出量 y。

例如位移式电容变换器的敏感元件如图 1-20 所示。图中 2 为电容固定极板，1 为可动极板，其变换函数关系为

图 1-20 位移式电容变换器的敏感元件

1—可动极板；2—固定极板

$$C=\varepsilon\frac{S}{d}$$

式中，ε 为介电常数；S 为电容极板表面积；d 为电容两极板间距离。

若在变换器设计时，把电容量的变化 ΔC 作为输出量，被测量 Δd（位移）为变换器输入量，那么 ΔC 与 Δd 为非线性关系；如果不用 C 作为输出量，而选用容抗 x_C，则

$$x_C=\frac{1}{\omega C}=\frac{1}{\omega\varepsilon\dfrac{S}{d}}=\frac{d}{\omega\varepsilon S}$$

这时输出量 x_C（容抗）就与位移输入量 d 为线性关系，式中 ω 为角频率。

上面是从仪表的结构和设计方面考虑，对仪表进行线性化处理，因而从根本上消除或减小非线性误差。下面就不采用线性化措施，而采用一些间接的办法减少非线性误差作一简单介绍。

(1) 直接刻度　在刻度上按照变换的函数关系直接进行刻度，这在刻度盘制造和使用上不方便，但却消除了非线性误差。

例如用热电偶测量温度时，热电势 E 与被测温度 t 往往不是准确的线性关系，因此测温电位差计往往是非线性刻度。

(2) 缩小工作范围　如图 1-21 所示，尽管变换函数关系为非线性，但可以分段线性处理，因此可以大大减小非线性误差，当然仪表工作范围也随之缩小。

(3) 修正法　尽管仪表的函数转换关系为非线性，但仍可按线性刻度，然后在各刻度值上加一修正值，即可求得较准确的值。如图 1-22 所示，对应于 x_1 的仪表刻度数为 y_1'，而实际数应为 y_1，所以修正值

$$\Delta_1=y_1-y_1'$$

故对应于 x_1 的实际读数(准确读数)

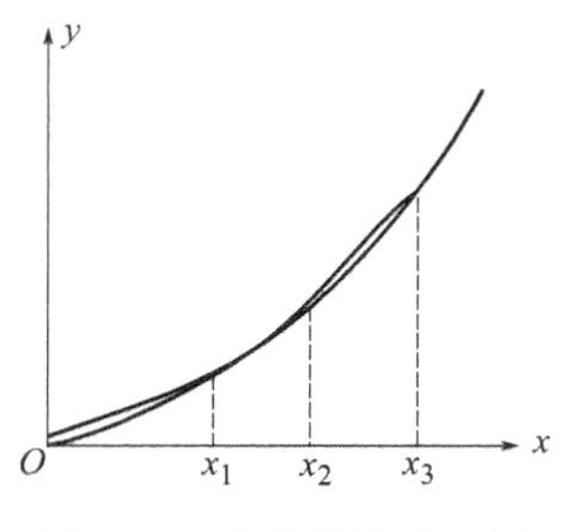

图 1-21　分段线性示意图

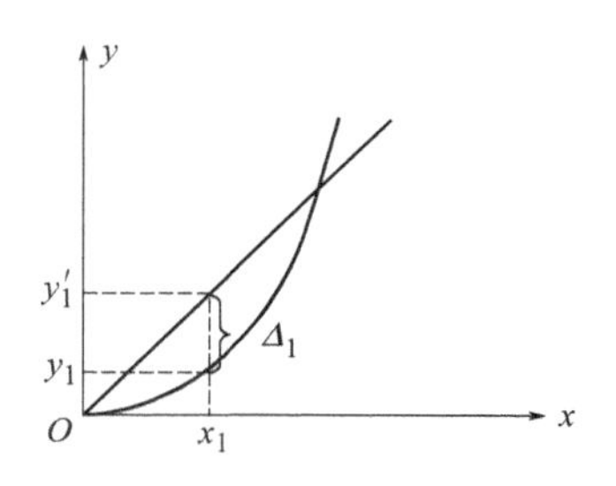

图 1-22　修正值求取图

$$y_1 = y_1' + \Delta_1$$

图 1-22 中 Δ_1 为负数。

练习与思考

1. 过程检测系统和过程控制系统的区别何在？它们之间相互关系如何？

2. 开环结构仪表和闭环结构仪表各有什么优缺点？为什么？

3. 开环结构仪表的灵敏度 $S = \prod_{i=1}^{n} S_i$，相对误差 $\delta = \sum_{i=1}^{n} \delta_i$。请考虑图 1-4 所示闭环结构仪表的灵敏度 $S \doteq \frac{1}{S_f}$（S_f 为反馈通道的灵敏度），而相对误差 $\delta \doteq -\delta_f$（δ_f 为反馈通道的相对误差），对吗？请证明之。

提示：闭环结构仪表的灵敏度 $S = y/x$；闭环结构仪表的相对误差 $\delta = \mathrm{d}S/S$。

4. 由孔板节流件、差压变送器、开方器和显示仪表组成的流量检测系统，可能会出现下列情况。

（1）各环节精度相差不多。

（2）其中某一环节精度较低，而其他环节精度都较高。

问该检测系统总误差如何计算？

5. 理论上如何确定仪表精度等级？但是实际应用中如何检验仪表精度等级？

6. 用 300kPa 标准压力表来校验 200kPa 1.5 级压力表，问标准压力表应选何级精度？

7. 对某参数进行了精度测量，其数据列表如下。

观测值	8.23	8.24	8.25	8.26	8.27	8.28	8.29	8.30	8.31	8.32
次　数	1	3	5	8	10	11	9	7	5	1

试求检测过程中可能出现的最大误差？

8. 求用下列手动平衡电桥测量热电阻 R_x 的绝对误差和相对误差。设电源 E 和检流计 D 引起的误差可忽略不计。已知：$R_x = 10\Omega$，$R_2 = 100\Omega$，$R_N = 100\Omega$，$R_3 = 1000\Omega$，各桥臂电阻可能误差为 $\Delta R_2 = 0.1\Omega$，$\Delta R_N = 0.01\Omega$，$\Delta R_3 = 1\Omega$（如图 1-23 所示）。

9. 某测量仪表中的分压器有五挡。总电阻 R 要求能精确地保持 11111Ω，且其相对误差小于 0.01%，问各电阻的误差如何分配？图中各电阻值如下：$R_1 = 10000\Omega$，$R_2 = 1000\Omega$，$R_3 = 100\Omega$，$R_4 = 10\Omega$，$R_5 = 1\Omega$（如图 1-24 所示）。

10. 贮罐内液体质量的检测，常采用测量贮罐内液面高度 h，然后乘以贮罐截面积 A，再乘以液体密度 ρ，就可求得贮罐内液体质量储量，即 $M = hA\rho$。但采用该法测量 M 时，随着环境温度的变化，液体密度 ρ 也将随着变化，这就需要不断校正，否则将产生系统误差。试设计一种检测方法，可自动消除（补偿）该系统误差。

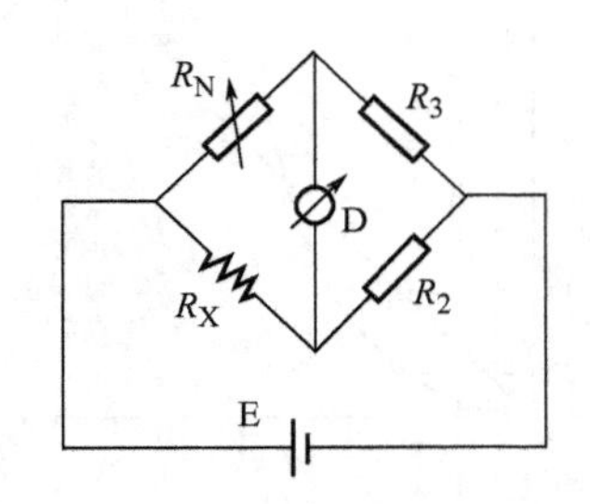

图 1-23 手动平衡电桥原理线路

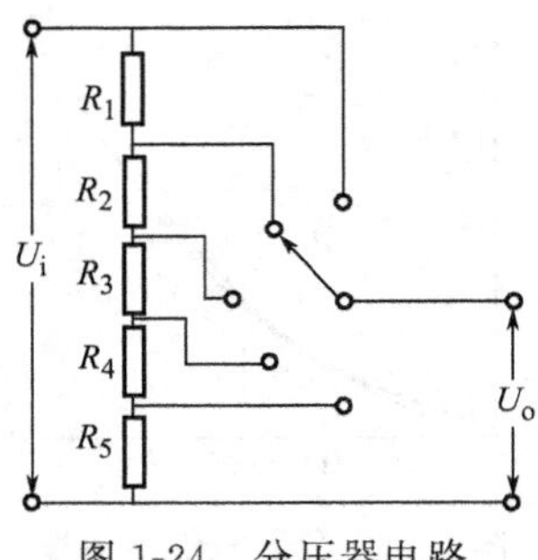

图 1-24 分压器电路

参 考 文 献

[1] 杜维，乐嘉华．化工检测技术及显示仪表．杭州：浙江大学出版社，1988.
[2] 严钟豪，谭祖根．非电量电测技术．北京：机械工业出版社，1983.
[3] 吴训一．自动检测技术（上册）．北京：机械工业出版社，1981.
[4] Jones B. E. Instrumentation，measurement and feedback. Mc Graw-Hill Book Company（UK）Limited，1977.
[5] 范玉久等．化工测量及仪表．北京：化学工业出版社，1981.

第二章　参数检测技术

在化工、石油、轻工、冶金、建材等领域的生产、输送和储存等过程中，人们为了了解各过程的运行情况，需要借助检测手段对有关的参数进行测量，获得这些参数的数量信息。

随着科学技术的不断发展，需要检测的参数越来越多，对参数检测的精度要求也越来越高。本章将主要介绍与化工等生产过程密切相关的参数的检测。这些参数包括：温度、压力、流量、物位和气体成分等。

通过第一章的学习知道，一个检测系统主要由敏感元件、变换、传输、处理和显示各部分组成，其中敏感元件是检测系统的关键，它决定被测变量的可测范围、测量精度和检测系统的使用条件等。因此，本章在介绍各参数的检测原理及方法的基础上，将较详细地介绍应用这些原理及方法制成的一些常用的敏感元件。与检测系统有关的其余部分将分别在第三和第四章中介绍。

本章的内容是这样安排的：首先在介绍与检测有关的主要自然规律的基础上，介绍参数检测的一般原理和方法。在以后的各节中分别介绍温度检测、压力检测、物位检测、流量检测和成分参数检测。在各类参数的检测后面都有一个小结，有重点地集中介绍各类参数检测的特点、发展趋势等，以便于读者更好掌握各种参数的检测方法以及综合应用能力。

第一节　参数检测的一般方法和原理

一、自然规律与检测方法

一个检测系统之所以能正确传递信息，进行信号转换，实现参数的检测，是因为它利用了自然规律中的各种定律、法则和效应。或者说这些自然规律是参数检测的基础。与检测技术有关的自然规律可归纳为四个方面，守恒定律、场的定律、物质定律和统计法则。下面将讨论这些定律和法则与检测技术的关系以及它们在检测技术中的应用。

1. 守恒定律

守恒定律是自然界最基本的定律，它包括能量、动量和电荷量等守恒定律。

守恒定律在流量检测中有一定的应用，例如比托管流量计、节流式流量计和均速管流量计等都利用了能量守恒定律。图 2-1 是比托管测速原理图，它是根据流体的总压与静压之间的差来测量流体的流速。比托管是由两根弯成直角的同心套管构成。测量时，比托管的内管口正对流体流动方向。设在比托管前一小段距离的点 1 处流速为 v_1，静压为 p_1，当流体流至比托管管口点 2 处，因管内充满被测流体，故流速变为零，动能转化为静压能，使静压增至 p_2。因此在点 2 内管所测得的为静压能 $\frac{p_1}{\rho}$ 和动能 $\frac{v_1^2}{2}$ 之和，即

$$\frac{p_2}{\rho}=\frac{p_1}{\rho}+\frac{v_1^2}{2} \tag{2-1}$$

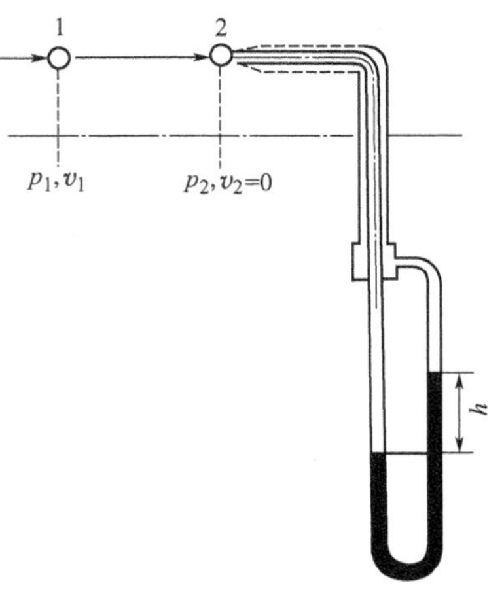

图 2-1　比托管测速原理图

而外管只在壁面周围开孔，孔的轴向与流体流动方向垂直，因此由外管上测压孔测得的只是流体的静压能$\frac{p_1}{\rho}$。当比托管的内管外管的另一末端分别接到差压计的正负压室，则差压计的读数反映了流体的流速

$$v_1=\sqrt{\frac{2(p_2-p_1)}{\rho}} \tag{2-2}$$

2. 场的定律

场的定律是关于物质作用的定律，如动力场的运动定律、电磁场的感应定律和光的电磁场的干涉现象等。

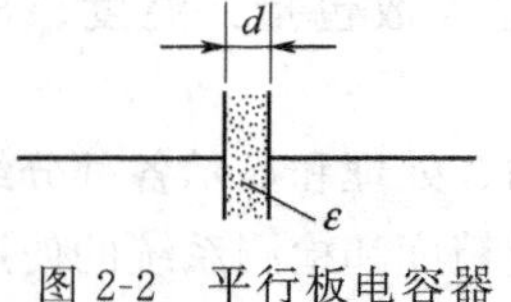

图 2-2 平行板电容器

电容式传感器是利用静电场有关定律的一个典型例子，最简单的平行板电容器如图 2-2 所示，电容器的电容量 C 为

$$C=\frac{\varepsilon S}{d} \tag{2-3}$$

式中，ε 为两平行板之间物质的介电常数；S 为平行板的面积；d 为两平行板之间的距离。当ε 和 S 一定时，改变两极板之间的距离 d 将改变电容量C。如果把一个极板固定，另一个极板与可产生位移的敏感元件相连，则利用上述性质，可以将敏感元件的位移转换成电容量的大小。当 S 和 d 保持不变，两极板间为具有明确分界面的两种物质，则电容量取决于这两种物质的介电常数和界面的高低。根据这个原理，可以用电容器测量液体的液面、颗粒物料的料面以及两种液体间的界面。如果在两极板之间的两种物质是均匀分布的，而且它们的介电常数不同，那么电容量与这两种物质的混合比例有关。

电磁流量计是利用电磁感应定律和运动定律。根据法拉第电磁感应定律，当长度为 l 的导体以速度 v 作垂直于磁场运动时，若磁场的磁感应强度为 B，则运动导体产生的感应电势为

$$e=Blv \tag{2-4}$$

当导电性的流体流过该磁场时，在有效长度 l 两端也同样能产生感应电势，由此可测得流体的流速 v。

基于场的定律的参数检测，其敏感元件的形状、尺寸等参数决定了检测系统的量程、灵敏度等性能，它具有较大的设计自由度、选择材料的限制较小等优点，但体积一般较大，不易集成，环境干扰对敏感元件的输出影响较大。

3. 物质定律

物质定律是关于各种物质本身内在性质的定律、法则和规律。物质的内在性质通常以这种物质所固有的物理量加以描述，它与物质的材料密切相关。

物质的电阻是最常见的物理量之一，由于它易测量，准确度高，在检测技术中经常利用材料的电阻与被检测量之间的关系进行参数检测。例如，金属导体特别是许多半导体物质在受压、受热、受光照等情况下，表现出其电阻值有明显的变化，根据物质的这一特性，可分别进行压力、温度和光强等参数的检测。

基于物质定律的参数检测具有敏感元件体积小、无可动部件、反应快、灵敏度高、稳定性好、易集成等优点，因此在检测技术中有广阔的应用前景。

4. 统计法则

统计法则是利用统计方法把微观系统与宏观系统联系起来的物理法则。

奈奎斯特定理是统计法在检测技术中应用的一个例子。由统计物理可知，电子热运动的涨落，在电阻 R 的两端产生热噪声的电压波动。奈奎斯特定理指出，电阻 R 两端的热噪声电压 u_n 的方均值为

$$\overline{u_n^2}=4\kappa R\Delta fT \tag{2-5}$$

式中，κ 为玻尔兹曼常数；Δf 为热噪声的频带宽度；T 为热力学温度。由此可见，利用热噪声电压和热力学温度的关系可以构成热噪声型热敏电阻，从而进行热力学温度的检测。

虽然从理论上讲应用这种热噪声型温度检测方法具有测温范围宽，精度高（与敏感元件的材料无关）等优点，但热噪声电压 u_n 极小，直接测量困难较大。另外，有关统计法则在检测技术中的应用理论尚待深入，因此基于统计法则的参数检测目前应用还较少。

二、基础效应

参数的检测离不开敏感元件，敏感元件是按照一定的原理把被测量的信息转换成另一种可进一步进行处理或表示的信息。这个转换过程一般利用诸多的效应（包括物理效应、化学效应和生物效应）和物理现象，其中基于物质定律的敏感元件更是如此。因此，检测技术的发展与新型物性材料的开发、新原理和新效应的发现密切相关。为了便于后续学习，表 2-1 给出了一些与检测技术有关的常见的基础效应。除了表中所列的效应外，还有很多物理效应，如约瑟夫森（Josephson）效应、光弹性效应、应变效应、多普勒（Doppler）效应，以及化学效应，如饱和效应、电泳效应、彼得（Budde）效应，也常常被用于各种参数检测。

表 2-1　一些与检测技术有关的常见的基础效应

效应名称	原　理	输出量	检测元件及应用
光导效应	物体受光照射，其内部原子释放的电子留在内部而使物体的导电性增加，电阻值下降	电阻	光敏电阻，测量光强
光生伏特效应	半导体在光的照射下能产生一定方向的电动势	电压或电流	光电池、光敏二极管、光敏三极管，检测光电流
光电子发射效应	金属在光照下，释放的光电子逸出金属表面	电流	光电管、光电倍增管，检测微弱光信号
压阻效应	半导体材料受到外力或应力作用时，其电阻率发生变化，从而引起电阻值的变化	电阻	扩散硅传感器，测量力、压力等
压电效应	某些电介质沿一定方向受外力作用而变形时，在其特定的两个表面上产生异号电荷	电压(电荷)	压电晶体、压电陶瓷，测量力、压力等
压磁效应	磁致伸缩材料在外力(应力或应变)作用下，使各磁畴之间的界限产生移动，从而使材料的磁化强度和磁导率发生相应变化	感抗	压磁元件，用于测量力、扭力、转矩等
热电效应	两种不同的导体或半导体连接成闭合回路，当它们的两个接点处于不同温度时，回路内将产生电动势	电压	热电偶，测量温度
霍尔效应	当电流垂直于外磁场方向通过导体或半导体薄片时，在薄片垂直于电流和磁场方向的两个侧表面之间产生电位差	电压	霍尔传感器，用于位移、压力、磁场和电流等的测量

第二节　温度检测

温度是表征物体或系统的冷热程度的物理量。根据分子物理学理论，温度反映了物体中分子无规则热运动的剧烈程度。物体的许多物理现象和化学性质都与温度有关，许多生产过

程，特别是化学反应过程，都是在一定的温度范围内进行的。所以，在工业生产和科学实验中，人们经常会遇到温度和温度检测与控制的问题。

一、温标

温标是用来量度物体温度高低的标尺，它是温度的一种数值表示，一个温标主要包括两个方面的内容：一是给出温度数值化的一套规则和方法，例如规定温度的读数起点（零点）；二是给出温度的测量单位。

1. 常用温标简介

（1）经验温标　借助于某一种物质的物理量与温度变化的关系，用实验方法或经验公式所确定的温标称作经验温标。它主要指摄氏温标和华氏温标两种。这两种温标都是根据液体（水银）受热后体积膨胀的性质建立起来。

摄氏温标是把在标准大气压下水的冰点定为零度，把水的沸点定为100度的一种温标。在零度到100度之间划分100等份，每一等份为一摄氏度，单位符号为℃。摄氏温标虽不是国际统一规定的温标，但我国目前暂时还可继续使用。

华氏温标规定在标准大气压下水的冰点为32度，水的沸点为212度，中间划分为180等份，每一等份为一华氏度，单位符号为℉。华氏温标已被我国所淘汰，不再使用。

由此可见，用不同温标所确定的温度数值是不同的；另外，上述经验温标是用水银作温度计的测温介质，由于依附于具体物质的性质而带有任意性，不能严格地保证世界各国所采用的基本测温单位完全一致。

（2）热力学温标　又称开尔文温标，单位符号为K。热力学温标是以热力学第二定律为基础的一种理论温标，已由国际计量大会采纳作为国际统一的基本温标。它有一个绝对零度，低于该零度的温度不可能存在。热力学温标的特点是不与某一特定的温度计相联系，并与测温物质的性质无关，是由卡诺定理推导出来的，所以用热力学温标所表示的热力学温度被认为是最理想的温度数值。

热力学中的卡诺热机是一种理想的机器，实际上并不存在，因此热力学温标是一种纯理论的理想温标，无法直接实现。

（3）国际实用温标　为了实用方便，国际上协商决定，建立一种既能体现热力学温度（即能保证较高的准确度），又使用方便、容易实现的温标，这就是国际实用温标，又称国际温标。该温标选择了一些固定点（可复现的平衡态）温度作为温标基准点；规定了不同温度范围内的基准仪器；固定点温度间采用内插公式，这些公式建立了标准仪器示值与国际温标数值间的关系。随着科学技术的发展，固定点温度的数值和基准仪器的准确度会越来越高，内插公式的精度也会不断提高，因此国际温标在不断更新和完善，准确度会不断提高，并尽可能接近热力学温标。

第一个国际温标是1927年建立的，记为ITS-27。1948年、1968年和1990年进行了几次较大修改，相继有ITS-48、ITS-68和ITS-90。目前我国已开始采用ITS-90。

2. 1990年国际温标（ITS-90）简介

（1）定义固定点　ITS-90中定义固定点有17个，如表2-2所示。

（2）标准仪器　ITS-90的内插用标准仪器，是将整个温标分4个温区。温标的下限为0.65K，向上到用单色辐射的普朗克辐射定律实际可测得的最高温度：

① 0.65～5.0K　^3He和^4He蒸气压温度计，其中^3He蒸气压温度计覆盖0.65～3.2K，^4He蒸气压温度计覆盖1.25～5.0K；

② 3.0～24.5561K　^3He、^4He 定容气体温度计；

③ 13.8033～1234.93K　铂电阻温度计；

表 2-2　ITS-90 定义固定点

物　质	T_{90}/K	t_{90}/℃	物　质	T_{90}/K	t_{90}/℃
氦蒸气压，He(vp)	3～5	－270.15～－268.15	水三相点，H_2O(tp)	273.16	0.01
			镓熔点，Ga(mp)	302.9146	29.7646
平衡氢三相点，e-H_2(tp)	13.8033	－259.3467	铟凝固点，In(fp)	429.7485	156.5985
平衡氢蒸气压，e-H_2(vp)	～17	～256.15	锡凝固点，Sn(fp)	505.078	231.928
平衡氢蒸气压，e-H_2(vp)	～20.3	～252.85	锌凝固点，Zn(fp)	692.677	419.527
氖三相点，Ne(tp)	24.5561	－248.5939	铝凝固点，Al(fp)	933.473	660.323
氧三相点，O_2(tp)	54.3584	－218.7916	银凝固点，Ag(fp)	1234.93	961.78
氩三相点，Ar(tp)	83.8058	－189.3442	金凝固点，Au(fp)	1337.33	1064.18
汞三相点，Hg(tp)	234.3156	－38.8344	铜凝固点，Cu(fp)	1357.77	1084.62

④ 1234.93K 以上　光学或光电高温计。

(3) 内插公式　每种内插标准仪器在 n 个固定点温度下分度，以此求得相应温度区内插公式中的常数。有关各温度区的内插公式请参阅 90 国际温标有关资料。

二、温度检测仪表的分类及特点

温度检测根据敏感元件与被测介质接触与否分为接触式和非接触式两大类。接触式温度测量的特点是感温元件直接与被测对象相接触，两者进行充分的热交换，最后达到热平衡，此时感温元件的温度与被测介质的温度必然相等，温度计的示值就是被测介质的温度。接触式测温的测温精度相对较高，直观可靠，测温元件价格较低，但由于感温元件与被测介质直接接触，会影响被测介质的热平衡状态，而接触不良又会增加测温误差；若被测介质具有腐蚀性或温度太高亦将严重影响感温元件的性能和寿命。根据测温转换的原理，接触式测温可分为膨胀式（如温度管水银温度计、双金属温度计）、热阻式、热电式等多种形式。

非接触式温度测量的特点是感温元件不与被测对象直接接触，而是通过接受被测物体的热辐射能实现热交换，据此测出被测对象的温度。因此，非接触式测温具有不改变被测物体的温度分布，热惯性小，测温上限可设计得很高，便于测量运动物体的温度和快速变化的温度等优点。例如机场、学校用来测体温的红外温度计就属于非接触式温度计。两类测温方法的主要特点如表 2-3 所示。

表 2-3　两类测温方法的主要特点

方　式	接　触　式	非接触式
测量条件	感温元件要与被测对象良好接触；感温元件的加入几乎不改变对象的温度；被测温度不超过感温元件能承受的上限温度；被测对象不对感温元件产生腐蚀	需准确知道被测对象表面发射率；被测对象的辐射能充分照射到检测元件上
测量范围	特别适合 1200℃以下，热容大，无腐蚀性对象的连续在线测温，对高于 1300℃以上的温度测量较困难	原理上测量范围可以从超低温到极高温，但 1000℃以下，测量误差大，能测运动物体和热容小的物体温度
精度	工业用表通常为 1.0、0.5、0.2 及 0.1 级，实验室用表可达 0.01 级	通常为 1.0、1.5、2.5 级
响应速度	慢，通常为几十秒到几分	快，通常为 2～3s

各类温度检测方法构成的测温仪表的大体测温范围和特点如表 2-4 所示。

表 2-4　主要温度检测方法及特点

测温方式	测量种类	原　理	典型仪表	测温范围/℃	特　点
接触式	膨胀式	利用液体气体的热膨胀或两种金属的热膨胀差测温	玻璃液体	−100～600	结构简单、使用方便、测量精度较高、价格低廉；测量上限和精度受玻璃质量限制，易碎，不能远传
			双金属	−80～600	结构紧凑、牢固、可靠；测量精度较低、量程和使用范围有限
	压力式	利用物质的蒸气压变化	液体	−40～200	耐震、坚固、防爆、价格低廉；工业用压力式温度计精度较低、测量距离短、滞后大
			气体	−100～500	
	热电阻	固体材料的电阻随温度而变化	铂电阻	−260～850	测量精度高，便于远距离、多点、集中检测和自动控制；不能测高温，须注意环境温度的影响
			铜电阻	−50～150	
			热敏电阻	−50～300	灵敏度高、体积小、结构简单、使用方便；互换性较差，测量范围有一定限制
	热电类	利用热电效应	热电偶	−200～1800	测量范围广、测量精度高、便于远距离、多点、集中检测和自动控制；需要冷端补偿，低温段测量精度较低
	其他电学类	半导体器件的温度效应	集成温度传感器	−50～150	使用简单、互换性好，非线性误差较小
		晶体的固有频率随温度而变化	石英晶体温度计	−50～120	测量精度高、稳定性好、抗强冲击性能差
	光纤类	利用光纤的温度特性或作为传光介质	光纤温度传感器	−50～400	用于强电磁场、易燃易爆生产过程和高温介质的温度测量
非接触式			光纤辐射温度计	200～4000	
	辐射类	利用普朗克定律	光电高温计	800～3200	灵敏度高、精确度高，便于自动测量与控制
			辐射传感器	400～2000	不破坏温度场，测温范围大，可测运动物体的温度；易受外界环境的影响，标定较困难
			比色温度计	500～3200	

三、热电偶及测温原理

1. 热电效应与热电偶

热电效应是热电偶测温的基本原理。根据热电效应，任何两种不同的导体或半导体组成的闭合回路，如图 2-3 所示，如果将它们的两个接点分别置于温度各为 t 及 t_0 的热源中，则在该回路内就会产生热电势。这两种不同导体或半导体的组合称为热电偶。每根单独的导体或半导体称为热电极。两个接点中，t 端称为工作端（假定该端置于被测的热源中），又称测量端或热端；t_0 端称为自由端，又称参考端或冷端。

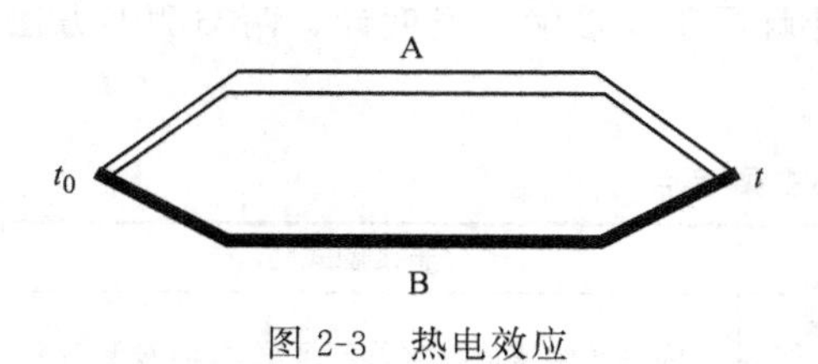

图 2-3　热电效应

由热电效应可知，闭合回路中所产生的热电势由两部分组成，即接触电势和温差电势，其中温差电势是同一导体的两端因其温度不同而产生的一种热电势。当同一导体的两端不同时，由于高温端的电子能量比低温端的电子能量大，因而从高温端跑到低温端的电子数比从低温端跑到高温端的要多，结果高温端失去电子而带正电荷，低温端得到电子而带负电荷，从而形成一个由高温指向低温的静电场。当电子运行达到平衡时，在导体的两端便产生一个相应的温差电势 $e(t,t_0)$，其大小由下列公式给出

$$e(t,t_0)=\frac{\kappa}{e}\int_{t_0}^{t}\frac{1}{N_t}\frac{\mathrm{d}(N_t t)}{\mathrm{d}t}\mathrm{d}t$$

式中，κ 为玻尔兹曼常数；e 为单位电量；N_t 为导体内的电子密度，是温度 t 的函数；t 和 t_0 是导体两端的温度（假定 $t>t_0$）。不同的导体具有不同的电子密度，因此它们的温差电势一般也不一样。

接触电势是由于两种不同的导体接触时自由电子由密度大的导体向小的扩散，直至动态平衡而形成的。在接触处两侧失去电子的带正电，得到电子的带负电，形成稳定的接触电势。接触电势的数值取决于两种不同导体的性质和接触点的温度。设接触点的温度为 t，两种导体的电子密度分别为 N_{At} 和 N_{Bt}，则接触电势 $e_{AB}(t)$ 为

$$e_{AB}(t)=\frac{\kappa}{e}\ln\frac{N_{At}}{N_{Bt}}$$

综上所述，图 2-3 所示的闭合回路中产生的总热电势为

$$\begin{aligned}E_{AB}(t,t_0)&=e_{AB}(t)+e_B(t,t_0)-e_{AB}(t_0)-e_A(t,t_0)\\&=e_{AB}(t)-e_{AB}(t_0)+e_B(t,t_0)-e_A(t,t_0)\end{aligned}$$

实验结果表明，温差电势比接触电势小很多，可忽略不计，则热电偶的电势可表示为

$$E_{AB}(t,t_0)=e_{AB}(t)-e_{AB}(t_0) \tag{2-6}$$

这就是热电偶测温的基本公式。

当 t_0 为一定时，$e_{AB}(t_0)=C$ 为常数。则对确定的热电偶电极，其总电势就只与温度 t 成单值函数关系，即

$$E_{AB}(t,t_0)=e_{AB}(t)-C \tag{2-7}$$

根据国际温标规定：$t_0=0$℃时，用实验的方法测出各种不同热电极组合的热电偶在不同的工作温度下所产生的热电势值，列成一张张表格，这就是常说的分度表。温度与热电势之间的关系也可以用函数式表示，称为参考函数。新的ITS-90的分度表和参考函数是由国际电工委员会和国际计量委员会合作安排，由权威的研究机构（包括中国在内）共同参与完成的，它是热电偶测温的主要依据。有关标准热电偶的分度表和参考函数详见附录一和附录二。

2. 热电偶基本定律

（1）中间导体定律　如图 2-4 所示将 A、B 构成的热电偶的 t_0 端断开，接入第三种导体 C，并使 A 与 C 和 B 与 C 接触处的温度均为 t_0，则接入导体 C 后对热电偶回路中的总电势没有影响。证明如下。

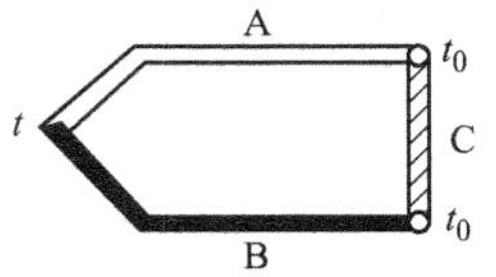

图 2-4　三种导体的热电回路

由于温差电势忽略不计，则回路中的总电势等于各接点的接触电势之和，即

$$E_{ABC}(t,t_0)=e_{AB}(t)+e_{BC}(t_0)+e_{CA}(t_0) \tag{2-8}$$

当 $t=t_0$ 时，有

$$E_{ABC}(t_0,t_0)=e_{AB}(t_0)+e_{BC}(t_0)+e_{CA}(t_0)=0 \tag{2-9}$$

由上式可得 $e_{BC}(t_0)+e_{CA}(t_0)=-e_{AB}(t_0)$，代入式(2-8)得

$$E_{ABC}(t,t_0)=e_{AB}(t)-e_{AB}(t_0)=E_{AB}(t,t_0) \tag{2-10}$$

同理还可以证明，加入第四、第五种导体后，只要加入的导体两端温度相等，则总电势与原热电偶回路的电势值相同。根据热电偶的这一性质，可以在热电偶回路中引入各种仪表、连接导线等。例如，在热电偶的自由端接入一只测量电势的仪表，并保证两个接点的温度一致就可以对热电势进行测量而且不影响热电偶的输出。

(2) 均质导体定律　由一种均质导体组成的闭合回路，不论导体的截面如何以及各处的温度分布如何，都不能产生热电势。

这条定律说明，热电偶必须由两种不同性质的材料构成。

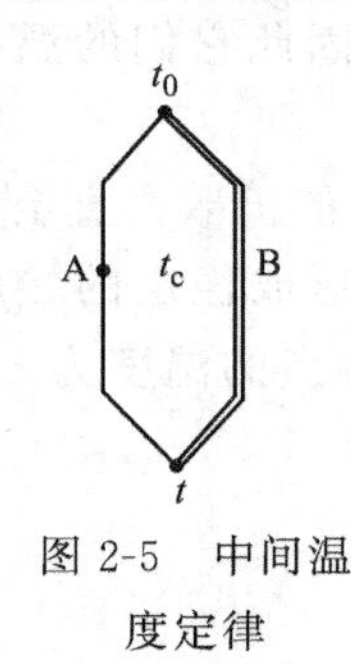

图 2-5　中间温度定律

(3) 中间温度定律　热电偶 AB 在接点温度为 t、t_0 时的热电势 $E_{AB}(t,t_0)$ 等于热电偶 AB 在接点温度为 t，t_c 和 t_c，t_0 的热电势 $E_{AB}(t,t_c)$ 和 $E_{AB}(t_c,t_0)$ 的代数和（见图 2-5），即

$$E_{AB}(t,t_0)=E_{AB}(t,t_c)+E_{AB}(t_c,t_0) \tag{2-11}$$

(4) 等值替代定律　如果使热电偶 AB 在某一温度范围内所产生的热电势等于热电偶 CD 在同一温度范围内所产生的热电势，即 $E_{AB}(t,t_0)=E_{CD}(t,t_0)$，则这两支热电偶在该温度范围内可以互相代用。

下面就上述热电偶的有关定律的应用举几个例子。

【例 2-1】　如图 2-6(a)，设 $E_{AB}(t_c,t_0)=E_{CD}(t_c,t_0)$，证明该回路的总电势为 $E_{AB}(t,t_0)$。

证　因为 $E_{AB}(t_c,t_0)=E_{CD}(t_c,t_0)$，根据等值替代定律，这两支热电偶可以互相代用，即图 2-6(a) 与图 2-6(b) 具有相同的热电势。

又根据中间温度定律，图 2-6(b) 的热电势为

$$E_{AB}(t,t_c)+E_{AB}(t_c,t_0)=E_{AB}(t,t_0)$$

本题也可以用以下的代数运算来证明。对于图 2-6(a)，总电势为

$$E_{ABCD}(t,t_0)=e_{AB}(t)+e_{BD}(t_c)+e_{DC}(t_0)+e_{CA}(t_c) \tag{2-12}$$

若 $t=t_0=t_c$，则

$$e_{AB}(t_c)+e_{BD}(t_c)+e_{DC}(t_c)+e_{CA}(t_c)=0$$

把上式整理后代入式(2-12) 中，得

$$\begin{aligned}E_{ABCD}(t,t_0)&=e_{AB}(t)-e_{AB}(t_c)-e_{DC}(t_c)+e_{DC}(t_0)\\&=E_{AB}(t,t_c)+E_{CD}(t_c,t_0)\end{aligned} \tag{2-13}$$

因为 $E_{CD}(t_c,t_0)=E_{AB}(t_c,t_0)$，则

$$E_{ABCD}(t,t_0)=E_{AB}(t,t_c)+E_{AB}(t_c,t_0)$$

最后根据中间温度定律，得

$$E_{ABCD}(t,t_0)=E_{AB}(t,t_0)$$

由上述例题可以得出如下结论：当 AB 作为热电偶的测量电极时，如果有一对导线 CD 在温度范围 $t_c \sim t_0$ 内与热电偶 AB 具有相等的电势，则在该温度范围内可以将这一对导线引入热电偶 AB 回路中，而不影响热电偶 AB 的热电势。通常把这对导线称为补偿导线，它相当于把热电偶 AB 的自由端由 t_c 处延长到 t_0 处。有关补偿导线下面还要作专门的介绍。

【例 2-2】　根据热电偶的基本性质，试求如图 2-7(a) 所示热电偶回路的电势。已知 $e_{AB}(240)=9.747\text{mV}$，$e_{AB}(50)=2.023\text{mV}$，$e_{AC}(50)=3.048\text{mV}$，$e_{AC}(10)=0.591\text{mV}$。

解法 1　在热电极 A 设一中间温度为 50℃的点，如图 2-7(b)，则利用式(2-13) 的结论可得

$$\begin{aligned}E_{ABC}&=E_{AB}(240,50)+E_{AC}(50,10)\\&=e_{AB}(240)-e_{AB}(50)+e_{AC}(50)-e_{AC}(10)\end{aligned}$$

将已知电势值代入上式，可得

$$E_{ABC}=10.181\ (\text{mV})$$

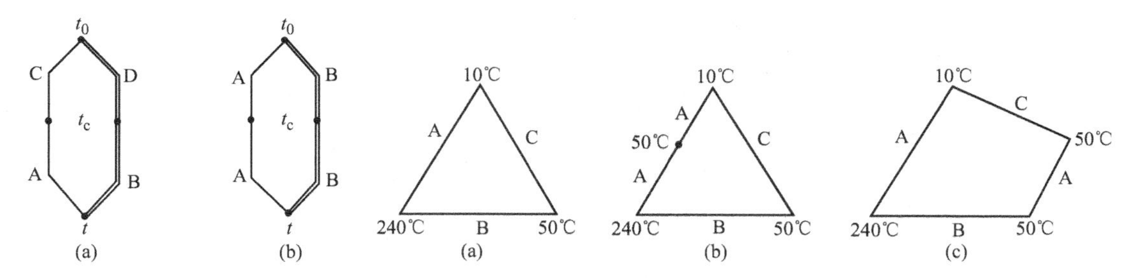

图 2-6　具有相同热电势的热电回路

图 2-7　由三种导体构成的热电偶回路

解法 2　利用中间导线定律，将图 2-7(a) 中 BC 处的接点断开，加入热电极 A，使该电极两端温度均为 50℃，则回路总电势不变，如图 2-7(c) 所示。该回路的总电势为

$$\begin{aligned}E_{ABC}&=e_{AB}(240)+e_{BA}(50)+e_{AC}(50)+e_{CA}(10)\\&=e_{AB}(240)-e_{AB}(50)+e_{AC}(50)-e_{AC}(10)\\&=10.181\ (\text{mV})\end{aligned}$$

解法 3　直接对图 2-7(a) 写出回路总电势

$$E_{ABC}=e_{AB}(240)+e_{BC}(50)+e_{CA}(10) \tag{2-14}$$

假设该回路中各接点处的温度均为 50℃，则

$$E_{ABC}=e_{AB}(50)+e_{BC}(50)+e_{CA}(50)=0$$

由上式得 $e_{BC}(50)=-e_{AB}(50)-e_{CA}(50)$，代入式(2-14)，有

$$\begin{aligned}E_{ABC}&=e_{AB}(240)-e_{AB}(50)-e_{CA}(50)+e_{CA}(10)\\&=e_{AB}(240)-e_{AB}(50)+e_{AC}(50)-e_{AC}(10)\\&=10.181\ (\text{mV})\end{aligned}$$

以上例题的关键点是 $e_{BC}(50)$ 为未知，三种不同的解法的目的均是设法用其他已知项来代替该项，它们都用到了热电偶的基本性质和定律。

3. 标准化热电偶与分度表

根据热电偶的测温原理，似乎任何两种导体都可以组成热电偶，用来测量温度。但是为了保证在工程技术中应用可靠，并具有足够精度，就不是所有材料都能作为热电偶材料。一般说来，对热电偶电极材料有以下要求。

① 在测温范围内，热电性质稳定，不随时间和被测介质变化；物理化学性能稳定，不易氧化或腐蚀。

② 电导率要高，并且电阻温度系数要小。

③ 由它们组成的热电偶，热电势随温度的变化率要大，并且希望该变化率在测温范围内接近常数。

④ 材料的机械强度要高，复制性要好，复制工艺要简单，价格便宜。

实际上并非所有材料都能满足上述全部要求。目前国际上公认比较好的热电材料只有几种。所谓标准化热电偶是指由这些材料组成的热电偶，它们已列入工业标准化文件中，具有统一的分度表。标准化文件还对同一型号的标准化热电偶规定了统一的热电极材料及其化学成分、热电性质和允许偏差，故同一型号的标准化热电偶具有良好的互换性。

表 2-5 给出了这些标准化热电偶的名称、分度号（即热电偶的型号）以及可测的温度范围和

主要性能。表中所列的每一种型号的热电材料前者为热电偶的正极，后者为热电偶的负极。

表 2-5　标准化热电偶及主要性能

热电偶名称	分度号	测温范围/℃		特点及应用场合
		长期使用	短期使用	
铂铑$_{10}$-铂①	S	0～1300	1700	热电特性稳定，抗氧化性强，测温范围广，测量精度高，热电势小，线性差且价格高。可作为基准热电偶，用于精密测量
铂铑$_{13}$-铂	R	0～1300	1700	与S型热电偶的性能几乎相同，只是热电势同比大15%左右
铂铑$_{30}$-铂铑	B	0～1600	1800	测量上限高，稳定性好，在冷端低于100℃不用考虑温度补偿问题，热电势小，线性较差，价格高，使用寿命远高于S型和R型
镍铬-镍硅	K	−270～1000	1300	热电势大，线性好，性能稳定，价格较便宜，抗氧化性强，广泛应用于中高温测量
镍铬硅-镍硅	N	−270～1200	1300	在相同条件下，特别在1100～1300℃高温条件下，高温稳定性及使用寿命较K型有成倍提高，其价格远低于S型热电偶，而性能相近，在−200～1300℃范围内，有全面代替廉价金属热电偶和部分S型热电偶的趋势
铜-铜镍(康铜)	T	−270～350	400	准确度较高，价格便宜，广泛用于低温测量
镍铬-铜镍(康铜)	E	−270～870	1000	热电势较大，中低温稳定性好，耐磨蚀，价格便宜，广泛应用于中低温测量
铁-铜镍(康铜)	J	−210～750	1200	价格便宜，耐H_2和CO_2气体腐蚀，在含碳或铁的条件下使用也很稳定，适用于化工生产过程的温度测量

①铂铑$_{10}$-铂表示铂90%，铑10%，以此类推。

以上几种标准热电偶的参考函数和分度表详见附录二和附录一。其温度与电势特性曲线如图2-8所示。

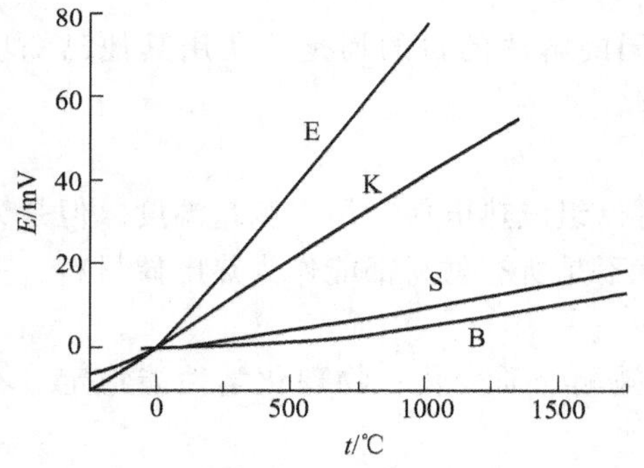

图 2-8　常用热电偶的热电特性

根据上述热电偶的分度表（参考函数），可以得出如下结论。

① $t=0$℃时，所有型号的热电偶的热电势均为零；当$t<0$℃时，热电势为负值。

② 不同型号的热电偶在相同温度下，热电势一般有较大的差别；在所有标准化热电偶中，B型热电偶的热电势最小，E型热电偶最大。

③ 如果把温度和热电势作成曲线，如图2-8所示，则可以看到温度与电势之间的关系一般为非线性；正由于热电偶的这种非线性特性，当自由端温度$t_0\neq0$℃时，则不能用测得的电势$E(t,t_0)$直接查分度表得t'，然后再加t_0，而应该根据下列公式先求出$E(t,0)$

$$E(t,0)=E(t,t_0)+E(t_0,0) \tag{2-15}$$

然后再查分度表得到温度t。

【例 2-3】 S型热电偶在工作时自由端温度$t_0=30$℃，现测得热电偶的电势为7.5mV，求被测介质实际温度。

解　由题意热电偶测得的电势为$E(t,30)$，即$E(t,30)=7.5$mV，其中t为被测介质温度。

由分度表可查得 $E(30,0)=0.173\text{mV}$，则

$$E(t,0)=E(t,30)+E(30,0)=7.5+0.173=7.673\ (\text{mV})$$

再由分度表中查出与其对应的实际温度为 830℃。

4. 热电偶自由端温度的处理

从热电偶测温基本公式可以看到，热电偶产生的热电势，对某一种热电偶来说只与工作端温度 t 和自由端温度 t_0 有关，即

$$E_{AB}(t,t_0)=e_{AB}(t)-e_{AB}(t_0) \tag{2-16}$$

根据国际温标规定，热电偶的分度表是以 $t_0=0$℃作为基准进行分度的，而在实际使用过程中，自由端温度 t_0 往往不能维持在 0℃，那么工作端温度为 t 时在分度表中所对应的热电势 $E(t,0)$ 与热电偶实际输出的电势值 $E(t,t_0)$ 之间的误差为

$$\begin{aligned}E_{AB}(t,0)-E_{AB}(t,t_0)&=e_{AB}(t)-e_{AB}(0)-e_{AB}(t)+e_{AB}(t_0)\\&=e_{AB}(t_0)-e_{AB}(0)=E(t_0,0)\end{aligned} \tag{2-17}$$

由此可见，差值 $E(t_0,0)$ 是自由端温度 t_0 的函数，因此需要对热电偶自由端温度进行处理。

(1) 补偿导线法　热电偶一般做得较短，应用时常常需要把热电偶输出的电势信号传输到远离数十米的控制室里，送给显示仪表或控制仪表。如果用一般导线（如铜导线）把信号从热电偶末端引至控制室，则根据热电偶均质导体定律，该热电偶回路的热电势为$E(t,\ t'_0)$，如图 2-9 所示，热电偶末端（即自由端）仍在被测介质（设备）附近，而且t'_0易随现场环境变化。如果设想把热电偶延长并直接引到控制室．这样热电偶回路的热电势为$E(t,t_0)$，自由端温度 t_0 由于远离现场就比较稳定，用这种加长热电偶的办法对于廉价金属热电偶还可以，而对于贵金属热电偶来说价格就太高了。因此，希望用一对廉价的金属导线把热电偶末端接至控制室，同时使得该对导线和热电偶组成的回路产生的热电势为 $E(t,t_0)$。这对导线称为“补偿导线”。这样可以不用原热电偶电极而使热电偶的自由端延长，显然这对补偿导线的热电特性在 $t'_0\sim t_0$ 范围内要与热电偶相同或基本相同。

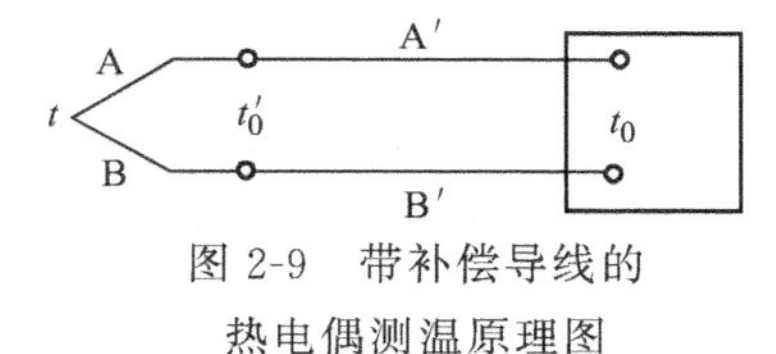

图 2-9　带补偿导线的热电偶测温原理图

在图 2-9 中，A′B′为补偿导线．则补偿导线产生的热电势为 $E_{A'B'}(t'_0,t_0)$，图 2-9 的回路总电势为 $E_{AB}(t_0,t'_0)+E_{A'B'}(t'_0,t_0)$，根据补偿导线的性质，有

$$E_{A'B'}(t'_0,t_0)=E_{AB}(t'_0,t_0)$$

则由热电偶的等值替代定律可得回路总电势

$$E=E_{AB}(t,t'_0)+E_{A'B'}(t'_0,t_0)=E_{AB}(t,t_0) \tag{2-18}$$

因此，补偿导线 A′B′可视为热电偶电极 AB 的延长，使热电偶的自由端从 t'_0 处移到 t_0 处，热电偶回路的热电势只与 t 和 t_0 有关，t'_0 的变化不再影响总电势。

常用热电偶的补偿导线如表 2-6 所示。表中补偿导线型号的头一个字母与配用热电偶的型号相对应；第二个字母“X”表示延伸型补偿导线（补偿导线的材料与热电偶电极的材料相同）；字母“C”表示补偿型补偿导线。

在使用补偿导线时必须注意以下问题。

① 补偿导线只能在规定的温度范围内（一般为 0～100℃）与热电偶的热电势相等或相近。

表 2-6 常用热电偶补偿导线

补偿导线型号	配用热电偶型号	补偿导线		绝缘层颜色	
		正极	负极	正极	负极
SC	S	SPC(铜)	SNC(铜镍)	红	绿
KC	K	KPC(铜)	KNC(康铜)	红	蓝
KX	K	KPX(镍铬)	KNX(镍硅)	红	黑
EX	E	EPX(镍铬)	ENX(铜镍)	红	棕

② 不同型号的热电偶有不同的补偿导线。

③ 热电偶和补偿导线的两个接点处要保持同温度。

④ 补偿导线有正、负极，需分别与热电偶的正、负极相连。

⑤ 补偿导线的作用只是延伸热电偶的自由端，当自由端温度 $t_0 \neq 0$ 时，还需进行其他补偿与修正。

(2) 计算修正法 当用补偿导线把热电偶的自由端延长到 t_0 处（通常是环境温度），只要知道该温度值，并测出热电偶回路的电势值，通过查表计算的方法，就可以求得被测实际温度。

假设被测温度为 t，热电偶自由端温度为 t_0，所测得的电势值为 $E(t,t_0)$。利用分度表先查出 $E(t_0,0)$ 的数值，然后根据式(2-15) 可计算出对应被测温度为 t 的分度电势 $E(t,0)$ 最后按照该值再查分度表得出被测温度 t。计算过程详见例 2-3。

(3) 自由端恒温法 计算修正法需要保证自由端温度恒定。在工业应用时，一般把补偿导线的末端（即热电偶的自由端）引至电加热的恒温器中，使其维持在某一恒定的温度。通常一个恒温器可供多支热电偶同时使用。在实验室及精密测量中，通常把自由端放在盛有绝缘油的试管中，然后再将其放入装满冰水混合物的容器中，以使自由端温度保持为 0℃，这种方法称为冰浴法。

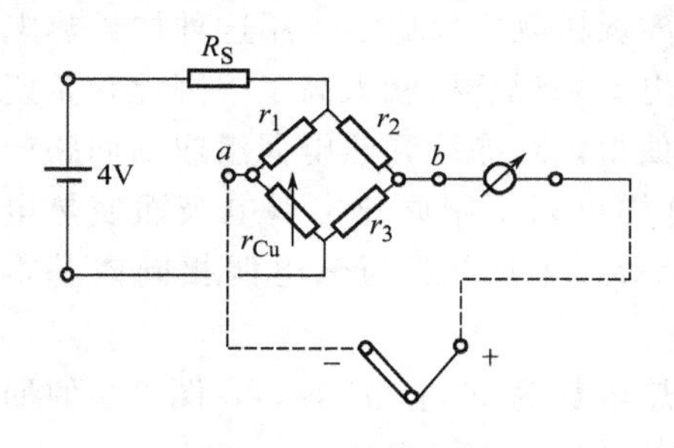

图 2-10 补偿电桥

(4) 补偿电桥法 补偿电桥法是利用不平衡电桥产生的电势来补偿热电偶因自由端温度变化而引起的热电势的变化值。如图 2-10 所示，电桥由 r_1、r_2、r_3（均为锰铜电阻）和 r_{Cu}（铜电阻）组成，串联在热电偶回路中，热电偶自由端与电桥中 r_{Cu} 处于相同温度。当 $t_0=0$℃时，$r_{Cu}=r_1=r_2=r_3=1\Omega$，这时电桥平衡，无电压输出，回路中的电势就是热电偶产生的电势，即为 $E(t,0)$，当 t_0 变化时，r_{Cu} 也将改变，于是电桥两端 a、b 就会输出一个不平衡电压 u_{ab}。如选择适当的 R_S，可使电桥的输出电压 $u_{ab}=E(t_0,0)$，从而使回路中的总电势仍为 $E(t,0)$，起到了自由端温度的自动补偿。实际补偿电桥一般是按 $t_0=20$℃时电桥平衡设计的，即当 $t_0=20$℃时，补偿电桥平衡，无电压输出。因此，在使用这种补偿器时，必须把显示仪表的起始点（机械零点）调到 20℃处。

5. 热电偶的结构型式

(1) 普通型热电偶 普通型热电偶按其安装时的连接型式可分为固定螺纹连接、固定法兰连接（见图 2-11）、活动法兰连接、无固定装置等多种形式。虽然它们的结构和外形不尽相同，但其基本组成部分大致是一样的。通常都是由热电极、绝缘材料保护套管和接线盒等主

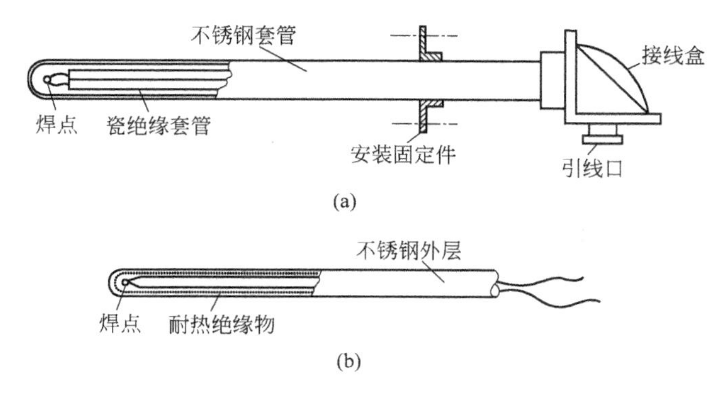

图 2-11 热电偶典型结构

要部分组成。

热电极的直径由材料的价格、机械强度、电导率以及热电偶的测温范围确定。贵金属的热电极大多采用直径为 0.3～0.65mm 的细丝，普通金属的热电极直径一般为 0.5～3.2mm。

绝缘套管用于保证热电偶两电极之间以及电极与保护套管之间的电气绝缘，通常采用带孔的耐高温陶瓷管，热电极从陶瓷管的孔内穿孔。

保护套管在热电极和绝缘套管外边，其作用是保护热电极（绝缘材料）不受化学腐蚀和机械损伤，同时便于仪表人员安装和维护。保护套管的材料应具有耐高温、耐腐蚀、气密性好、机械强度高、热导率高等性能，目前有金属、非金属和金属陶瓷 3 类，其中不锈钢为最常用的一种，可用于温度在 900℃以下的场合。可以根据不同的使用环境选择不同材质的保护套管。

接线盒用于连接热电偶端和引出线，引出线一般是与该热电偶配套的补偿线。接线盒兼有密封和保护接线端不受腐蚀的作用。

（2）铠装热电偶　铠装热电偶是由热电偶丝、绝缘材料和金属套管三者经拉伸加工而成的坚实组合体。它可以做得很细、很长，在使用中可以随测量需要任意弯曲。套管材料一般为铜、不锈钢或镍基高温合金等。热电极与套管之间填满了绝缘材料的粉末，常用的绝缘材料有氧化镁、氧化铝等。铠装热电偶的主要特点是测量端热容量小，动态响应快；机械强度高；挠性好，可安装在结构复杂的装置上，因此已被广泛用在许多工业部门中。

四、热电阻及测温原理

电阻的热效应早已被人们所认识，即电阻体的阻值随温度的升高而增加或减小。从电阻随温度的变化原理来看，大部分的导体或半导体都有这种性质，但作为温度检测元件，这些材料应满足以下一些要求。

① 要有尽可能大而且稳定的电阻温度系数。

② 电阻率要大，以便在同样灵敏度下减小元件的尺寸。

③ 电阻值随温度变化要有单值函数关系，最好呈线性关系。

④ 在电阻的使用温度范围内，其化学和物理性能稳定，并且材料复制性好，价格尽可能便宜。

能用作温度检测元件的电阻体称为热电阻。根据上述要求，目前国际上最常见的热电阻有铂、铜及半导体热敏电阻等。

1. 金属热电阻

金属热电阻主要有铂电阻、铜电阻和镍电阻等，其中铂电阻和铜电阻最为常用，有一套标准的制作要求和分度表、计算公式。

金属热电阻阻值随温度的变化大小用电阻温度系数 α 来表示，其定义为

$$\alpha=\frac{R_{100}-R_0}{100R_0} \tag{2-19}$$

式中，R_0 和 R_{100} 分别为 0℃和 100℃时热电阻的电阻值。可见 R_{100}/R_0 越大，α 值也越大，说明温度升高使热电阻的电阻值增加越多。

金属的纯度对电阻温度系数影响很大，纯度越高，α 值越大。例如，作为基准器用的铂电阻，要求 $\alpha>3.925\times10^{-3}\Omega/\Omega\cdot℃$；一般工业上用的铂电阻则要求 $\alpha>3.85\times10^{-3}\Omega/\Omega\cdot℃$。另外 α 值还与制造工艺有关。因为在电阻丝的拉伸过程中，电阻丝的内应力会引起 α 的变化，所以电阻丝在做成热电阻之前，必须进行退火处理，以消除内应力。

（1）工业用热电阻温度计的分度公式和分度号　作为标准用铂电阻温度计可以用一种严密、合理的方程来描述其电阻比与温度的关系，但是该方程比较复杂。对于工业用铂电阻温度计可用简单的分度公式来描述其电阻与温度的关系。工业用铂电阻温度计的使用范围是 $-200\sim850℃$，在如此宽的温度范围内，很难用一个数学公式准确表示，为此需要分成两个温度范围分别表示，在 $-200\sim0℃$ 的温度范围内用

$$R_t=R_0[1+At+Bt^2+C(t-100)t^3] \tag{2-20}$$

在 $0\sim850℃$ 的温度范围内用

$$R_t=R_0(1+At+Bt^2) \tag{2-21}$$

式中，R_t 和 R_0 分别为 t℃和 0℃时铂电阻的电阻值；A、B 和 C 为常数。在 ITS-90 中，这些常数规定为

$$A=3.9083\times10^{-13}/℃$$
$$B=-5.775\times10^{-7}/℃^2$$
$$C=-4.183\times10^{-12}/℃^4$$

铜电阻温度计也有相应的分度公式。由于它在 $-50\sim150℃$ 的使用范围内其电阻值与温度的关系几乎是线性的，因此在一般场合下可以近似地表示为

$$R_t=R_0(1+\alpha t) \tag{2-22}$$

式中，α 为铜电阻的电阻温度系数，取 $\alpha=4.28\times10^{-3}/℃$。

由于热电阻在温度 t 时的电阻值与 R_0 有关，所以对 R_0 的允许误差有严格的要求。另外 R_0 的大小也有相应的规定。R_0 愈大，则电阻体体积增大，不仅需要较多的材料，而且使测量的时间常数增大，同时电流通过电阻丝产生的热量也增加，但引线电阻及其变化的影响变小；R_0 愈小，情况与上述相反。因此，需要综合考虑选用合适的 R_0。目前，我国规定工业用铂电阻温度计有 $R_0=10\Omega$ 和 $R_0=100\Omega$ 两种，它们的分度号分别为 Pt10 和 Pt100；铜电阻温度计也有 $R_0=50\Omega$ 和 $R_0=100\Omega$ 两种，其分度号分别为 Cu50 和 Cu100。

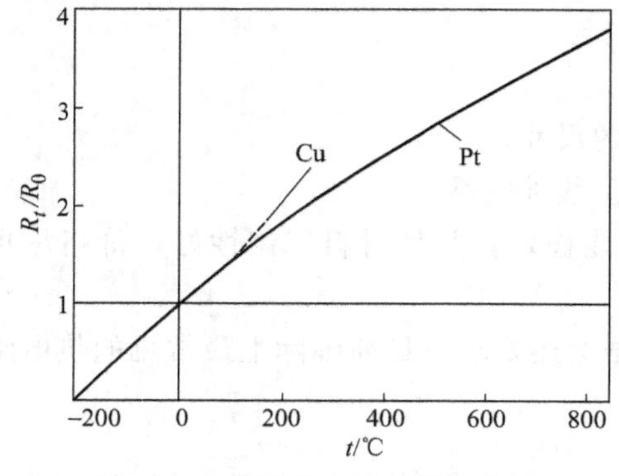

图 2-12　常用热电阻的特性曲线

用表格形式给出在不同温度下各种热电阻分度号的电阻值称为热电阻的分度表。附录一中的附表 1-4 和附表 1-5 分别列出了 Pt100 和 Cu100 两个热电阻温度计的分度表。图 2-12 给出了电阻

比 R_t/R_0 与温度 t 的特性曲线。由图可见，铜热电阻的特性比较接近直线；而铂电阻的特性呈现出一定的非线性，温度越高，电阻的变化率越小。

(2) 热电阻的结构型式　工业用热电阻的结构见图 2-13(a) 所示，它主要由感温体、保护套管和接线盒等部分组成。

感温体是由细铂丝或铜丝绕在支架上构成。由于铂的电阻率较大，而且相对机械强度较大，通常铂丝的直径在 0.05mm 以下，因此电阻丝不是太长，往往只绕一层，而且是裸丝，每匝间留有空隙以防短路。铜的机械强度较低，电阻丝的直径需较大，一般为 0.1mm，由于铜电阻的电阻率很小，要保证 R_0 需要很长的铜丝，因此不得不将铜丝绕成多层，这就必须用漆包铜线或丝包铜线。为了使电阻感温体没有电感，无论哪种热电阻都必须采用无感绕法，即先将电阻丝对折起来，像图 2-13(b) 那样双绕，使两个端头都处于支架的同一端。

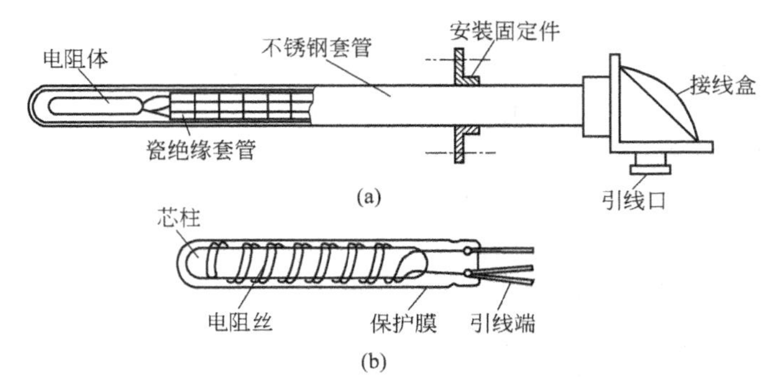

图 2-13　热电阻结构

热电阻的感温体必须防止有害气体腐蚀，尤其是铜热电阻还要防止氧化；水分浸入会造成漏电，直接影响阻值。所以工业用热电阻都要有金属保护套管。保护套管上一般附有安装固定体，以便将热电阻温度计固定在被测设备上。

(3) 金属热电阻的使用特点　和热电偶相比，金属热电阻有以下特点。

① 同样温度下输出信号大，易于测量；以 0～100℃ 为例，如用 K 热电偶，输出为 4.096mV，用 S 热电偶，输出只有 0.646mV，但用铂电阻 Pt100，则 100℃ 时电阻为 138.51Ω，增加量为 38.51Ω（或 38.51%）；测量毫伏级的电动势，显然不如测几十欧的电阻增量容易。

② 热电阻的阻值测量必须借助于外加电源，如用电桥将桥臂上电阻值的变化转换为电压的输出，热电偶只要两端存在温差，就能输出热电势，直接进行测量；但是热电偶需要自由端温度补偿，而热电阻不需要，热电阻的起始电阻 R_0 是利用电桥平衡原理自动消去。

③ 和热电偶相比，热电阻的感温体结构复杂、体积较大，热惯性大，不适宜测体积狭小和温度变化快的温度，抗机械冲击与振动性能也较差。

④ 同类材料制成的热电阻不如热电偶测温上限高，但在低温区（$t<0$℃）用热电阻测温较好。

铂电阻温度计的特点是精度高，稳定性好，性能可靠，但电阻与温度为非线性关系；铜电阻温度计的特点是温度系数大，而且几乎不随温度而变，铜容易加工和提纯，价格便宜，但温度测量范围较窄。此外，铜在温度超过 100℃时容易被氧化，而铂在还原性介质中，特别是在高温下很容易被从氧化物中还原出来的蒸气所污染，使铂丝变脆，并改变它的电阻与温度间的关系。因此，铂电阻和铜电阻温度计必须使用保护套管以设法避免或减轻上述问题。

工业用热电阻安装在生产现场，离控制室较远，因此热电阻的引线对测量结果有较大的影响。目前，热电阻引线方式有两线制、三线制和四线制三种，如图 2-14(a)、(b)、(c)所示。

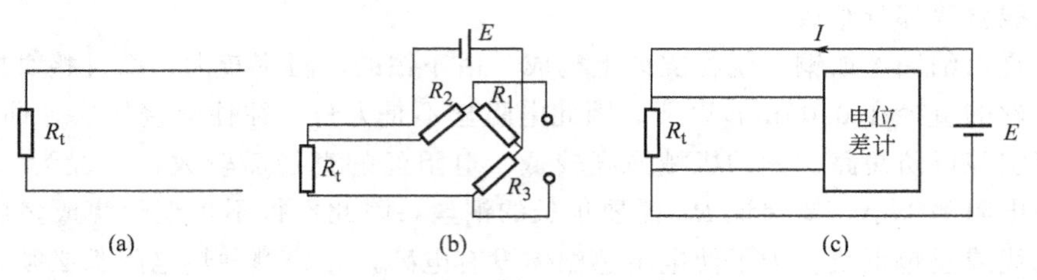

图 2-14 热电阻的引线方式

两线制：在热电阻感温体的两端各连一根导线的引线形式为两线制，如图 2-14(a) 所示。这种引线方式简单、费用低，但是引线电阻以及引线电阻的变化会带来附加误差。因此，两线制适用于引线不长，测温精度要求较低的场合。

三线制：在热电阻感温体的一端连接两根引线，另一端连接一根引线，此种引线形式称为三线制，如图 2-14(b) 所示。当热电阻与电桥配套使用时，这种引线方式可以较好地消除引线电阻的影响，提高测量精度。所以，工业热电阻多半采用三线制接法。

四线制：在热电阻感温体的两端各连两根引线称为四线制，如图 2-14(c) 所示。这种引线方式主要用于高精度温度检测。其中两根引线为热电阻提供恒流源 I，在热电阻上产生的压降 $u=R_tI$ 通过另两根引线引至电位差计进行测量。因此，它完全能消除引线电阻对测量的影响。

值得注意的是，无论是三线制或四线制，引线都必须从热电阻感温体的根部引出，不能从热电阻的接线端子上分出。

2. 半导体热敏电阻

半导体热敏电阻是利用某些半导体材料的电阻值随温度的升高而减小（或升高）的特性制成的。

大多数的半导体热敏电阻具有负温度系数，称为 NTC 型热敏电阻，其阻值与温度的关系可用下列公式表示

$$R_T=A\mathrm{e}^{B/T} \tag{2-23}$$

式中，R_T 为热敏电阻在温度为 T(K) 时的阻值；A，B 为取决于半导体材料和结构的常数。

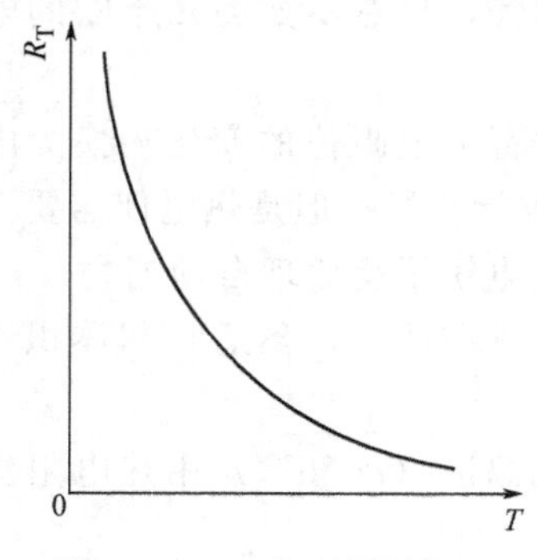

图 2-15 NTC 型热敏电阻的电阻-温度特性

根据电阻温度系数的定义，可以求得 NTC 型热敏电阻的温度系数 α_T 为

$$\alpha_T=\frac{1}{R_T}\cdot\frac{\mathrm{d}R_T}{\mathrm{d}T}=-\frac{B}{T^2} \tag{2-24}$$

由此可见，电阻温度系数并非常数，它随温度 T 的平方的倒数而减小。也就是说，低温段比高温段要更灵敏。一般 NTC 型热敏电阻的 B 在 1500～6000K 之间，因此电阻温度系数为负数，表明电阻值随温度的升高而下降。图 2-15 给出了 NTC 型热敏电阻的电阻-温度特性。

NTC 型热敏电阻主要由锰、铁、镍、钴、钛、钼、镁等复合氧化物高温烧结而成，通

过不同的材质组合，能得到不同的电阻值 R_0 及不同的温度特性。

在由 $BaTiO_3$ 和 $SrTiO_3$ 为主的成分中加入少量 Y_2O_3 和 Mn_2O_3 构成的烧结体具有正温度系数，称其为 PTC 型热敏电阻。PTC 型热敏电阻在某个温度范围内阻值急剧上升，根据这个特性，PTC 型热敏电阻可用作位式（开关型）温度检测元件。

半导体热敏电阻成为工业用温度检测元件以来，大量用于家电及汽车用温度检测和控制。目前已深入到各个领域，发展极为迅速，在接触式温度计中，它仅次于热电偶和金属热电阻，占第三位。半导体热敏电阻具有以下一些优点。

① 灵敏度高。一般来说，NTC 型热敏电阻的电阻温度系数为 $-3\times10^{-2}\sim-6\times10^{-2}$/℃，是金属热电阻的十多倍，因此，可大大降低显示仪表的精度要求。

② 电阻值高。半导体热敏电阻在常温下的阻值很大，通常在数千欧以上，这样引线电阻（一般最多不过 10Ω）几乎对测温没有影响，所以根本不必采用三线制或四线制，给使用带来了方便。

③ 体积小，热惯性也小，时间常数通常在 0.5～3s。

④ 结构简单，价格低廉，化学稳定性好，使用寿命长。

半导体热敏电阻的缺点有：互换性较差，虽然近几年有明显的改善，但与金属热电阻相比仍有较大差距；非线性严重；温度测量范围有一定限制，目前只能达到－50～300℃左右。

五、其他温度检测方法与仪表

1. 辐射式温度计

辐射式温度计是利用物体的辐射能随温度而变化的原理制成的。在应用辐射式温度计检测温度时，只需把温度计对准被测物体，而不必与被测物体直接接触。因此，辐射式温度计是一种非接触式温度检测仪表。它可以用于检测运动物体的温度和小的被测对象的温度，且不会破坏被测对象的温度场。

（1）检测原理　温度为 T 的物体对外辐射的能量 E 可用普朗克定律描述，即

$$E(\lambda,T)=\varepsilon_T C_1\lambda^{-5}\left(e^{\frac{C_2}{\lambda T}}-1\right)^{-1} \tag{2-25}$$

式中，ε_T 为物体在温度 T 下的辐射率（也称“黑度系数”）；λ 为辐射波长，m；C_1 为第一辐射常数，$C_1=3.7418\times10^{-16}\text{W}\cdot\text{m}^2$；$C_2$ 为第二辐射常数，$C_2=1.4388\times10^{-2}\text{m}\cdot\text{K}$。

设 $\varepsilon_T=1$，将式(2-25) 在波长自零到无穷大进行积分，可得在整个波长范围内全部辐射能量的总和 E

$$E=\int_0^{\infty}E(\lambda,T)\text{d}\lambda=\sigma T^4=F(T) \tag{2-26}$$

式中，常数 $\sigma=5.7\times10^{-8}\text{W}/(\text{m}^2\cdot\text{K}^4)$ 为黑体的斯蒂芬-玻尔兹曼常数。

式(2-26) 为斯蒂芬-玻尔兹曼定律的数学表达式。它表明黑体（$\varepsilon_T=1$）在整个波长范围内的辐射能量与温度的四次方成正比。但是一般物体都不是“黑体”（$\varepsilon_T<1$），而且 ε_T 不仅与温度有关，也与波长有关。

令普朗克公式(2-25) 中的波长为常数 λ_C，则

$$E(\lambda_C,T)=\varepsilon_T C_1\lambda_C^{-5}\left(e^{\frac{C_2}{\lambda_C T}}-1\right)^{-1}=f(T) \tag{2-27}$$

它表明物体在特定波长上的辐射能是温度 T 的单一函数。

取两个不同波长 λ_1 和 λ_2，则在这两个特定波长上的辐射能之比为

$$\frac{E(\lambda_1,T)}{E(\lambda_2,T)}=\left(\frac{\lambda_1}{\lambda_2}\right)^{-5}\mathrm{e}^{\frac{C_2}{T}\left(\frac{1}{\lambda_2}-\frac{1}{\lambda_1}\right)}=\Phi(T) \tag{2-28}$$

上式称为维恩公式，它表明两个特定波长上的辐射能之比 $\Phi(T)$ 也是温度的单值函数。

由式(2-26)～式(2-28) 可知，只要设法获得 $F(T)$，$f(T)$ 和 $\Phi(T)$，就可求得对应的温度。这是辐射测温方法的理论基础。

(2) 辐射测温的基本方法　当前辐射测温仪表的名称和术语很不统一，分类也不一致。从式(2-26)～式(2-28)出发，辐射测温主要有如下三种基本方法。

① 全辐射法：测出物体在整个波长范围内的辐射能量 $F(T)$，并以其辐射率 ε_T 校正后确定被测物体的温度。

② 亮度法：测出物体在某一波长（实际上是一个波长段 $\lambda\sim\lambda+\Delta\lambda$）上的辐射能量 $f(T)$，经辐射率 ε_{T} 校正后确定被测物体的温度；

③ 比色法：测出物体在两个特定波长段上的辐射能比值 $\Phi(T)$，经辐射率 ε_T 修正后确定被测物体的温度。

以上三种测温方法各有特点：全辐射法接受辐射能量大，利于提高仪表灵敏度，缺点是容易受环境的干扰；亮度法虽然接受的辐射能量较小，但抗环境干扰的能力强；比色法适应性较强，物体的辐射率影响较小，因此仪表示值接近真实温度，但结构比较复杂，仪表设计和制造要求较高。

无论采用何种辐射测温方法，辐射温度计主要由光学系统、光电转换系统和信号处理与变换电路等部分组成。

光学系统是将物体的辐射能（光能）通过光学透镜聚焦到光电元件，光电元件（对红外光需用热敏元件）将辐射能转换成电信号，经信号放大、辐射率的修正和标度变换后输出与被测温度相对应的信号。

透镜对辐射光谱有一定的选择性，例如普通光学玻璃只能透过 0.3～2.7μm 的波长；光电元件（热敏元件）也对光谱有选择性。这样，对于一个具体的辐射接收系统只能接受一定波长范围内的辐射能。

在辐射式温度计中，温度测量范围在很大程度上取决于所接受的辐射能的波长范围，这就要求采用不同特性的透镜和光电元件，必要时还需加滤光片。例如，用锗滤光片或锗透镜与半导体热敏电阻配合，接受 2～15μm 的红外辐射能，可测温度范围为 0～200℃；用光学玻璃透镜和硫化铅光敏电阻配合，接受 0.6～2.7μm 波长的辐射能，可测温度范围为 400～800℃；用光学玻璃透镜与硅光电池组合，利用波长为 0.7～1.1μm 的辐射能，可测 700～2000℃的高温。

2. 集成温度传感器

集成温度传感器是利用晶体管 PN 结的电流电压特性与温度的关系，把敏感元件、放大电路和补偿电路等部分集成化，并把它们封装在同一壳体里的一种一体化温度检测元件。它除了与半导体热敏电阻一样有体积小、反应快的优点外，还具有线性好、性能高、价格低等特点。虽然由于 PN 结受耐热性能和特性范围的限制，集成温度传感器只能用来测 150℃以下的温度，但在许多领域中它已得到实际应用。

(1) 检测原理　根据晶体管原理，处于正向工作状态的晶体三极管，其发射极电流和反射结电压之间有如下关系

$$I_{\mathrm{e}}=I_{\mathrm{se}}\left(\mathrm{e}^{\frac{qu_{\mathrm{be}}}{\kappa T}}-1\right) \tag{2-29}$$

式中，I_e 为发射极电流；I_{se}为发射极反向饱和电流；q 为电子电量；u_{be}为发射结电压；κ 为玻尔兹曼常数；T 为发射结所处温度。

由于在室温时 $\kappa T/q \ll u_{be}$，则式(2-29) 可近似为

$$I_e = I_{se} e^{\frac{qu_{be}}{\kappa T}} \tag{2-30}$$

或

$$u_{be} = \frac{\kappa T}{q} \ln \frac{I_e}{I_{se}} \tag{2-31}$$

晶体管的反向饱和电流 I_{se}也是温度的函数，它一般可以写成如下形式

$$I_{se} = \beta T^{\gamma} e^{-\frac{qu_{go}}{\kappa T}} \tag{2-32}$$

式中，β 和 γ 为由晶体管决定的常数；u_{go}为热力学温度为 0K 时硅的禁带宽度值（约为 1.17 V)。

将式(2-32) 代入式(2-31) 可得

$$u_{be} = u_{go} - \frac{\kappa T}{q} \ln \frac{\beta T^{\gamma}}{I_e} \tag{2-33}$$

式(2-33) 表明，晶体管反射结电压 u_{be}随温度的升高而降低。图 2-16 是 u_{be}与温度 t 的关系曲线（曲线①），在 t<150℃时，u_{be}与 t 几乎呈线性关系。曲线②是 u_{be}在不同温度 t 下的温度系数，可以看出，在 150℃以下的温度范围里，温度系数基本上在－2.3mV/℃左右；而当t>150℃，温度系数下降。

由上述分析可知，通过测量 u_{be}即可求得温度。在集成电路中，可以通过晶体管的组合应用，巧妙地利用晶体管的这一性质而得到精确的温度测量。

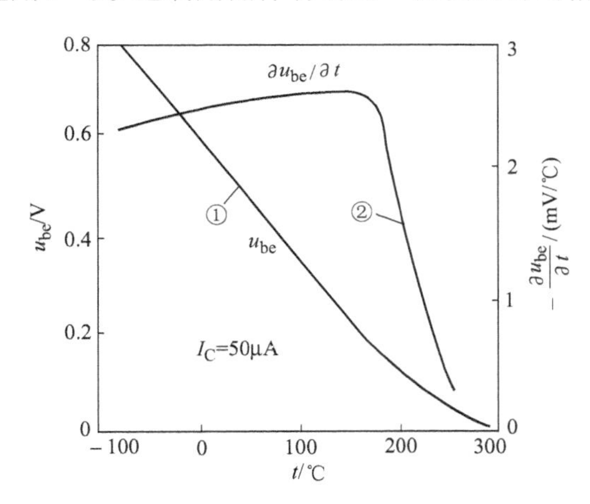

图 2-16 u_{be}与温度 t 的关系

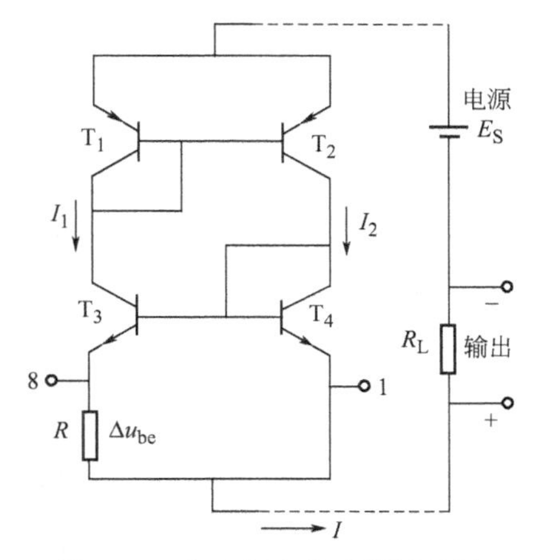

图 2-17 集成温度传感器原理图

(2) 集成温度传感器 图 2-17 是广泛应用的集成温度传感器的基本原理图。图中 T_1 和 T_2 是两个性能完全相同的 PNP 晶体管，起恒流作用，在忽略基极电流的情况下，它们的集电极电流应当相等，即 $I_1 = I_2$。T_3 和 T_4 是感温用的晶体管，这是两只材质和工艺完全相同的 NPN 管，但 T_3 的发射结是 T_4 发射结面积的 n 倍，因此 T_3 管 be 结的反向饱和电流 I_{se3}应是 T_4 管 be 结反向饱和电流 I_{se4}的 n 倍，即

$$I_{se3} = nI_{se4} \tag{2-34}$$

由 T_3、T_4 和 R 回路可得

$$I_1 = \frac{u_{be4} - u_{be3}}{R} = \frac{\Delta u_{be}}{R} \tag{2-35}$$

根据式(2-31) 可写出 Δu_{be}为

$$\Delta u_{\mathrm{be}}=u_{\mathrm{be4}}-u_{\mathrm{be3}}=\frac{\kappa T}{q}\ln\frac{I_{\mathrm{e4}}}{I_{\mathrm{se4}}}-\frac{\kappa T}{q}\ln\frac{I_{\mathrm{e3}}}{I_{\mathrm{se3}}}=\frac{\kappa T}{q}\ln\frac{I_{\mathrm{e4}}}{I_{\mathrm{e3}}}\frac{I_{\mathrm{se3}}}{I_{\mathrm{se4}}} \tag{2-36}$$

因为 $I_{\mathrm{e3}}=I_{\mathrm{e4}}=I_1$，再将式(2-34) 代入式(2-36) 可得

$$\Delta u_{\mathrm{be}}=\frac{\kappa T}{q}\ln n \tag{2-37}$$

由于电路的总电流 $I=I_1+I_2=2I_1$，则将式(2-37) 代入式(2-35) 得

$$I=2I_1=\frac{2\kappa T}{qR}\ln n \tag{2-38}$$

显然，当 R 和 n 一定时，电路的输出电流与温度有良好的线性关系。

基于上述原理制成的集成温度传感器有美国 AD 公司生产的 AD590，我国也于 1985 年开发出同类型的 SG590。基本电路与图 2-17 一样，只是增加了一些启动电路，防止电源反接以及使左右两支路对称的附加电路，以进一步提高性能。电路设计 $n=8$，并通过激光修正电阻 R 的阻值，使传感器在基准温度下得到 1μA/K 的电流值。

AD590 的电源电压为 5～30V。可测温度的范围是－55～150℃。

六、新型测温元件及传感技术

随着计算机、通信和网络技术的迅速进步，现代检测技术在信号放大器、模/数转换器、信号处理器、存储器、显示器等方面得到了相应的发展，但在传感技术及其器件的研究与发展方面却相对缓慢，远远落后于实际需要。所以，传感技术目前是现代检测技术的重点与难点。下面介绍近年来已得到成功应用的一些新型温度传感器及其测温技术。

1. 光纤温度传感器

光纤温度传感器是采用光纤作为敏感元件或能量传输介质而构成的新型测温仪表，它有接触式和非接触式等多种型式。光纤传感器的特点是灵敏度高，电绝缘性能好，可适用于强烈电磁干扰、强辐射的恶劣环境；体积小、重量轻、可弯曲；可实现不带电的全光型探头等。近几年来光纤温度传感器在许多领域得到应用。

光纤传感器由光源激励、光源、光纤（含敏感元件）、光检测器、光电转换及处理系统和各种连接件等部分构成。光纤传感器可分为功能型和非功能型两种型式，功能型传感器是利用光纤的各种特性，由光纤本身感受被测量的变化，光纤既是传输介质，又是敏感元件；非功能型传感器又称传光型，是由其他敏感元件感受被测量的变化，光纤仅作为光信号的传输介质。非功能型光纤温度传感器在实际中得到较多的应用，并有多种类型，已实用化的温度计有液晶光纤温度传感器、荧光光纤温度传感器、半导体光纤温度传感器和光纤辐射温度计等。

(1) 液晶光纤温度传感器　液晶光纤温度传感器利用液晶的“热色”效应而工作。例如在光纤端面上安装液晶芯片，在液晶片中按比例混入三种液晶，温度在 10～45℃范围变化，液晶颜色由绿变成深红，光的反射率也随之变化，测量光强变化可知相应温度，其精度约为 0.1℃。不同型式的液晶光纤温度传感器的测温范围可在－50～250℃之间。

(2) 荧光光纤温度传感器　荧光光纤温度传感器的工作原理是利用荧光材料的荧光强度随温度而变化，或荧光强度的衰变速度随温度而变化的特性，前者称荧光强度型，后者称荧光余辉型。其结构是在光纤头部粘接荧光材料，用紫外光进行激励，荧光材料将会发出荧光，检测荧光强度就可以检测温度。荧光强度型传感器的测温范围为－50～200℃；荧光余

辉型温度传感器的测温范围为−50～250℃。

(3) 半导体光纤温度传感器　半导体光纤温度传感器是利用半导体的光吸收响应随温度而变化的特性，根据透过半导体的光强变化检测温度。例如单波长式半导体光纤温度传感器，半导体材料的透光率与温度的特性曲线如图 2-18 所示，温度变化时，半导体的透光率曲线亦随之变化。当温度升高时，曲线将向长波方向移动，在光源的光谱处于 λ_g，附近的特定入射波长的波段内，其透过光强将减弱；测出光强变化就可知对应的温度变化。这类温度计的测温范围为−30～300℃。

(4) 光纤辐射温度计　光纤辐射温度计的工作原理、分类与普通的辐射测温仪表类似，它可以接近或接触目标进行测温。目前，因受光纤传输能力的限制，其工作波长一般为短波，采用亮度法或比色法测量。

光纤辐射温度计的光纤可以直接延伸为敏感探头，也可以经过耦合器，用刚性光导棒延伸，如图 2-19 所示。光纤敏感探头有多种型式，例如直型、楔型、带透镜型和黑体型等。

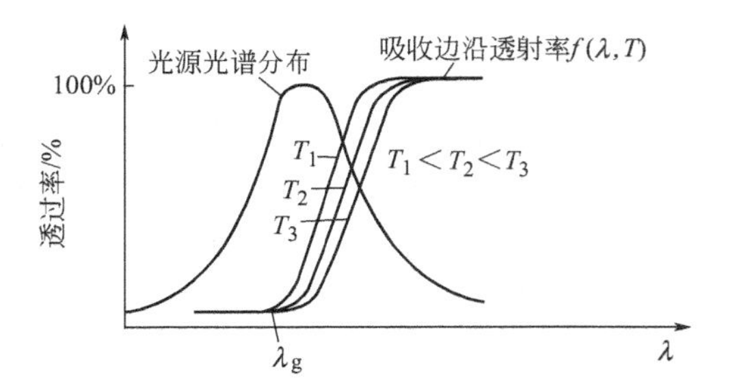

图 2-18　半导体材料透光率与温度的特性

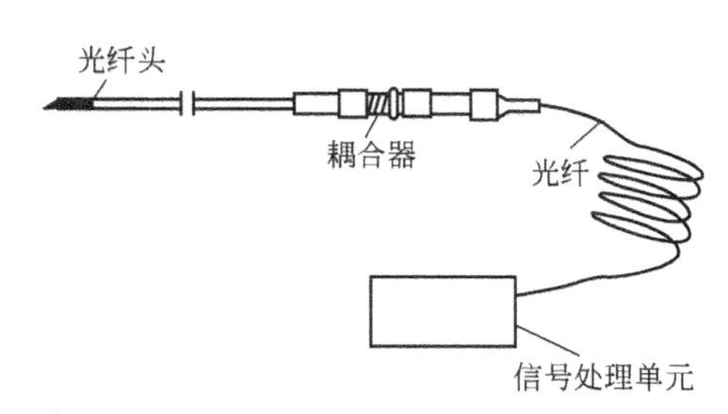

图 2-19　光纤辐射温度计

典型的光纤辐射温度计的测量温范围为 200～4000℃，分辨率可达 0.01℃，在高温时精度可优于±0.2%读数值，其探头耐温一般可达 300℃，加冷却后可到 500℃。

(5) 光纤测温技术的应用　光纤测温技术是在最近十多年才发展起来的新技术，在某些传统方法难以解决的测温场合，可以采用光纤测温技术。它的主要应用场合如下。

① 采用普通测温元件可能造成较大测量误差，甚至无法正常工作的强磁场范围内的目标物体，进行温度测量。如金属的高频熔炼与橡胶的硫化，木与织物、食品、药品等的微波加热烘烤过程的炉内温度测量。光纤测温技术在某些领域中有着绝对优势，因为它既无导电部分引起的附加升温，又不受电磁场干扰，因而能保证测量温度的准确性。

② 高压电器的温度测量。最典型的应用是高压变压器绕组热点的温度测量。英国电能研究中心从 20 世纪 70 年代中期就开始潜心研究这一课题，起初是为了故障诊断与预报，现在由于计算机电能管理的应用，便转入了安全过载行业，使系统处于最佳功率分配状态。另一类可能应用的场合是各种高压装置，发电机、高压开关、过载保护装置等。

③ 易燃易爆物的生产过程与设备的温度测量。光纤传感器在本质上是防火防爆器件，它不需要采用隔爆措施，十分安全可靠。

④ 高温介质的温度测量。在冶金工业中，当温度高于 1300℃或 1700℃时，或者温度虽不高但使用条件恶劣时，尚存在许多测温难题。充分发挥光纤测温技术的优势，其中有些难题可望得到解决。例如，钢水和铁液在连轧和连铸过程中的连续测温问题。

2. 石英晶体温度传感器及其测温技术

随着生产和科技的发展，许多地方对温度测量与控制的要求愈来愈高，而普通常规温度传感器难以满足要求，需要高精度、高分辨力的温度传感器和测温仪器。而石英晶体温度传感器及温度计就是具有高分辨力（0.0001℃）、高线性度（0.002%）和高稳定性，适合中低温测量的新型温度传感器和测温仪器。

（1）工作原理　利用石英晶体的固有频率随温度变化而变化的特性来测温的仪器，称为石英温度计。

石英的固有振动频率可用下式表示

$$f=\frac{n}{2b}g\sqrt{\frac{C}{\rho}} \tag{2-39}$$

式中，f 为固有振动频率；n 为谐波次数；b 为振子的厚度；ρ 为密度；C 为弹性常数。

石英振子的频率还与温度具有下列近似关系

$$f_t=f_0[1+\alpha(t-t_0)+\beta(t-t_0)^2+\gamma(t-t_0)^3] \tag{2-40}$$

式中，f_0 为在温度为 t_0 时的频率；f_t 为在温度为 t 时的频率；t_0 为基准参考温度；α，β，γ 为一次、二次、三次幂的温度系数。

系数 α，β，γ 随石英晶体的切割角度的改变而变化。当切割角度不同时，温度系数也明显不同，说明石英的频率温度系数既是切割角度的函数，又是温度的函数。所谓频率温度系数，是指温度增加 1℃ 时，其频率变化的相对偏移量。大量研究和实验表明采用 Y 切割的石英晶体片的振荡频率与温度呈线性关系，其斜率（即频率温度系数）约为 1000Hz/℃。

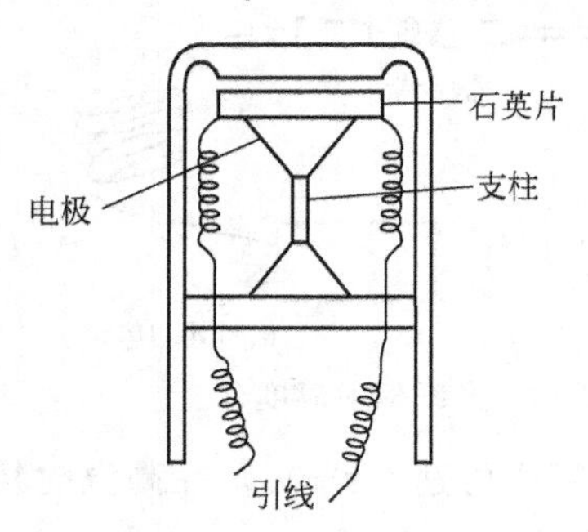

图 2-20　石英温度传感器

（2）石英晶体传感器结构　石英温度计通常采用石英振荡器，构成一个决定频率的谐振回路，而石英振子部分，通常采用易接受温度变化的结构。石英传感器的结构通常如图 2-20 所示，石英振子置于不锈钢保护管的上部，使其对外界温度变化敏感。由支柱支撑，振子的两面粘贴有用金等性能稳定的金属或合金制成的电极，并用引线与外部连通。石英振子虽由支柱支撑，但是它将阻碍振子振动，并且，外界振动及冲击等又要改变其支撑位置，都对精确测温不利。然而，若使石英片自由振荡，支撑位置又不受冲击是相当困难的。

（3）石英温度计主要特性

① 高分辨力：分辨力达 0.001～0.0001℃。

② 高精度：在 −50～120℃ 范围内，其误差为 ±0.05℃（普通温度计的误差一般大于 ±0.1℃）。

③ 高稳定度：年变化在 0.02℃ 以内。

④ 热滞后误差小，可以忽略。

⑤ 因是频率输出型传感器，后续测量与处理电路设计方便、简单，且可不受放大器漂移及电源波动的影响，可方便地远距离（如 1500m）传送温度测量信号。

⑥ 其精度和稳定性可以作为温度量值传递的标准及次级标准使用。

⑦ 石英传感器的抗强冲击性能较差，故在安装、运输和使用需特别注意。

七、测温器件选择及举例

1. 器件选择

温度检测主要有接触式和非接触式两大类，其中常用的是接触式温度仪表。温度仪表正常使用温度应为量程的50%～70%，最高测量值不应超过量程的90%。多个测量元件共用一台显示表时，正常使用温度应为量程的20%～90%，个别点可低到量程的10%。各种仪表的选择原则如下。

(1) 工业生产过程中就地温度仪表的选择　就地式仪表的选择应根据工艺要求的测温范围、精确度等级，检测点的环境、工作压力等因素选用。一般情况下，就地温度仪表宜选用带外保护套管双金属温度计，温度范围为－80～500℃；在精确度要求较高、振动较小、观察方便的场合，可选用玻璃液体温度计；被测温度在－200～50℃或－80～500℃范围内，在无法近距离读数、有振动、低温且精确度要求不高的场合，可选用压力式温度计。压力式温度计的毛细管应有保护措施，长度应小于20m。

(2) 集中检测温度仪表　热电偶适用于一般场合；热电阻适用于精确度要求较高、无振动场合；热敏电阻适用于要求测量反应速度快的场合。当测量部位比较狭小，测温元件需要弯曲安装；被测物体热容量非常小，对测温元件有快速响应的要求，或为节省特殊保护管材料应采用铠装热电阻、热电偶。

接触式温度检测需要把温度敏感元件置于被测对象中，通过物体间的热交换，使之达到热平衡，这使得温度检测的响应时间较长，同时由于敏感元件的插入破坏了原被测对象的温度场。为减小上述影响，要求尽可能地缩小温度敏感元件的体积。另一方面，由于在高温下，被测介质对敏感元件有一定的腐蚀作用，长期使用会影响敏感元件的性能，因此需要在敏感元件外加保护套管，这样同时还增加了测量体的机械强度。但是，保护套管的使用大大增加了温度检测的响应时间。

2. 举例

乙烯是合成纤维、合成橡胶、合成塑料的基本化工原料，也用于制造氯乙烯、苯乙烯、环氧乙烷、醋酸、乙醛、乙醇和炸药等，其中生产聚乙烯约占乙烯耗量的45%。

由于乙烯中一般含有炔类杂质，会影响产品质量，所以对乙烯需要进行脱炔处理。为了保证脱炔工艺的顺利进行，需要对乙烯脱炔床温度进行检测。已知操作温度为30℃，温度最大值为170℃，试选择合适的温度检测元件。

解　由于测量温度是在30～170℃之间，而温度仪表正常使用温度应为量程的50%～70%，最高测量值不应超过量程的90%，所以这里可以选择热电阻。一般而言，500℃以下且测量精度要求较高时，采用铂电阻。为节省保护套管材料，这里采用铠装铂电阻。

第三节　压力检测

一、概述

压力是工业生产过程中的重要参数之一。特别是在化学反应中，压力既影响物料平衡，也影响化学反应速度，所以必须严格遵守工艺操作规程，这就需要检测或控制其压力，以保证工艺过程的正常进行。其次压力检测或控制也是安全生产所必需的，通过压力监视可以及时防止生产设备因过压而引起破坏或爆炸。

1. 压力的单位

压力是指均匀而垂直作用于单位面积上的力，用符号 p 表示。在国际单位制中，压力的单位为帕斯卡（简称帕，用符号Pa表示），即1牛顿力垂直而均匀地作用在1平方米的面积上所产生的压力称为1帕。

在工程技术上，目前仍使用的压力单位还有：工程大气压、物理大气压、巴、毫米汞柱和毫米水柱等。各种单位之间的换算详见附录四。我国已规定国际单位帕斯卡为压力的法定计量单位。

2. 压力表示方法

压力的表示方法有四种，即绝对压力 p_a、表压力 p、真空度或负压 p_h 和差压 Δp。它们的关系如图 2-21 所示。

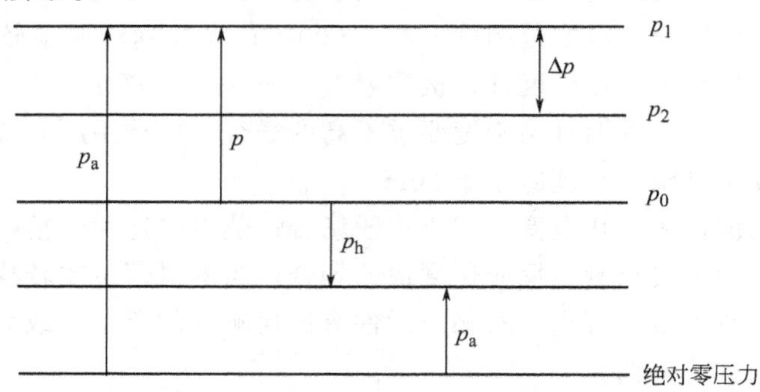

图 2-21　几种压力表示方法之间的关系

绝对压力是指物体所受的实际压力。

表压力是指用一般压力检测仪表所测得的压力，它是高于大气压的绝对压力与大气压力 p_0 之差，即

$$p=p_a-p_0 \tag{2-41}$$

真空度是指大气压与低于大气压的绝对压力之差，有时也称负压，即

$$p_h=p_0-p_a \tag{2-42}$$

差压是指某两个压力之差，用 Δp 表示。设某个压力为 p_1，另一个压力为 p_2，则它们之间的差压为

$$\Delta p=p_1-p_2 \tag{2-43}$$

生产过程中有时直接以差压作为工艺参数，差压测量还可作为流量和物位测量的间接手段。

工程上经常采用表压和真空度来表示压力的大小。同样，一般的压力检测仪表所指示的压力也是表压或真空度。因此，以后所提压力，若无特殊说明均指表压力。

二、压力检测的主要方法和分类

压力检测的方法很多，按敏感元件和转换原理的特性不同，一般分为四类。

(1) 液柱式压力检测　它是根据流体静力学原理，把被测压力转换成液柱高度，一般采用充有水或水银等液体的玻璃 U 形管或单管进行测量。

(2) 弹性式压力检测　它是根据弹性元件受力变形的原理，将被测压力转换成弹性元件的位移，常用的弹性元件有弹簧管、膜片和波纹管。

(3) 电气式压力检测　它是利用敏感元件将被测压力直接转换成各种电量，如电阻、电荷量等。

(4) 活塞式压力检测　它是根据液压机液体传送压力的原理，将被测压力转换成活塞面积上所加平衡砝码的质量。它普遍被用作标准仪器对压力检测仪表进行检定。

三、弹性式压力检测

弹性式压力检测是用弹性元件作为压力敏感元件把压力转换成弹性元件位移的一种检测方法。

弹性元件在弹性限度内受压后会产生变形，变形的大小与被测压力成正比关系。目前，用作压力检测的弹性元件主要有膜片、波纹管和弹簧管。图 2-22 给出了一些常用弹性元件的示意图。

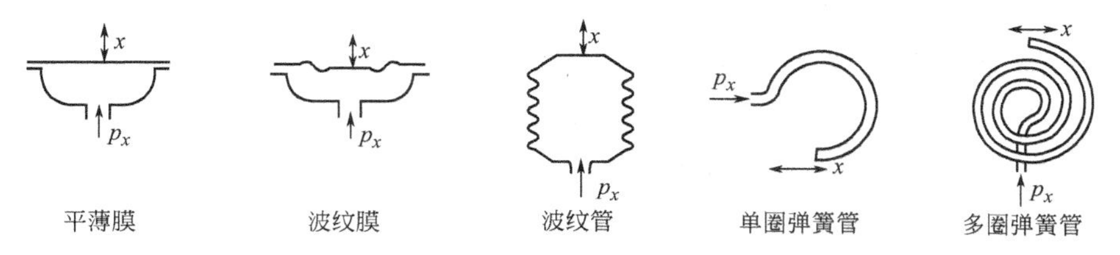

图 2-22　弹性元件示意图

弹性元件受外部压力作用后通过受压面表现为力的作用，其力的大小为

$$F=Ap \tag{2-44}$$

式中，A 为弹性元件承受压力的有效面积。根据虎克定律，弹性元件在一定范围内变形与所受外力成正比关系，即

$$F=Cx \tag{2-45}$$

式中，C 为弹性元件的刚度系数；x 为弹性元件在受到外力 F 作用下所产生的位移（即形变）。因此，当弹性元件受压力为 p 时，其位移量为

$$x=\frac{F}{C}=\frac{A}{C}p \tag{2-46}$$

式(2-46) 中弹性元件的有效面积 A 和刚度系数 C 与弹性元件的性能、加工过程和热处理等有较大关系。当位移量较小时，它们均可视为常数，压力与位移呈线性关系。比值 $\frac{A}{C}$ 的大小决定了弹性元件的压力测量范围，一般地，$\frac{A}{C}$ 越小，可测压力越大。

1. 膜片

膜片是一种沿外缘固定的片状形测压弹性元件，按剖面形状分为平膜片和波纹膜片。膜片的特性一般用中心的位移和被测压力的关系来表征。当膜片的位移很小时，它们之间有良好的线性关系。

波纹膜片是一种压有环状同心波纹的圆形薄膜，其波纹的数目、形状、尺寸和分布情况与压力测量范围有关，也与线性度有关。有时也可以将两块膜片沿周边对焊起来，成一薄膜盒子，称为膜盒。若将膜盒内部抽成真空，并且密封起来，则当膜盒外压力变化时，膜盒中心将产生位移。这种真空膜盒常用来测量大气的绝对压力。

膜片常用的材料有：锡锌青铜、磷青铜、铍青铜、高弹性合金、恒弹性合金、碳素铜、不锈钢等。膜片的厚度一般在 0.05～0.3mm。

膜片受压力作用产生位移，可直接带动传动机构指示。但是，由于膜片的位移较小，灵敏度低，指示精度也不高，一般为 2.5 级。

膜片更多的是和其他转换元件合起来使用，通过膜片和转换元件把压力转换成电信号。下面是一些实例。

（1）电容式压力传感器　在膜片的旁边，安装一个与该膜片平行并且固定不动的极板，使膜片与极板构成一个平行板电容器。当膜片受压产生位移时，改变了极板与膜片间的距离，从而改变了电容器的电容值。通过测量电容的变化量可间接获得被测压力的大小，基于该原理的压力检测仪表称电容式压力传感器（有时也称变送器）。

（2）光纤式压力传感器　它的核心是采用光纤及其调制机构实现位移-光强的转换，如

图 2-23 所示，当入射光纤的光束照射到膜片上，其反射光的一部分被接收光纤 1 和光纤 2 接收，其光强 I_1 和 I_2 分别是 x_1 和 x_2。以及光纤至膜片间的距离 d 的函数。选取适当的比值 x_2/x_1，则光强比值 I_1/I_2 随被测压力线性下降，如图 2-23(b)。进一步用光电转换元件以及有关电路处理，可把光信号转换成通用的电信号。如果膜片采用非金属材料，如聚四氟乙烯，则这种传感器可用在微波环境下的压力检测。

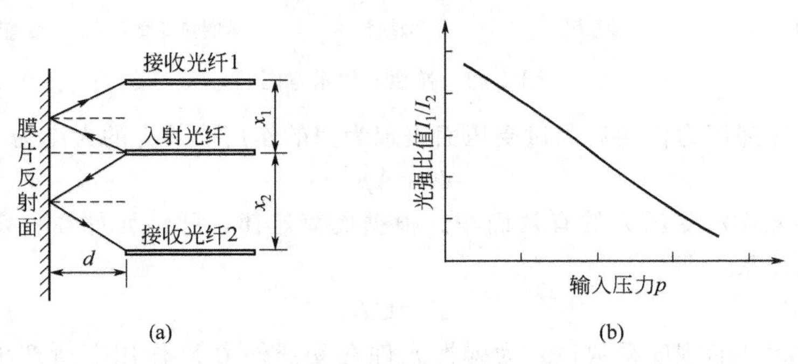

图 2-23　用光纤调制方法实现位移-光强转换

（3）力矩平衡式压力变送器　它是应用杠杆、电磁反馈等机构，根据力矩平衡原理将膜片的位移变换成标准电信号输出。详见第三章中有关内容。

2. 波纹管

波纹管是一种具有等间距同轴环状波纹，能沿轴向伸缩的测压弹性元件。当波纹管受沿轴向的作用力 F 时，产生的位移为

$$x=F\frac{1-\mu^2}{Eh_0}\cdot\frac{n}{A_0-\alpha A_1+\alpha^2 A_2+B_0 h_0^2/R_B^2} \tag{2-47}$$

式中，μ 为泊松系数；E 为弹性模数；h_0 为非波纹部分的壁厚；n 为完全工作的波纹数；α 为波纹平面部分的倾斜角；R_B 为波纹管的内径；A_0、A_1、A_2 和 B_0 为与材料有关的系数。

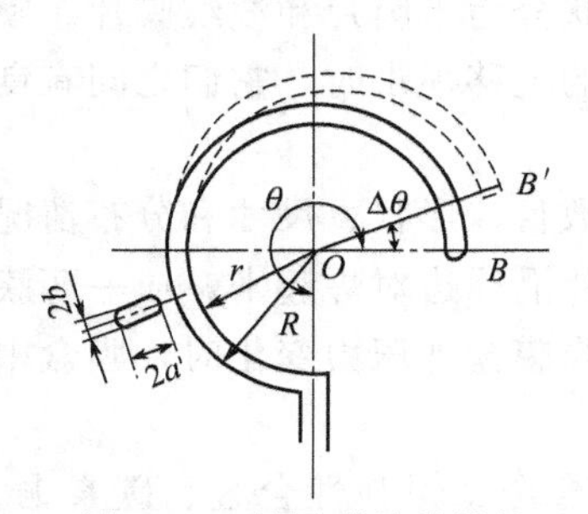

图 2-24　单圈弹簧管结构

由于波纹管的位移相对较大，故一般可在其顶端安装传动机构，带动指针直接读数。波纹管的特点是灵敏度高（特别是在低压区），常用于检测较低的压力（$1.0\sim10^6$Pa），但波纹管迟滞误差较大，精度一般只能达到 1.5 级。

3. 弹簧管

弹簧管是横截面呈非圆形（椭圆形或扁圆形），弯成圆弧状（中心角常为 270°）的空心管子。管子的一端封闭，另一端开口，闭口端作为自由端，开口端作为固定端，如图 2-24 所示。被测压力介质从开口端进入并充满弹簧管的整个内腔，弹簧管的非圆横截面使它有变成圆形并伴有伸直的趋势而产生力矩，其结果是使弹簧管的自由端产生位移，同时改变其中心角。位移量（中心角改变量）和所加压力有如下的函数关系

$$\frac{\Delta\theta}{\theta_0}=p\frac{1-\mu^2}{E}\frac{R^2}{bh}\left(1-\frac{b^2}{a^2}\right)\frac{\alpha}{\beta+\kappa^2} \tag{2-48}$$

式中，θ_0 为弹簧管中心角的初始角；$\Delta\theta$ 为受压后中心角的改变量；R 为弹簧管弯曲圆弧的外半径；h 为管壁厚度；a、b 为弹簧管椭圆形截面的长、短半轴；κ 为几何参数$\left(=\frac{Rh}{a^2}\right)$；

α、β 为与比值$\frac{a}{b}$有关的参数；μ、E 见式(2-47) 的说明。该式仅适用于薄壁（$h/b<0.7\sim0.8$）弹簧管。

由式(2-48) 可知，如果 $a=b$，则 $\Delta\theta=0$，这说明具有均匀壁厚的圆形弹簧管不能用作压力检测的敏感元件。对于单圈弹簧管，中心角变化量 $\Delta\theta$ 一般较小。要提高 $\Delta\theta$，可采用多圈弹簧管，圈数一般为 2.5～9。

弹簧管常用的材料有磷青铜、锡青铜、合金钢 50CrVA 和不锈钢（1Cr18Ni9Ti，Ni36CrTiAl 和 Ni42CrTi）等，适用于不同的压力测量范围和被测介质。

弹簧管可以通过传动机构直接指示被测压力，也可以用适当的转换元件把弹簧管自由端的位移变换成电信号输出。

(1) 弹簧管压力表　弹簧管压力表是一种指示型仪表，如图 2-25 所示。被测压力由接头 9 输入，使弹簧管 1 的自由端产生位移，通过拉杆 2 使扇形齿轮 3 作逆时针偏转，于是指针 5 通过同轴的中心齿轮 4 的带动而作顺时针偏转，在面板 6 的刻度标尺上显示出被测压力的数值。游丝 7 是用来克服因扇形齿轮和中心齿轮的间隙所产生的仪表变差。改变调节螺钉 8 的位置（即改变机械传动的放大系数），可以实现压力表的量程调节。

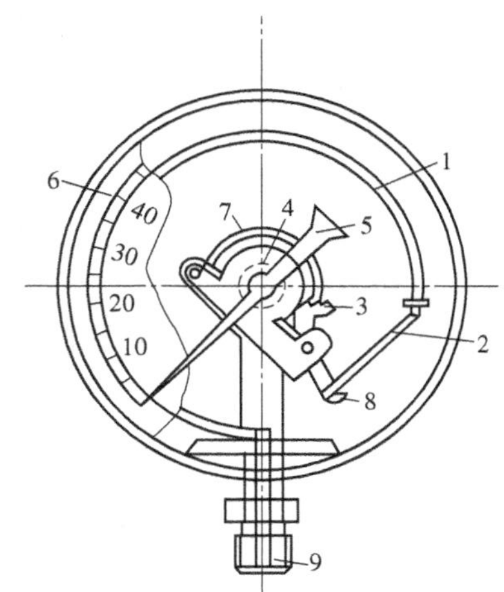

图 2-25　弹簧管压力计

1—弹簧管；2—拉杆；3—扇形齿轮；4—中心齿轮；5—指针；6—面板；7—游丝；8—调节螺钉；9—接头

弹簧管压力表结构简单、使用方便、价格低廉，它使用范围广，测量范围宽，可以测量负压、微压、低压、中压和高压，因此应用十分广泛。根据制造的要求，仪表的精度等级最高为 0.15 级。

(2) 电远传式弹簧管压力仪表　这类仪表目前主要有霍尔压力传感器和电感式压力传感器两种。前者是在弹簧管自由端连接一置于线性变化磁场中的霍尔元件，把霍尔元件的位移转换成霍尔电势；后者是将处于电感线圈中的衔铁与弹簧管自由端相连，把衔铁的位移转换成线圈的电感量的变化。有关它们的变换原理详见第三章。

四、电气式压力检测

弹性式压力检测仪表由于结构简单，价格便宜，使用和维修方便，在工业生产中应用十分广泛。然而在测量压力变化快和高真空、超高压时，其动态和静态性能就不能适应，而电气式压力检测方法则较适合。

电气式压力检测方法一般是用压力敏感元件直接将压力转换成电阻、电荷量等电量的变化。能实现这种压力-电量转换的压敏元件主要有压电材料、应变片和压阻元件，下面就它们各自的工作原理作一简述。

1. 压电材料及压电式压力传感器

利用压电材料检测压力是基于压电效应原理（详见本章第一节中有关基础效应的内容），即压电材料受压时会在其表面产生电荷，其电荷量与所受的压力成正比。

作为压力检测用的压电材料主要有两类：一类是单晶体，如石英、酒石酸钾钠、铌酸锂等；另一类是多晶体，如压电陶瓷，包括钛酸钡、锆钛酸铅等。多晶体的压电陶瓷，在没有极化之前因各单晶体的压电效应都互相抵消表现为电中性，为此必须对压电陶瓷先进行极化

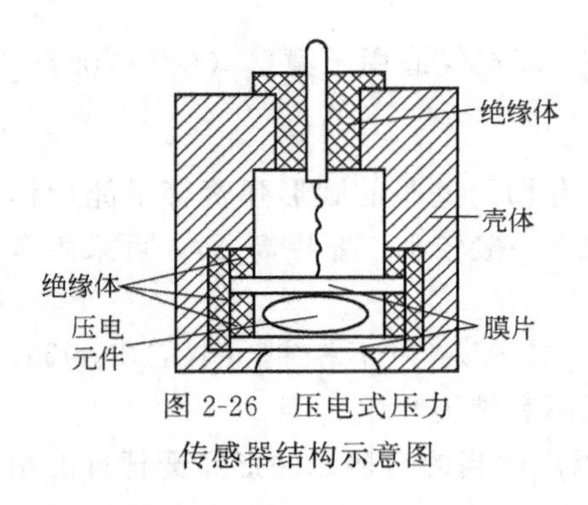

图 2-26　压电式压力传感器结构示意图

处理。经极化处理后压电陶瓷具有非常高的压电系数，为石英晶体的几百倍。

图 2-26 是一种压电式压力传感器的结构图。压电元件被夹在两块弹性膜片之间，当压力作用于膜片，使压电元件受力而产生电荷。电荷量经放大可转换成电压或电流输出，输出的大小与输入压力成正比关系。

压电式压力传感器结构简单、紧凑，小巧轻便，工作可靠，具有线性度好，频率响应高，量程范围大等优点。但是，由于晶体上产生的电荷量很小，一般是以皮库仑计，需要加高阻抗的直流放大器。近年来已将场效应管与运算放大器组成的电荷放大器直接与压电元件配套使用以提高精度；另外，由于在晶体边界上存在漏电现象，所以这类传感器不能用于稳态测量。

2. 应变片与应变式压力传感器

利用金属电阻丝或在硅片上扩散生成的半导体电阻，都能利用弹性元件的应变测量压力。构成压力传感器。

金属导体或半导体的材料制成的电阻体，其阻值为

$$R=\rho\,\frac{l}{S}$$

式中，ρ 为材料的电阻率；l 为轴向长度；S 为横向截面积。

当电阻体受到外力作用时，它的电阻阻值会发生变化，其相对变化量为

$$\frac{\Delta R}{R}=\frac{\Delta l}{l}-\frac{\Delta S}{S}+\frac{\Delta\rho}{\rho}$$

由材料力学知道

$$\frac{\Delta S}{S}=-2\mu\,\frac{\Delta l}{l}$$

$$\frac{\Delta\rho}{\rho}=\pi E\,\frac{\Delta l}{l}$$

式中，μ 为材料的泊松系数；π 为压阻系数；E 为弹性模量。

材料转向长度的相对变化量称为应变，一般用 ε 表示，即 $\varepsilon=\frac{\Delta l}{l}$。则电阻的相对变化量可写成

$$\frac{\Delta R}{R}=(1+2\mu)\varepsilon+\pi E\varepsilon$$

由上式可知，材料的电阻变化取决于两个因素：一是由尺寸变化引起的，$(1+2\mu)\varepsilon$，称为应变效应；二是材料的电阻率变化引起的（$\pi E\varepsilon$），称为压阻效应。对于金属材料，以前者为主；对于半导体材料，以后者为主。

应变片是基于应变效应工作的一种压力敏感元件。当应变片受外力作用产生形变（伸长或缩短）时，应变片的电阻值也将发生相应变化。

为了使应变片能在受压时产生形变，应变片一般要和弹性元件一起使用。弹性元件可以是金属膜片、膜盒、弹簧管及其他弹性体；敏感元件（应变片）主要有金属或合金丝、箔等。它们可以以粘贴或非粘贴的形式连接在一起。

应变式压力传感器是由弹性元件、应变片以及相应的桥路组成。应变式压力传感器有很多结构形式，图 2-27 是一种形式的粘贴式应变片压力传感器的原理图。被测压力作用在膜的下方，应变片贴在膜的上表面。当膜片受压力作用变形向上凸起时，膜片上任一点的径向应变 ε_r 和切向应变 ε_t 分别为

$$\varepsilon_r=\frac{3p}{8\delta^2 E}(1-\nu^2)(r_0^2-3r^2) \tag{2-49}$$

$$\varepsilon_t=\frac{3p}{8\delta^2 E}(1-\nu^2)(r_0^2-r^2) \tag{2-50}$$

式中，δ 为膜片的厚度；E 为膜片材料的弹性模量；ν 为膜片材料的泊松比；r_0 为膜片自由变形部分的半径。

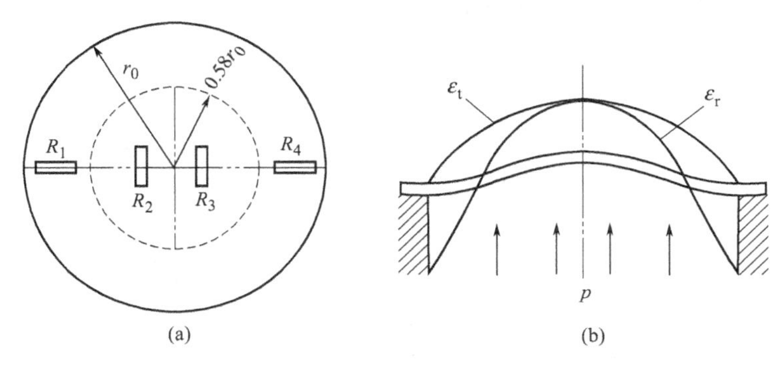

图 2-27　平膜片上的应变片分布及应力曲线

图 2-27(b) 是 ε_r 和 ε_t 沿径向的分布曲线。可以看出，在 $r=0$ 处，ε_r 和 ε_t 都达到最大值，且相等；在 $r=r_0/\sqrt{3}\approx 0.58r_0$ 处，$\varepsilon_r=0$；当 $r>0.58r_0$ 时 ε_r 成为负值；当 $r=r_0$ 时，ε_r 达到负的最大值。

膜片上应变片的粘贴位置就是根据上述应变分布规律来确定的，如图 2-27(a) 所示。图中贴有四个应变片 R_1、R_2、R_3 和 R_4，在膜片受压力作用时，R_2 和 R_3 受到正 ε_r 的拉伸，电阻值增大；R_1 和 R_4 受到负的 ε_r 作用，电阻值减小。把这四个应变片接在一个桥路的四个桥臂上，其中 R_1 和 R_4，R_2 和 R_3 互为对边，则桥路的输出信号反映了被测压力的大小。

由于金属材料有电阻温度系数，特别是弹性元件和应变片两者的膨胀系数不等，会造成应变片的电阻值随环境温度而变，所以必须要考虑补偿措施。最简单的也是目前最常用的方法是采用图 2-27(a) 所示的形式，四个应变片的静态性能完全相同，它们处在同一电桥的不同桥臂上，温度升降将使这两个电阻同时增减，从而不影响电桥平衡；有压力作用时，相邻两臂的阻值一增一减，使电桥能有较大的输出。但尽管这样，应变式压力传感器仍有比较明显的温漂和时漂。因此，这种压力传感器较多地用于一般要求的动态压力检测。

3. 压阻元件与压阻式压力传感器

压阻元件是基于压阻效应工作的一种压力敏感元件。所谓压阻元件实际上就是指在半导体材料的基片上用集成电路工艺制成的扩散电阻，当它受外力作用时，其阻值由于电阻率 ρ 的变化而改变。和应变片一样，扩散电阻正常工作需依附于弹性元件，常用的是单晶硅膜片。

压阻式压力传感器就是根据压阻效应原理制造的，图 2-28 是压阻式压力传感器的结构示意图。它的核心部分是一块圆形的单晶硅膜片。在膜片上布置四个扩散电阻，如图 2-28

(b) 所示，组成一个全桥测量电路。膜片用一个圆形硅环固定，将两个气腔隔开。一端接被测压力，另一端接参考压力。当存在压差时，膜片产生变形，使两对电阻的阻值发生变化，电桥失去平衡，其输出电压与膜片承受的压差成比例。

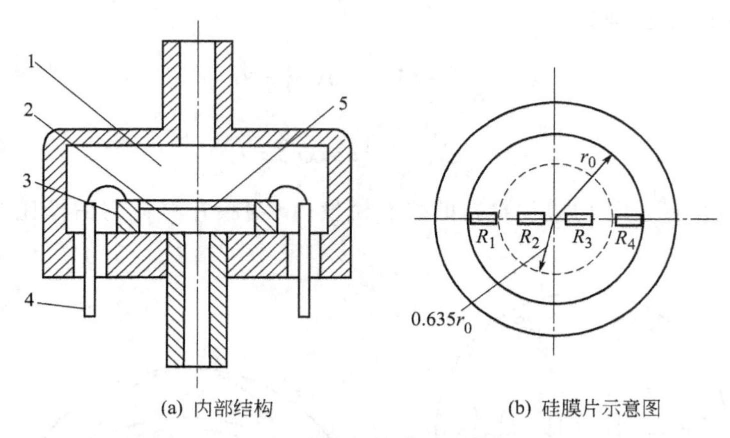

图 2-28 压阻式压力传感器的结构示意图

1—低压腔；2—高压腔；3—硅杯；4—引线；5—硅膜片

压阻式压力传感器的主要优点是体积小，结构比较简单，其核心部分就是一个单晶硅膜片，它既是压敏元件又是弹性元件。扩散电阻的灵敏系数是金属应变片的灵敏系数的 50～100 倍，能直接反映出微小的压力变化，能测出十几帕斯卡的微压。它的动态响应也很好，虽然比压电晶体的动态特性要差一些，但仍可用来测量高达数千赫兹乃至更高的脉动压力，因此，这是一种比较理想，目前发展迅速和应用较广的一种压力传感器。

这种传感器的缺点是敏感元件易受温度的影响，从而影响压阻系数的大小。解决的方法是在制造硅片时，利用集成电路的制造工艺，将温度补偿电路、放大电路甚至将电源变换电路集成在同一块单晶硅膜片上，从而可以大大提高传感器的静态特性和稳定性。因此，这种传感器也称固态压力传感器，有时也叫集成压力传感器。

4. *振频式压力传感器*

振频式压力传感器利用感压元件本身的谐振频率与压力的关系，通过测量频率信号的变化来检测压力。这类传感器有振筒、振弦、振膜、石英谐振等多种形式，以下举振筒式压力传感器为例。

振筒式压力传感器的感压元件是一个薄壁金属圆筒，圆柱筒本身具有一定的固有频率，当桶壁受压后，其刚度发生变化，固有频率相应改变，在一定压力作用下，变化后的振筒频率可以近似表示为

$$f_{\mathrm{p}}=f_0\sqrt{1+\alpha p}$$

式中，f_{p} 为受压后的振筒频率；f_0 为固有频率；α 为结构系数；p 为被测压力。

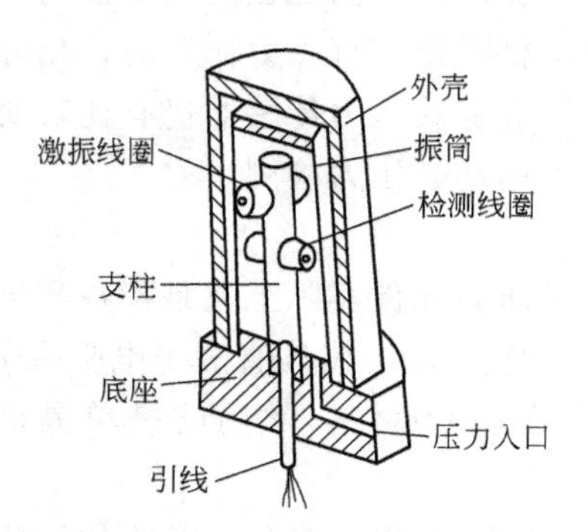

图 2-29 振筒式压力传感器结构示意

传感器由振筒组件和激振电路组成，其结构如图 2-29 所示。振筒用低温度系数的恒弹性材料制成，一端封闭为自由端，开口端固定在基座上，压力由内侧引入。绝缘支柱上固定着激振线圈和检测线圈，二者空间位置互相垂直，以减小电磁耦合。激振线圈使振筒按固有的频率振

动，受压前后的频率变化可由检测线圈检出。

此种仪表体积小，输出频率信号，重复性好，耐振；精确度高，其精确度为±0.1%和±0.01%；测量范围0～0.014MPa至0～50MPa，适用于气体测量。

五、压力检测器件的选用及举例

一些常用的压力检测方法的性能和用途见表2-7所示。

表2-7 常用压力计及压力传感器的性能和用途

仪表型式	常用测量范围/Pa	精度等级	用途与特点
U形管压力计	$0\sim10^5$ 或压差、负压	高	基准器、标准器、工程测量仪表
单管压力计	$0\sim10^5$ 或压差、负压	高	基准器、标准器、工程测量仪表
斜管压力计	$0\sim2\times10^3$ 或压差、负压	高	基准器、标准器、工程测量仪表
弹簧管压力计	$0\sim10^9$	较高	工程测量仪表、精密测量仪表
膜片式压力计	$0\sim2\times10^6$、负压	一般	工程测量仪表、精密测量仪表
膜盒式压力计	$0\sim4\times10^4$ 或压差、负压	一般	工程测量仪表、精密测量仪表
波纹管压力计	$0\sim2\times10^6$ 或压差、负压	一般	工程测量仪表、精密测量仪表
活塞式压力计	$0\sim2.5\times10^8$ 或负压	很高	基准器、标准器
电位计式压力传感器	$0\sim6\times10^7$	一般	工程测量仪表
电容式压力传感器	$0\sim10^7$ 或压差	较高	工程测量仪表
电感式压力传感器	$0\sim6\times10^7$	较高	工程测量仪表
霍尔式压力传感器	$0\sim6\times10^7$	一般	工程测量仪表
振频式压力传感器	$0\sim10^7$ 或压差、负压	较高	工程测量仪表
应变式压力传感器	$0\sim10^8$ 或压差、负压	较高	工程测量仪表
压电式压力传感器	$0\sim10^7$ 或压差、负压	较高	工程测量仪表

这些压力检测的原理不同，用途与特点也各不相同，下面来介绍工业中选择压力检测仪表的原则。

1. *压力仪表量程的选择*

为了保证敏感元件能在其安全范围内可靠地工作，需要考虑到被测对象可能发生的异常超压情况，对仪表的量程选择必须留有足够的余地。一般而言，当测量稳定压力时，正常操作压力应为量程的1/3～2/3；当测量脉冲压力时，正常操作压力应为量程的1/3～1/2；当测量压力大于4MPa时，正常操作压力应为量程的1/3～3/5。

2. *仪表精度的选择*

一般测量用的压力表、膜盒压力表及膜片压力表的精确度宜为1.5级或2.5级。精密测量和校验用压力表，精度应选用0.4级、0.25级或0.16级。

【例2-4】 有一压力容器在正常工作时压力范围为0.4～0.6MPa，要求使用弹簧管压力表进行检测，并使测量误差不大于被测压力的4%，试确定该表的量程和精度等级。

解 由题意可知，被测对象的压力比较稳定，设弹簧管压力表的量程为A，则根据最大工作压力有

$$A>0.6\div\frac{3}{4}=0.8\ (\text{MPa})$$

根据最小工作压力有

$$A < 0.4 \div \frac{1}{3} = 1.2 \text{ (MPa)}$$

根据仪表的量程系列，可选用量程范围为0～1.0MPa的弹簧管压力表。

由题意，被测压力的允许最大绝对误差为

$$\Delta_{max} = 0.4 \times 4\% = 0.016 \text{ (MPa)}$$

这就要求所选仪表的相对百分误差为

$$\delta_{max} < \frac{0.016}{1.0-0} \times 100\% = 1.6\%$$

按照仪表的精度等级，可选择1.5级的压力表。

3. 仪表类型的选择

对于就地压力仪表，一般介质的压力测量仪表的选用，应符合下列规定。

① 压力在40kPa以上时，宜采用弹簧管压力表。

② 压力在40kPa以下时，宜选用膜盒压力表。

③ 压力在－0.1～0～2.4MPa，应选用弹簧管压力真空表。

④ 压力在－500～500Pa时，应选用矩形膜盒微压计或微差压压力计。

对于黏稠、易结晶、含有固体颗粒或腐蚀性的介质，应选用隔膜压力表或膜片压力表，隔膜或膜片的材质，应根据测量介质的特性选择。压力超过10MPa压力表，应有泄压安全措施。对于使用环境来说，安装于振动场所或振动部位时，应选用耐振压力表；在危险爆炸场合，应选用防爆型压力表。

如果压力信号需要远传，则需要将弹性元件和其他转换元件一起使用组成各种压力传感器或压力变送器。当检测标准信号是一般采用压力变送器。微小压力微小负压的测量可以采用第三章的差压变送器。

4. 举例

氮气在工业中一般用作吹扫或者氮封，为了避免氮气中含有水分，一般要对它进行过滤。当过滤器中有杂质时会影响过滤效果，所以需对过滤器进出口之间压力进行检测。已知两端最大差压为30kPa，正常差压为15kPa，现场指示，请选择合适的仪表。

解 这里选择就地式压力表，根据压力表量程的选择，这里就选量程在45～50kPa的压力表，选择原则可知，可选弹簧管压力表。

第四节 物位检测

物位是指容器（开口或密封）中液体介质液面的高低（称为液位），两种液体介质的分界面的高低（称为界面）和固体块、散粒状物质的堆积高度（称为料位）。用来检测液位的仪表称液位计，检测分界面的仪表称界面计，检测固体料位的仪表称料位计，它们统称为物位计。

物位检测在现代工业生产过程中具有重要地位。通过物位检测可以确定容器中被测介质的储存量，以保证生产过程物料平衡，也为经济核算提供可靠依据；通过物位检测并加以控制可以使物位维持在规定的范围内，这对于保证产品的产量和质量，保证安全生产具有重要意义。例如，火力发电厂锅炉汽包水位，若水位过高，将造成蒸汽带水，它不仅会加重管道和汽轮机积垢，降低压力和效率，而且严重时会使汽轮机发生事故；水位过低对水循环不利，有可能使水冷壁管局部过热甚至爆炸。因此必须对汽包水位进行准确的检测，并把它控制在一定的范围之内。

表 2-8　常用液位、料位检测方法及其性能

测量方法		直接测量	差压法			浮力法			电学法			声学法			核辐射法	光学法	机械接触式			其他		
仪器名称		玻璃管液位计	压力式液位计	吹气式液位计	差压式液位计	钢带浮子式	杠杆浮球式	浮筒式液位计	电阻式物位计	电容式物位计	电感式物位计	超声波物位计			核辐射式物位计	激光式物位计	重锤式	旋翼式	音叉式	磁致伸缩式	称重式	微波式
												气介式	液介式	固介式								
技术性能	被测介质类型	液位	液位物位	液位	液位液-液相界面	液位	液位液-液相界面	液位液-液相界面	液位料位相界面	液位料位相界面	液位	液位料位	液位液-液相界面	液位	液位料位	液位料位	液位液-固相界面	液位	液位料位	液位液-液界面	液位料位	液位料位
	测量范围/m	1.5	50	16	20	20	2.5	2.5	安装位置定	50	20	30	10	50	20	20	50	安装位置定	安装位置定	18	20	60
	误差/%	±3	±2	±2	±1	±1.5	±1.5	±1	±10mm	±2		±3	±5mm	±1	±2	±0.5	±2	±1	±1	±0.05	±0.5	±0.5
	工作压力/Pa	1.6×10^6	常压	常压	40×10^6	6.4×10^6	6.4×10^6	32×10^6	1×10^6	3.2×10^6	16×10^6	0.8×10^6	0.8×10^6	1.6×10^6	随容器定	常压	常压	常压	4×10^6	随容器定	常压	1×10^6
	工作温度/℃	100～150	200	200	−20～200	120	150	200	200	−200～400	−30～160	200	150	高温	无要求	1500	500	80	150	−40～70	常温	150
	对黏性介质	不适用	法兰式可用	不适用	法兰式可用	不适用	不适用	不适用	不适用	不适用	适用	不适用	适用	适用	适用	适用	不适用	不适用	不适用	适用	适用	适用
	对有泡沫沸腾介质	不适用	适用	适用	适用	不适用	适用	适用	不适用	不适用	不适用	适用	不适用	适用	适用	适用	不适用	不适用	不适用	不适用	适用	适用
	与介质接触状态	接触	接触或不接触	接触	接触	接触	接触	接触	接触	接触	接触或不接触	不接触	不接触	接触	不接触	不接触	接触	接触或不接触	接触或不接触	接触	接触	不接触
	可动部件	无	无	无	无	有	有	有	无	无	无	无	无	无	无	无	有	有	有	无	有	无
输出	操作条件	就地目视	远传显示调节	就地目视	远传显示调节	计数远传	报警控制	显示记录调节	报警控制	指示	报警控制	显示	显示	显示	需防护远传显示	报警控制	报警控制	报警控制	报警控制	远传显示控制	报警控制	记录调节

一、物位检测的主要方法和分类

在物位检测中，由于被测对象不同，介质状态、特性不同以及检测环境条件不同，决定了物位检测方法的多种多样，需要根据具体情况和要求进行选择或设计。表 2-8 是目前所使用的各种液位、料位检测方法及测量仪器的主要性能特点汇总。

二、静压式物位检测

1. 检测原理

静压式物位检测方法是基于液位高度变化时，由液柱产生的静压也随之变化的原理。如图 2-30 所示，A 代表实际液面，B 代表零液位，H 为液柱高度，根据流体静力学原理可知，A、B 两点的压力差为

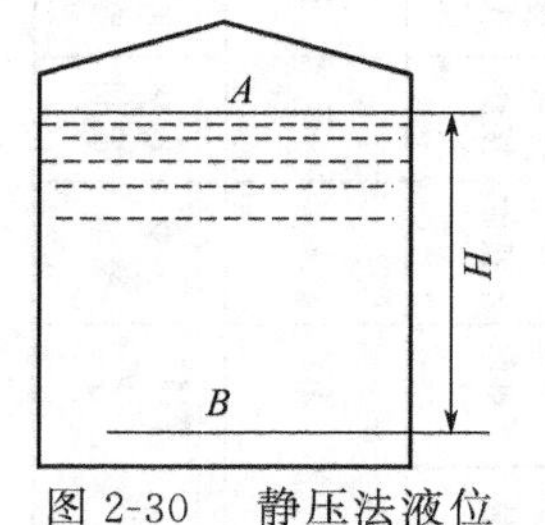

图 2-30　静压法液位测量原理

$$\Delta p=p_{B}-p_{A}=H\rho g \tag{2-51}$$

式中，p_A 和 p_B 为容器中 A 点和 B 点的静压，其中 p_A 应理解为液面上方气相的压力，当被测对象为敞口容器，则 p_A 为大气压，上式变为

$$p=p_{B}-p_{0}=H\rho g \tag{2-52}$$

式中，p 为 B 点的表压力。

由式(2-51) 和式(2-52) 可知，当被测介质密度 ρ 为已知时（一般可视为常数），A、B 两点的压力差 Δp 或 B 点的表压力 p 与液位高度 H 成正比，这样就把液位的检测转化为压力差或压力的检测，选择合适的压力（差压）检测仪表可实现液位的检测。

2. 实现方法

如果被测对象为敞口容器，可以直接用压力检测仪表对液位进行检测。方法是将压力仪表通过引压导管与容器底侧零液位相连，如图 2-31 所示。压力指示值与液位高度满足式(2-52)。这种方法要求液体密度为定值，否则会引起误差。另外，压力仪表实际指示的压力是液面至压力仪表入口之间的静压力，当压力仪表与取压点（零液位）不在同一水平位置时，应对其位置高差而引起的固定压力进行修正，否则仪表指示值不能直接用式(2-51) 或式(2-52) 计算得到液位。

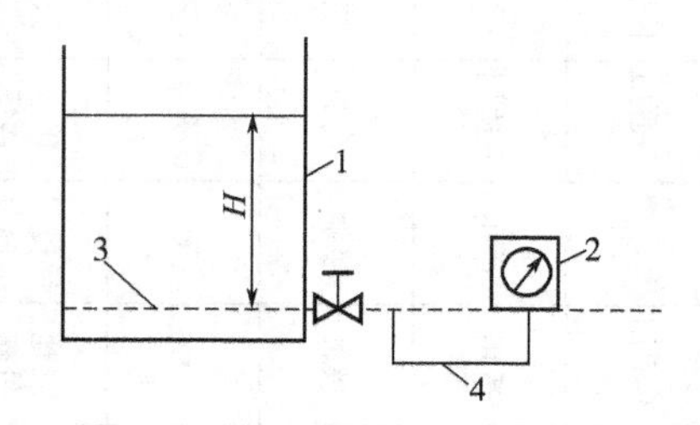

图 2-31　压力计式液位计

1—容器；2—压力表；3—液位零面；4—导压管

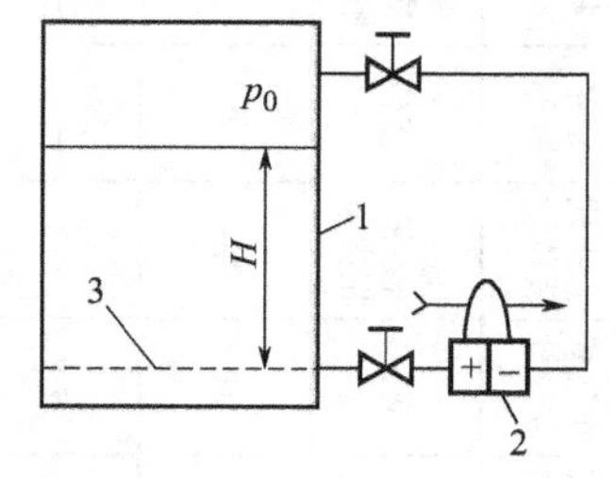

图 2-32　差压式液位计示意图

1—容器；2—差压计；3—液位零面

在密闭容器中，容器下部的液体压力除与液位高度有关外，还与液面上部介质压力有关。根据式(2-51) 可知，在这种情况下，可以用测量差压的方法来获得液位，如图 2-32 所示，和压力检测法一样，差压检测法的差压指示值除了与液位高度有关外，还受液体密度和差压仪表的安装位置有关。当这些因素影响较大时必须进行修正。对于安装位置引起的指示偏差可采用后述的“量程迁移”来解决。

对于具有腐蚀性或含有结晶颗粒以及黏度大、易凝固的液体介质，引压导管易被腐蚀或堵塞，影响测量精度，甚至不能测量，这时应用法兰式压力（差压）变送器。这种仪表是用法兰直接与容器上的法兰相连，如图 2-33 所示。敏感元件为金属膜盒，它直接与被测介质接触，省去引压导管，从而克服导管的腐蚀和阻塞问题。膜盒经毛细管与变送器的测量室相通，它们所组成的密闭系统内充以硅油，作为传压介质。为了使毛细管经久耐用，其外部均套有金属蛇皮保护管。

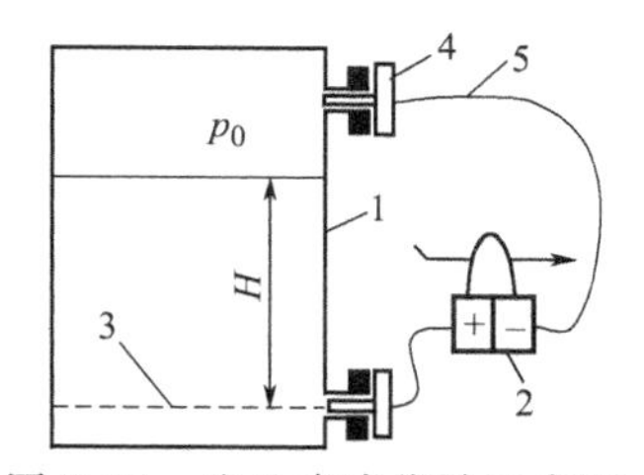

图 2-33　法兰式液位计示意图

1—容器；2—差压计；3—液位零面；4—法兰；5—毛细管

3. 量程迁移

前面已提到无论是压力检测法还是差压检测法都要求取压口（零液位）与压力（差压）检测仪表的入口在同一水平高度，否则会产生附加静压误差。但是，在实际安装时不一定能满足这个要求。如地下贮槽，为了读数和维护的方便，压力检测仪表不能安装在所谓零液位处的地下；采用法兰式差压变送器时，由于从膜盒至变送器的毛细管中充以硅油，无论差压变送器安装在什么高度，一般均会产生附加静压。在这种情况下，可通过计算进行校正，更多的是对压力（差压）变送器进行零点调整，使它在只受附加静压（静压差）时输出为“零”，这种方法称为“量程迁移”。量程迁移有无迁移、负迁移和正迁移三种情况，下面以差压变送器检测液位为例进行介绍。

（1）无迁移　如图 2-34(a) 所示，将差压变送器的正、负压室分别与容器下部和上部的取压点相连通，并保证正压室与零液位等高；连接负压室与容器上部取压点的引压管中充满与容器液位上方相同的气体，由于气体密度相对于液体小得多，则取压点与负压室之间的静压差很小，可以忽略。设差压变送器正、负压室所受到的压力分别为 p_+ 和 p_-，则有

$$p_+=p_0+H\rho_1 g,\quad p_-=p_0$$

所以

$$\Delta p=p_+-p_-=H\rho_1 g \tag{2-53}$$

(a)　　(b)　　(c)

图 2-34　差压变送器测量液位原理

可见，当 $H=0$ 时，$\Delta p=0$，差压变送器未受任何附加静压；当 $H=H_{\max}$ 时，$\Delta p=\Delta p_{\max}$。这说明差压变送器无需迁移。

差压变送器的作用是将输入差压转化为统一的标准信号输出。对于Ⅲ型电动单元组合仪表（DDZ-Ⅲ）来说，其输出信号为 4～20mA 的电流（DDZ-Ⅱ型仪表为 0～10mADC）。如果选取合适的差变量程，使 $H=H_{\max}$ 时，最大差压值 $\Delta p_{\max}$ 为差变的满量程，则在无迁移情况下，差变输出 $I=4\text{mA}$，表示输入差压值为零，也即 $H=0$；差变输出 $I=20\text{mA}$，表示输入差压达到 $\Delta p_{\max}$，也即 $H=H_{\max}$。因此，差变的输出电流 I 与液位 H 呈线性关系。图 2-35 表示了液位 H 与差压 Δp 以及差压 Δp 与输出电流 ΔI

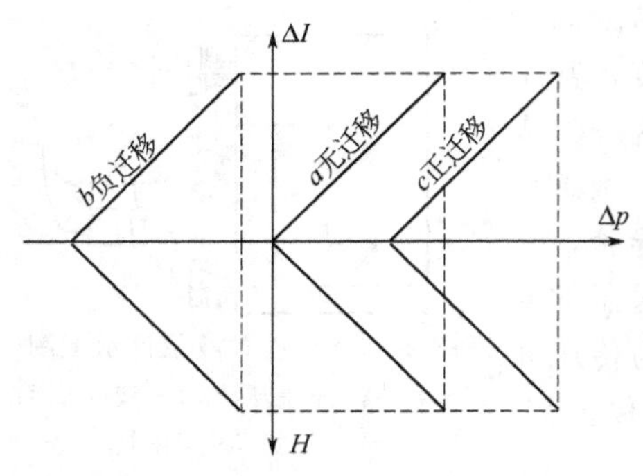

图 2-35 差压变送器的正负迁移示意图

之间的关系。

(2) 负迁移 如图 2-34(b)，当容器中液体上方空间的气体是可凝性的，如水蒸气，为了保持负压室所受的液柱高度恒定，或者被测介质有腐蚀性，为了引压管的防腐，常常在差压变送器正、负压室与取压点之间分别装有隔离罐，并充以隔离液。设隔离液的密度为 ρ_2，这时差压变送器正、负压室所受到的压力分别为

$$p_+ = h_1\rho_2 g + H\rho_1 g + p_0$$

$$p_- = h_2\rho_2 g + p_0$$

所以
$$\Delta p = p_+ - p_- = H\rho_1 g + h_1\rho_2 g - h_2\rho_2 g = H\rho_1 g - B \quad (2\text{-}54)$$

式中，$B=(h_2-h_1)\rho_2 g$；h_1、h_2 参见图 2-32(b)。

由上式可见，当 $H=0$ 时，$\Delta p=-B<0$，差压变送器受到一个附加的差压作用，使差变的输出 $I<4\text{mA}$。为使 $H=0$ 时，差变输出 $I=4\text{mA}$，就要设法消去 $-B$ 的作用，这称为量程迁移。由于要迁移的量为负值，因此称负迁移，负迁移量为 B。

对于 DDZ-Ⅲ型差压变送器，量程迁移只要调节变送器上的迁移弹簧（详见第三章信号变换技术中的有关内容），使变送器在 $\Delta p=-B$（对应于 $H=0$ 的差压值）时，输出电流 $I=4\text{mA}$。当液位 H 在 $0\sim H_{\max}$变化时，差压的变化量为 $H_{\max}\rho_1 g$，该值即为差变的量程。这样，当 $H=H_{\max}$时，$\Delta p=H_{\max}\rho_1 g-B$，差变的输出电流 $I=20\text{mA}$，从而实现了差变输出与液位之间的线性关系，见图 2-35 中的 b 线。

(3) 正迁移 在实际安装差压变送器时，往往不能保证变送器和零液位在同一水平面上，如图 2-34(c) 所示。设连接负压室与容器上部取压点的引压管中充满气体，并忽略气体产生的静压力，则差压变送器正、负所受压力为

$$p_+ = H\rho_1 g + h\rho_1 g + p_0$$

$$p_- = p_0$$

所以
$$\Delta p = p_+ - p_- = H\rho_1 g + h_1\rho_1 g = H\rho_1 g + C \quad (2\text{-}55)$$

由上式可见，当 $H=0$ 时，$\Delta p=C$，差压变送器受到一个附加正差压作用，使差变的输出$I>4\text{mA}$。为使 $H=0$ 时，$I=4\text{mA}$，就需设法消去 C 的作用。由于$C>0$，故需要正迁移，迁移量为 C。迁移方法与负迁移相似。

根据式(2-55) 可知，当液位 H 在 $0\sim H_{\max}$变化时，差压的变化量为 $H_{\max}\rho_1 g$，与前面两种情况相同。这说明尽管由于差变的安装位置等原因需要差变进行量程迁移，但差变的量程不变，只与液位的变化范围有关。因此，对于图 2-34(c)，在进行正迁移后，当 $H=H_{\max}$（$\Delta p=H_{\max}\rho_1 g+C$）时，差变的输出 $I=20\text{mA}$，见图 2-35 中的 c 线。

从以上所述可知，正负迁移的实质是通过迁移弹簧改变变送器的零点，它的作用是同时改变量程的上、下限，而不改变量程的大小。

【例 2-5】 如图 2-34(b) 所示，用差压变送器检测液位。已知 $\rho_1=1200\text{kg/m}^2$，$\rho_2=950\text{kg/m}^3$，$h_1=1.0\text{m}$，$h_2=5.0\text{m}$，液位变化的范围为 0～3.0m，如果当地重力加速度$g=9.8\text{m/s}^2$，求差压变送器的量程和迁移量。

解 当液位在 0～3.0m 变化时，差压的变化量为

$$H_{\max}\rho_1 g = 3.0\times1200\times9.8 = 35280\ (\text{Pa})$$

根据差压变送器的量程系列，可选差变的量程为 40kPa。

由式(2-54) 可知，当 $H=0$ 时，有

$$\Delta p=-(h_2-h_1)\rho_2 g=-(5.0-1.0)\times 950\times 9.8=-37240\ (\mathrm{Pa})$$

所以，差压变速器需要进行负迁移，负迁移量为 37.24kPa。迁移后该差变的测量范围为−37.24～2.76kPa。若选用 DDZ-Ⅲ型仪表，则当变送器输出 $I=4\mathrm{mA}$ 时，表示 $H=0$；当 $I=20\mathrm{mA}$ 时，$H=40\times 3.0/35.28=3.4\mathrm{m}$，即实际可测液位范围为 0～3.4m。

上例中，如果要求 $H=3.0\mathrm{m}$ 时差变输出满刻度（20mA），则可在负迁移后再进行量程调节，使得当 $\Delta p=-37.24+35.28=-1.96\ (\mathrm{kPa})$ 时，差变的输出达到 20mA。

三、浮力式物位检测

浮力式物位检测的基本原理是通过测量漂浮于被测液面上的浮子（也称浮标）随液面变化而产生的位移；或利用沉浸在被测液体中的浮筒（也称沉筒）所受的浮力与液面位置的关系检测液位。前者一般称为恒浮力式检测，后者称为变浮力式检测。

恒浮力式物位检测包括浮标式、浮球式和翻板式等各种方法，由于它们的原理比较简单，这里不再一一介绍。

变浮力式物位检测方法中典型的敏感元件是浮筒，它是利用浮筒由于被液体浸没高度不同以致所受的浮力不同来检测液位的变化。如图 2-36 是应用浮筒实现物位检测的原理图。将一横截面积为 A，质量为 m 的圆筒形空心金属浮筒悬挂在弹簧上，由于弹簧的下端被固定，因此弹簧因浮筒的重力被压缩，当浮筒的重力与弹簧力达到平衡时，则有

$$mg=Cx_0 \tag{2-56}$$

式中，C 为弹簧的刚度；x_0 为弹簧由于浮筒重力被压缩所产生的位移。

当浮筒的一部分被液体浸没时，浮筒受到液位对它的浮力作用而向上移动。当它与弹簧力和浮筒的重力平衡时，浮筒停止移动。设液位高度为 H，浮筒由于向上移动实际浸没在液体中的长度为 h，浮筒移动的距离，也就是弹簧的位移改变量为 Δx，则

$$H=h+\Delta x \tag{2-57}$$

根据力平衡可得

$$mg-Ah\rho g=C(x_0-\Delta x) \tag{2-58}$$

式中，ρ 为浸没浮筒的液体密度。将式(2-56) 代入式(2-58)，整理后便得

$$Ah\rho g=C\Delta x \tag{2-59}$$

一般情况下，$h\gg\Delta x$，由式 (2-57) 可得 $H\approx h$，从而被测液位 H 可表示为

$$H=\frac{C}{A\rho g}\Delta x \tag{2-60}$$

式(2-60) 表明，当液位变化时，使浮筒产生位移，其位移量 Δx 与液位高度 H 成正比关系。因此变浮力物位检测方法实质上就是将液位转换成敏感元件（在这里为浮筒）的位移。

应用信号变换技术可进一步将位移转换成电信号，配上显示仪表在现场或控制室进行液位指示或控制。图 2-36 是在浮筒的连杆上安装一铁芯，可随浮筒一起上下移动，通过差动变压器使输出电压与位移成正比关系。

另外，也可以将浮筒所受的浮力通过扭力管达到力矩平衡，把浮筒的位移变成扭力管的角位移，进一步用其他转换元件转换为电信号，构成一个完整的液位计。

浮筒式液位计不仅能检测液位，而且还能检测界面，下面是一个应用实例。

【例 2-6】 有一浮筒的长度 $L=300\mathrm{mm}$，配 DDZ-Ⅲ型仪表，出厂时用水标定，变送器的输出电流与液位之间有如图 2-37 中曲线①的关系。今用它来检测两液体间的界面，设它们的密度分别为 $\rho_1=820\mathrm{kg/m^3}$ 和 $\rho_2=1240\mathrm{kg/m^3}$。问应如何使用该液位计来检测界面。

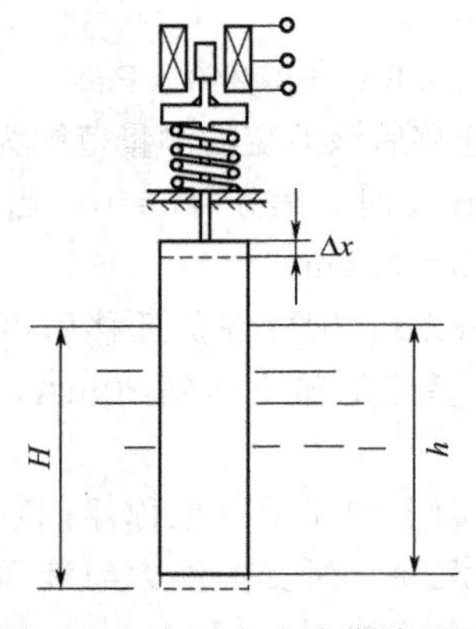

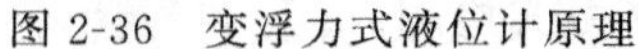

图 2-36　变浮力式液位计原理

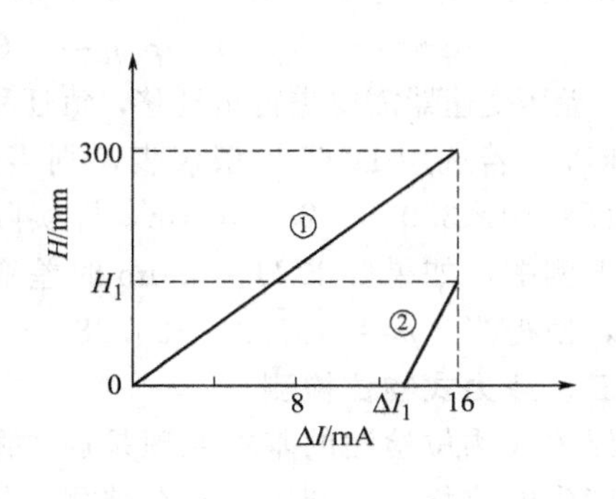

图 2-37　用浮筒式液位计检测界面的特性曲线

解　由式(2-60) 可知，浮筒所产生的位移与液位成正比，经过变送器后，变送器的输出 ΔI 应与液位成正比（设 g 为常数），则

$$\Delta I=K\rho H \tag{2-61}$$

用水标定时，在 $H=300\text{mm}$ 情况下，$\Delta I=20-4=16\text{mA}$，由式(2-61) 得

$$16=1000\times 300K \tag{2-62}$$

当界面为零，即容器全充满轻组分液体 1 时，设变送器输出为 ΔI_1，有

$$\Delta I_1=820\times 300K \tag{2-63}$$

由式(2-62) 和式(2-63) 可得

$$\Delta I_1=\frac{820\times 16}{1000}=13.12\ (\text{mA})$$

设当界面为 H_1，即 H_1 以下部分为重组分液体 2 时，变送器输出达到 20mA，则

$$16=K[p_2 H_1+(300-H_1)\rho_1] \tag{2-64}$$

由式(2-62) 和式(2-64) 可得

$$H_1=128.6\ (\text{mm})$$

这说明，如果不对该液位计进行调整，它能检测的界面范围只有 0～128.6mm。变送器输出与界面之间的关系见图 2-37 中的曲线②。

为了能使该液位计在界面 0～300mm 范围进行检测，使它具有图 2-37 中的曲线①的关系，应对它进行重新标定。设当界面为零时，由于液体 1 对浮筒产生的浮力相当于水的液位为 H'_0 时的浮力，则

$$300\times 820A=1000H'_0A$$

得

$$H'_0=246\ (\text{mm})$$

又设当界面由 0 增加到 300mm 时，浮筒所受浮力的变化量相当于水的液位为 H' 时的浮力，则

$$300\times 1240A-300\times 820A=1000H'A$$

得

$$H'=126\ (\text{mm})$$

因此，可用水进行重新标定。但是，在最高界面时不能直接用水进行标定（$H'_0+H'>300\text{mm}$），为此可将零位降到 $300-126=174\text{mm}$，以进行变送器比例关系的标定（即当 $H=174\text{mm}$ 时，$I=4\text{mA}$；$H=300\text{mm}$ 时，$I=20\text{mA}$）。最后再将水位调到 $H'_0=246\text{mm}$，调节变送器的零点使输出为 4mA，即完成了重新标定工作。

四、电气式物位检测

电气式物位检测方法是利用敏感元件直接把物位变化转换为电参数的变化。根据电量参数的不同，可分为电阻式、电容式和电感式等。目前电容式为最常见，其检测原理如下。

电容式物位检测原理是基于圆筒电容器工作的，其结构形式如图 2-38所示。它是由两个长度为 L，半径分别为 R 和 r 的圆筒形金属导体组成。当两圆筒间充以介电常数为 ε_1 的气体时，则由该圆筒组成的电容器的电容量为

$$C_0=\frac{2\pi\varepsilon_1 L}{\ln\frac{R}{r}} \tag{2-65}$$

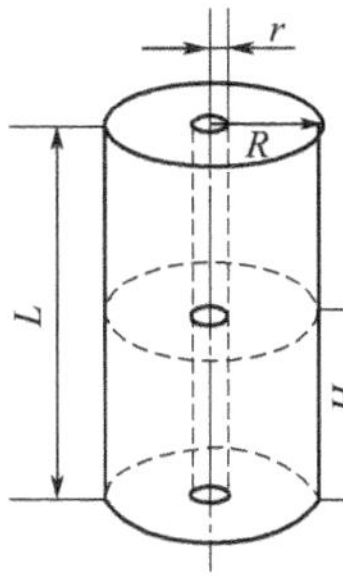

图 2-38　电容式物位计原理

如果两圆筒形电极间的一部分被介电常数为 ε_2 的液体所浸没，设被浸没的电极长度为 H，此时的电容量为

$$C=C_1+C_2=\frac{2\pi\varepsilon_1(L-H)}{\ln\frac{R}{r}}+\frac{2\pi\varepsilon_2 H}{\ln\frac{R}{r}} \tag{2-66}$$

经整理后可得

$$C=C_0+\Delta C \tag{2-67}$$

式中

$$\Delta C=\frac{2\pi(\varepsilon_2-\varepsilon_1)}{\ln\frac{R}{r}}H \tag{2-68}$$

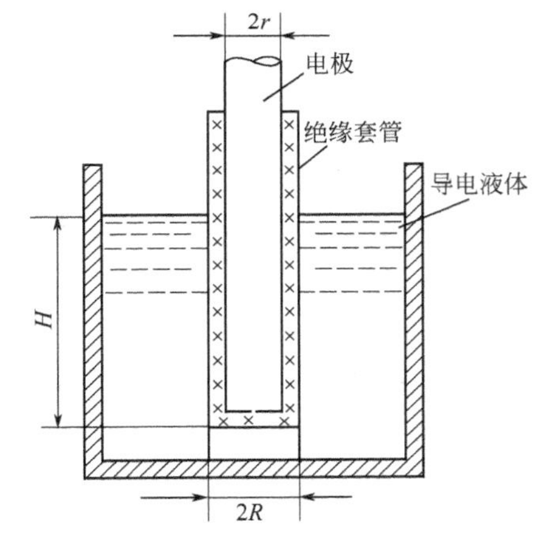

图 2-39　导电液体液位测量示意图

式(2-67) 和式(2-68) 表明：当圆筒形电容器的几何尺寸 L、R 和 r 保持不变，且介电常数也不变时，电容器电容增量 ΔC 与电极被介电常数为 ε_2 的介质所浸没的高度 H 成正比关系。另外，两种介质的介电常数的差值（$\varepsilon_2-\varepsilon_1$）越大，则 ΔC 也越大，说明相对灵敏度越高。

从原理上讲，用圆筒形电容器既可用于非导电液体的液位检测，也可用于固体颗粒的料位检测。如果被测介质为导电性液体，上述圆筒形电极将被导电的液体所短路。因此，对于这种介质的液位检测，电极要用绝缘物（如聚乙烯）覆盖作为中间介质，而液体和外圆筒一起作为外电极，如图 2-39 所示。由此构成的等效电容 C 为图 2-40 所示，图中的电容 C_{11}、C_{12}和 C_2 分别为

$$\left.\begin{aligned}C_{11}&=\frac{2\pi\varepsilon_3(L-H)}{\ln\frac{R}{r}}\\C_{12}&=\frac{2\pi\varepsilon_1(L-H)}{\ln\frac{R_i}{R}}\\C_2&=\frac{2\pi\varepsilon_3 H}{\ln\frac{R}{r}}\end{aligned}\right\} \tag{2-69}$$

式中，ε_1、ε_3 分别为被测液位上方气体和覆盖电极用绝缘物的介电常数；R_i 为容器的内

半径。

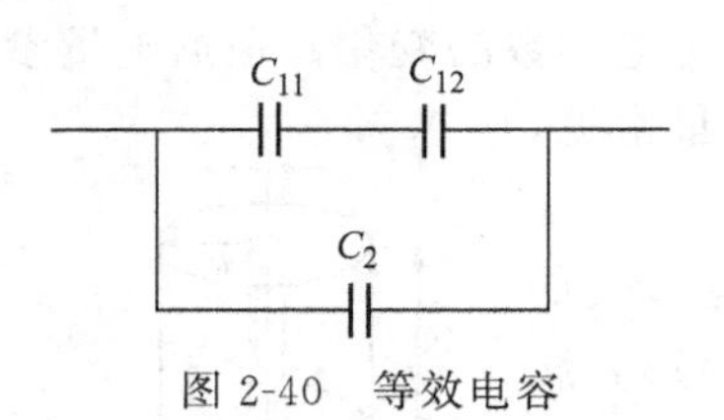

图 2-40 等效电容

由于在一般情况下，$\varepsilon_3 \gg \varepsilon_1$，并且 $R_i \gg R$，因此有 $C_{12} \ll C_{11}$，则图 2-40 的等效电容 C 可写为

$$C=C_{12}+C_2=\frac{2\pi\varepsilon_1 L}{\ln\frac{R_i}{R}}-\frac{2\pi\varepsilon_1 H}{\ln\frac{R_i}{R}}+\frac{2\pi\varepsilon_3 H}{\ln\frac{R}{r}}$$

很明显上式的第 2 项远比第 3 项小得多，可忽略不计，故有

$$C=\frac{2\pi\varepsilon_1 L}{\ln\frac{R_i}{R}}+\frac{2\pi\varepsilon_3 H}{\ln\frac{R}{r}}=C_0'+KH \tag{2-70}$$

式中，$C_0'=2\pi\varepsilon_1 L/\ln\frac{R_i}{R}$；$K=2\pi\varepsilon_3/\ln\frac{R}{r}$。

上式表明：电容器的电容量或电容的增量 $\Delta C=C-C_0'$ 随液位的升高而线性增加。因此，电容式物位检测的基本原理是将物位的变化转换为由插入电极所构成的电容器的电容量的改变。

电容式物位计主要由电极（敏感元件）和电容检测电路组成。由于电容的变化量较小，因此准确检测电容量是物位检测的关键。目前在物位检测中，常见的电容检测方法主要有交流电桥法、充放电法和谐振电路法等，有关电容与电压（电流）的转换详见第三章有关内容。

五、超声波物位检测

声波是一种机械波，是机械振动在介质中的传播过程，当振动频率在十余赫到万余赫时可以引起人的听觉，称为闻声波；更低频率的机械波称为次声波；20kHz 以上频率的机械波称为超声波。作为物位检测，一般应用超声波。

1. 检测原理

超声学是一门学科，已有几十年历史，其应用范围很广泛。超声波不仅用来进行各种参数的检测，而且广泛应用于加工和处理技术。超声波用于物位检测主要利用了它的以下性质。

(1) 和其他声波一样，超声波可以在气体、液体及固体中传播，并有各自的传播速度。例如在常温下空气中的声速约为 334m/s，在水中的声速约为 1440m/s，而在钢铁中约为 5000m/s。声速不仅与介质有关，而且还与介质所处的状态（如温度）有关。例如理想气体的声速与绝对温度 T 的平方根成正比，对于空气来说影响声速的主要因素是温度，并可用下式计算声速 v 的近似值

$$v=20.067\sqrt{T} \tag{2-71}$$

在许多固体和液体中的声速一般随温度增高而降低。

(2) 声波在介质中传播时会被吸收而衰减，气体吸收最强而衰减最大，液体其次，固体吸收最小而衰减最小，因此对于一给定强度的声波，在气体中传播的距离会明显比在液体和固体中传播的距离短。另外声波在介质中传播时衰减的程度还与声波的频率有关，频率越高，声波的衰减也越大，因此超声波比其他声波在传播时的衰减更明显。

(3) 声波传播时的方向性随声波的频率的升高而变强，发射的声束也越尖锐，超声波可近似为直线传播，具有很好的方向性。

(4) 当声波从一种介质向另一种介质传播时，因为两种介质的密度不同和声波在其中传播的速度不同，在分界面上声波会产生反射和折射，其反射系数 R 为

$$R=\frac{I_R}{I_0}=\left(\frac{Z_2\cos\alpha-Z_1\cos\beta}{Z_2\cos\alpha+Z_1\cos\beta}\right)^2 \tag{2-72}$$

式中，I_R、I_0 为反射和入射声波的声强；α、β 为声波的入射角和反射角；Z_1、Z_2 为两种介质的声阻抗，$Z_1=\rho_1 v_1$，$Z_2=\rho_2 v_2$。

在声波垂直入射时，$\alpha=0$，则 $\beta=0$，其反射系数变为

$$R=\left(\frac{Z_2-Z_1}{Z_2+Z_1}\right)^2 \tag{2-73}$$

设想声波从水传播到空气，在常温下它们的声阻抗约为 $Z_1=1.44\times10^6\Omega$，$Z_2=4\times10^2\Omega$，代入式(2-73) 则得 $R=0.999$。这说明当声波从液体或固体传播到气体，或相反的情况下，由于两种介质的声阻抗相差悬殊，声波几乎全部被反射。

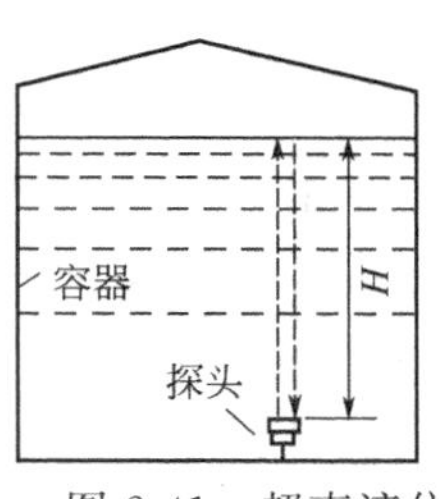

图 2-41 超声液位检测原理

声学式物位检测方法就是利用声波的这种特性，通过测量声波从发射至接收到被物位界面所反射的回波的时间间隔来确定物位的高低。如图 2-41 是用超声波检测物位的原理图。超声波发射器被置于容器底部，当它向液面发射短促的脉冲时，在液面处产生反射，回波被超声接收器接收。若超声发射器和接收器（图中简称探头）到液面的距离为 H，声波在液体中的传播速度为 v，则有如下简单关系

$$H=\frac{1}{2}vt \tag{2-74}$$

式中，t 为超声脉冲从发射到接收所经过的时间。当超声波的传播速度 v 为已知时，利用上式便可求得物位。

2. *超声波的接收和发射*

超声波的接收和发射是基于压电效应和逆压电效应。具有压电效应的压电晶体在受到声波声压的作用时，晶体两端将会产生与声压变化同步的电荷，从而把声波（机械能）转换成电能；反之，如果将交变电压加在晶体两个端面的电极上，沿着晶体厚度方向将产生与所加交变电压同频率的机械振动，向外发射声波，实现了电能与机械能的转换。因此，用作超声发射和接收的压电晶体也称换能器。

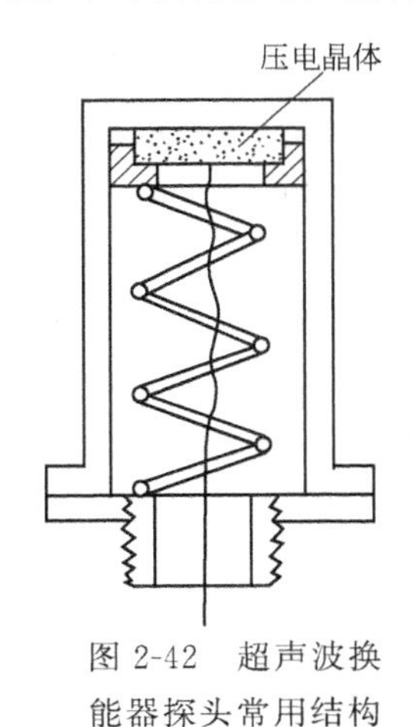

图 2-42 超声波换能器探头常用结构

换能器的核心是压电片，根据不同的需要，压电片的振动方式有很多，如薄片的厚度振动，纵片的长度振动，横片的长度振动，圆片的径向振动，圆管的厚度、长度、径向和扭转振动，弯曲振动等。其中以薄片厚度振动用得最多。由于压电晶体本身较脆，并因各种绝缘、密封、防腐蚀、阻抗匹配及防护不良环境要求，压电元件往往装在一壳体内而构成探头。如图 2-42 所示为超声波换能器探头的常用结构，其振动频率在几百千赫以上，采用厚度振动的压电片。

在超声检测中，需选择合适的超声波能量。采用较高能量的超声波，可以增加声波在介质中传播的距离，适用于物位测量范围较大的检测系统；另外，提高超声波发射的能量，则经物位表面反射到达接收器的声能也增加，有利于提高检测系统的测量精度。但是，声能过

强会引起一些不利的超声效应，对测量产生影响。例如，具有较高能量的超声波在液体介质中传播易产生空化效应，大量空化气泡的形成将使超声能量在这空化区域内消耗而不能传到较远处；超声波在介质中传播时被吸收，同时引起介质的温升效应。超声能量越高，温升也越高，易使介质特性发生变化，从而降低测量精度。

为了减小上述各种不利的超声效应，同时也为了便于测量超声波的传播时间，在物位检测中一般采用较高频的超声脉冲。这样既减小了单位时间内超声波的发射能量，同时又可提高超声脉冲的幅值，前者有利于减小空化效应、温升效应等以及节约仪器的能耗，后者可提高测量精度。

超声换能器除了采用压电材料外，还有磁致伸缩材料。在某些铁磁材料及其合金（如镍、镍铁合金、铝铁合金等）和某些铁氧体做成的磁性体棒中，若沿某一方向施加磁场，则随着磁场的强弱变化，材料沿这一方向的长度就会发生变化，当施加的交变磁场的频率与该磁性体棒的机械固有频率相等时，磁性体棒就会产生共振，其伸缩量加大，这种现象称为磁致伸缩效应，能产生这种效应的材料称为磁致伸缩材料。利用磁致伸缩效应可以用来产生超声波。

磁致伸缩材料在外力（或应力、应变）作用下，引起内部发生形变，产生应力，使各磁畴之间的界限发生移动，磁畴磁化强度矢量转动，从而使材料的磁化强度和磁导率发生相应的变化。这种由于应力使磁性材料磁性质变化的现象称为压磁效应，又称逆磁致伸缩效应。在磁致伸缩材料外加一个线圈，可以把材料的磁性的变化转化为线圈电流的变化，因此可用来接收超声波。此外，利用逆磁致伸缩效应还可以进行力、压力等参数的检测。

3. 实现方法

根据声波传播的介质不同，超声波物位计可分为固介式、液介式和气介式三种。超声换能器探头可以使用两个，也可以只用一个。前者是一个探头发射超声波，另一个探头用来接收；后者是发射与接收声波均由一个探头进行，只是发射与接收时间相互错开。

由式(2-74) 可知，物位检测的精度主要取决于超声脉冲的传播时间 t 和超声波在介质中的传播速度 v 两个量。前者可用适当的电路进行精确测量，后者易受介质温度、成分等变化的影响，因此，需要采取有效的补偿措施，超声波传播速度的补偿方法主要有以下几种。

(1) 温度补偿　如果声波在被测介质中的传播速度主要随温度而变，声速与温度的关系为已知，而且假设声波所穿越的介质的温度处处相等，则可以在超声换能器附近安装一个温度传感器，根据已知的声速与温度之间的函数关系，自动进行声速的补偿。

(2) 设置校正具　在被测介质中安装两组换能器探头，一组用作测量探头，另一组用作构成声速校正用的探头。校正的方法是将校正用的探头固定在校正具（一般是金属圆筒）的一端，校正具的另一端是一块反射板。由于校正探头到反射板的距离 L_0 为已知的固定长度，测出声脉冲从校正探头到反射板的往返时间 t_0，则可得声波在介质中的传播速度为

$$v_0=\frac{2L_0}{t_0} \tag{2-75}$$

因为校正探头和测量探头是在同一个介质中，如果两者的传播速度相等，即 $v_0=v$，则代入式(2-74) 可得

$$H=\frac{L_0}{t_0}t \tag{2-76}$$

由式(2-76) 可知，只要测出时间 t 和 t_0，就能获得料位的高度 H，从而消除了声速变

化引起的测量误差。

根据介质的特性，校正具可以采用固定型的，也可以用活动型。前者适用于容器中介质的声速各处相同，后者主要用于声速沿高度方向变化的介质。图 2-43 给出了应用这两种校正具检测液位的原理图。

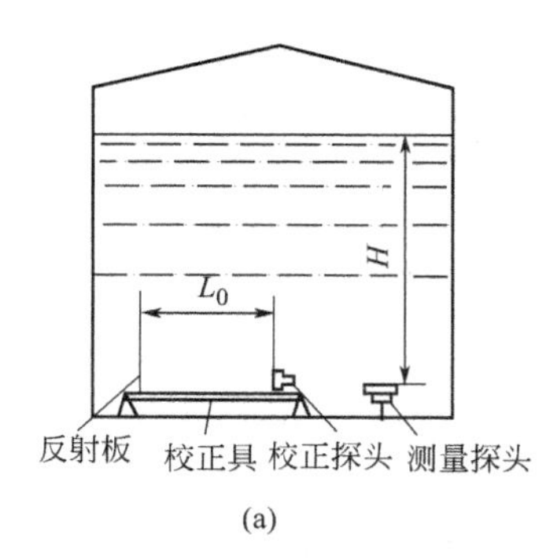

(a)

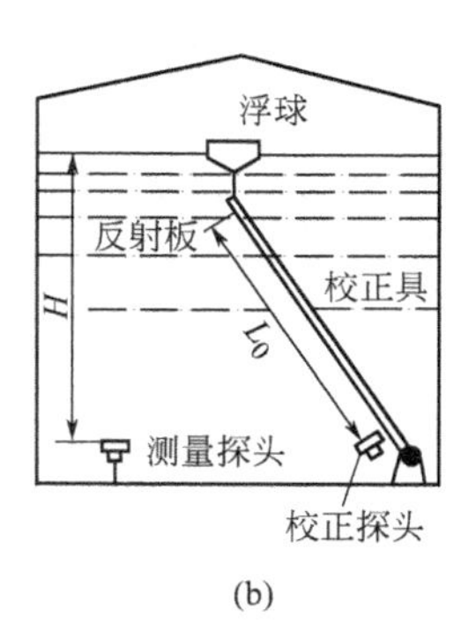

(b)

图 2-43　应用校正具检测液位原理

六、其他物位检测

1. 射线式物位检测

放射性同位素在蜕变过程中会放射出 α、β、γ 三种射线。α 射线是从放射性同位素原子核中放射出来的，它由两个质子和两个中子所组成（即实际上是氦原子核），带有正电荷，它的电离本领最强，但穿透能力最弱。β 射线是电子流，电离本领比 α 射线弱，而穿透能力较 α 射线强。γ 射线是一种从原子核中发出的电磁波，它的波长较短，不带电荷，它在物质中的穿透能力比 α 和 β 射线都强，但电离本领最弱。

由于射线的可穿透性，它们常被用于情况特殊或环境条件恶劣的场合实现各种参数的非接触式检测，如位移、材料的厚度及成分、流体密度、流量、物位等。物位检测是其中一个典型的应用示例。

（1）检测原理　当射线射入一定厚度的介质时，部分能量被介质所吸收，所穿透的射线强度随着所通过的介质厚度增加而减弱，它的变化规律为

$$I=I_0 e^{-\mu H} \tag{2-77}$$

式中，I_0、I 为射入介质前和通过介质后的射线强度；μ 为介质对射线的吸收系数；H 为射线所通过的介质厚度。

介质不同，吸收射线的能力也不同。一般是固体吸收能力最强，液体其次，气体最弱。当射线源和被测介质一定时，I_0 和 μ 都为常数。测出通过介质后的射线强度 I，便可求出被测介质的厚度 H。图 2-44 为用射线方法检测物位的基本原理图。

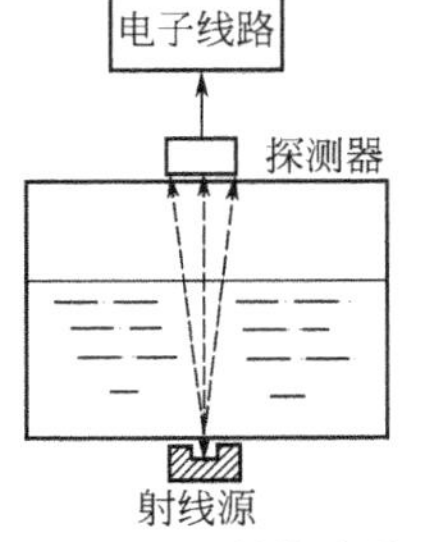

图 2-44　射线式物位检测原理图

（2）检测系统组成　由图 2-44 可见，射线式物位检测系统主要由射线源、射线探测器和电子线路等部分组成。

① 射线源。主要从射线的种类、射线的强度以及使用的时间等方面考虑选择合适的放射性同位素和所使用的量。由于在物位检测中一般需要射线穿透的距离较长，因此常采用穿透能力较强的 γ 射线。能产生 γ 射线的放射性同位素主要是 Co^{60}（钴）和 Cs^{137}（铯），它们的半衰期分别为 5.3 年和 33 年。另外，由 Co^{60} 产生的 γ 射线能量较 Cs^{137} 大，在介质中平均质量吸收系数小，因此它的穿透能力较 Cs^{137} 强。但是，Co^{60} 由于半衰期较短，使用若干年后，射线强度的减弱会使检测系统的精度下降，必要时还需要更换射线源。若更换过程操作不慎，废弃的射线源处理不当，很容易引起不安全因素。放射源的强度取决于所使用的放射性同位素的质量。质量越大，所释放的射线强度也越大，这对提高测量精度，提高仪器的反应速度有利，但同时也给防护带来了困难，因此必须是两者兼顾，在保证测量满足要求的前提下尽量减小其强度，以简化防护和保证安全。

② 探测器。射线探测器的作用是将其接收到的射线强度转变成电信号，并输给下一级电路。作为γ射线的检测，常用的探测器是闪烁计数管，此外，还有电离室，正比计数管和盖革-弥勒计数管等。

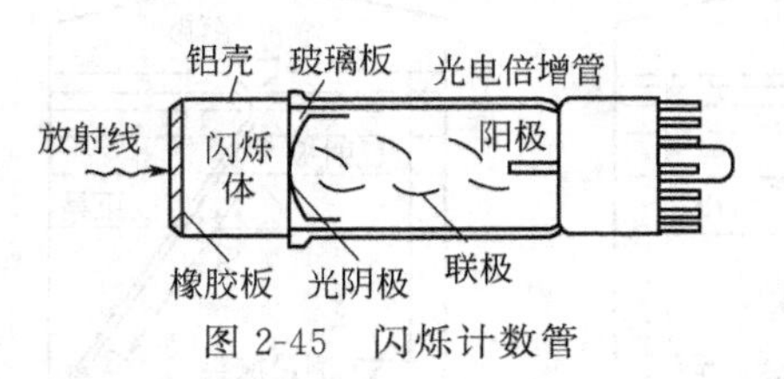

图 2-45　闪烁计数管

闪烁计数管主要是由闪烁体和光电倍增管两部分组成，如图 2-45 所示。闪烁体是一种能将射线的能量转变为光能的物质，而光电倍增管的作用为接受闪烁体发射的光子将其转变为电子，并将这些电子倍增放大为可测量的电脉冲。对于不同射线的探测，所用的闪烁体是不同的。探测 γ 射线的闪烁体为碘化钠（NaI）晶体。

③ 电子线路　将探测器输出的脉冲信号进行处理并转换为统一的标准信号。

(3) 实现方法　应用γ射线检测物位的方法有很多，图 2-46 给出了其中一些典型的应用实例。

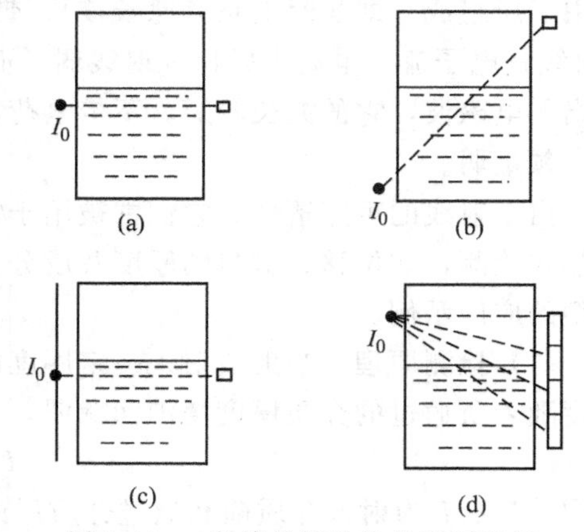

图 2-46　γ射线检测物位的应用实例

图 2-46(a) 是定点测量的方法。将射线源与探测器安装在同一平面上，由于气体对射线的吸收能力远比液体或固体弱，因而当物位超过和低于此平面时，探测器接收到的射线强度发生急剧变化。所以，这种方法不能进行物位的连续测量。

图 2-46(b) 是将射线源和探测器分别安装在容器的下部和上部，射线穿过容器中的被测介质和介质上方的气体后到达探测器。显然，探测器接收到的射线强弱与物位的高度有关。这种方法可对物位进行连续测量，但是测量范围比较窄（一般为 300～500mm），测量准确度较低。

为了克服图存在的上述缺点，可采用线状的射线源［图 2-46(c) ］或采用线状的探测器［图 2-46(d) ］。虽然对射线源或探测器的要求提高了，但这两种方法既可以适应宽量程的需要，又可以改善线性特性。

此外对于卧式容器可以把射线源安装在容器下面，将探测器放在容器的上部相对应的位置上，以实现物位的连续测量，见图 2-44。

2. 物位开关

进行定点测量的物位开关是用于检测物位是否达到预定高度，并发出相应的开关量信号。针对不同的被测对象，物位开关有多种形式，可以测量液位、料位、固-液分界面、液-液分界面，以及判断物料的有无等。物位开关的特点是简单、可靠、使用方便，适用范围广。物位开关的工作原理与相应的连续测量仪表相同，表 2-9 给出了几种物位开关的特点。

利用全反射原理亦可以制成开关式光纤液位探测器。光纤液位控探头由 LED 光源、光电二极管和多模光纤等组成。一般在光纤探头的顶端装有圆锥反射器，当探头未接触液面时，光线在圆锥体内发生全反射返回光电二极管；在探头接触液面后，将有部分光线透入液体内，而使返回光电二极管的光强变弱。因此，当返回光强度发生突变时，表明测头已接触液面，从而给出液位信号。

表 2-9 常见物位开关及特点

分类	示意图	与被测介质接触部分	分类	示意图	与被测介质接触部分
浮球式		浮球	微波穿透式		非接触
电导式		电极	核辐射式		非接触
振动叉式		振动叉或杆	运动阻尼式		运动板

七、影响物位测量的因素

在实际生产过程中，被测对象很少有静止不动的情况，因此会影响物位测量的准确性。对于不同介质，影响其物位测量的因素各有不同，表现在如下方面。

1. 液位测量的特点

① 稳定的液面是一个规则的表面，但是当有物料流进流出时，会使液面产生波动。在生产过程中还可能出现沸腾或起泡沫的现象，使液面变得模糊。

② 大型容器中常会有各处液体的温度、密度和黏度等物理量不均匀的现象。

③ 容器中液体呈高温、高压或高黏度，或含有大量杂质、悬浮物等。

2. 料位测量的特点

① 料面不规则，存在自然堆积的角度。

② 物料排出后存在滞留区。

③ 物料间的空隙不稳定，会影响对容器中实际储料量的计算。

3. 界位测量的特点

界位测量的特点是在界面处可能存在浑浊段。

以上问题，在选择和使用物位计时应予以考虑，并采用相应的措施。

八、物位检测器件的选择及举例

在各种物位检测方法中，有的方法仅适用于液位检测，有的方法既可用于液位检测，又可用于料位检测。在液位检测中静压式和浮力式检测是最常用的，如就地液位指示可根据被测介质的温度、压力选用玻璃板液位计或磁性浮子液位计。它们具有结构简单、工作可靠、精度较高等优点，但不适用于高黏度介质或易燃、易爆等危险性较大的介质的液位检测。液位和界面的测量宜选用差压式、浮筒式或浮子式液位仪表。当这些仪表不能满足要求时，可根据具体情况选用电容式、电阻式（电接触式）、声波式、静压式、雷达式、辐射式等物位仪表。电容式液位计具有检测原理和敏感元件简单等特点，但是该液位计电容量及电容随物位的变化量较小，对电子线路要求较高，且易受介质介电常数变化的影响。超声波物位计使用范围广，只要界面的声阻抗不同，液位、粉末、块状的物位均可测量，同时敏感元件可以不与被测介质直接接触，但探头本身不能承受过高的温度，并且有些介质对声波吸收能力很强。下面具体介绍各种仪表的选择原则和应用场合。

1. 各种仪表的选择

不同的设备采用不同的液位计进行测量，不同的液位计的适用范围也各不相同。例如贮罐液位检测仪表，可分为接触式（浮子式、差压式等）与非接触式（雷达式、超声波式等）。若原油、重质油贮罐液位测量，宜采用非接触式；轻质油、化工原料产品（非腐蚀性）贮罐液位测量，可采用非接触式或接触式；贮罐就地液位指示，可选用磁性浮子液位计、浮球液位计，或选用直读式彩色玻璃板液位计；拱顶罐、浮顶罐液位测量，宜选用重锤式钢带液位计、恒力盘簧式钢带液位计或光导式液位计；大型拱顶罐、球形罐的原油、成品油、沥青、乙烯、丙烯、液化石油气、液化天然气及其它介质液位的测量，可选用雷达式液位计；常压罐、压力罐、拱顶罐、浮顶罐的液体质（重）量、密度、体积、液位等测量，可选用静压式贮罐液位计，但高黏度液位测量除外。

下面具体介绍一下各种常用仪表的应用场合。

① 玻璃板液位计可用于就地液位指示（测量深色、黏稠并与管壁有沾染作用的介质除外）。对于易冻、易凝结介质，应选用带蒸汽夹套式；低温介质易造成结霜时，应选用防霜式。对于温度低于80℃、压力小于0.4MPa、不易燃、无爆炸危险和无毒的洁净介质，需加护罩。

② 磁性浮子液位计适用于就地液位界面指示，主要应用在工作压力不宜大于10MPa，介质温度不高于500℃，介质密度在400～2000kg/m^{3}之间，密度差大于150kg/m^{3}的场合。对于黏度高于0.6Pa・s的介质，不宜采用磁性浮子液位计进行测量。

③ 差压式液位计用于液位（界面）测量，但是对于正常工况下液体密度变化明显的介质的液位测量不宜采用差压式液位计。对于腐蚀性液体、黏稠性液体、熔融性液体、沉淀性液体等，当采取灌隔离液、吹气或冲液等措施时，亦可选用差压变送器。测液位的差压变送器应带有迁移机构，其正、负迁移量应在选择仪表量程时确定。

④ 浮筒式液位计用于密度、操作压力范围比较宽的场合，一般介质的液位界面测量以及真空、负压或易气化的液体的液位测量，但在密度变化较大的场合，不宜选用该种液位计。

⑤ 浮子（球）式液位计用于液位变化范围大或含有颗粒杂质的液体以及负压系统等情况下，各类贮槽液位的连续测量和容积计量以及两种液体的密度变化不大，且比密度差大于0.2的界面测量等。但是对于脏污液体，以及在环境温度下易结晶、结冻的液体，不宜采用浮子（球）式液位计。

⑥ 电容式液位计或射频式液位计用于腐蚀性液体、沉淀性流体以及其它工艺介质的液位连续测量和位式测量。但对于是易黏附电极的导电液体，不宜采用电容式液位计。这两种液位计易受电磁干扰的影响，使用时应采取抗电磁干扰措施。

⑦ 超声波式液位计用于普通液位计难于测量的腐蚀性、高黏性、易燃性、易挥发性及有毒性的液体的液位、液-液分界面、固-液分界面的连续测量和位式测量。但不宜用于液位波动大的场合和易挥发、含气泡、含悬浮物的液体和含固体颗粒物的液体以及真空场合。对于内部存在影响声波传播的障碍物的工艺设备，也不宜采用超声波液位计。对于连续测量液位的超声波仪表，当被测液体温度、成分变化较显著时，应对声波的传播速度的变化进行补偿，以提高测量精度。

⑧ 辐射式液位计用于高温、高压、高黏度、易结晶、易结焦、强腐蚀、易爆炸、有毒性或低温等液位的非接触式连续测量或位式测量。测量仪表应有衰变补偿，以避免由于辐射源衰变而引起的测量误差，提高运行的稳定性。

⑨ 静压式液位计用于深度为5～100m的水池、水井、水库的液位连续测量。

料位测量仪表应根据被测物料的工作条件、粒度、安息角、导电性、腐蚀性、料仓的结构型式以测量要求进行选择。仪表的量程应根据测量对象实际需要显示的范围或实际变化的范围确定。除计量用的物位表外，应使正常物位处于仪表量程的50%左右。用于爆炸危险场所的电子式物位仪表，应根据仪表安装场所的爆炸危险类别及被测介质选择合适的防爆结构型式。用于腐蚀性气体或有害粉尘等场所的电子式物位仪表，应根据使用现场环境选择合适的防护型式。颗粒状和粉粒状物料（如煤、聚合物粒、肥料、砂子等）或块状固体物料的料位连续测量和位式测量，宜选用电容式料位计（开关）或射频式料位计（开关），但应注意检测器的安装使用，应采取抗电磁干扰的措施。粉粒、微粉粒状物料的料位测量，微粉状物料料位的连续测量和位式测量可选用超声波式料位计（开关）。但有粉尘弥漫的料仓、料斗以及表面有很大波状的料位测量，不宜用反射式超声波料位计（开关）。对于高温、低温、高压、黏附性大、易结晶、易结焦、腐蚀性强、毒性大、易燃、易爆以及块状、颗粒状、粉粒状物料的料位连续测量和位式测量，当无其它料位计可供选用时，可选用辐射式料位计(开关)。料位高度大、变化范围宽的大型料仓、散装仓库以及附着性不大的粉粒状物料贮罐的料位测量，可选用重锤式料位计（开关）；无振动或振动小的料仓、料斗内的粒状物粒的料位报警，宜选用音叉式料位开关。

2. 举例

工业中经常要用到冷凝器对热物料进行降温，但是为了保证装置安全，需要对冷凝器的液位进行测量，保证其不超过某一范围。例如液氨冷凝器若液位过高，会使氨气带液，进而损坏压缩机叶片。如果现在要对一低压冷凝器进行液位指示，已知介质为丙烯，操作温度－20～40℃，压力为0.205MPa，请问应选择哪种液位计？

解 由题意可知，这里是选择就地指示仪表，一般用玻璃板式或浮力式，由操作条件和玻璃板液位计接近，所以这里采用带防护罩的玻璃板式液位计。

第五节 流量检测

在工业生产过程中，为了有效地指导生产操作、监视和控制生产过程，经常需要检测生产过程中各种流动介质（如液体、气体或蒸汽、固体粉末）的流量，以便为管理和控制生产提供依据。同时，厂与厂、车间与车间之间经常有物料的输送，需要对它们进行精确的计量，作为经济核算的重要依据。所以，流量检测在现代化生产中显得十分重要。

流量是指单位时间内流经管道（或通道）中某截面流动介质的数量，也称瞬时流量。而在某一段时间内流过流体的总和，即瞬时流量在某一段时间内的累积值，称为总量或累积流量。流量又有体积流量和质量流量之分。

(1) 体积流量 单位时间内通过某截面的流体的体积，用符号 q_v 表示，单位为 m^3/s。根据定义，体积流量可用下式表示

$$q_v=\int_A v\mathrm{d}A \tag{2-78}$$

式中，v 为截面 A 中某一微元面积 $\mathrm{d}A$ 上的流速。如果流体在该截面上的流速处处相等，则体积流量可简写成

$$q_v=vA \tag{2-79}$$

式中，A 为管道截面积。实际上，流体在有限的通道中流动时，同一截面上各处的速度并不相等，这时上式中的 v 应理解为在截面 A 上的平均速度。在本节讨论中，若未加特殊说

明，一般都是指平均速度。

（2）质量流量　单位时间内通过某截面的流体的质量，用符号 q_{m} 表示，单位为 kg/s。根据定义，质量流量可用下式表示

$$q_{\mathrm{m}}=\int_{A}\rho v\mathrm{d}A \tag{2-80}$$

式中，ρ 为截面 A 中某一微元面积 $\mathrm{d}A$ 上的流体密度。如果流体在该截面上的密度和流速处处相等，则质量流量可简写为

$$q_{\mathrm{m}}=\rho vA=\rho q_{\mathrm{v}} \tag{2-81}$$

由于流体的体积受流体的工作状态影响，所以在用体积流量表示时，必须同时给出流体的压力和温度。对于流动体系，压力和温度的变化实际上引起流体密度的改变。对于液体，压力变化对密度的影响非常小，一般可以忽略不计；温度对密度的影响要大一些，一般温度每变化10℃，液体的密度变化约在1%以内。对于气体，密度受温度、压力变化影响较大，例如在常温常压附近，温度每变化10℃或压力每变化10kPa，密度变化约为3%。因此，在气体流量检测时，为了便于比较，常将在工作状态下测得的体积流量换算成标准状态下（温度为20℃，压力为760mmHg[1]）的体积流量，用符号 q_{vN} 表示，单位为 $\mathrm{Nm^3/s}$。

由于在工业生产过程中，物料的输送绝大部分是在管道中进行的，因此，在下面的讨论中主要介绍用于管道流动的流量检测方法。

一、流量检测的主要方法和分类

由于流量检测条件的多样性和复杂性，流量检测的方法非常多，是工业生产过程常见参数中检测方法最多的。据估计目前在全世界流量检测方法至少已有上百种，其中有十多种是工业生产和科学研究中常用的。

流量检测方法的分类，是比较错综复杂的问题，目前还没有统一的分类方法。就检测量的不同可分为体积流量和质量流量两大类。

1. 体积流量

（1）直接法　也称容积法，在单位时间内以标准固定体积对流动介质连续不断地进行度量，以排出流体固定容积数来计算流量。基于这种检测方法的流量检测仪表主要有：椭圆齿轮流量计、旋转活塞式流量计和刮板流量计等。容积法受流体的流动状态影响较小，适用于测量高黏度、低雷诺数的流体。

（2）间接法　也称速度法，这种方法是先测出管道内的平均流速，再乘以管道截面积求得流体的体积流量。用来检测管内流速的方法或仪器主要如下。

① 节流式检测方法：利用节流件前后的差压与流速之间的关系，通过差压值获得流体的流速。

② 电磁式检测方法：导电流体在磁场中运动产生感应电势，感应电势的大小正比于流体的平均流速。

③ 变面积式检测方法：它是基于力平衡原理，通过在锥形管内的转子把流体的流速转换成转子的位移，相应的流量检测仪表为转子流量计。

④ 旋涡式检测方法：流体在流动中遇到一定形状的物体会在其周围产生有规则的旋涡，旋涡释放的频率正比于流速。

---

[1] 1mmHg=133.3224Pa。

⑤ 涡轮式检测方法：流体对置于管内涡轮的作用力，使涡轮转动，其转动速度在一定流速范围内与管内流体的流速成正比。

⑥ 声学式检测方法：根据声波在流体中传播速度的变化可获得流体的流速。

⑦ 热学式检测方法：利用加热体被流体的冷却程度与流速的关系来检测流速，基于此方法的流量检测仪表主要有热线风速仪等。

速度法有较宽的使用条件，可用于各种工况下的流体的流量检测，有的方法还可用于对脏污介质流体的检测。但是，由于这种方法是利用平均流速计算流量，所以管路条件的影响很大，流动产生涡流以及截面上流速分布不对称等都会给测量带来误差。

2. 质量流量

质量流量检测也有直接法和间接法两类。

（1）直接法　利用检测元件，使输出信号直接反映质量流量。直接式质量流量检测方法主要有利用孔板和定量泵组合实现的差压式检测方法；利用同轴双涡轮组合的角动量式检测方法；应用麦纳斯效应的检测方法和基于科里奥利力效应的检测方法等。

（2）间接法　用两个检测元件分别测出两个相应参数，通过运算间接获取流体的质量流量，检测元件的组合主要如下。

① ρq_{v}^2 检测元件和 ρ 检测元件的组合。

② q_{v} 检测元件和 ρ 检测元件的组合。

③ ρq_{v}^2 检测元件和 q_{v} 检测元件的组合。

二、节流式流量检测

如果在管道中安置一个固定的阻力件，它的中间是一个比管道截面小的孔，当流体流过该阻力件的小孔时，由于流体流束的收缩而使流速加快、静压力降低，其结果是在阻力件前后产生一个较大的压力差。它与流量（流速）的大小有关，流量愈大，差压也愈大，因此只要测出差压就可以推算出流量。把流体流过阻力件流束的收缩造成压力变化的过程称节流过程，其中的阻力件称为节流件。

作为流量检测用的节流件有标准的和特殊的两种。标准节流件包括标准孔板、标准喷嘴和标准文丘里管，如图 2-47 所示。对于标准化的节流件，在设计计算时都有统一标准的规定、要求和计算所需的有关数据、图及程序；可直接按照标准制造、安装和使用，不必进行标定。

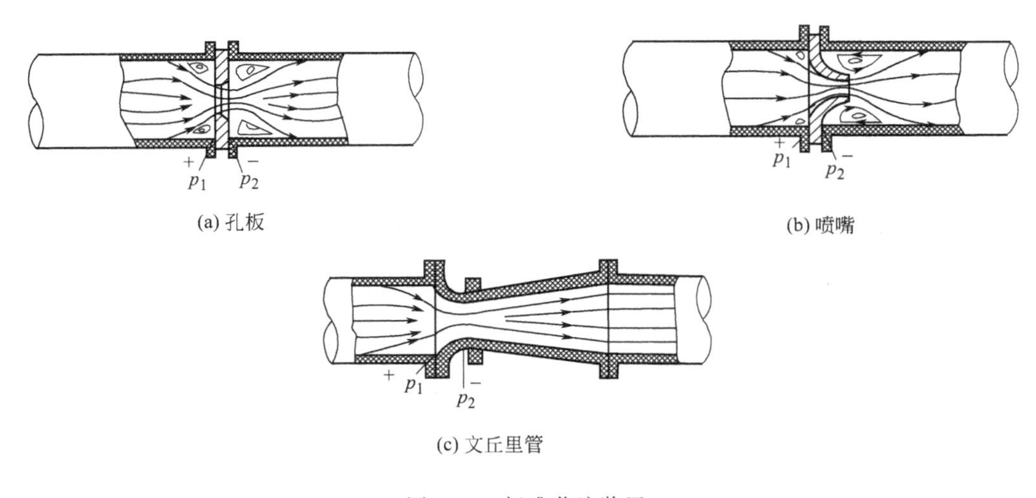

图 2-47　标准节流装置

特殊节流件也称非标准节流件，如双重孔板、偏心孔板、圆缺孔板、$\frac{1}{4}$圆缺喷嘴等，它们可以利用已有实验数据进行估算，但必须用实验方法单独标定。特殊节流件主要用于特殊介质或特殊工况条件的流量检测。

目前最常见的节流件是标准孔板，所以在以下的讨论中将主要以标准孔板为例介绍节流式流量检测的原理、设计以及实现方法等。

1. 检测原理

设稳定流动的流体沿水平管流经节流件，在节流件前后将产生压力和速度的变化，如图2-48所示。在截面1处流体未受节流件影响，流束充满管道，管道截面为A_1，流体静压力为p_1，平均流速为v_1，流体密度为ρ_1。截面2是经节流件后流束收缩的最小截面，其截面积为A_2，压力为p_2，平均流速为v_2，流体密度为ρ_2。图2-48中的压力曲线用点划线代表管道中心处静压力，实线代表管壁处静压力。流体的静压力和流速在节流件前后的变化情况，充分地反映了能量形式的转换。在节流件前，流体向中心加速，至截面2处，流束截面收缩到最小，流速达到最大，静压力最低。然后流束扩张，流速逐渐降低，静压力升高，直到截面3处。由于涡流区的存在，导致流体能量损失，因此在截面3处的静压力p_3不等于原先静压力p_1，而产生永久的压力损失δ_p。

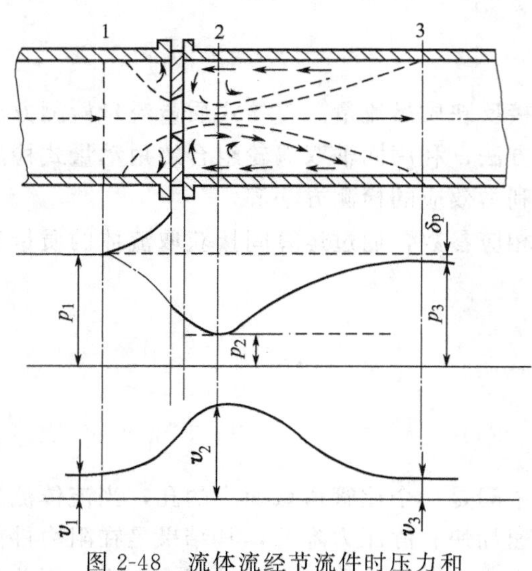

图2-48　流体流经节流件时压力和流速变化情况

设流体为不可压缩的理想流体，在流经节流件时，流体不对外做功，和外界没有热能交换，流体本身也没有温度变化，则根据伯努利方程，对于截面1、2处沿管中心的流线有以下能量关系

$$\frac{p_{10}}{\rho_1}+\frac{v_{10}^2}{2}=\frac{p_{20}}{\rho_2}+\frac{v_{20}^2}{2} \tag{2-82}$$

因为是不可压缩流体，则$\rho_1=\rho_2=\rho$。由于流速分布的不均匀，截面1、2处平均流速与管中心的流速有以下关系

$$v_{10}=C_1v_1,\ v_{20}=C_2v_2 \tag{2-83}$$

式中，C_1、C_2为截面1、2处流速分布不均匀的修正系数。

考虑到实际流体有黏性，在流动时必然会产生摩擦力，其损失的能量为$\frac{1}{2}\xi v_2^2$，ξ为能量损失系数。

在考虑上述因素后，截面1、2处的能量关系可写成

$$\frac{p_{10}}{\rho}+\frac{C_1^2}{2}v_1^2=\frac{p_{20}}{\rho}+\frac{C_2^2}{2}v_2^2+\frac{\xi}{2}v_2^2 \tag{2-84}$$

根据流体的连续性方程，有

$$A_1 v_1 \rho = A_2 v_2 \rho \tag{2-85}$$

又设节流件的开孔面积为 A_0，定义开口截面比 $m=A_0/A_1$，收缩系数 $\mu=A_2/A_0$。联解式(2-83)～式(2-85) 可得

$$v_2=\frac{1}{\sqrt{C_2^2+\xi-C_1^2\mu^2m^2}}\sqrt{\frac{2}{\rho}(p_{10}-p_{20})} \tag{2-86}$$

因为流束最小截面 2 的位置随流速而变，而实际取压点的位置是固定的；另外实际取压是在管壁取的，所测得的压力是管壁处的静压力。考虑到上述因素，设实际取压点处取得的压力为 p_1' 和 p_2'，用它代替式(2-86) 中管轴中心的静压力 p_{10} 和 p_{20} 时，需引入一个取压系数 ψ，并且取

$$\psi=\frac{p_{10}-p_{20}}{p_1'-p_2'} \tag{2-87}$$

将上式代入式(2-86)，并根据质量流量的定义，可写出质量流量与差压 $\Delta p=p_1'-p_2'$ 的关系

$$q_{\mathrm{m}}=v_2A_2\rho=\frac{\mu\sqrt{\psi}A_0}{\sqrt{C_2^2+\xi-C_1^2\mu^2m^2}}\sqrt{2\rho\Delta p} \tag{2-88}$$

令流量系数 α 为

$$\alpha=\frac{\mu\sqrt{\psi}}{\sqrt{C_2^2+\xi-C_1^2\mu^2m^2}} \tag{2-89}$$

于是流体的质量流量可简写为

$$q_{\mathrm{m}}=\alpha A_0\sqrt{2\rho\Delta p} \tag{2-90a}$$

体积流量为

$$q_{\mathrm{v}}=\alpha A_0\sqrt{\frac{2}{\rho}\Delta p} \tag{2-90b}$$

对于可压缩性流体，考虑到气体流经节流件时，由于时间很短，流体介质与外界来不及进行热交换，可认为其状态变化是等熵过程，这样，可压缩性流体的流量公式与不可压缩性流体的流量公式就有所不同。但是，为了方便起见，可以采用和不可压缩性流体相同的公式形式和流量系数 α，只是引入一个考虑到流体膨胀的校正系数 ε，称可膨胀性系数，并规定节流件前的密度为 ρ_1，则可压缩性流体的流量与差压的关系为

$$q_{\mathrm{m}}=\alpha\varepsilon A_0\sqrt{2\rho_1\Delta p} \tag{2-91a}$$

$$q_{\mathrm{v}}=\alpha\varepsilon A_0\sqrt{\frac{2}{\rho_1}\Delta p} \tag{2-91b}$$

式中，可膨胀性系数 ε 的取值为小于等于 1，如果是不可压缩性流体，则 $\varepsilon=1$。

式(2-90) 和式(2-91) 均称为流量方程，也称流量公式。

在实际应用时，流量系数 α 常用流出系数 C 来表示，它们之间的关系为

$$C=\alpha\sqrt{1-\beta^4} \tag{2-92}$$

式中，$\beta=\dfrac{d}{D}$，称为直径比。这样，流量方程也可写成

$$q_{\mathrm{m}}=\frac{C\varepsilon A_0}{\sqrt{1-\beta^4}}\sqrt{2\rho_1\Delta p} \tag{2-93a}$$

$$q_{\mathrm{v}}=\frac{C\varepsilon A_0}{\sqrt{1-\beta^4}}\sqrt{\frac{2}{\rho_1}\Delta p} \tag{2-93b}$$

2. 流量方程的讨论

(1) 流量系数 α（或流出系数 C） 由流量系数 α 的定义式(2-89)可知，流量系数主要与节流件的形式和开孔直径（主要对应于 m 和 μ）、取压方式(即取压点的位置，对应于 ψ)、流体的流动状态（包括雷诺数、管道直径等，对应于 C_1 和 C_2）和管道条件（如管道内壁的粗糙度，对应于 ξ）等因素有关。因此，这是一个影响因素复杂、变化范围较大的重要系数，也是节流式流量计能否准确测量流量的关键所在。对于标准节流件，流量系数的主要影响因素有以下几个方面。

① 取压方式。对于给定的节流件和流动条件，由图 2-48 可知，取压点的位置不同，所得到的差压值 Δp 也不一样，从而影响流量系数的大小。目前标准的取压方式主要有三种。

a. 角接取压法：在紧靠节流件上下游两侧取压。这种取压方式适用于标准孔板、标准喷嘴和标准文丘里管，取压示意图参见图 2-47。

b. 法兰取压法：这种取压法仅适用于标准孔板，其取压装置是由一对带有取压口的法兰组成，取压口轴线距孔板端面距离为 25.4mm。

c. D-$\frac{D}{2}$取压法：这也是仅适用于标准孔板的一种取压方式，其取压装置就是设有取压口的管段，上下游取压口轴线与相应的孔板端面之间的距离分别为一个 D 和$\frac{1}{2}D$（D 为管道的直径）。

当采用角接取压法时，则可以认为流量系数 α（或流出系数 C）只是雷诺数 Re 和直径比 β 的函数，即

$$\alpha=f(Re,\beta)\ \text{或}\ C=f(Re,\beta) \tag{2-94}$$

式中，雷诺数 $Re=\frac{Dv\rho}{\eta}$。其中 D 为管道内径；v 为流体的平均流速；ρ 为流体密度；η 为流体黏度。图 2-49 给出了标准孔板和喷嘴的流量系数与雷诺数的关系曲线。

② 雷诺数 Re。雷诺数表示了流体的流动状态，对于给定流体和流动条件，它反映了流体的流动速度。图 2-49 表明：对于给定的节流件和直径比 β 值，当 Re 大于某一临界值 Re_{K} 时，流量系数将不再随 Re 的变化，而趋向定值；β 值不同，Re_{K} 也不同，β 越小，则 Re_{K} 也越小。在流量检测时，为保证测量精度，要求流量系数保持常数，为此需要 $Re>Re_{\mathrm{K}}$，这就限制了节流式流量计的测量下限。从原理上讲测量上限没有限制，但是，由于与节流件配套使用的差压计的量程是有限的，另外，一般希望节流件产生的压力降占总管道中的压力降比例不宜过大，因此，节流式流量计一般均有一个量程比（可测的最大流量与最小流量之比），由标准节流件构成的流量计的量程比通常为 3∶1。

③ 直径比 β。由图 2-49 可以看到，只要直径比 β 值一定，则流量系数只是雷诺数的函数。这说明，对于几何相似的节流件，不论管道直径 D 为多大，当雷诺数 $Re>Re_{\mathrm{K}}$ 时，其流量系数相等（该结论仅适用于角接取压法）。图 2-49 还表明：β 值对流量系数的影响较大。β 值越小，α 也越小，说明在相同流量下节流件两端的差压越大，从而导致永久的压力损失 δ_{p} 增加，造成过大的能量损失。但是减小 β 值，可以降低临界雷诺数 Re_{K}，即流量计的允许流量测量下限减小，有利于测量小流量。所以，在节流件设计时，要根据被测流体的

最小流量以及允许的压力损失合理选择 β 值。

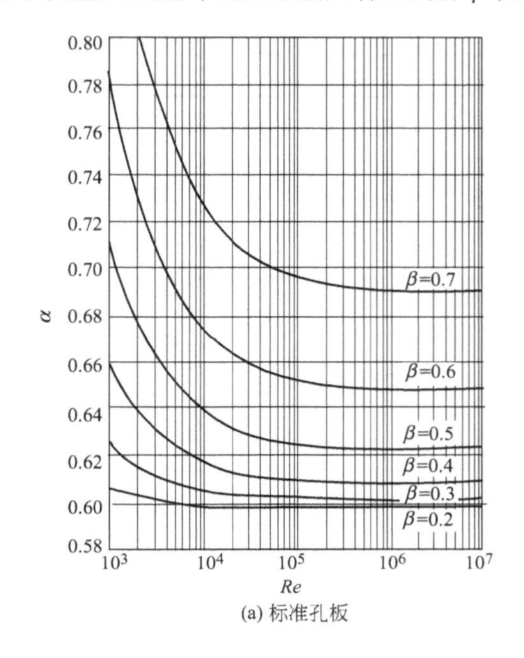

(a) 标准孔板

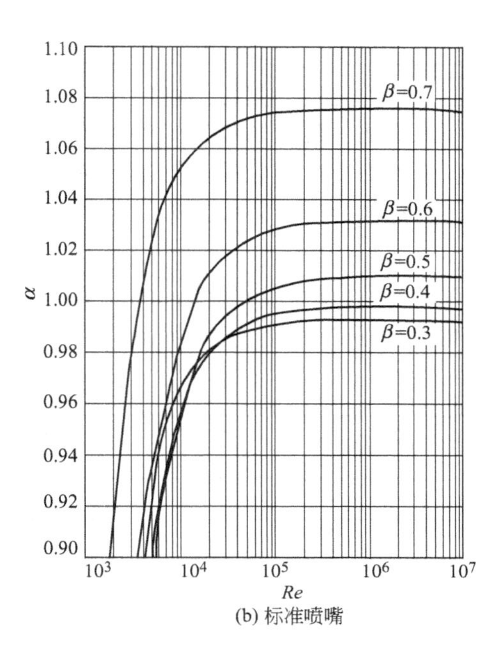

(b) 标准喷嘴

图 2-49 流量系数与雷诺数关系

④ 管壁粗糙度。现有的流量系数是纯实验数据，它与实验管道内壁的粗糙度有关，因此必须注意在节流装置前后的管道粗糙度应符合有关规定。对于标准孔板的流量系数，角接取压法是在相对平均粗糙度 $K/D \leqslant 3.8\times10^{-4}$ 的管道中测定的，法兰取压法和 D-$\frac{D}{2}$ 取压法是在 $K/D \leqslant 10\times10^{-4}$ 的管道中测定的，其中 K 是管道内壁绝对平均粗糙度。K 值可通过对特定管道的取样长度进行压力损失试验来确定，不同材料管道的 K 值列在表 2-10中。

表 2-10 不同材料管道的 K 值

材料	条件	K/mm
黄铜、紫铜 铝、塑料、玻璃	光滑、无沉积物	<0.03
钢	新的，无缝冷拉管	<0.03
	新的，无缝热拉管	0.5～0.10
	新的，无缝轧制管	0.5～0.10
	新的，纵向焊接管	0.5～0.10
	新的，螺旋焊接管	0.10
	轻微锈蚀	0.10～0.20
	锈蚀	0.20～0.30
	结皮	0.50～2

材料	条件	K/mm
钢	严重结皮	>2
	新的，涂覆沥青	0.03～0.05
	一般的，涂覆沥青	0.10～0.20
	镀锌的	0.13
铸铁	新的	0.25
	锈蚀	1.0～1.5
	结皮	>1.5
	新的，涂覆	0.03～0.05
石棉水泥	新的，有涂层的和无涂层的一般的，无涂层的	<0.03 0.05

在实际应用时，要求孔板上游 $10D$ 之内的管道内壁表面相对平均粗糙度 K/D 应满足表 2-11 的限值。当所选用的管材 K/D 值小于表 2-11 中的规定时，则认为该管材的内表面是光滑的，称为光管，标准孔板的流量系数可直接用有关经验公式计算；当 K/D 值大于表 2-11中所列值时，则认为该管是粗糙的。

表 2-11 孔板上游管道内壁 K/D 的上限值

β	$\leqslant 0.3$	0.32	0.34	0.36	0.38	0.4	0.45	0.50	0.60	0.75
$10^4 K/D$	25	18.1	12.9	10.0	8.3	7.1	5.6	4.9	4.2	4.0

综上所述，流量系数受多个因素的影响，而且关系较为复杂。目前使用的流量系数完全是由实验得到的实验数据，但是，在一定范围内，对于标准节流装置和标准取压方式，流量系数可用标准的经验公式计算。为了表示简单，方便，目前这些公式是用流出系数替代流量系数。

对于标准孔板，当参数 d、β、D、Re 的使用范围满足表 2-12 要求同时孔板上游管道的粗糙度满足表 2-11 要求时，流出系数如下。

表 2-12 标准孔板使用范围（d 和 D 的单位用 mm）

<table>
<tr><th>角 接 取 压</th><th>法 兰 取 压</th><th>D-$\frac{D}{2}$取压</th></tr>
<tr><td colspan="3">$d \geqslant 12.5$</td></tr>
<tr><td colspan="3">$50 \leqslant D \leqslant 1000$</td></tr>
<tr><td colspan="3">$0.20 \leqslant \beta \leqslant 0.75$</td></tr>
<tr><td>$5000 \leqslant Re(0.20 \leqslant \beta \leqslant 0.45)$</td><td colspan="2" rowspan="2">$1260\beta^2 D \leqslant Re$</td></tr>
<tr><td>$10000 \leqslant Re(0.45 < \beta)$</td></tr>
</table>

角接取压法

$$C = C_J = 0.5959 + 0.0312\beta^{2.1} - 0.1840\beta^8 + 0.0029\beta^{2.5}\left(\frac{10^6}{Re}\right)^{0.75} \tag{2-95}$$

法兰取压法

$$C = C_F = C_J + \frac{2.286}{D}\beta^4(1-\beta^4)^{-1} - \frac{0.8560}{D}\beta^3 \quad (D > 58.62\text{mm}) \tag{2-96}$$

或

$$C = C_F = C_J + \frac{0.9906}{D}\beta^4(1-\beta^4)^{-1} - \frac{0.8560}{D}\beta^3 \quad (D \leqslant 58.62\text{mm}) \tag{2-97}$$

D-$\frac{D}{2}$取压法

$$C = C_D = C_J + 0.0390\beta^4(1-\beta^4)^{-1} - 0.01584\beta^3 \tag{2-98}$$

对于标准喷嘴，在 $50\text{mm} \leqslant D \leqslant 500\text{mm}$；$0.3 \leqslant \beta \leqslant 0.44$，$7\times10^4 \leqslant Re \leqslant 10^7$ 或 $0.44 \leqslant \beta \leqslant 0.8$，$2\times10^4 \leqslant Re \leqslant 10^7$ 范围内，其流出系数为

$$C = 0.9900 - 0.2262\beta^{4.1} - (0.00175\beta^2 - 0.0033\beta^{4.15}) \times \left(\frac{10^6}{Re}\right)^{1.15} \tag{2-99}$$

（2）可膨胀性系数 ε　应用节流件检测可压缩性流体流量时，由于可压缩性流体经过节流件时会发生体积膨胀，所以要引入可膨胀性系数 ε 进行修正。膨胀系数的大小与 β、$\Delta p/p_1$ 和被测气体的等熵指数 κ 等因素有关。对于标准孔板，当符合表 2-10 所列使用条件时，可膨胀性系数 ε 可用下列公式计算

$$\varepsilon = 1 - (0.41 + 0.35\beta^4)\frac{\Delta p}{\kappa p_1} \tag{2-100}$$

同时还应满足 $\Delta p/p_1 \leqslant 0.25$。式(2-100) 对角接取压、法兰取压和 D-$\frac{D}{2}$取压方式均适用。

标准喷嘴的可膨胀性系数由下式给出

$$\varepsilon=\frac{\kappa\tau^{\frac{2}{\kappa}}}{\kappa-1}\left(\frac{1-\beta^4}{1-\beta^4\tau^{\frac{2}{\kappa}}}\right)\left(\frac{1-\tau^{\frac{\kappa-1}{\kappa}}}{1-\tau}\right)^{\frac{1}{2}} \tag{2-101}$$

式中，$\tau=1-\Delta p/p_1$。

对于一个实际的节流装置和被测流体，β 和 κ 是定值，而 $\Delta p/p_1$ 随流量而变，同样也会引起 ε 的变化。为减小因 ε 变化而引起的误差，在设计时应采用常用差压 Δp_{com} 来计算 ε 值。当未给出常用值时，可以取差压上限值 Δp 的64%作为常用差压值进行计算。

(3) 节流件的横截面积 A_0 与材料的热膨胀系数 λ　在流量公式中，节流件的最小横截面积 A_0（或节流孔直径 d）以及在计算流量系数和可膨胀性系数中要用到的直径比 β 都是指在流体流动时的工作状态下的值。但是，在设计和加工时一般都是在常温20℃下的值。当温度发生变化时，这些参数也要变化。因此，根据它们各自的热膨胀系数需要把节流件和管道内径换算到实际工作温度下的值。其换算公式为

$$d=d_{20}[1+\lambda_{\mathrm{d}}(t-20)] \tag{2-102}$$

$$D=D_{20}[1+\lambda_{\mathrm{D}}(t-20)] \tag{2-103}$$

式中，d_{20} 为20℃时节流件的开孔直径；D_{20} 为20℃时管道的内径；λ_{d} 为节流件材料的热膨胀系数；λ_{D} 为管道材料的热膨胀系数；t 为工作状态下被测流体的温度。

普通钢材的热膨胀系数为 $\lambda\approx1.2\times10^{-5}$，不锈钢（1Cr18Ni9Ti）和铜为 $\lambda\approx1.7\times10^{-5}$。另外，热膨胀系数还与温度有关，详见附录五。

(4) 流体密度 ρ　在流量公式中包含了流体的密度，按规定，公式中的密度为节流件前流体的实际密度。但是，在实际工作时，流体的密度会随流体的压力和温度而变。当密度改变时，若流量系数不变（密度改变后的雷诺数 Re 仍大于临界雷诺数 Re_{K}），则只要用实际密度代入流量公式，根据测得的差压值求出实际流量；否则要重新计算流量系数。

对于由节流件、取压装置、差压计和显示仪表组成的节流式流量计，当被测流体的密度与设计时的密度不相等时，应对流量指示值进行修正。假设流量系数不变，则可用下列公式修正

$$q'_{\mathrm{m}}=q_{\mathrm{m}}\sqrt{\frac{\rho'}{\rho}} \tag{2-104a}$$

$$q'_{\mathrm{v}}=q_{\mathrm{v}}\sqrt{\frac{\rho}{\rho'}} \tag{2-104b}$$

式中，在右上角加“′”的符号表示实际工作状态下的密度和流量，无上标“′”的表示设计值。

(5) 压力损失 δ_{p}　压力损失虽然在流量公式中没有直接反映出来，但是在节流件设计时它是一个必须考虑的重要因素。压力损失的产生是由于当流体通过节流件时因流束突然收缩和扩大造成涡流及能量损失。显然它与节流件的直径比 β 等因素有关。按照规定，所有标准节流件的压力损失都可以用下式估算

$$\delta_{\mathrm{p}}=\frac{\sqrt{1-\beta^4}-C\beta^2}{\sqrt{1-\beta^4}+C\beta^2}\cdot\Delta p \tag{2-105}$$

由于文丘里管的流出系数较大（一般为0.985～0.995），喷嘴的流出系数在相同 β 下也比孔板的流出系数要大，因此，在相同的差压 Δp 下，文丘里管和喷嘴的压力损失较小，而

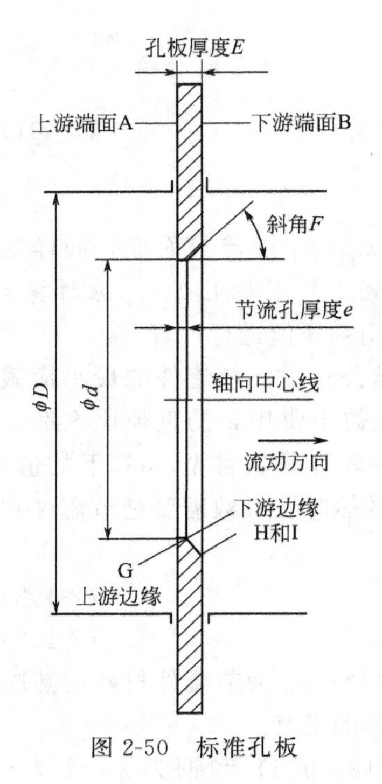

图 2-50　标准孔板

孔板的压力损失相对最大。

3. 标准节流装置

节流装置包括节流件、取压装置和符合要求的前、后直管段。标准节流装置是指节流件和取压装置都标准化，节流件前后的测量管道也符合有关规定。它是通过大量试验总结出来的，装置一经设计和加工完毕便可直接投入使用，无需进行单独标定。这意味着，在标准节流装置的设计、加工、安装和使用中必须严格按照规定的技术要求、规程和数据进行，以保证流量测量的精度。

下面以标准孔板为例介绍标准节流装置的结构、特性和安装等的技术要求及规程。

（1）标准节流件——孔板　标准孔板是一块具有与管道轴线同心的圆形开孔的、两面平整且平行的金属薄板，其剖面图如图 2-50 所示。它的结构形式和要求如下（详见标准 GB/T 2624—93）。

① 标准孔板的节流孔直径 d 是一个很重要的尺寸，在任何情况必须满足

$$d \geqslant 12.5\text{mm}$$

和

$$0.20 \leqslant \frac{d}{D} \leqslant 0.75$$

同时，节流孔直径 d 值应取相互之间大致有相等角度的四个直径测量结果的平均值，并要求任一单测值与平均值之差不得超过直径平均值的 $\pm 0.05\%$。节流孔应为圆筒形并垂直于上游端面 A。

② 孔板上游端面 A 的平面度（即连接孔板表面上任意两点的直线与垂直于轴线的平面之间的斜度）应小于 0.5%，在直径小于 D 且与节流孔同心的圆内，上游端面 A 的粗糙度必须小于或等于 $10^{-4}d$；孔板的下游端面 B 无需达到与上游端面 A 同样的要求，但应通过目视进行检查。

③ 节流孔厚度 e 应在 $0.005D$ 与 $0.02D$ 之间，在节流孔的任意点上测得的各个 e 值之间的差不得大于 $0.001D$；孔板厚度 E 应在 e 与 $0.05D$ 之间（当 $50\text{mm} \leqslant D \leqslant 64\text{mm}$ 时，E 可以等于 3.2mm），在孔板的任意点上测得的各个 E 值之差不超过 $0.001D$；如果 $E > e$，孔板的下游侧应有一个扩散的圆锥表面，该表面的粗糙度应达到上游端面 A 的要求，圆锥面的斜角 F 为 $45° \pm 15°$。

④ 上游边缘 G 应是尖锐的（即边缘半径不大于 $0.0004d$），无卷口、无毛边，无目测可见的任何异

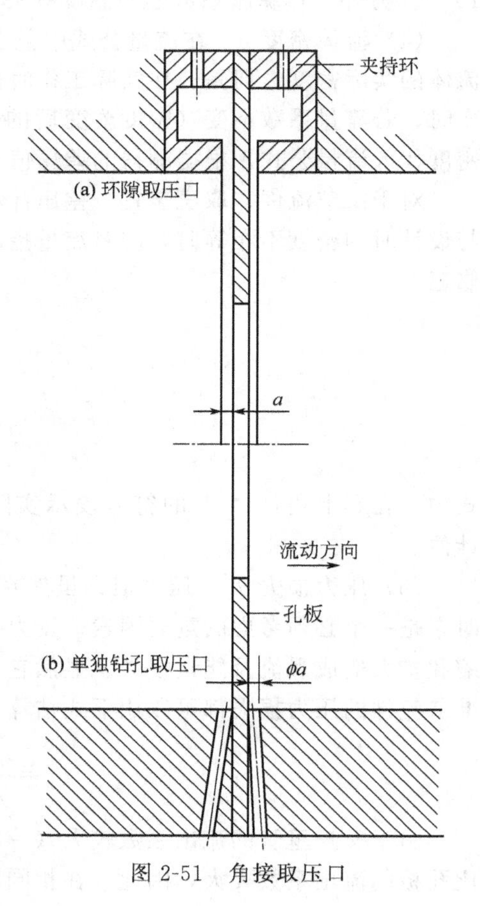

图 2-51　角接取压口

常；下游边缘 H 和 I 的要求可低于上游边缘 G，允许有些小缺陷。

（2）标准取压装置　不同的节流件应采用不同形式的取压装置。对于标准孔板，我国国家规定，标准的取压方式有角接取压法、法兰取压法和 $D\text{-}\frac{D}{2}$于取压法。

① 角接取压。角接取压的取压口位于上、下游孔板前后端面处，取压口轴线与孔板各相应端面之间的间距等于取压口直径之半或取压口环隙宽度之半。取压口可以是环隙取压口和单独钻孔取压口，分别如图 2-51 中的（a）和（b）。当采用环隙取压时，通常要求环隙在整个圆周上穿通管道，或者每个夹持环应至少由四个开孔与管道内部连通，每个开孔的中心线彼此互成等角度，而每个开孔面积不小于 $12mm^2$；当采用单独钻孔取压时，取压口的轴线应尽可能以 90°与管道轴线相交。显然，环隙取压由于环室的均压作用，便于测出孔板两端的平稳差压，有利于提高测量精度，但是夹持环的加工制造和安装要求严格。当管径 $D>500$mm 时，一般采用单独钻孔取压。环隙宽度或单独钻孔取压口的直径 a 通常取 4～10mm 之间。

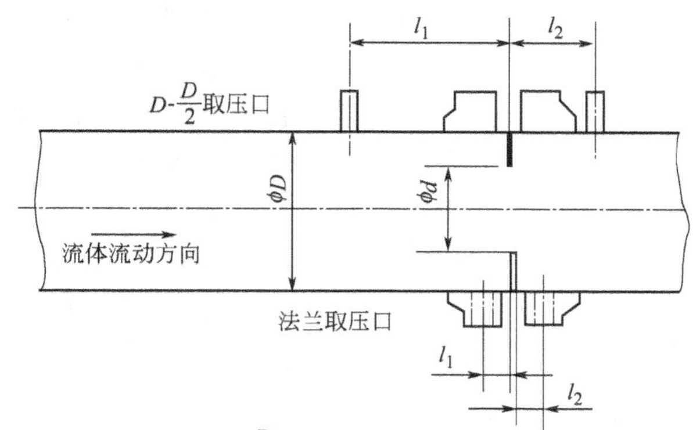

图 2-52　$D\text{-}\frac{D}{2}$取压口和法兰取压口的间距

② 法兰取压和 $D\text{-}\frac{D}{2}$取压。法兰取压装置是设有取压口的法兰，$D\text{-}\frac{D}{2}$取压装置是设有取压口的管段，以及为保证取压口的轴线与节流件端面的距离而用来夹紧节流件的法兰，如图 2-52 所示。图中的法兰取压口的间距 l_1、l_2 是分别从节流件上、下游端面量起，而$D\text{-}\frac{D}{2}$取压口的间距 l_1、l_2 都是从节流件上游端量起。l_1 和 l_2 的取值见表 2-13。取压口直径应小于 $0.13D$，同时小于 13mm。取压口的最小直径可根据偶然阻塞的可能性及良好的动态特性来决定，没有任何限制，但上游和下游取压口应具有相同的直径，并且取压口的轴线应与管道轴线相交成直角。

表 2-13　取压口间距 l_1 和 l_2 的取值

取压方式	l_1/mm		l_2/mm	
	$\beta \leqslant 0.6$	$\beta > 0.6$	$\beta \leqslant 0.6$	$\beta > 0.6$
法兰取压	25.4±1	25.4±0.5($D<150$) 25.4±1($150 \leqslant D \leqslant 1000$)	25.4±1	25.4±0.5($D<150$) 25.4±1($150 \leqslant D \leqslant 1000$)
$D\text{-}\frac{D}{2}$取压	$D \pm 0.1D$		$0.5D \pm 0.02D$	$0.5D \pm 0.01D$

（3）直管段　节流装置应安装在符合要求的两段直管段之间。节流装置上游及下游侧的直管段（如图 2-53 所示）分为如下三段：节流件至上游第一个局部阻力件，其距离为 l_1；上游第一与第二个局部阻力件，距离为 l_0；节流件至下游第一个局部阻力件，距离为 l_2。标准节流装置对直段管 l_0、l_1、l_2 的要求如下。

① 直管段应是有恒定横截面积的圆筒形管道，用目测检查管道应该是直的。

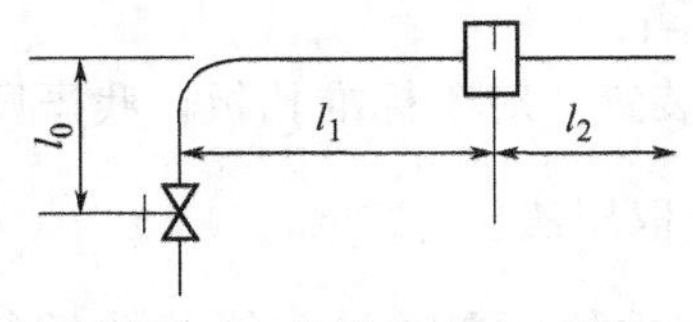

图 2-53　节流件上、下游阻力件及直管段长度

② 管道内表面应该清洁，无积垢和其他杂质。节流件上游 10D 的内表面相对平均粗糙度应符合有关规定，对于标准孔板的规定见表 2-11。

③ 节流装置上、下游侧最短直管段长度随上游侧阻力件的形式和节流件的直径比而异，最短直管段长度见表 2-14。表中所列长度是最小值，实际应用时建议采用比所规定的长度更大的直管段。表中的阀门应全开，调节流量的阀门应位于节流装置的下游。如果直管段长度选用表中括号内的数值时，流出系数的不确定度要算术相加±0.5%的附加不确定度。如果在节流装置上游串联了几个阻力件（除全为 90°弯头外），则在第一个和第二个阻力件之间的长度 l_0 可按第二个阻力件的形式，并取 $\beta=0.7$（不论实际 β 值是多少）取表中数值的一半，串联几个 90°弯头时 $l_0=0$。

表 2-14　孔板、喷嘴和文丘里喷嘴所要求的最短直管段长度　　单位：mm

直径比 $\beta\leqslant$	节流件上游侧阻流件形式和最短直管段长度							节流件下游最短直管段长度（包括在本表中的所有阻流件）
	单个 90°弯头或三通（流体仅从一个支管流出）	在同一平面上的两个或多个 90°弯头	在不同平面上的两个或多个 90°弯头	渐缩管（在 1.5D 至 3D 的长度内由 2D 变为 D）	渐扩管（在 1D 至 2D 的长度内由 0.5D 变为 D）	球型阀全开	全孔球阀或闸阀全开	
0.20	10(6)	14(7)	34(17)	5	16(8)	18(9)	12(6)	4(2)
0.25	10(6)	14(7)	34(17)	5	16(8)	18(9)	12(6)	4(2)
0.30	10(6)	16(8)	34(17)	5	16(8)	18(9)	12(6)	5(2.5)
0.35	12(6)	16(8)	36(18)	5	16(8)	18(9)	12(6)	5(2.5)
0.40	14(7)	18(9)	36(18)	5	16(8)	20(10)	12(6)	6(3)
0.45	14(7)	18(9)	38(19)	5	17(9)	20(10)	12(6)	6(3)
0.50	14(7)	20(10)	40(20)	6(5)	18(9)	22(11)	12(6)	6(3)
0.55	16(8)	22(11)	44(22)	8(5)	20(10)	24(12)	14(7)	6(3)
0.60	18(9)	26(13)	48(24)	9(5)	22(11)	26(13)	14(7)	7(3.5)
0.65	22(11)	32(16)	54(27)	11(6)	25(13)	28(14)	16(8)	7(3.5)
0.70	28(14)	36(18)	62(31)	14(7)	30(15)	32(16)	20(10)	7(3.5)
0.75	36(18)	42(21)	70(35)	22(11)	38(19)	36(18)	24(12)	8(4)
0.80	46(23)	50(25)	80(40)	30(15)	54(27)	44(22)	30(15)	8(4)

【例 2-7】 如图 2-51 所示，设阀门为全开闸阀，管道直径 $D=300\text{mm}$，孔板开孔直径 $d=120\text{mm}$，试确定直管段 l_0、l_1、l_2 的长度。

解　直径比 $\beta=d/D=120/300=0.4$

由表 2-9 查得

$$l_1=14D,\ l_2=6D,\ l_0=\frac{1}{2}\times 20D$$

把 $D=300\text{mm}$ 代入，即可求得各直管段长度

$$l_1=4200\text{mm},\ l_2=1800\text{mm},\ l_0=3000\text{mm}$$

4. 节流式流量计

节流式流量计是基于节流装置的一种流量检测仪表，也称差压型流量计。它由节流装置（节流件和取压装置）、引压导管、差压计和显示仪表组成，框图如图 2-54 所示。

节流装置把流体流量 $q_m(q_v)$ 转换成差压 $\Delta p=K_1q_m^2$，通过引压导管送到差压计。差压计进一步将差压信号转换为电流 $\Delta I=K_2\Delta p$，显示仪表把接收到的电流信号通过标尺指

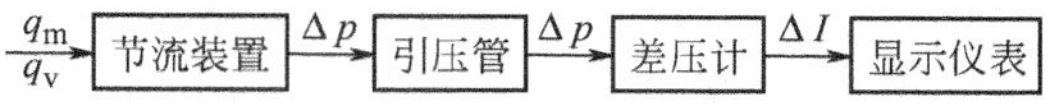

示流量，标尺长度 $l=K_3\Delta I$。由于节流装置是一个非线性环节，因此显示仪表的流量指示标尺也必须是非线性刻度，这给尺寸设计和读数带来不便，误差也相对会增大一些。

图 2-54　节流式流量计的组成框图

为解决流量指示的非线性问题，需要在检测系统中增加一个非线性补偿环节（即开方器）。开方器可以依附在差压计（这种差压计称带开方器的差压计）内，即差压计输出与差压之间的关系为 $\Delta I=K_2'\sqrt{K_2\Delta p}$；也可以在差压计后插入一个开方器，开方器输出为$\Delta I'=K_2'\sqrt{\Delta I}$，由开方器输出到显示仪表。增加一个开方器后，标尺长度与流量即成为线性关系

$$l=K_3K_2'\sqrt{K_2K_1}q_m=Kq_m \tag{2-106}$$

【例 2-8】 有一台节流式流量计，满量程为 10kg/s，当流量为满刻度的 65%和 30%时，试求流量值在标尺上的相应位置（距标尺起始点），设标尺总长度为 100mm。

解　如果流量计不带开方器，则标尺长度与流量的关系为

$$l=Kq_m^2$$

由题意，$q_m=10\text{kg/s}$ 时，$l=100\text{mm}$，则有 $K=1\text{mm/kg}\cdot\text{s}^{-1}$；当 $q_m=10\times65\%=6.5\text{kg/s}$ 和 3.0kg/s 时，可求得

$$l_{65\%}=42.25\text{mm}，l_{30\%}=9.0\text{mm}$$

如果流量计带开方器，则标尺长度与流量为线性关系，由式(2-106）可得，当 $q_m=6.5\text{kg/s}$ 和 3.0kg/s 时，标尺离起始点的距离分别为

$$l_{65\%}=65.0\text{mm}，l_{30\%}=30.0\text{mm}$$

【例 2-9】 有一节流式流量计，用于测量水蒸气流量，设计时的水蒸气密度为 $\rho=8.93\text{kg/m}^3$。但实际使用时被测介质的压力下降，使实际密度减小为 8.12kg/m^3。试求当流量计读数为 8.5kg/s 时，实际流量为多少？由于密度变化使流量指标值产生的相对误差为多少？

解　当密度变化时，实际流量可用式(2-104）求得

$$q_m'=q_m\sqrt{\frac{\rho'}{\rho}}=8.5\sqrt{\frac{8.12}{8.93}}-=8.105\ (\text{kg/s})$$

相对误差为

$$\delta=\frac{q_m'-q_m}{q_m'}\times100\%=\frac{8.105-8.5}{8.105}\times100\%=-4.9\%$$

由该例题可以看出：当密度改变时，流量的实际值与指标值之间将产生较大的误差，实际密度与设计值相差越大，则流量误差也越大。

在例 2-9 计算时，没有考虑由于压力变化引起气体可膨胀性系数 ε 的改变。实际上，当被测压力 p_1 减小时，由式(2-100）和式(2-101）可知，可膨胀性系数将比设计值要小，其结果将使实际流量值比上述计算结果还要小，流量误差会超过−5.0%。

节流式流量计具有结构简单，便于制造，工作可靠，使用寿命较长，适应性强等优点。几乎能测量各种工况下的介质流量，是一种应用很普遍的流量计。使用标准节流装置，只要严格按照有关规定和规程设计、加工和安装节流装置，流量计不需进行标定可直接使用。但是流量产生的压力损失大，流量计的刻度一般是非线性的，流量测量范围也较窄，正常情况

下量程比只有 3：1，不能测量直径在 50mm 以下的小口径与大于 1000mm 的大口径的流量，也不能测量脏污介质和黏度较大的介质的流量，同时还要求流体的雷诺数要大于某个临界值。

5. 标准节流装置的设计与计算

(1) 设计计算的命题　标准节流装置的设计计算命题，根据实际需要有两类主要形式。

命题 1：已知管道内径，节流件开孔直径，取压方式，被测流体参数等必要条件，根据所测得的差压值，计算被测流体的流量。

命题 2：已知管道内径，被测流体参数，预计的流量范围以及其他必要条件，要求选择适当的流量标尺上限、差压上限、节流装置的形式，并确定节流件的开孔直径。

命题 1 是属于已经有了标准节流装置，要求算出差压值所对应的流量；命题 2 是属于要求设计新的节流装置，下面主要以标准孔板为例介绍后一种的设计计算。

(2) 设计计算程序和有关计算公式

① 确定设计计算所需的原始数据。

a. 被测流体的名称、组成。

b. 被测流体的流量：最大流量 q_{mmax}（或 q_{vmax}）、最小流量 $q_{\mathrm{m\,min}}$（或 $q_{\mathrm{v\,min}}$）、常用流量 $q_{\mathrm{m\,com}}$（或 $q_{\mathrm{v\,com}}$），如果常用流量没有提供，则取最大流量的 80%。

c. 被测流体的工作状态：节流件上游取压孔处工作压力（绝对压力）p_1、工作温度 t_1 及其变化范围。

d. 允许压力损失 δ_{p}。

e. 管道情况：管道材料，20℃时管道内径 D_{20}，管道内表面粗糙度，直管段长度和上、下游局部阻力件情况。

f. 要求采用的节流装置形式。

② 辅助计算。

a. 根据 $q_{\mathrm{m\,max}}$（或 $q_{\mathrm{v\,max}}$）确定流量标尺上限值 q_{m}（或 q_{v}）。差压型流量计流量上限的系列有：1.0，1.25，1.6，2.0，2.5，3.2，4.0，5.0，6.3，8.0 等 10 个数，并分别乘以 10^n，n 可为任意整数。一般原则，原始数据中给定的最大流量不得超过选定的流量标尺上限。

b. 根据 D_{20}，工作温度 t_1 和管道的热膨胀系数 Λ_{D}，由式(2-103) 求出工作状态下的D 值。

c. 根据管道种类和内壁实际状况求 K，进一步求 K/D 值，利用表 2-9 检查测量管段的粗糙度是否满足要求。

d. 根据流体的组成和工作状态，求出流体在工作状态下的动力黏度 μ_1，密度 ρ_1，对于气体还要求出等熵指数。

e. 根据 $q_{\mathrm{m\,min}}$（或 $q_{\mathrm{v\,min}}$）和 $q_{\mathrm{m\,com}}$（或 $q_{\mathrm{v\,com}}$）求出相应的雷诺数 Re_{min}和 Re_{com}。

③ 确定差压计差压上限 Δp 和常用差压 Δp_{com}。差压上限的选定是节流装置设计计算中关键的一步。差压上限取得大，意味着 β 值小，其结果是：可以降低被测流体的最小流量（或雷诺数）；减小节流件上游所需最小直管段长度；有利于提高灵敏度和测量精度。但是 β 值取小使流体经过节流件时的压力损失加大；在测量静压力不大的气体和蒸汽时，由于 $\Delta p/p_1$ 的增大使可膨胀性系数 ε 因被测流量的不同而有明显的变化，导致测量精度的下降。因此，差压上限与多个因素有关，并且往往是相互影响的，所以在设计时，要根据实际情况

全面考虑，选择合适的差压上限。

根据不同情况，可用下述方法选取合适的差压上限 Δp_{max}。

a. 如果允许压力损失有特别规定，则可按下列经验公式确定差压上限，即

对于孔板 $$\Delta p_{max}=(2\sim2.5)\delta_p \tag{2-107}$$

对于喷嘴 $$\Delta p_{max}=(3\sim3.5)\delta_p \tag{2-108}$$

b. 如果对压力损失、直管段长度等因素无特别规定，可根据 q_m，ρ_1，D 用下式计算

$$\Delta p_{max}=\left(\frac{4q_m\sqrt{1-\beta^4}}{\pi C\beta^2 D^2}\right)^2\cdot\frac{1}{2\rho_1} \tag{2-109}$$

式(2-109) 计算时可取 $\beta=0.5$，$C=0.60$（对于孔板）。

将式(2-107) 或式(2-108) 或式(2-109) 算得的 Δp_{max} 圆整到最接近它的差压系列值，就是差压计的差压上限 Δp。差压计的差压系列为 10，16，25，40，60 等 5 个数，并分别乘以 10^n，n 为任意整数。

c. 对于大量使用节流装置和差压仪表的单位，为了便于管理和维护，应尽量减少差压仪表及备件的规格型号。为此，应考虑使用常用的几种差压上限的差压仪表。

当被测流体的工作压力较高，允许的压力损失较大时，可选差压上限为 $\Delta p=40000\text{Pa}$ 或 $\Delta p=60000\text{Pa}$。

当被测流体的工作压力为中等，允许的压力损失也为中等时，可选差压上限为 $\Delta p=16000\text{Pa}$ 或 $\Delta p=25000\text{Pa}$。

当被测流体的工作压力较低，允许的压力损失也较小时，可选差压上限为 $\Delta p=6000\text{Pa}$ 或 $\Delta p=10000\text{Pa}$。

无论是用哪一种方法确定差压上限，若被测流体为气体，应验证所选的差压上限 Δp 是否符合 $\Delta p/p_1\leqslant0.25$ 的要求。不符合时，可取差压系列值中较小的值，直到符合要求。

常用差压 Δp_{com} 可由下式求得

$$\Delta p_{com}=0.64\Delta p \tag{2-110}$$

如果已知常用流量 $q_{m\,com}$（$q_{v\,com}$），则常用差压 Δp_{com} 由下式求出

$$\Delta p_{com}=\left(\frac{q_{m\,com}}{q_m}\right)^2\Delta p=\left(\frac{q_{v\,com}}{q_v}\right)^2\Delta p \tag{2-111}$$

④ 计算节流件的开孔直径 d。对式(2-93) 进行变换，并用 $q_{m\,com}$（或 $q_{v\,com}$）和 Δp_{com} 代入 q_m（或 q_v）和 Δp，得

$$\frac{C\varepsilon\beta^2}{\sqrt{1-\beta^4}}=\frac{4q_{m\,com}}{\pi D^2\sqrt{2\rho_1\Delta p_{com}}}=A_2 \tag{2-112a}$$

$$\frac{C\varepsilon\beta^2}{\sqrt{1-\beta^4}}=\frac{4q_{v\,com}}{\pi D^2\sqrt{\dfrac{2\Delta p_{com}}{\rho_1}}}=A_2 \tag{2-112b}$$

由式(2-112) 通过进一步变换可得

$$\beta=\frac{1}{\left[1+\left(\dfrac{C\varepsilon}{A_2}\right)^2\right]^{\frac{1}{4}}} \tag{2-113}$$

式(2-112) 和式(2-113) 是迭代求解节流元件开孔比的主要公式，由 β 值可进一步求得

节流元件的开孔直径 d，整个求解过程如下。

a. 根据 $q_{m\,com}$（或 $q_{v\,com}$）D、ρ_1、Δp_{com}，由式(2-112) 求出 A_2。

b. 根据节流件型式，求 β 的初始值 β_0。对于标准孔板，当 $Re<2\times10^5$ 时

$$\beta_0=\left[1+\left(\frac{0.600}{A_2}+0.06\right)^2\right]^{-\frac{1}{4}} \tag{2-114a}$$

当 $Re>2\times10^5$ 时

$$\beta_0=\left[1+\left(\frac{0.600}{A_2}\right)^2\right]^{-\frac{1}{4}} \tag{2-114b}$$

对于喷嘴

$$\beta_0=\left[1+\frac{0.9975}{A_2}\right]^{-\frac{1}{4}} \tag{2-114c}$$

c. 由 β_0、κ、$\Delta p_{com}/p_1$ 代入式(2-100) 或式(2-101) 计算 ε_0；由 β_0、Re、D 代入有关流出系数 C 的计算公式，见式(2-95)～式(2-98)，计算 C_0。

d. 利用式(2-113) 进行迭代计算

$$\beta_n=\left[1+\left(\frac{C_{n-1}\varepsilon_{n-1}}{A_2}\right)^2\right]^{-\frac{1}{4}} \tag{2-115}$$

直到 $|\beta_n-\beta_{n-1}|<E(=0.0001)$ 时迭代结束。

e. 由 $d=\beta_n D$ 求得节流件的开孔直径。

f. 按式(2-116)验算流量

$$q'_{m\,com}=\frac{C_{n-1}\varepsilon_{n-1}}{\sqrt{1-\beta_n^4}}\cdot\frac{\pi}{4}d^2\sqrt{2\rho_1\Delta p_{com}} \tag{2-116}$$

当计算结果 $q'_{m\,com}$ 与给定常用流量 $q_{m\,com}$ 之间符合

$$\delta_{q_m}=\left|\frac{q_{m\,com}-q'_{m\,com}}{q_{m\,com}}\right|\times100\%\leqslant0.2\% \tag{2-117}$$

要求时，计算到此结束，如不符合上述要求，应检查原始数据重新计算。

g. 求 20℃时的节流件开孔直径 d_{20} 及加工公差 Δd_{20}

$$d_{20}=\frac{d}{1+\lambda_d(t_1-20)} \tag{2-118}$$

$$\Delta d_{20}=\pm0.0005d_{20}$$

h. 求实际压力损失 δ_p，可按式(2-110) 计算。

i. 根据 β 值和节流件上、下游侧第一局部阻力件形式，确定直管段长度 l_1 和 l_2 值；根据节流件前第二个阻力件形式，确定 l_0 值。

j. 确定在节流件前后取压口的位置。

(3) 计算示例

【示例】 已知被测流体为水，最大流量为 400000kg/h，最小流量为 150000kg/h，工作压力 $p_1=12.5\times10^5$Pa（表压），工作温度 $t_1=50$℃，管道内径 $D_{20}=263$mm，材质为新的 20# 钢螺旋焊接管，节流件安装尺寸如图 2-55 所示。现希望用标准孔板作为节流件，材质为 1Cr18Ni9Ti 不锈钢，取压方式为 D-$\frac{D}{2}$取压，若压力损失无特殊要求，试计算孔板的开孔直径。

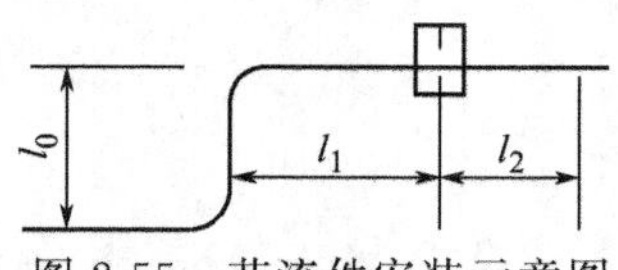

图 2-55　节流件安装示意图

辅助计算

① 由题意，工作状态下质量流量标尺上限为

$$q_m = 400000\text{kg/h}$$

② 查有关数据表，管道材质和孔板材质的热膨胀系数为

$$\lambda_D = 11.16\times10^{-6}/℃$$

$$\lambda_d = 16.60\times10^{-6}/℃$$

则工作状态下管道内径为

$$D = D_{20}[1+\lambda_D(t_1-20)] = 263.09\ (\text{mm})$$

③ 由表 2-8 查得管道内壁粗糙度 $K=0.1\text{mm}$，则 $K/D=0.1/263.09=3.8\times10^{-4}<4\times10^{-4}$，管内壁粗糙度符合要求。

④ 在工作压力 $p_1=1\times10^5+12.5\times10^5=13.5\times10^5\text{Pa}$，$t_1=50℃$，查得水的密度和动力黏度为

$$\rho_1 = 988.057\text{kg/m}^3$$

$$\mu_1 = 5.47\times10^{-4}\text{Pa}\cdot\text{s}$$

⑤ 求 Re_{min} 和 Re_{com}

$$Re_{min} = \frac{vD\rho_1}{\mu_1} = \frac{4q_{m\ min}}{\pi D\mu_1} = \frac{4\times150000/3600}{3.1416\times0.26309\times5.47\times10^{-4}} = 3.59\times10^5$$

$$Re_{com} = \frac{4q_{m\ com}}{\pi D\mu_1} = \frac{4\times400000\times0.8/3600}{3.1416\times0.26309\times5.47\times10^{-4}} = 7.86\times10^5$$

确定差压计上限

由于对压力损失无特殊要求，则可先用式(2-109) 求得 Δp_{max}，令 $\beta=0.50$，$C=0.60$，则

$$\Delta p_{max} = \left(\frac{4\times400000/3600\times\sqrt{1-0.5^4}}{3.1416\times0.5^2\times0.26309^2\times0.60}\right)^2\times\frac{1}{2\times988.057} = 88083\ (\text{Pa})$$

故选差压计上限为 100kPa。

常用差压 Δp_{com} 为

$$\Delta p_{com} = 0.64\Delta p = 0.64\times100 = 64\ (\text{kPa})$$

求孔板的开孔直径

① 求 A_2

$$A_2 = \frac{4q_{m\ com}}{\pi D^2\sqrt{2\rho_1\Delta p_{com}}} = \frac{4\times400000\times0.8/3600}{3.1416\times0.26309^2\sqrt{2\times988.057\times64000}} = 0.1454$$

② 求 β_0　因 $Re_{min}>2\times10^5$，故

$$\beta_0 = \left[1+\left(\frac{0.600}{A_2}\right)^2\right]^{-\frac{1}{4}} = \left[1+\left(\frac{0.600}{01454}\right)^2\right]^{-\frac{1}{4}} = 0.4853$$

③ 求 C_0 和 ε_0　因为流体为水，则 $\varepsilon=1$；对于 D-$\frac{D}{2}$取压的标准孔板

$$C_0 = 0.5959+0.0312\beta^{2.1}-0.1840\beta^8+0.0029\beta^{2.5}\left(\frac{10^6}{Re_{com}}\right)^{0.75}+0.0390\beta^4(1-\beta^4)^{-1}-0.01584\beta^3$$

将 $\beta_0=0.4853$，$Re_{com}=7.86\times10^5$ 代入上式得

$$C_0 = 0.60322$$

④ 求β_1，并进行迭代

$$\beta_1=\left[1+\left(\frac{C_0}{A_2}\right)^2\right]^{-\frac{1}{4}}=\left[1+\left(\frac{0.60322}{0.1454}\right)^2\right]^{-\frac{1}{4}}=0.48407$$

$$C_1=0.60318$$

$$\beta_2=0.48409$$

$$|\beta_2-\beta_1|=|0.48409-0.48407|=0.00002<0.0001$$

迭代计算结束。

⑤ 求d

$$d=\beta_2 D=0.48409\times263.09=127.36\ (\mathrm{mm})$$

⑥ 验算流量

$$q'_{\mathrm{m\ com}}=\frac{C_1}{\sqrt{1-\beta_2^4}}\times\frac{\pi}{4}d^2\sqrt{2\rho_1\Delta p_{\mathrm{com}}}$$

$$=\frac{0.60318}{\sqrt{1-0.48409^4}}\times\frac{3.1416}{4}\times0.12736^2\times\sqrt{2\times988.057\times64000}$$

$$=88.892\mathrm{kg/s}=320011.2\ (\mathrm{kg/h})$$

$$\delta_{q_\mathrm{m}}=\frac{q'_{\mathrm{m\ com}}-q_{\mathrm{m\ com}}}{q_{\mathrm{m\ com}}}\times100\%=\frac{320011.2-400000\times0.8}{400000\times0.8}\times100\%$$

$$=0.0035\%<0.2\%$$

上述计算合格。

⑦ 求d_{20}和Δd_{20}

$$d_{20}=\frac{d}{1+\lambda_\mathrm{d}(t_1-20)}=\frac{127.36}{1+16.60\times10^{-6}\times(50-20)}=127.297\ (\mathrm{mm})$$

$$\Delta d_{20}=\pm0.0005d_{20}=\pm0.064\ (\mathrm{mm})$$

⑧ 求实际压力损失δ_p

$$\delta_\mathrm{p}=\frac{\sqrt{1-\beta_2^4}-C\beta_2^2}{\sqrt{1-\beta_2^4}+C\beta_2^2}\Delta p$$

$$=\frac{\sqrt{1-0.48409^4}-0.60318\times0.48409^2}{\sqrt{1-0.48409^4}+0.60318\times0.48409^2}\times100=74.6\ (\mathrm{kPa})$$

⑨ 确定最小直管段长度

$\beta=0.48409\approx0.5$，根据如图 2-55 的管道情况，查表 2-12 得

$$l_1=20D，l_2=6D，l_0=0$$

⑩ 求取压口位置

由题意知节流装置采用D-$\frac{D}{2}$取压，即上游取压孔轴线离孔板上游侧端面的距离为$1D\pm0.1D=263.09\mathrm{mm}\pm26.31\mathrm{mm}$；下游取压孔轴线与孔板上游侧端面的距离为$\frac{1}{2}D\pm0.02D=131.55\mathrm{mm}\pm5.26\mathrm{mm}$。

6. 计算机计算程序

由于计算机的迅速发展，为节流装置的设计计算提供了方便条件。国家技术监督局曾于1994 的 12 月对 LG-94-11 版节流装置设计计算及管理软件进行了首次认证。随着规范的贯

彻，已推出各种不同形式的设计计算软件。在节流装置的规范中给出了需要用迭代计算法进行计算的五种命题，见表 2-15。

表 2-15　五种命题和相应的计算式

命题	1	2	3	4	5
已知量	D、d、Δp、ρ、μ	D、q_m、Δp、ρ、μ	D、d、q_m、ρ、μ	β、q_m、Δp、ρ、μ	d、q_m、Δp、ρ、μ
求解量	q_m	d	Δp	D、d	D
不变量	$A_1=\frac{\varepsilon d^2\sqrt{2\rho\Delta p}}{\mu D\sqrt{1-\beta^4}}$	$A_2=\frac{\mu Re}{D\sqrt{2\rho\Delta p}}$	$A_3=\frac{8(1-\beta^4)q_m^2}{\rho(C\pi d^2)^2}$	$A_4=\frac{4\varepsilon\beta^2 q_m\sqrt{2\rho\Delta p}}{\pi\mu^2\sqrt{1-\beta^4}}$	$A_5=\frac{\pi d^2\sqrt{2\rho\Delta p}}{4q_m}$
迭代方程	$A_1=\frac{Re}{C}$	$A_2=\frac{C\varepsilon\beta^2}{\sqrt{1-\beta^4}}$	$A_3=\Delta p\varepsilon^2$	$A_4=\frac{x^2}{C}$	$A_5=\frac{\sqrt{1-\beta^4}}{C\varepsilon}$
计算变量	$x=Re=CA_1$	$x=\frac{\beta^2}{\sqrt{1-\beta^4}}=\frac{A_2}{C\varepsilon}$	$x=\Delta p=\frac{A_3}{\varepsilon^2}$	$x=Re=\sqrt{CA_4}$	$x=\sqrt{1-\beta^4}=A_5C\varepsilon$
精确度判据	$\left\vert\frac{A_1-x/C}{A_1}\right\vert<5\times10^{-n}$	$\left\vert\frac{A_2-xC\varepsilon}{A_2}\right\vert<5\times10^{-n}$	$\left\vert\frac{A_3-x\varepsilon^2}{A_3}\right\vert<5\times10^{-n}$	$\left\vert\frac{A_4-x^2/C}{A_4}\right\vert<5\times10^{-n}$	$\left\vert\frac{A_5-x/(C\varepsilon)}{A_5}\right\vert<5\times10^{-n}$
结果	$q_m=\frac{\pi}{4}\mu Dx$	$d=D\left(\frac{x^2}{1+x^2}\right)^{0.25}$	$\Delta p=x$	$D=\frac{4q_m}{\pi\mu x}$ $d=\beta D$	$D=d(1-x^2)^{-0.25}$

注：n 为正整数，一般取 5。

每种命题的求解关键是确定迭代方程，它是利用流量方程式(2-93) 进行重组，将已知量放在等式的一边，将未知量放在等式的另一边。前者称为不变量，并与后者一起构成迭代方程。迭代采用快速收敛的弦截法，其计算公式为

$$x_n=x_{n-1}-\delta_{n-1}\frac{x_{n-1}-x_{n-2}}{\delta_{n-1}-\delta_{n-2}} \tag{2-119}$$

式中，x 为计算变量，由迭代方程经重组获得；δ 为偏差量。每种命题的不变量、迭代方程和计算变量列于表 2-15 中。图 2-56 给出了命题 2 的计算机计算程序框图。

7. 流量测量的不确定度计算

不确定度是指这样一个数值范围，在这范围内测量的真值按置信概率为 95%进行估算。根据该定义，流量测量的不确定度是相当于统计学中的标准偏差的两倍。流量测量的不确定度可以用不确定度 δ_q 或相对不确定度 $e=\delta_q/q$ 表示。设流量方程中的 C、ε、d、D（依附于 β）、Δp 和 ρ_1 相互独立，则可以推得质量流量的相对不确定度的计算公式为

$$e=\frac{\delta q_m}{q_m}=\left[e_C^2+e_\varepsilon^2+\left(\frac{2\beta^4}{1-\beta^4}\right)^2e_D^2+\left(\frac{2}{1-\beta^4}\right)^2e_d^2+\frac{1}{4}e_{\Delta p}^2+\frac{1}{4}e_{\rho_1}^2\right]^{\frac{1}{2}} \tag{2-120}$$

式中，$e_C=\delta_C/C$；$e_\varepsilon=\delta_\varepsilon/\varepsilon$；$e_D=\delta_D/D$；$e_d=\delta_d/d$；$e_{\Delta p}=\delta_{\Delta p}/\Delta p$；$e_{\rho 1}=\delta_{\rho 1}/\rho_1$；分别为流出系数 C；可膨胀性系数 ε；管道直径 D；节流孔直径 d；差压 Δp 和流体密度 ρ_1 的相对不确定度，其数值估算如下。

（1）流出系数的不确定度 e_C　对于标准孔板，假定 β、D、Re 和 K/D 是已知的，且无误差，则当 $\beta\leqslant0.6$ 时，$e_C=\pm0.6\%$；当 $0.60<\beta\leqslant0.75$ 时，$e_C=\pm\beta\%$。

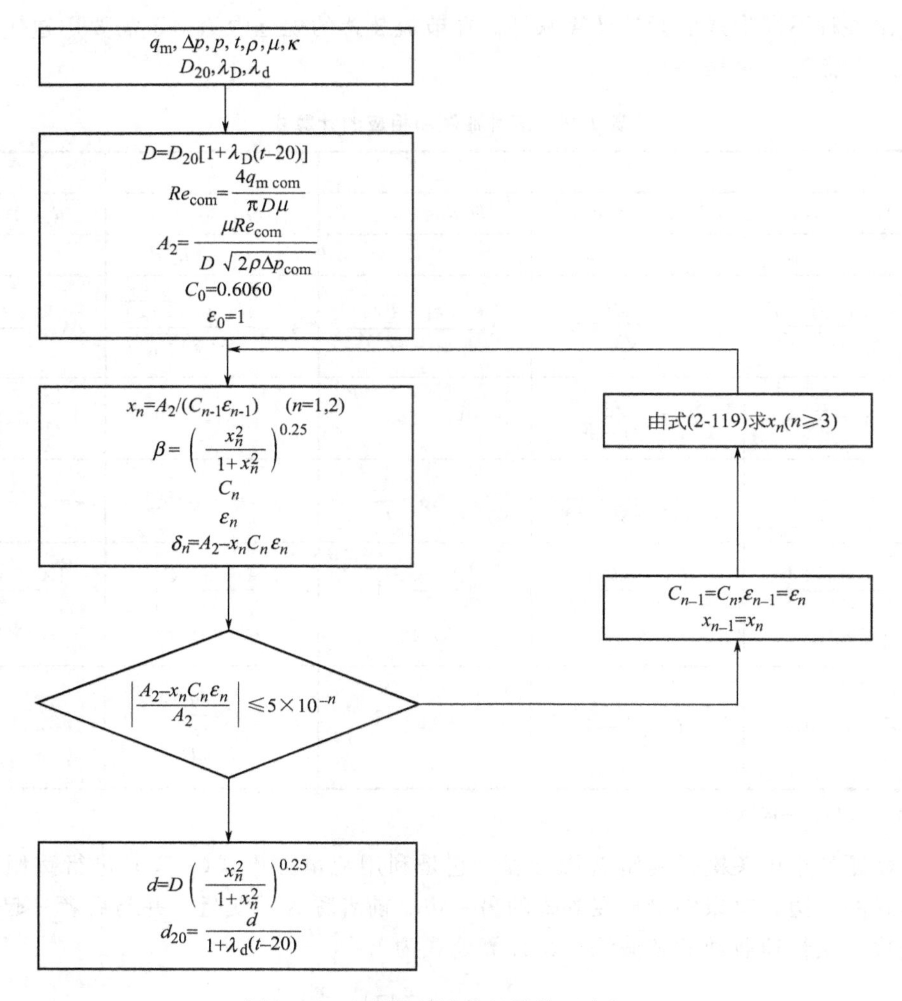

图 2-56　命题 2 的计算机计算程序框图

（2）可膨胀性系数的不确定度 e_ε　如果不考虑 β、$\Delta p/p_1$ 和 κ 的不确定度，标准孔板的可膨胀性系数的不确定度 $e_\varepsilon=\pm(4\Delta p/p_1)\%$。

（3）节流孔直径和管道直径的不确定度 e_d 和 e_D　它们均是指在工作条件下的估算值，若 d_{20} 和 D_{20} 符合规范要求，那么 e_d 可取±0.07%；e_D 取±0.4%。

（4）差压的不确定度 $e_{\Delta p}$　由于差压计的准确度为引用误差，故 $e_{\Delta p}$ 的估算式为

$$e_{\Delta p}=e_{Re}\frac{\Delta p}{\Delta p_i}\quad\% \tag{2-121}$$

式中，e_{Re} 为差压计的准确度等级；Δp 为差压计的量程；Δp_i 为差压计的实测值。原则上 $\varepsilon_{\Delta p}$ 应是节流装置有关部件（包括差压变送器、引压导管、变送器到显示仪表之间的连接部件和显示仪表本身）的不确定度的总和。

（5）流体密度的不确定度 e_{ρ_1}　被测流体密度 ρ_1 是指工作状态下的值。液体的密度一般认为只是温度的函数，而气体的密度取决于温度和压力两个参数，所以 e_{ρ_1} 可认为是由于 t_1 和 p_1（节流件上游侧取压口处的温度和压力）的测量的不确定度所造成的 ρ_1 的不确定度。设 t_1 和 p_1 的不确定度分别为 e_{t_1} 和 e_{ρ_1}，则 e_{ρ_1} 的估算值可查表 2-16 和表 2-17。

表 2-16 液体 e_{ρ_1} 的估算值

e_{t1}/%	$e_{\rho1}$/%
0	±0.06
±1	±0.06
±5	±0.06

表 2-17 气体 e_{ρ_1} 的估算值

e_{t1}/%	e_{p1}/%	$e_{\rho1}$/%		e_{t1}/%	e_{p1}/%	$e_{\rho1}$/%	
		水蒸气	一般气体			水蒸气	一般气体
0	0	±0.04	±0.10	±5	±1	±5.0	±11.0
±1	±1	±1.0	±3.0	±5	±5	±6.0	—
±1	±5	±3.0	±11.0				

【例 2-10】 以孔板设计与计算中示例一为例，计算该流量计的相对不确定度，设差压计以及温度和压力检测仪表的精度等级均为 1.0 级。

解 先求出各项的相对不确定度

$$e_C=\pm0.6\%,\ e_\varepsilon=0$$

$$\frac{2\beta^4}{1-\beta^4}e_D=\pm\frac{2\times0.48409^4}{1-0.48409^4}\times0.4\%=\pm0.0465\%$$

$$\frac{2}{1-\beta^4}e_d=\pm\frac{2}{1-0.48409^4}\times0.07\%=\pm0.1481\%$$

$$\frac{1}{2}e_{\Delta p}=\pm0.5\times1.0\times\frac{\Delta p}{0.64\Delta p}\%=\pm0.7813\%$$

$$\frac{1}{2}e_{\rho_1}=\pm0.5\times0.06\%=\pm0.03\%$$

则流量相对不确定度为

$$e_{q_m}=\pm\sqrt{0.6^2+0.0465^2+0.1481^2+0.7813^2+0.03^2}=1.0\%$$

三、电磁式流量检测

电磁式流量检测方法目前应用最广泛的是根据法拉第电磁感应定律进行流量测量的电磁流量计，它能检测具有一定电导率的酸、碱、盐溶液，腐蚀性液体以及含有固体颗粒（泥浆、矿浆等）的液体流量。但不能检测气体、蒸汽和非导电液体的流量。

1. 检测原理

导体在磁场中作切割磁力线运动时，在导体中便会有感应电势，其大小与磁场的磁感应强度、导体在磁场内的有效长度及导体的运动速度成正比。同理，如图 2-57 所示，导电的流体介质在磁场中作垂直方向流动而切割磁力线时，也会在管道两边的电极上产生感应电势。感应电势的方向由右手定则确定，其大小由下式决定

$$E_x=BDv \tag{2-122}$$

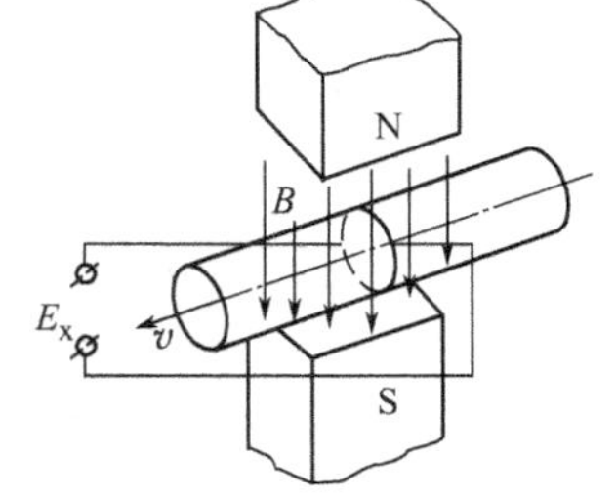

图 2-57 电磁式流量检测原理

式中，E_x 为感应电势；B 为磁感应强度；D 为管道直径，即导电流体垂直切割磁力线的长度；v 为垂直于磁力线方向的流体速度。

因为体积流量 q_v 等于流体流速 v 与管道截面积 A 的乘积，故

$$q_v=\frac{1}{4}\pi D^2v \tag{2-123}$$

将式(2-123) 代入式(2-122)，可得

$$q_v=\frac{\pi D}{4B}E_x \tag{2-124}$$

由式(2-124)可知，在管道直径 D 已确定并维持磁感应强度 B 不变时，这时体积流量与感应电势具有线性关系，而感应电势与流体的温度、压力、密度和黏度等无关。

根据上述原理制成的流量检测仪表称电磁流量计。

2. 电磁流量计的结构

电磁流量计的结构如图 2-58 所示，它主要由磁路系统、测量导管、电极、衬里、外壳以及转换器等部分组成。

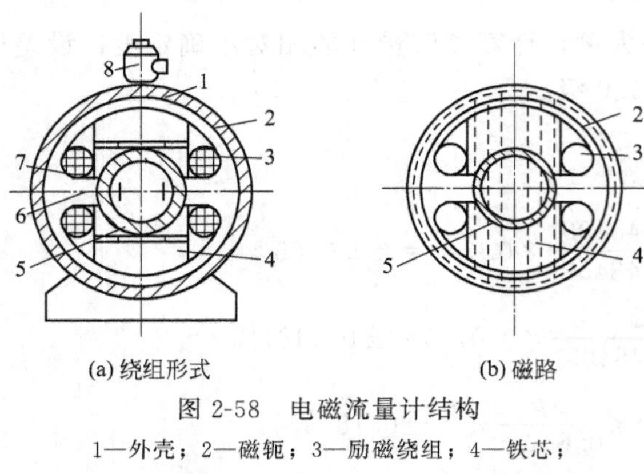

图 2-58 电磁流量计结构

1—外壳；2—磁轭；3—励磁绕组；4—铁芯；5—导管；6—电极；7—衬里；8—接线盒或插头

(1) 磁路系统 用于产生均匀的直流或交流磁场。直流磁场可以用永久磁铁来实现，其结构比较简单。但是，在电极上产生的直流电势会引起被测液体的电解，因而在电极上发生极化现象，破坏了原有的测量条件；当管道直径较大时，永久磁铁也要求很大，这样既笨重又不经济。所以，工业生产用的电磁流量计，大多采用交变磁场，且是用 50Hz 工频电源激励产生的。产生交变磁场励磁线圈的结构型式因导管的口径不同而有所不同，图 2-58 是一种集中绕组式结构。它由两只串联或并联的马鞍形励磁组组成，上下各一只夹持在测量导管上。为形成磁路，减少干扰及保证磁场均匀，在线圈外围有若干层硅钢片叠成的磁轭。

(2) 测量导管 其作用是让被测液体通过。它的两端设有法兰，以便与管道连接。为使磁力线通过测量导管时磁通不被分路并减少涡流，测量导管必须采用不导磁、低导电率、低导热率和具有一定机械强度的材料制成，一般可选用不锈钢、玻璃钢、铝及其他高强度塑料等。

(3) 电极 电极的结构如图 2-59 所示，它的作用是把被测介质切割磁力线时所产生的感应电势引出。为了不影响磁通分布，避免因电极引入的干扰，电极一般由非导磁的不锈钢材料制成。电极要求与衬里齐平，以便流体通过时不受阻碍。电极的安装位置宜在管道的水平方向，以防止沉淀物堆积在电极上而影响测量精度。

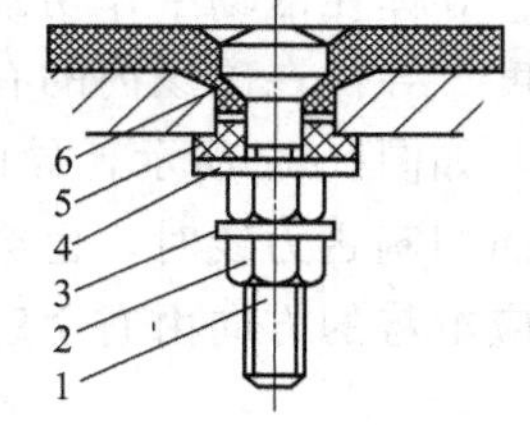

图 2-59 电极的结构

1—电极；2—螺母；3—导电片；4—垫圈；5—绝缘套；6—衬里

(4) 衬里 在测量导管的内侧及法兰密封面上，有一层完整的电绝缘衬里。它直接接触被测介质，主要作用是增加测量导管的耐磨与耐蚀性，防止感应电势被金属测量导管管壁短路。因此，衬里必须是耐腐、耐磨以及能耐较高温度的绝缘材料。

(5) 外壳 一般用铁磁材料制成，它是保护励磁线圈的外罩，并可隔离外磁场的干扰。

(6) 转换器 流体流动产生的感应电势十分微弱，采用 50Hz 交流电源供电，因而各种干扰因素的影响很大。转换器的目的是将感应电势放大并能抑制主要的干扰信号。

3. 正交干扰信号的产生与抑制

采用交变磁场时，设磁感应强度 $B=B_{\rm m}\sin\omega t$，则感应电势为

$$E_{\rm x}=B_{\rm m}Dv\sin\omega t \tag{2-125}$$

应用交变磁场可以有效地消除极化现象，但随之而来的电磁干扰信号明显增大，主要的

干扰信号是所谓的正交干扰信号，它是指其相位和被测感应电势 E_x 相差 90°。造成这种干扰的主要原因是：在电磁流量计工作时，管道内充满导电液体，这样，电极引线、被测液体和转换器的输入阻抗构成闭合回路。而交变磁通不可避免地会穿过该闭合回路，根据电磁感应定律，交变磁场在闭合回路中产生的感应电势为

$$e_t = -K\frac{dB}{dt} \tag{2-126}$$

式中，K 为系数。把交变磁场 $B=B_m\sin\omega t$ 代入式(2-126)，得

$$e_t = -KB_m\sin\left(\omega t - \frac{\pi}{2}\right) \tag{2-127}$$

比较式(2-125) 和式(2-127) 可以看出，信号电势 E_x 与干扰电势 e_t 的频率相同，而相位上相差 90°，所以习惯上称此项干扰为正交干扰（也称 90°干扰）。严重时，正交干扰 e_t 可能与信号电势 E_x 相当，甚至超过 E_x。所以，必须设法消除此项影响，否则会引起测量误差，甚至造成流量计无法工作。

消除正交干扰的方法很多，目前主要采用的方法如下。

① 利用信号引出线路自动补偿，如图 2-60 所示，从一根电极上引出两根导线，并分别绕过磁极形成两个回路。当有磁力线穿过这两个闭合回路时，必须要在两回路内产生方向相反的感应电势，通过调零电位器，使进入仪表的干扰电势相互抵消，以减小正交干扰电势进入转换器的输入电路。

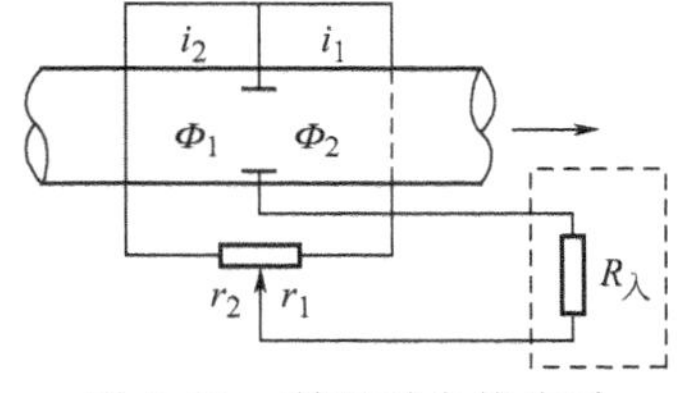

图 2-60 利用引出线自动补偿正交干扰

② 在转换器的放大电路中进一步采取补偿措施，例如，在主放大器的反馈网络上设置正交干扰抑制器。

4. 转换器及其构成原理

电磁流量计转换器的任务是把电极检测到的交变感应电势经放大转换成统一的直流标准信号。根据电磁流量计的检测特点，转换器应满足以下要求。

① 要求转换器有很高的输入阻抗。由于感应电势的通道是两个电极间的液体，被测液体的导电性能往往很低，例如 100mm 管径，被测介质是蒸馏水时，内阻约为 20kΩ 左右。另外，考虑到分布电容的影响，故一般希望转换器的输入阻抗要大于 10MΩ，最好要超过 100MΩ。

② 感应电势 E_x 比较微弱，并且伴有各种干扰信号。为此，要求转换器除对有用信号进行放大外，还必须设法消除各种干扰。

对于正交干扰电势，虽然在信号引线时采取了一定的补偿措施，但是，由于正交干扰电势在工作中是变化的，因而在转换部分还必须进一步降低它的影响。最常用的方法是利用正交干扰电压自动补偿，其原理见图 2-61 所示。在转换器的放大通道中，附加有消除正交干扰影响的负反馈线路，取出放大器输出信号中的正交干扰电压，深度负反馈到放大器的输入端，与输入信号中的正交干扰电压相减，从而使正交干扰电压的输出值降低到 $\frac{1}{\beta}$ 倍，即 $e_t' \approx \frac{1}{\beta}e_t$。而信号电压 E_x 不进入负反馈线路，通过放大器后的信号电压输出为 KE_x，K 为放大器的放大倍数。

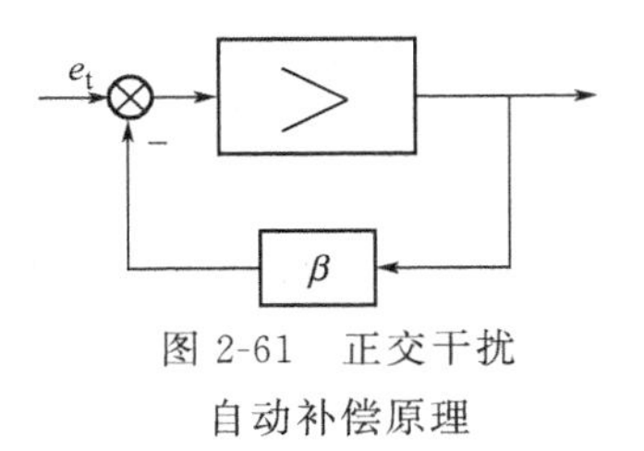

图 2-61 正交干扰自动补偿原理

为了减小与感应电势同相位的共模干扰信号的影响，转

换器的前置放大器一般要采用差动放大形式，利用差动放大的抑制作用，消除共模干扰的影响。

③ 由式(2-125) 可知，感应电势与磁场强度有关。如果励磁电源电压和频率有波动，必然要引起磁场强度的变化，从而影响测量的正确性。因此，必须在转换器部分采取措施，以消除电源波动的影响。

图 2-62 是根据上述要求设计的转换器原理框图。被测信号 E_x 与反馈信号 V_z 比较后得差值信号 ε_x，ε_x 经前置放大器、主放大器、相敏整流和功率放大器得到直流电流 I_o，I_o 通过线圈产生磁感应强度 B_y，$B_y=K_1I$。B_y 作用于霍尔乘法器与控制电流 I_y 相乘，得到霍尔电势 $V_H=K_HI_yB_y$，其中 K_H 为霍尔乘法器的霍尔系数。V_H 经分压后得到反馈电压 V_z，$V_z=K_zV_H$，K_z 为分压系数。由于控制电流 I_y 与流量计的励磁电流取自同一电源，则 $I_y=K_2B$。因此有 $V_z=K_1K_2K_HK_zBI_o$。

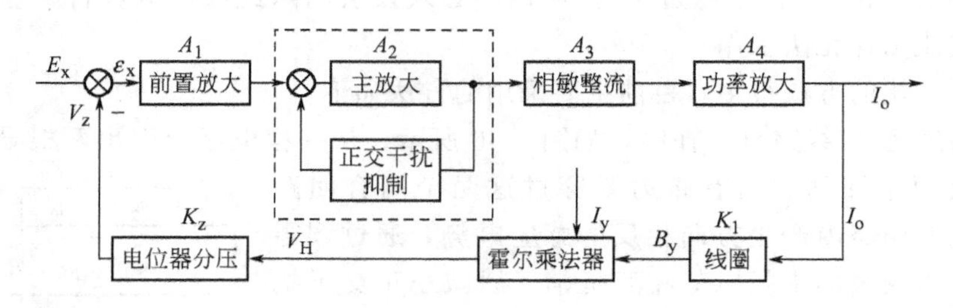

图 2-62　转换部分方框图

令正向通道的总放大倍数 $A=A_1A_2A_3A_4$，反馈回路的反馈系数 $\beta=\frac{V_z}{I_o}=K_1K_2K_HK_zB$。这样，当 $A\beta\gg1$ 时，有

$$\frac{I_o}{E_x}=\frac{A}{1+A\beta}\approx\frac{1}{\beta}=\frac{1}{K_1K_2K_HK_zB} \tag{2-128}$$

将式(2-124) 代入式(2-128)，得

$$I_o=\frac{4q_v}{\pi K_1K_2K_HK_zD} \tag{2-129}$$

由此可见，转换器输出的电流信号 I_o 与体积流量成正比。在采用霍尔乘法器时，I_y 的引入消除了由于励磁电源电压波动对测量的影响；正交干扰抑制单元保证了对正交干扰的负反馈作用，大大减小了正交干扰的影响。

5. *电磁流量计的特点*

① 测量导管内无可动部件或突出于管道内部的部件，因而压力损失极小。

② 只要是导电的，被测流体可以是含有颗粒、悬浮物等，也可以是酸、碱、盐等腐蚀性介质。

③ 流量计的输出电流与体积流量呈线性关系，并且不受液体的温度、压力、密度、黏度等参数的影响。

④ 电磁流量计的量程比一般为 10∶1，精度较高的量程比可达 100∶1；测量口径范围大，可以从 1mm 到 2m 以上，特别适用于 1m 以上口径的水流量测量；测量精度一般优于 0.5%。

⑤ 电磁流量计反应迅速，可以测量脉动流量。

⑥ 电磁流量计的主要缺点有：被测流体必须是导电的，不能测量气体、蒸汽和石油制品等的流量；由于衬里材料的限制，一般使用温度为 0～200℃；因电极是嵌装在测量导管上的，这也使最高工作压力受到一定限制。

四、容积式流量检测

容积式流量检测是让被测流体充满具有一定容积的空间，然后再把这部分流体从出口排出，根据单位时间内排出的流体体积可直接确定体积流量，根据一定时间内排出的总体积数可确定流体的体积总量。

基于容积式检测方法的流量检测仪表一般称为容积式流量计。常见的容积式流量计有：椭圆齿轮流量计、腰轮（罗茨）流量计、刮板流量计、活塞式流量计、湿式流量计及皮囊式流量计等，其中腰轮式、湿式、皮囊式可以测量气体流量。

1. 检测原理

为了连续地在密闭管道中测量流体的流量，一般是采用容积分界方法，即由仪表壳体和活动壁组成流体的计量室，流体经过仪表时，在仪表的入、出口之间产生压力差，推动活动壁旋转，将流体一份一份地排出。设计量室的容积为 V_0，当活动壁旋转 n 次时，流体流过的体积总量为 $Q_v=nV_0$。

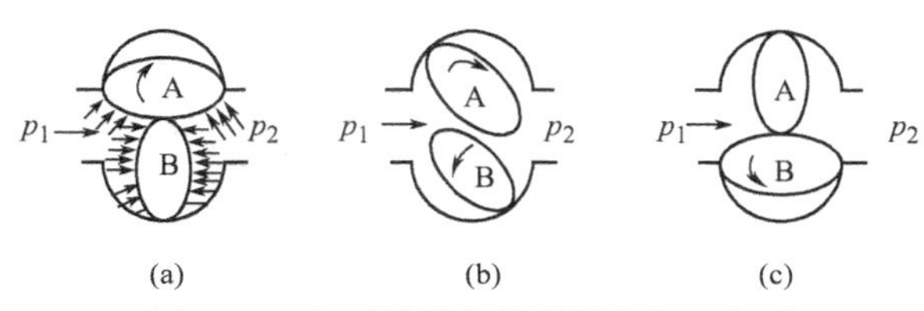

图 2-63 应用椭圆齿轮测量流量示意图

根据计量室的容积和旋转频率可获得瞬时流量。

下面主要介绍应用椭圆齿轮和刮板的检测原理。

（1）应用椭圆齿轮的检测原理　如图 2-63 所示，活动壁是一对互相啮合的椭圆齿轮。被测流体由左向右流动，椭圆齿轮 A 在差压 $\Delta p=p_1-p_2$ 作用下，产生一个顺时针转矩［如图 2-63(a)］，使齿轮 A 顺时针方向旋转，并把齿轮与外壳之间的初月形容积内的介质排出，同时带动齿轮 B 作逆时针方向旋转。在图 2-63(b) 位置时，齿轮 A、B 均受到转矩，并使它们继续沿原来方向转动。在图 2-63(c) 位置时，齿轮 B 在差压 Δp 作用下产生一个逆时针转矩，使齿轮 B 旋转并带动 A 轮一起转动，同时又把齿轮 B 与外壳之间空腔内的介质排出。这样齿轮交替地（或同时）受力矩作用，保持椭圆齿轮不断地旋转，介质以初月形空腔为单位一次又一次地经过齿轮排至出口。可以看出，椭圆齿轮每转动一周，排出四个初月形空腔的容积，所以流体总量为

$$Q_v=4nV_0 \tag{2-130}$$

式中，V_0 为初月形空腔的容积。可以算得

$$V_0=\frac{1}{2}\pi R^2\delta-\frac{1}{2}\pi ab\delta=\frac{\pi}{2}(R^2-ab)\delta \tag{2-131}$$

式中，a、b 为椭圆齿轮长、短半轴；δ 为椭圆齿轮的厚度。

应用腰轮检测流量的基本原理和椭圆齿轮相同，只是活动壁形状为一对腰轮，并且腰轮上没有牙齿。

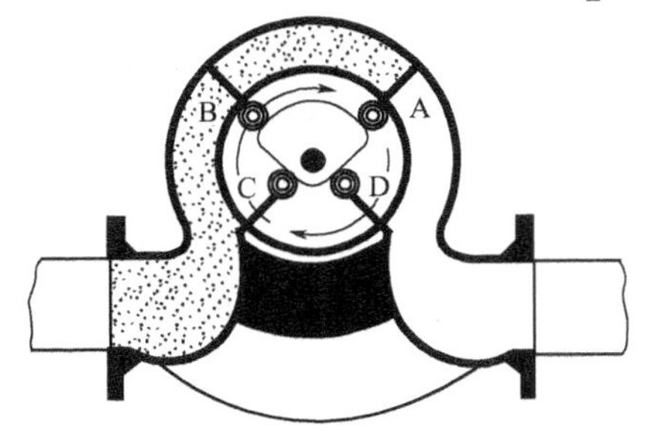

图 2-64 凸轮式刮板流量计

（2）应用刮板的检测原理　其活动壁为两对刮板。它有两种主要形式，凸轮式和凹线式，其中图 2-64 为凸轮式刮板流量计示意图。它的壳体内腔是圆形空筒，转子是一个空心圆筒，筒边开有四个槽，相互成 90°

角，可让刮板在槽内伸出或缩进。四个刮板由两根连杆连接，也互成90°角，在空间交叉，互不干扰。在每个刮板的一端装有一小滚柱，四个滚柱分别在一个不动的凸轮上滚动，从而使刮板时而伸出，时而缩进。转子在入口和出口压差作用下，连刮板一起产生旋转，四个刮板轮流伸出、缩进，把计量室（两块刮板和壳体内壁、圆筒外壁所形成的空间）逐一排至出口。和椭圆齿轮一样，转子每转动一周便排出四个计量室容积的流体。

2. 容积式流量计的工作特性

容积式流量计的工作特性与流体的黏度、密度以及工作温度、压力等因素有关，相对来说，黏度的影响要大一些。图 2-65 是容积式流量计代表性的特性曲线，其中包括误差和压力损失两组曲线。

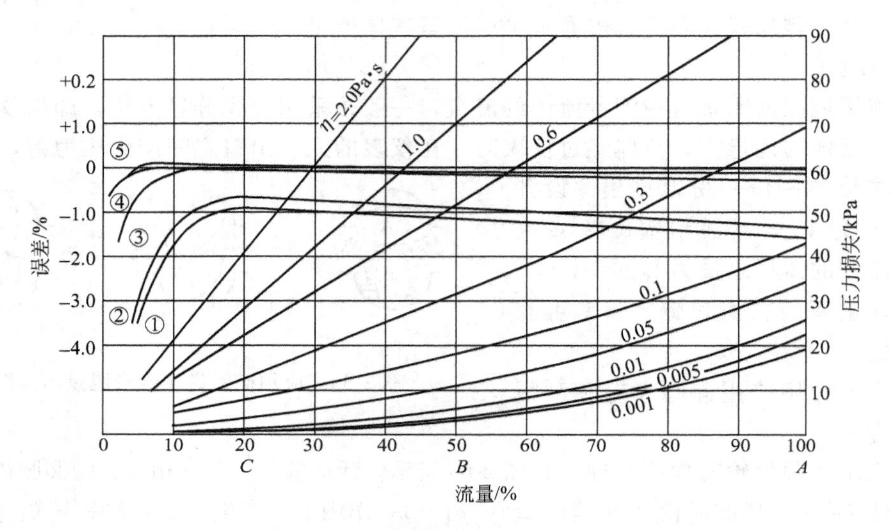

图 2-65 容积式流量计特性曲线

①—汽油；②—水；③—轻柴油；④—重柴油；⑤—轻质机油

由误差曲线可以看到，多数曲线是负误差，主要原因是仪表中有活动壁，活动壁与壳体内壁间的间隙产生流体的泄漏。在小流量时，由于转子所受力矩小，而它本身又有一定的摩擦阻力，因而泄漏量相对较大，特别是在流量很小时，负误差会很大；当流量达到一定数值后，泄漏量相对较小，特性曲线比较平坦；当流量较大时，由于流量计的入、出口间压力降增大，导致泄漏量相应增大。在相同的流量下，流体的黏度越低、越容易泄漏，误差也就越大；对于高黏度流体，则泄漏相对较小，因此误差变化不大。

流体流过流量计的压力损失随流量的增加几乎线性上升，流体黏度愈高，压损也愈大。

3. 信号转换

容积式流量计的信号转换的任务是把旋转运动按一定的比例关系转换成流体的实际流量信号（瞬时值或累积值），并进行显示。显示方式有就地显示和远传显示两种。下面以椭圆齿轮流量计为例作一介绍。

(1) 就地显示　椭圆齿轮转动的转数 n 通过椭圆齿轮轴输出，又经一系列齿轮减速及转速比调整机构之后，直接带动仪表的指针和机械计数器，以实现流量和总量的显示。其原理如图 2-66 所示。

(2) 远传显示　远传显示是通过减速与速比调整后的齿轮带动永久磁铁旋转，使得干簧继电器的触点以永久磁铁相同的旋转频率同步地闭合或断开，从而发出一个个电脉冲远传给

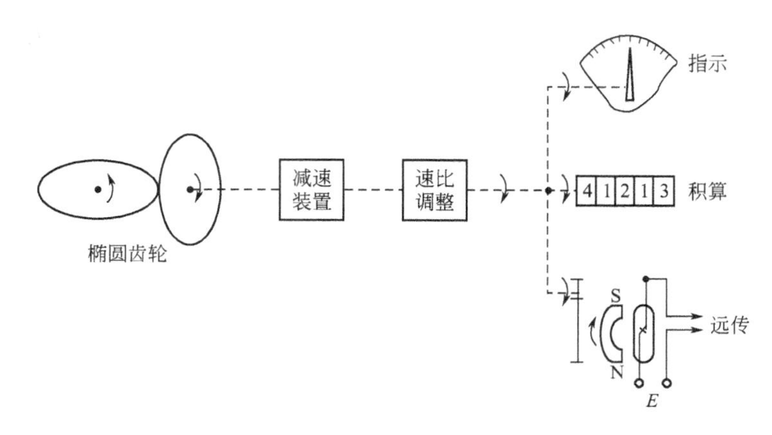

图 2-66　椭圆齿轮流量计的显示原理

控制室的二次仪表。通过电子计数器可进行流量的积算，通过频率-电压（电流）转换器可变成标准电信号。

4．容积式流量计的特点

① 测量精度较高，积算精度可达±0.2%～±0.5%，有的甚至能达到±0.1%；量程比一般为 10∶1；测量口径在 10～150mm 左右。

② 容积式流量计适宜测量较高黏度的液体流量，在正常的工作范围内，温度和压力对测量结果的影响很小。

③ 安装方便，对仪表前、后直管段长度没有严格的要求。

④ 由于仪表的精度主要取决于壳体与活动壁之间的间隙，因此对仪表制造、装配的精度要求高，传动机构也比较复杂。

⑤ 要求被测介质干净，不含固体颗粒，否则会使仪表卡住，甚至损坏仪表，为此要求在流量计前安装过滤器。

⑥ 不适宜测量较大的流量，当测量口径较大时，成本高，重量和体积大，维护不方便。

五、变面积式流量检测

变面积式流量检测是利用在下窄上宽的锥形管中的浮子所受的力平衡原理工作的。由于流量不同，浮子的高度不同，亦即环形的流通面积要随流量变化。常用的转子流量计以及冲塞式流量计、汽缸活塞式流量计等属于这种检测方法。下面主要结合转子流量计讨论变面积式流量检测方法的原理、特性和特点。

1．检测原理

如图 2-67 所示，在一垂直的锥形管中，放置一阻力件——浮子（也称转子）。当流体自下而上流经锥形管时，受到浮子阻挡产生一个差压，并对浮子形成一个向上作用力。同时浮子在流体中受到向上的浮力。当这两个垂直向上的合力超过浮子本身所受重力时，浮子便要向上运动。随着浮子的上升，浮子与锥形管间的环形流通面积增大，流速减低，流体作用在浮子上的阻力减小，直到作用在浮子上的各个力达到平衡，浮子停留在某一高度。当流量发生变化时，浮子将移到新的位置，继续保持平衡。

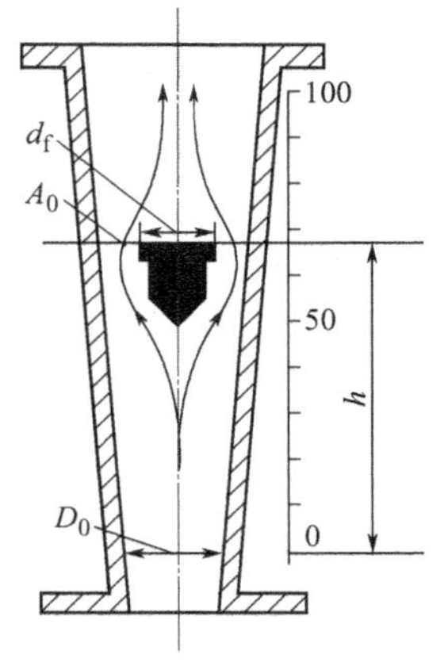

图 2-67　变面积式流量检测原理

将锥形管沿高度方向以流量刻度时，则从浮子最高边缘所处的位置便可以知道流量的大小。由于无论浮子处于哪个平衡高度，其前后的压力差（也即流体对浮子的阻力）总是相同的，故这种方法又称恒压降式流量检测。

浮子在锥形管中流体的作用下所受到的力如下。

浮子本身垂直向下的重力 f_1

$$f_1=V_f\rho_f g \tag{2-132}$$

流体对浮子所产生的垂直向上的浮力 f_2

$$f_2=V_f\rho g \tag{2-133}$$

和流体作用在浮子上垂直向上的阻力 f_3

$$f_3=\zeta A_f\frac{\rho v^2}{2} \tag{2-134}$$

式(2-132)～式(2-134)中，V_f 为浮子的体积；ρ_f 为浮子的密度；ρ 为流体的密度；A_f 为浮子的最大截面积；ζ 为阻力系数；v 为流体在环形流通截面上的平均流速。

当浮子在某一位置平衡时，则

$$f_1-f_2-f_3=0 \tag{2-135}$$

将式(2-132)～式(2-134)代入式(2-135)，整理后得流体通过环形流通面的流速为

$$v=\sqrt{\frac{2V_f(\rho_f-\rho)g}{\zeta A_f\rho}} \tag{2-136}$$

设环形流通面积为 A_0，则流体的体积流量为

$$q_v=A_0v=\alpha A_0\sqrt{\frac{2V_f(\rho_f-\rho)g}{A_f\rho}} \tag{2-137}$$

式中，$\alpha=\sqrt{\frac{1}{\zeta}}$，称流量系数。式(2-137)是变面积式流量检测的基本流量方程式。可以看出，当锥形管、浮子形状和材料一定时，流过锥形管的流体的体积流量与环形流通面积 A_0 呈线性关系。而 A_0 又与锥形管的高度 h 有明确的关系，由图 2-67 可知

$$A_0=\frac{\pi}{4}[(D_0+2h\tan\varphi)^2-d_f^2] \tag{2-138}$$

式中，D_0 为标尺零处锥形管直径；φ 为锥形管锥半角；d_f 为浮子最大直径。

在制造时，一般使 $D_0\approx d_f$。由于锥角 φ 很小，一般在 $12'$～$11°31'$左右，所以 $\tan\varphi$ 很小，如果忽略 $(h\tan\varphi)^2$ 项，则

$$A_0=\pi hD_0\tan\varphi \tag{2-139}$$

将式(2-139)代入式(2-137)，有

$$q_v=\pi\alpha hD_0\tan\varphi\sqrt{\frac{2V_f(\rho_f-\rho)g}{A_f\rho}} \tag{2-140}$$

由此可见，体积流量与浮子在锥形管中的高度近似呈线性关系，流量越大，则浮子所处的平衡位置越高。

2. 对流量方程各参数的讨论

(1) 流量系数 α　实验证明：流量系数 α 与锥形管的锥度，浮子的几何形状以及被测流体的雷诺数等因素有关。在锥形管和浮子的形状已经确定的情况下，流量系数随雷诺数变

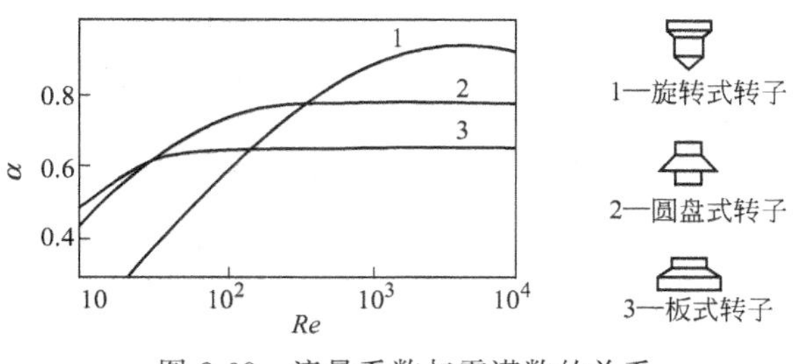

图 2-68　流量系数与雷诺数的关系

化。图 2-68 是三种不同形状的浮子流量系数与雷诺数的关系曲线。从图中可以看出，当雷诺数比较小时，α 随雷诺数的增加而逐渐增大，当雷诺数达到一定值后，α 基本上保持平稳。不同形状的浮子的 α 与雷诺数的关系曲线也不同。

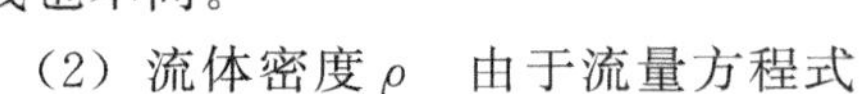

（2）流体密度 ρ　由于流量方程式(2-137) 中包括有流体的密度 ρ，因此应用变面积式流量检测仪表时应事先知道流体的密度。按国家规定，转子流量计在流量刻度时是在标准状态（20℃，760mmHg）下用水（对液体）或空气（对气体）介质进行标定的。当被测介质或工况改变时，应对仪表刻度进行修正。设被测介质的实际密度为 ρ'，当流量计指示值为 q_v 时，实际流体的流量 q_v' 为

$$q_v' = q_v\sqrt{\frac{(\rho_f - \rho')\rho}{(\rho_f - \rho)\rho'}} \tag{2-141}$$

式(2-141) 是在假设介质改变或密度改变时流体的黏度与标定用的水或空气的黏度相差不大条件下得出的。如果黏度变化比较大，会导致阻力系数 ζ 的变化，从而影响流量系数 α。

3. 信号转换

变面积式流量检测仪表根据显示方式的不同可分为两类：一类是玻璃转子流量计，其锥形管是由玻璃制成，并在管壁上标有流量刻度，因此可以直接根据转子的高度进行读数；另一类为电远传转子流量计，如图 2-69 所示。它主要由金属锥形管、转子、连动杆、铁芯和差动线圈等组成，当被测流体的流量变化时，转子在锥形管内上下移动。由于转子、连动杆和铁芯为钢性连接，转子的运动将带动铁芯一起产生位移，从而改变差动变压器的输出，通过信号放大后可使输出电压或电流与流量成一一对应关系。

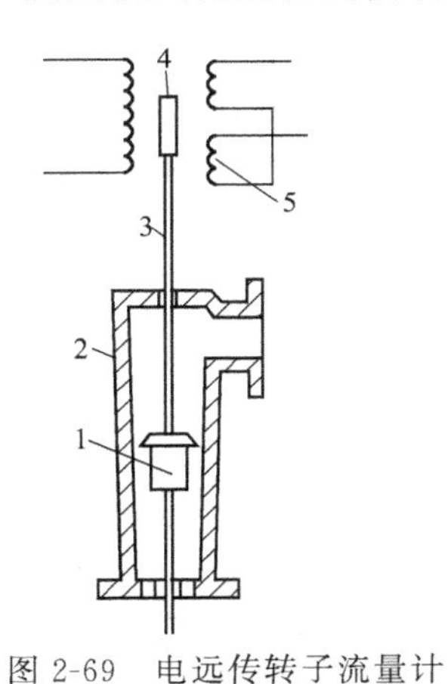

图 2-69　电远传转子流量计原理图

1—转子；2—锥管；3—连动杆；4—铁芯；5—差动线圈

因此，在电远传式转子流量计中，锥形管和转子的作用是将流量的大小转换成转子的位移，而铁芯和差动变动器的作用是进一步将转子的位移转换成电信号。

4. 转子流量计的特点

① 转子流量计主要适合于检测中小管径、较低雷诺数的中小流量。

② 流量计结构简单，使用方便，工作可靠，仪表前直管段长度要求不高。

③ 流量计的基本误差约为仪表量程的±2%，量程比可达 10∶1。

④ 流量计的测量精度易受被测介质密度、黏度、温度、压力、纯净度、安装质量等的影响。

六、其他流量检测方法

1. 漩涡式流量检测

漩涡式流量检测方法是 20 世纪 70 年代发展起来按流体振荡原理工作的。目前已经应用

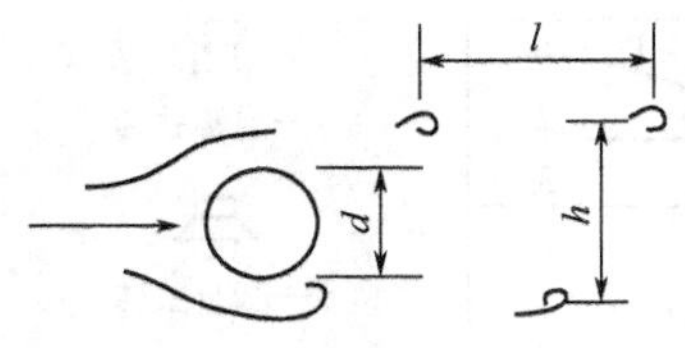

图 2-70　卡门涡列形成原理

的有两种：一种是应用自然振荡的卡门漩涡列原理；另一种是应用强迫振荡的漩涡旋进原理。现在，卡门漩涡式流量检测方法的应用相对较多，而且发展较快，故这里只介绍这种流量检测方法。

在流体中垂直于流动方向放置一个非流线型的物体（如圆柱体、棱柱体），在它的下游两侧就会交替出现漩涡（如图 2-70 所示），两侧漩涡的旋转方向相反，并轮流地从柱体上分离出来。这两排平行但不对称的漩涡列称为卡门涡列（有时也称涡街）。由于涡列之间的相互作用，漩涡的涡列一般是不稳定的。实验证明，只有当两列漩涡的间距 h 与同列中相邻漩涡的间距 l 满足为 $h/l=0.281$ 条件时，卡门涡列才是稳定的。并且，单列漩涡产生的频率 f 与柱体附近的流体流速 v 成正比，与柱体的特征尺寸 d（漩涡发生体的迎面最大宽度）成反比，即

$$f=St\frac{v}{d} \tag{2-142}$$

式中，St 称为斯特劳哈尔数，是一个无因次数。St 主要与漩涡发生体的形状和雷诺数有关。在雷诺数为 500～15000 的范围内，St 基本上为一常数，如图 2-71 所示，对于圆柱体 $St=0.20$；对于三角柱 $St=0.16$，在此范围内可以认为频率 f 只受流速 v 和漩涡发生体特征尺寸 d 的支配，而不受流体的温度、压力、密度、黏度等的影响。所以，当测得频率 f 后，就可得到流体的流速 v，进而可求得体积流量 q_v。

漩涡发生体是流量检测的核心，它的形状和尺寸对于漩涡式流量检测仪表的性能具有决定性作用。图 2-72 给出了常见的几种漩涡发生体的断面，其中圆柱形、方柱形和三角柱形更为通用，称为基形漩涡发生体。圆柱体的 St 较高，压损低，但漩涡强度较弱；方柱形和三角柱形漩涡强烈并且稳定，但是前者压损大，而后者 St 较小。

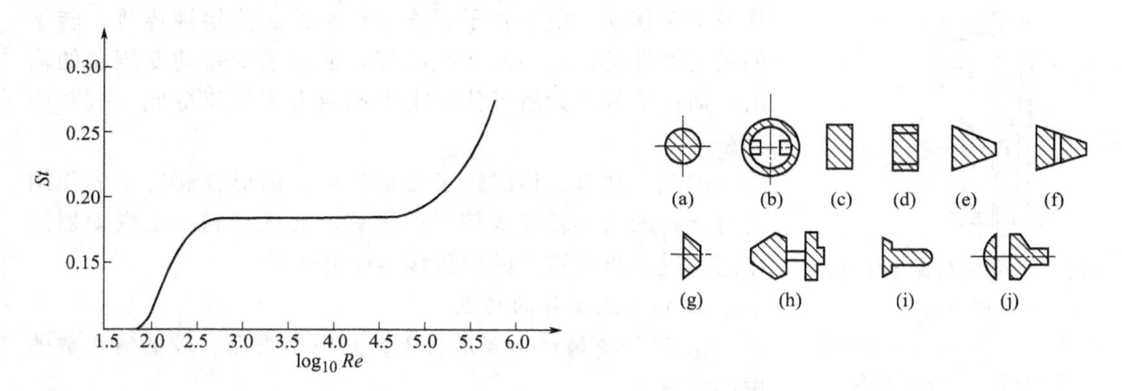

图 2-71　斯特劳哈尔数与雷诺数的关系

图 2-72　常见漩涡发生体断面

根据卡门漩涡列原理制成的流量检测仪表称卡门漩涡流量计。除了漩涡发生体外，流量计还包括频率检测，频率-电压（电流）转换等部分。漩涡频率的检测是漩涡流量计的关键。考虑到安装的方便和减小对流体的阻力，一般把漩涡频率检测元件附在漩涡发生体上。不同形状的漩涡发生体，其漩涡的成长过程以及流体在漩涡发生体周围的流动情况有所不同，因此漩涡频率的检测方法也不一样。例如圆柱体漩涡发生体常用铂热电阻丝检测法；三角柱漩涡发生体采用热敏电阻或超声波检测法；矩形柱漩涡发生

体采用电容检测法等。

圆柱体漩涡发生体的铂热电丝在圆柱体空腔内，如图 2-73(a) 所示。由流体力学可知，当圆柱体右下侧有漩涡时，将产生一从下到上作用在柱体上的升力。结果有部分流体从下方导压孔吸入，从上方的导压孔吹出。如果把铂电阻丝用电流加热到比流体温度高出某一温度，流体通过铂电阻丝时，带走它的热量，从而改变它的电阻值，此电阻值的变化与放出漩涡的频率相对应，由此便可检测出与流速变化成比例的频率。

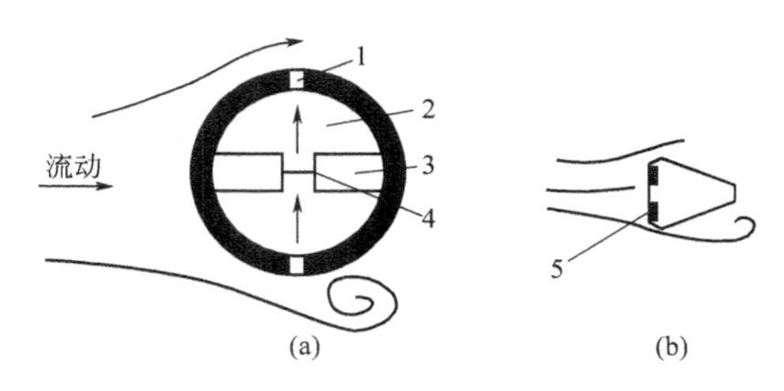

图 2-73　漩涡频率检测原理
1—导压孔；2—空腔；3—隔墙；4—电热丝；5—热敏电阻

图 2-73(b) 是三角柱漩涡发生体的漩涡频率检测原理图。两只热敏电阻对称地嵌入在三角柱迎流面中间，并和其他两只固定电阻构成一个电桥。电桥通以恒定电流使热敏电阻的温度升高。在流体为静止或三角柱两侧未发生漩涡时，两只热敏电阻温度一致，阻值相等，电桥无电压输出。当三角柱两侧交替发生漩涡时，由于散热条件的改变，使热敏电阻的阻值改变，引起电桥输出一系列与漩涡发生频率相对应的电压脉冲。经放大和整形后的脉冲信号即可用于流体总量的显示，同时通过频率-电压（电流）转换后输出模拟信号，作为瞬时流量显示。

这种检测方法的特点是管道内无可动部件，使用寿命长，压力损失较小；测量精度较高（约为±0.5%～1%），量程比可达 100∶1；在一定的雷诺数范围内，几乎不受流体的温度、压力、密度、黏度等变化的影响，故用水或空气标定的漩涡流量计可用于其他液体和气体的流量测量而不需标定，尤其适用于大口径管道的流量测量。但是流量计安装时要求有足够的直管段长度，上游和下游的直管段分别要求不少于 $20D$ 和 $5D$，漩涡发生体的轴线应与管路轴线垂直。

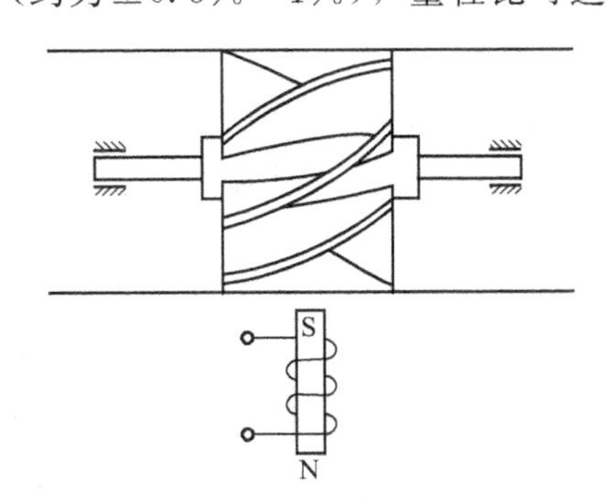

图 2-74　涡轮式流量检测方法原理

2. 涡轮式流量检测

涡轮式流量检测方法是以动量矩守恒原理为基础的，如图 2-74 所示，流体冲击涡轮叶片，使涡轮旋转，涡轮的旋转速度随流量的变化而变化，通过涡轮外的磁电转换装置可将涡轮的旋转转换成电脉冲。

由动量矩守恒定理可知，涡轮运动方程的一般形式为

$$J\frac{\mathrm{d}\omega}{\mathrm{d}t}=T-T_1-T_2-T_3 \tag{2-143}$$

式中，J 为涡轮的转动惯量；$\frac{\mathrm{d}\omega}{\mathrm{d}t}$为涡轮旋转的角加速度；$T$ 为流体作用在涡轮上的旋转力矩；T_1 为由流体黏滞摩擦力引起的阻力矩；T_2 为由轴承引起的机械摩擦阻力矩；T_3 为由于叶片切割磁力线而引起的电磁阻力矩。

从理论上可以推得，推动涡轮转动的力矩为

$$T=\frac{K_1\tan\theta}{A}r\rho q_{\mathrm{v}}^2-\omega r^2\rho q_{\mathrm{v}} \tag{2-144}$$

式中，K_1 为与涡轮结构、流体性质和流动状态有关的系数；θ 为与轴线相平行的流束与叶片的夹角；A 为叶栅的流通截面积；r 为叶轮的平均半径。

理论计算和实验表明，对于给定的流体和涡轮，摩擦阻力矩（T_1+T_2）为

$$T_1+T_2 \propto \frac{a_2 q_v}{q_v+a_2} \tag{2-145}$$

电磁阻力矩 T_3 为

$$T_3 \propto \frac{a_1 q_v}{1+a_1/q_v} \tag{2-146}$$

式中，a_1 和 a_2 为系数。

从式(2-143) 可以看出：当流量不变时$\frac{d\omega}{dt}=0$，涡轮以角速度 ω 做匀速转动；当流量发生变化时，$\frac{d\omega}{dt}\neq 0$，涡轮作加速度旋转运动，经过短暂时间后，涡轮运动又会适应新的流量到达新的稳定状态，以另一匀速旋转。因此，在稳定流动情况下，$\frac{d\omega}{dt}=0$，则涡轮的稳态方程为

$$T-T_1-T_2-T_3=0 \tag{2-147}$$

把式(2-144) ～式(2-146) 代入式(2-147)，简化后可得

$$\omega=\xi q_v-\xi\frac{a_1}{1+a_1/q_v}-\frac{a_2}{q_v+a_2} \tag{2-148}$$

式中，ξ 称为仪表的转换系数。

式(2-148) 表明；当流量较小时，主要受摩擦阻力矩的影响，涡轮转速随流量 q_v 增加较慢；当 q_v 大于某一数值后，因为系数 a_1 和 a_2 很小，则式(2-148) 可近似为

$$\omega=\xi q_v-\xi a_1 \tag{2-149}$$

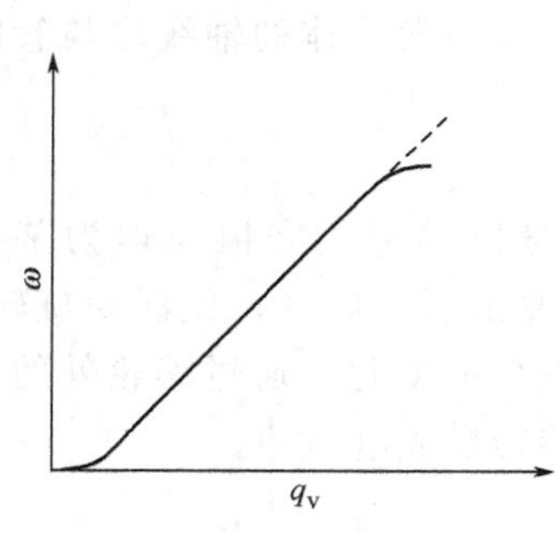

图 2-75　涡轮流量计的特性曲线

这说明 ω 随 q_v 线性增加；当 q_v 很大时，阻力矩将显著上升，使 ω 随 q_v 的增加变慢，见图 2-75 所示的特性曲线。

利用上述原理制成的流量检测仪表和涡轮流量计的结构如图 2-76 所示，它主要由涡轮、导流器、磁电转换装置、外壳以及信号放大电路等部分组成。

① 涡轮：一般用高磁导率的不锈钢材料制造，叶轮心上装有螺旋形叶片，流体作用于叶片上使之旋转。

② 导流器：用以稳定流体的流向和支承叶轮。

③ 磁电转换装置：由线圈和磁钢组成，叶轮转动时，使线圈上感应出脉动电信号。

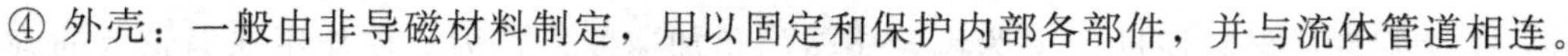

④ 外壳：一般由非导磁材料制定，用以固定和保护内部各部件，并与流体管道相连。

⑤ 信号放大电路：用以放大由磁电转换装置输出的微弱信号。

经放大电路后输出的电脉冲信号需进一步放大整形以获得方波信号，对其进行脉冲计数和单位换算可得到累积流量；通过频率-电流转换单元后可得到瞬时流量。

涡轮流量计的测量精度较高，可达到 0.5 级以上；反应迅速，可测脉动流量；流量与涡轮转速之间呈线性关系，量程比一般为 10∶1，主要用于中小口径的流量检测。但涡轮流量计仅适用洁净的被测介质，通常在涡轮前要安装过滤装置；流量计前后需有一定的直管段长度，一

般上游侧和下游侧的直管段长度要求在10D和5D以上；流量计的转换系数ξ一般是在常温下用水标定的，当介质的密度和黏度发生变化时需重新标定或进行补偿。

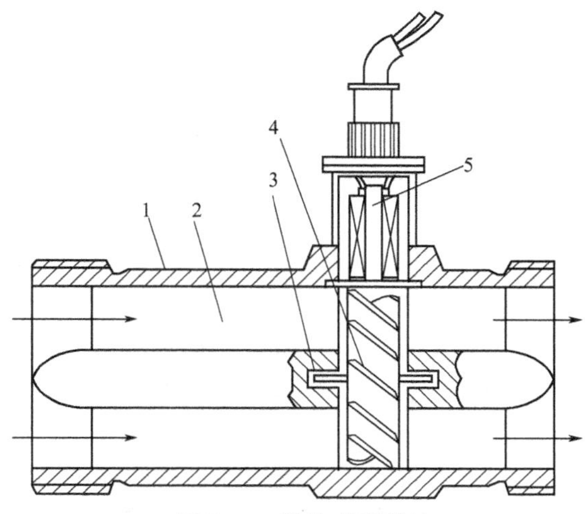

图 2-76　涡轮式流量计

1—外壳；2—导流器；3—支承；4—涡轮；5—磁电转换装置

3. 超声波式流量检测

超声波用于参数检测的主要性质已在物位检测一节中作过介绍。在物位检测中，利用了超声波在界面的反射和在静止介质中的传播速度等特性。用超声波进行流量检测是根据声波在静止流体中的传播速度与流动流体中的传播速度不同这一原理工作的。

设声波在静止流体中的传播速度为c，流体的流速为v。若在管道中安装两对声波传播方向相反的超声波换能器。如图2-77所示，则声波从超声波发射器T_1、T_2到接收器R_1、R_2所需要的时间分别为

$$t_1=\frac{L}{c+v} \tag{2-150}$$

$$t_2=\frac{L}{c-v} \tag{2-151}$$

两者的时差为

$$\Delta t=t_2-t_1=\frac{2Lv}{c^2-v^2}\approx\frac{2Lv}{c^2} \tag{2-152}$$

当声速c和传播距离L为已知时，测出时差Δt，便可以求出流速v，进而求得流量。

利用上述原理制成的流量检测仪表称超声波流量计。超声波流量计的超声换能器一般是斜置在管壁外侧，如图2-78所示，图中采用了两对换能器，实际应用时也可以用一对换能器，每一个换能器兼作声波的发射和接收。

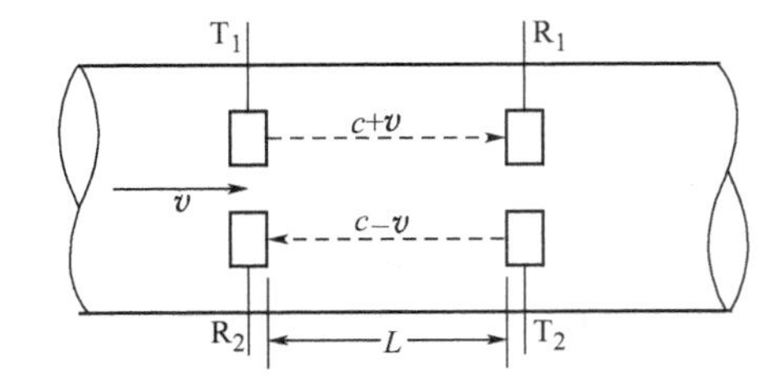

图 2-77　超声波测速原理

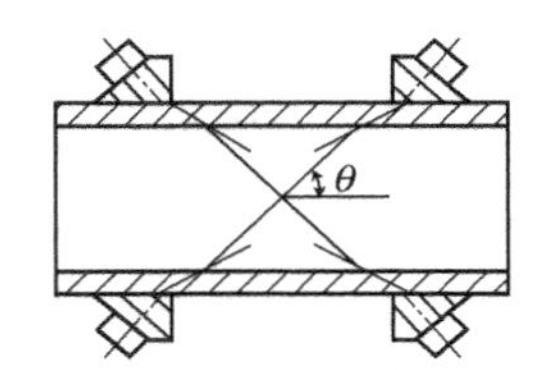

图 2-78　超声波流量计结构

超声波流量计根据检测原理上的区别可分为时差法、相位差法和频率差法等。

(1) 时差法　通过测量超声波脉冲顺流和逆流时传播的时间差来得到流体的流速。参照式(2-150)～式(2-152)的推导过程，当超声波传播方向与管道轴线成θ角时，可以得到流速v与时差Δt之间的关系为

$$v=\frac{c^2\tan\theta}{2D}\Delta t \tag{2-153}$$

这种方法由于被测流速中包括声速 c，它受温度影响较大，另外时差 Δt 的数量级很小，一般小于 $1\mu s$，所以对电子线路要求较高，同时限制了测量流速的下限。

（2）相位差法　如果换能器发射连续超声脉冲，或者周期较长的脉冲波列，则在顺流和逆流发射时所接收到的信号之间便要产生相位差 $\Delta\varphi=\omega\Delta t$，代入式(2-153) 可得流速 v 与相位差 $\Delta\varphi$ 之间的关系

$$v=\frac{c^2\tan\theta}{2\omega D}\Delta\varphi \tag{2-154}$$

式中，ω 为超声波的角频率。

这种方法避免了测量微小的时差而是测量数值相对较大的相位差，有利于提高测量精度。但是方程中仍包括声速 c、与时差法相同，声速变化将带来测量误差。

（3）频率差法　它是通过测量顺流和逆流时超声脉冲的重复频率来测量流量的。发射器 T 发出一个超声脉冲，经过流体由接收器 R 接收此信号，进行放大后再送到发射器 T 产生第二个脉冲。这样，顺流和逆流时脉冲信号来回一个循环所需的时间分别为

$$t_1=\frac{D}{(c+v\cos\theta)\sin\theta}+\tau \tag{2-155}$$

$$t_2=\frac{D}{(c-v\cos\theta)\sin\theta}+\tau \tag{2-156}$$

式中，τ 为信号在一个循环中除在流体中传播外所需的时间。

因为 $f_1=\frac{1}{t_1}$，$f_2=\frac{1}{t_2}$，则频率差 Δf 为

$$\Delta f=f_1-f_2=\frac{\sin 2\theta}{D(1+\tau c\sin\theta/D)^2}v \tag{2-157}$$

由上式可以看出，测出频率差便可求出流速。虽然在上式中仍包含声速 c，但由于 $\tau c\sin\theta/D\ll 1$，则声速变化所产生的误差影响较小。所以，目前的超声波流量计采用频率差法比较多。

超声波流量计的最大优点是超声波换能器可以安装在管外壁，不会对管内流体的流动带来影响，实现不接触测量。但是，流速沿管道的分布情况会影响测量结果，超声波流量计所测得的流速与实际平均流速之间存在一定差异，而且与雷诺数有关，需要进行修正。

4. 质量流量检测方法

前面介绍的各种流量检测方法可以直接测出流体的体积流量，或是流体的流速（通过乘以管道截面积得到体积流量）。但在工业生产中，由于物料平衡、经济核算等所需要的是质量流量。在一般情况下，对于液体，可以将已测得的体积流量乘以密度换算成质量流量，而对于气体，由于密度随气体的温度和压力而变化，给质量流量的换算带来了麻烦。

质量流量检测方法是通过一定的检测装置，使它的输出直接反映出质量流量，无须进行换算。

目前，质量流量的检测方法主要有三大类。

① 直接式，检测元件的输出可直接反映出质量流量。

② 间接式，同时检测出体积流量和流体的密度，或同时用两个不同的检测元件检测出两个与体积流量和密度有关的信号，通过运算得到反映质量流量的信号。

③ 补偿式，同时检测出体积流量和流体的温度、压力，应用有关公式求出流体的密度或将被测流体的体积流量自动地换算成标准状态下的体积流量，从而间接地确定质量流量。

(1) 直接式质量流量检测　目前，直接式质量流量检测方法有许多种，如由孔板和定量泵组合实现的差压式方法；由两个用弹簧连接的涡轮构成的涡轮转矩式方法；应用麦纳斯效应的检测方法和基于科里奥利力的检测方法等。在众多的方法中，基于科氏力的质量流量检测方法最为成熟，根据此原理构成的科氏力质量流量计应用已十分广泛。

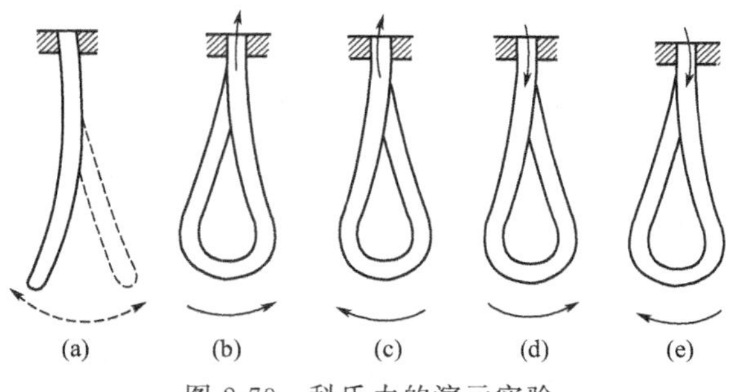

图 2-79　科氏力的演示实验

利用科里奥利力检测质量流量的基本原理如下。

图 2-79 是表示科氏力作用的演示实验，将充水软管（水不流动）两端悬挂，使其中段下垂成 U 形，静止时，U 形的两管处于同一平面，并垂直于地面，左右摆时，两管同时弯曲，仍然保持在同一曲面，如图 2-79(a) 所示。

若将软管与水源相接，使水由远离观察者的一端流入，从靠近观察者的一端流出，如图 2-79(b) 和 (c) 中箭头所示。当 U 形管受外力作用向右或向左摆动时，它将发生扭曲。扭曲的方向总是出水侧的摆动要早于入水侧，呈现图 2-79(b) 和 (c) 所示的情况。

改变水流方向重复上述实验，将出现如图 2-79(d) 和 (e) 所示的情况，其规律仍然是出水侧摆动要早于入水侧。

随着流量的增加，这种现象变得更加明显，这说明出水侧摆动相位超前于入水侧更多。这就是科氏力质量流量检测的原理，它是利用两管的摆动相位差来反映流经该 U 形管的质量流量。

利用科氏力构成的质量流量计有直管、弯管、单管、双管等多种形式。但最容易也是目前应用最多的要算是双弯管型，其结构如图 2-80 所示。它是由两根金属 U 形管组成，其端部连通并与被测管路相连。这样流体可以同时在两个 U 形管内流动。在两管的中间装有 A、B、C 三组压电换能器。换能器 A 在外加交变电压的作用下产生交变力，使两根 U 形管彼此一开一合地振动，相当于两根软管按相反方向不断摆动。换能器 B 和 C 用来检测两管的振动情况。由于 B 处于进口侧，C 处于出口侧，则根据出口侧振动相位超前于进口侧的规律，C 输出的交变信号的相位将超前于 B 某个相位，此相位差的大小与质量流量成正比。

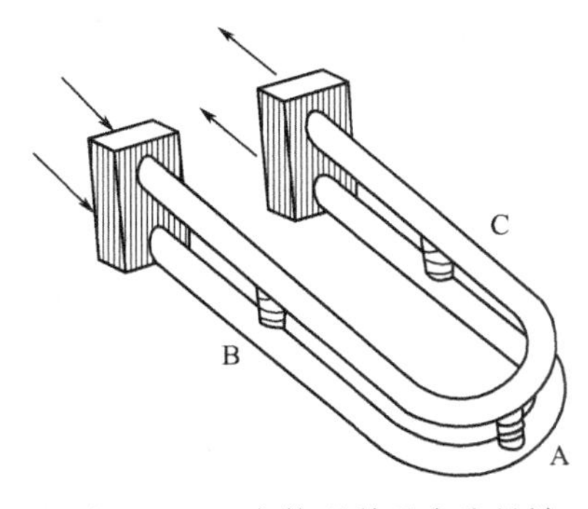

图 2-80　双弯管型科氏力流量计

科氏力质量流量计的测量精度较高，主要用于黏度和密度相对较大的单相流体和混相流体的流量测量。由于结构等原因，这种流量计适用于中小尺寸的管道的流量检测。

(2) 间接式质量流量检测　这种检测方法是在管道上串联多个（常见的是两个）检测元件（或仪表），建立各自的输出信号与流体的体积流量、密度等之间的关系，通过联立求解方程间接推导出流体的质量流量。目前，基于这种方法的检测元件的组合方式主要如下。

① 差压式流量计与密度计组合方式：差压式流量计的差压输出值正比于 ρq_v^2，若配上密度计进行乘法运算后再开方即可得到质量流量。即

$$\sqrt{K_1 \rho q_v^2 \cdot K_2 \rho} = K_1 K_2 \rho q_v = K q_m \tag{2-158}$$

② 体积式流量计与密度计组合方式：体积式流量计是指容积式流量计以及速度式流量计，它们能产生流体的体积流量信号，配上密度计进行乘法运算后得到质量流量，即

$$K_1 q_v \cdot K_2 \rho = K q_m \tag{2-159}$$

③ 差压式流量计或靶式流量计与体积式流量计组合方式：差压式流量计或靶式流量计输出信号与 ρq_v^2 成正比，而体积式流量计输出信号与 q_v 成正比，将这两个信号进行除法运算后也可得到质量流量，即

$$\frac{K_1 \rho q_v^2}{K_2 q_v} = K q_m \tag{2-160}$$

图 2-81 给出一个由差压式流量计与速度式流量计组合检测流体质量流量的原理图。

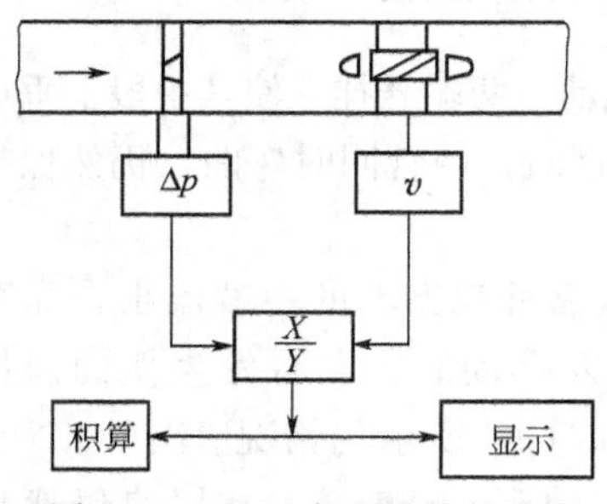

图 2-81　差压式流量计与速度式流量计组合的质量流量计

(3) 补偿式质量流量检测　补偿式质量流量检测方法是同时测出流体的体积流量、温度和压力值，根据已知的被测流体的密度与温度、压力之间的关系，求出流体在工作状态下的密度，并进一步自动换算成质量流量。由于在实际使用时，连续测量温度和压力比连续测量密度容易、成本低，因此工业上质量流量的检测较多地采用这种方法。

很明显，这种检测方法除了要保证体积流量、温度、压力各参数的测量精度外，还要有正确的密度与温度、压力之间的数学模型。目前，数学模型主要有以下几种形式。

① 对于不可压缩的液体，流体的密度主要与温度有关。当工作温度变化范围不大时，其数学模型为

$$\rho = \rho_0 [1 + \beta(t_0 - t)] \tag{2-161}$$

式中，ρ_0 为标准状态（或仪表标定状态）温度为 t_0 时的流体密度；β 为被测流体的体积膨胀系数。

② 对于低压气体，可认为符合理想气体状态方程，则气体的密度为

$$\rho = \rho_0 \frac{p T_0}{p_0 T} \tag{2-162}$$

式中，ρ_0 为标准状态（热力学温度为 T_0，压力为 p_0）时流体的密度。

5. 其他新型流量检测技术

除了上述的检测方法外，目前市场出现了一些新型的流量检测仪表，如适用于石油输送管线低导电液体流量测量的静电流量计（electrostatic flow meter）。它主要是通过金属测量管绝缘地与管系连接，测量电容器上静电荷便可知道测量管内的电荷。再通过流量与电荷之间的线性关系计算流量。还有根据流体的动量和压力作用于仪表腔体产生的变形，测量复合效应的变形求取流量的复合效应流量仪表（combined effects meter）；基于悬浮效应理论研制的转速表式流量传感器。这些仪表已经在某些场合开始使用。

虽然流量检测仪表已有很多，但在流量检测方面仍有不少问题有待解决。

① 目前，大多数的流量检测仪表是测流体的体积流量，若要获得质量流量还需乘上流体的密度。若被测流体为气体，则流体的工作温度和压力对流体的密度的影响很大；另一种情况是流量检测仪表的输出信号中本身包含了密度（如节流式流量计的差压信号正比于 ρq_v^2），这样密度的变化也会影响流量测量的精度。为了解决上述问题，需通过多个检测元件

的组合方式自动获取流体的密度或消除密度的影响（详见质量流量检测方法中的有关内容），但这种方法实现起来比较麻烦，直接用质量流量计价格又较高。如何用相对简单的方法克服密度的影响或直接实现质量流量的测量一直是人们关心的课题之一。

② 流量检测方法中有近一半是速度式的，即假设检测元件测出了流体在管道中的平均流速，由此来获取流体的体积流量。显然，流体的平均速度与流体在管道内沿径向的速度分布有关，而速度分布又与流量大小、检测元件前后直管段长度等有关。因此速度式流量计为了保证测量精度，需要规定流量测量范围和直管段长度，同时还需通过标定进行修正，如超声波式流量计。对于大型管道的流量测量，目前较多采用插入式检测元件，它只能给出检测元件所在处附近的平均流速，用它来代替整个管道上的平均流速所产生的误差将难于估计。因此，速度分布的影响是造成速度式流量检测仪表测量误差的一个主要因素。要解决这个问题，要求流量检测元件具有能获取速度分布的能力，目前已有人开始进行这方面的研究工作。

③ 前面介绍的各种流量检测方法或仪表从原理上讲均适用于单相流体介质。当管道内含有两相或两相以上流体（称为多相流）时，流动将变得更加复杂。一般来说，用于单相流体流量检测的仪表不再适用。两相流或多相流的特点是：被测参数多（有总流量、各单相流量、每相的含率等）；流动型态（常称为流型）复杂、影响因素多。根据上述特点，目前多相流检测的主要方法有两种：一是采用多个检测元件的组合方法（从原理上讲只有采用多个仪表、并进行信号的组合才能获得多个参数）；二是采用先进的检测手段，主要有流动成像技术、软测量技术等。但是，到目前为止还没有实用化的多相流量计。

七、流量检测器件选择及举例

1. 流量检测器件的选择

流量检测方法有很多，除了上面介绍的，还有基于力平衡的靶式流量计，基于热学原理的热线风速计等。表 2-18 对常见的流量检测元件及其特点进行了总结。

表 2-18　常见流量检测元件及其特点

类别		工作原理	仪表名称		可测流体种类	适用管径/mm	测量精度/%	安装要求、特点
体积流量计	差压式流量计	流体流过管道阻力件时产生的压力差与流量之间有确定关系，通过计算差压值计算流量	节流式	孔板	液、气、蒸气	50～1000	±1～2	需直管段，压损大
				喷嘴		50～100		需直管段，压损中等
				文丘里管		100～1200		需直管段，压损小
			均速管		液、气、蒸气	25～9000	±1	需直管段，压损小
			转子流量计		液、气	4～150	±2	垂直安装
			靶式流量计		液、气、蒸气	15～200	±1～4	需直管段
			弯管流量计		液、气		±0.5～5	需直管段，无压损
	容积式流量计	直接对仪表排出的定量流体进行读数计算流量	椭圆齿轮流量计		液	10～400	±0.2～0.5	无直管段要求，需装过滤器，压损中等
			腰轮流量计		液、气			
			刮板流量计		液		±0.2	无直管段要求，压损小
	速度流量计	通过测量管道截面上流体平均流速来测量流量	涡轮流量计		液、气	4～600	±0.1～0.5	需直管段，装过滤器
			涡街流量计		液、气	150～1000	±0.5～1	需直管段
			电磁流量计		导电液体	6～2000	±0.5～1.5	直管段要求不高，无压损
			超声波流量计		液	>10	±1	需直管段，无压损

续表

类别		工作原理	仪表名称	可测流体种类	适用管径/mm	测量精度/%	安装要求、特点
质量流量计	直接式	直流检测与质量流量成比例的量来得到质量流量	热式质量流量计	气		±1	
			冲量式质量流量计	固体粉料		±0.2～2	
			科氏质量流量计	液、气		±0.15	
	间接式	同时测体积流量和流体密度来计算质量流量	体积流量经密度补偿	液、气		±0.5	
			温度压力补偿				

对于表中的各种流量仪表来说，一般的流量检测多采用孔板等标准节流装置。若测量精确度等级不高于1.5级，量程比不大于10∶1时，可选用转子流量计（面积式流量计）。其中玻璃管转子流量计一般用于就地指示，适用于流体的压力小于1MPa，温度低于100℃的中小流量、微小流量的测量；金属管转子流量计用于小流量测量，适用于有毒、易燃、易爆但不含磁性、磨损性物质，且对不锈钢无腐蚀性的流体；靶式流量计用于流体黏度较高且含少量固体颗粒，精确度等级要求不高于1.5级，量程比不大的流量测量；涡轮和涡街流量计适用于洁净的气体和液体的测量，测量精度较高；椭圆齿轮流量计用于洁净的、黏度较高的液体的流量测量；腰轮流量计用于洁净气体或液体，特别是有润滑性的黏度较高的油品的流量测量；刮板流量计用于各种油品的精确计量。电磁流量计用于对耐腐蚀性和耐磨性有要求的场合，如酸、碱、盐、纸浆、泥浆等液体的流量测量；而凡能传导声波的流体均可选用超声波流量计。特别是工作条件比较恶劣无法采用接触式测量时，可采用超声波流量计。质量流量用于需要直接精确测量液体的质量流量或密度时。

2. 举例

泵在工业中应用很多，它是液体物质从低位输送到高位的设备。主要通过吸水口是将液体吸入泵体内，通过叶轮的高速运转做功，将机械能转换成液体的动能和势能，把液体从压力口压出。要保证水泵正常安全的工作，要求介质流量不能过低，所以有一个最小流量的限制。现在要求用进料泵抽取乙烯，为了保证进料泵，要求对乙烯最小流量进行控制，已知最大流量为6314kg/h，最小流量2870kg/h，正常流量为5740kg，操作温度40℃，最大允许压损40kPa，请问应选择何种流量仪表?

解 根据已知条件属于常规的流量检测，且精度要求不高，一般情况可以选择量程为7000kg/h的孔板流量计，该流量计最大压损为21.4kPa，满足要求。

第六节　成分参数检测

成分是指混合气体或液体中的各个组分，成分检测的目的是要确定某一或全部组分在混合气体（液体）中所占的百分含量。在工业生产及科学实验中，需要检测的成分参数有很多，例如，在锅炉燃烧系统中，为了确定炉子燃烧状况，计算燃烧效率，要求知道烟道气中O_2、CO、CO_2等气体的含量。

成分参数的检测方法主要有化学式、物理式和物理化学式等。其中化学式和物理式检测方法是利用被测样品中待测组分的某一化学或物理性质比其他组分有较大差别这一事实工作的。例如，氢气的热导率比其他气体大得多，由此构成的热导式检测方法可检测混合气体中的氢含量；氧气的磁化率是一般气体的几十倍以上，利用这一性质构成的热磁式检测方法可检测氧气的含量。物理化学式检测方法主要是根据待测组分在特定介质中表现出来的物理化学性质的不同来分析待测组分的含量。例如，利用氧化锆电解质构成浓差电池用来测量氧含量；利用色谱柱可将被测样品中各组分进行分离等。

近年来，随着半导体制造技术的发展，出现了一些半导体气敏检测元件，它们主要是由金属氧化物半导体材料制成的。不同的氧化物材料对气体的敏感作用是不一样的，因此可用来检测不同的气体组分。目前，半导体气敏检测元件可检测 H_2、CO、H_2S、NO_2 以及其他还原性气体。

一、热导式检测技术

热导式检测技术是根据待测组分的热导率与其他组分的热导率有明显的差异这一事实，当被测气体的待测组分含量变化时，将引起热导率的变化，通过热导池，转换成电热丝电阻值的变化，从而间接得知待测组分的含量。利用这一原理制成的仪表称为热导式气体分析仪，它是一种应用较广的物理式气体成分分析仪器。

1. 检测原理

表征物质导热能力大小的物理量是热导率 λ，λ 越大，说明该物质传热速率越大、更容易导热。不同的物质，其热导率是不一样的，常见气体的热导率见表 2-19。

表 2-19　一些气体 0℃ 时的热导率（λ_0）、相对热导率$\left(\frac{\lambda_0}{\lambda_{A0}}\right)$

气体名称	0℃时的热导率 λ_0/[W/(m·K)]	0℃时相对空气的相对热导率	气体名称	0℃时的热导率 λ_0/[W/(m·K)]	0℃时相对空气的相对热导率
氢气	0.1741	7.130	一氧化碳	0.0235	0.964
甲烷	0.0322	1.318	氨气	0.0219	0.897
氧气	0.0247	1.013	二氧化碳	0.0150	0.614
空气	0.0244	1.000	氩气	0.0161	0.658
氮气	0.0244	0.998	二氧化硫	0.0084	0.344

应当指出，即使同一种气体，其热导率不是固定不变的，它随温度的升高而增大，设 0℃和 t℃时的热导率分别为 λ_0 和 λ_t，则它们之间存在如下关系式

$$\lambda_t=\lambda_0(1+\beta t) \tag{2-163}$$

式中，β 为在一定温度范围内气体的热导率的温度系数。

对于由多种组分组成的混合气体，若彼此之间无相互作用，实验证明其热导率可近似由下式计算

$$\lambda=\sum_{i=1}^{n}\lambda_i c_i \tag{2-164}$$

式中，λ_i 为混合气体中第 i 组分的热导率；c_i 为混合气体中第 i 组分的浓度。

设待测组分的浓度为 c_1，相应的热导率为 λ_1；混合气体中其他组分的热导率近似相等，即 $\lambda_2\approx\lambda_3\approx\lambda_4\approx\cdots$，则利用式(2-164) 可得待测组分浓度 c_1 与混合气体的热导率之间的关系

$$c_1=\frac{\lambda-\lambda_2}{\lambda_1-\lambda_2} \tag{2-165}$$

式(2-165) 表明，当待测组分浓度 c_1 变化时，将引起热导率 λ 的变化。如果测得 λ，即可求得待测组分的浓度。

值得注意的是，在应用式(2-165)时，必须满足以下两个条件：混合气体中除待测组分外，其余各组分的热导率应相同或十分接近；待测组分的热导率与其余组分的热导率，要有显著的差别，差别越大，灵敏度越高，即由于待测组分浓度变化引起的混合气体的λ的变化就越大。

由表2-19可见，H_2的热导率一般是其他气体的几倍，而CO_2、SO_2比其他气体的热导率明显要小得多，因此从原理上讲，热导式检测技术可用于H_2、CO_2和SO_2等气体在某一混合气体中所占的浓度的检测。

2. 热导检测器

热导检测器也称热导池。由于气体的热导率都比较小，一般不能进行直接测量。热导池的作用是将气体的热导率的大小及其变化转换成热导池中热电丝的电阻值的变化，以便进行测量。热导池的结构如图2-82所示。它是一个垂直放置的气室，气室侧壁上开有气体样品进出口（上出下进），中心有一根热电阻丝，电阻丝两端用铂铱弹簧作连接引线，以防电阻丝热胀冷缩，产生形变影响阻值。

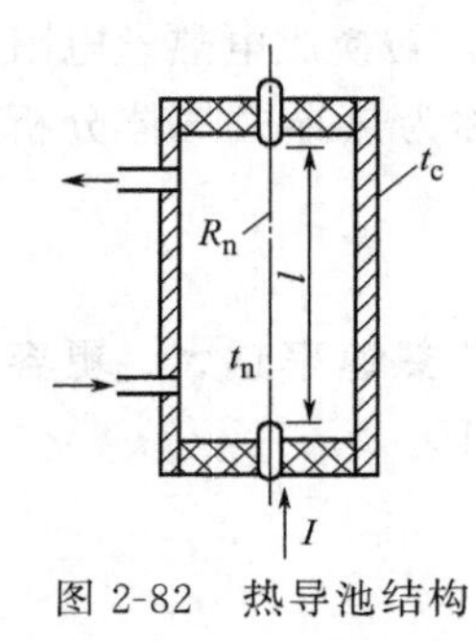

图2-82　热导池结构

设0℃时电阻丝的阻值为R_0，通以电流I后，电阻丝产生热量，使温度升高到t_n，电阻值变为R_n，它与温度的关系可近似为

$$R_n=R_0(1+\alpha t_n) \tag{2-166}$$

式中，α为电阻丝的温度系数。

电阻丝上产生的热量通过气体样品传导，向气室内壁散热，设气室内壁温度为t_c，则电阻丝在单位时间通过气体的散热量为

$$Q=\frac{2\pi l(t_n-t_c)\lambda}{\ln\frac{r_c}{r_n}} \tag{2-167}$$

式中，l为电阻丝的长度；r_c为气室的内半径；r_n为电阻丝的半径。

电流I流过电阻丝所产生的热量为

$$Q'=I^2R_n \tag{2-168}$$

热平衡时，电阻丝所产生的热量Q'与通过气体传导散失的热量Q相等，即$Q'=Q$。这时，由式(2-166)～式(2-168)可得

$$R_n=R_0\left[1+\alpha\left(t_c+\frac{I^2\ln\frac{r_c}{r_n}}{2\pi l}\cdot\frac{R_n}{\lambda}\right)\right] \tag{2-169}$$

式(2-169)说明，电阻丝阻值R_n与混合气体的热导率λ存在着对应关系。如果λ愈大，说明散热条件愈好，则热平衡时的温度t_n也愈低，导致电阻值R_n愈小。当R_0、α、t_c、I以及电阻丝的几何尺寸为一定时，R_n与λ之间为单值函数关系，从而实现了通过电阻变化测量出热导率。

式(2-169)是在$Q=Q'$条件得到的，也就是说，电阻丝所产生的热量全部是通过气体的热传导方式散失的。为满足这一条件，对电阻丝的材料、几何尺寸和气体的流量均有严格的要求。为减小气体的对流散热，须保证气体流量很小而且稳定；为忽略电阻丝的热辐射，应使t_n与t_c相差不大于200℃（这主要是通过选择适当的电流来实现的）；为尽可能减小电阻丝轴向连接体的热传导，所用的电阻丝的长与直径之比一般要在2000～3000倍以上。综合

考虑上述各种因素，气室各参数的取值范围一般为：R_0 取 15Ω 左右，I 取 100～200mA，l 取50～60mm，r_n 取 0.01～0.03mm，r_c 取 4～7mm，t_c 取 50～60℃。

3. 热导式气体分析仪的组成

热导式气体分析仪主要由发送器、电源控制器、温度控制器等部分组成。

发送器包括热导池以及相应的测量电桥。热导池有许多结构形式，常见的有直通式（又称分流式）、对流式、扩散式及对流扩散式等。发送器一般由四个热导池构成，每个热导池中的电阻丝作为电桥的一个桥臂电阻，如图 2-83 所示。图中 R_1、R_3 气室称为测量气室，通以被测气体；R_2、R_4 气室称为参比气室，充以测量下限气体。当流经测量气室的待测组分含量与参比气室中的标准气样相等时，各个热导池的散热条件相同，四个桥臂电阻相等，电桥输出为零。当流经测量气室的待测组分含量发生变化时，R_1、R_3 将发生变化，电桥失去平衡，其输出信号的大小代表了待测组分的含量。

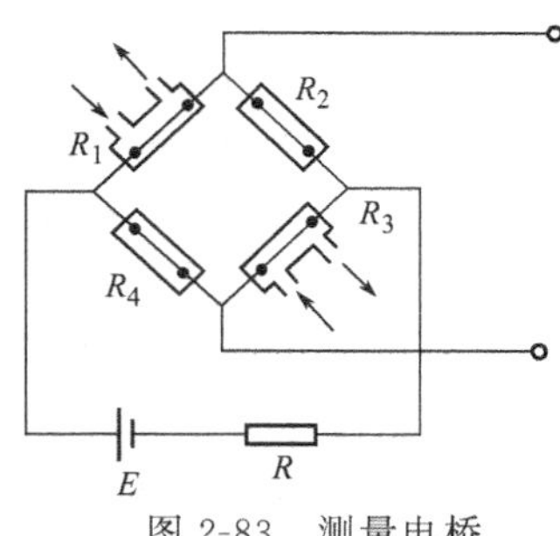

图 2-83　测量电桥

电源控制器包括为电桥提供的直流稳压电源，为发送器温度控制系统提供的加热电源等。

温度控制器主要由加热线圈和带电接点的水银温度计组成，通过水银温度计上的电接点控制加热线圈的电源的通或断，使发送器保持恒定的温度。

在图 2-83 中，用两个测量气室可以提高测量电桥的灵敏度，设置参比桥臂的目的是要减小发送器温度波动对测量的影响，因此，图 2-83 所示的单电桥测量系统比只采用一个测量气室（无参比气室）要好许多，但电源电压的波动对电桥输出有直接影响。为提高测量精度，可采用双电桥测量系统。有关电桥的分析详见第三章的相应内容。

二、热磁式检测技术

热磁式检测技术是利用被测气体混合物中待测组分比其他气体有高得多的磁化率以及磁化率随温度的升高而降低等热磁效应来检测待测气体组分的含量。根据该原理制成的仪表称为热磁式气体分析仪，它主要用来检测混合气体中的氧含量，测量范围为 0～100%，具有反应快，稳定性好等特点。

1. 检测原理

根据物理学原理，任何介质处于外磁场中要受到力或力矩的作用而显示出磁性，也就是说介质在磁场中被磁化。所谓磁化，就是介质分子磁矩沿一个方向顺序排列。磁化的强度用磁化强度矢量 $\boldsymbol{J}$ 表示，$\boldsymbol{J}$ 取决于外磁场强度 $\boldsymbol{H}$ 并与介质的本身性质有关，即

$$\boldsymbol{J}=\chi\boldsymbol{H} \tag{2-170}$$

式中，χ 称为介质的磁化率，是一个反映介质磁性的系数。当介质的磁化率 $\chi>0$ 时，称该介质为顺磁性物质，它在外磁场中表现为被磁场吸引；当介质的磁化率 $\chi<0$ 时，称该介质为逆磁物质，在外磁场中表现为被磁场排斥。磁化率的数值愈大，则该介质在磁场中所受到的吸引或排斥的力也愈大。

对于气体来说，磁化率的数值都比较小，但是，对于各种不同的气体，其磁化率有很大的差异。表 2-20 列举了部分常见气体的磁化率。可以看出，除了氧气、一氧化氮等气体的 χ 值相对较大，其他气体的 χ 值均很小，它们与氧气的磁化率有很大的差异。

表 2-20 某些气体在 0℃时的体积磁化率

气　体	$\chi\times10^9$	气　体	$\chi\times10^9$	气　体	$\chi\times10^9$
氧气	+146	乙炔	+1	氮气	−0.58
一氧化氮	+53	甲烷	−1.8	水蒸气	−0.58
空气	+30.8	氦气	−0.083	氯气	−0.6
二氧化氮	+9	氢气	−0.164	二氧化碳	−0.84

气体的磁化率的另一个特点是它随温度和压力而变化。实验证明，对于顺磁性气体，其磁化率与温度、压力有如下关系

$$\chi=\frac{CMp}{RT^2} \tag{2-171}$$

式中，C 为居里常数；M 为气体的分子量；p 为气体的压力；R 为气体常数；T 为气体的温度。

式(2-171) 表明，气体压力升高时，磁化率增大；而温度升高时，其磁化率剧烈下降。

实验证明，对于互相不发生化学反应的多组分混合气体，在常温常压下，其磁化率为

$$\chi=\sum_{i=1}^{n}\chi_i c_i \tag{2-172}$$

式中，χ_i 为混合气体中第 i 组分的磁化率；c_i 为混合气体中第 i 组分的浓度。

若在混合气体中，待测组分为氧气，其磁化率为χ_1，浓度为 c_1；同时假设混合气体中非氧组分的磁化率近似相等，则式(2-172) 可简写为

$$\chi=\chi_1 c_1+\chi_2(1-c_1) \tag{2-173}$$

式中，χ_2 为混合气体中其他组分的等效磁化率。

由于氧气的磁化率较绝大多数其他气体大得多，即$\chi_1\gg\chi_2$，则式(2-173) 中$\chi_2(1-c_1)$一项可以略去不计。这时，混合气体的磁化率可写成

$$\chi=\chi_1 c_1 \tag{2-174}$$

因此，热磁式气体分析仪是利用气体磁化率的以下特性工作的。

① 待测组分（氧气）较混合气体中其他组分的磁化率大得多，并且后者的磁化率近似相等。

② 随温度的升高，气体的磁化率将迅速下降。

③ 在满足条件①的情况下，混合气体的磁化率近似为待测组分的磁化率与该组分所占浓度的乘积。

2. 发送器原理

发送器是热磁式气体分析仪中的检测部件，在经过了一系列复杂的变换过程后，最终将混合气体中氧含量的变化转换为电信号的变化。发送器有内对流式和外对流式两种，下面主要介绍前一种。内对流式发送器的工作原理图见图 2-84。

发送器的结构是一个中间有通道的环形气室。被测气体由下部进入，到环形气室后沿两侧往上走，最后由上部出口排出。当中间通道上不加磁场时，两侧的气流是对称的，中间通道无气体流动。

在中间通道外面，均匀地绕以热电阻丝（常用铂丝），它既起加热中间通道的作用，同时也起温度的敏感元件作用。电阻丝的中间有一抽头，把电阻丝分成两个阻值相等（在相同的温度下）的电阻 R_1、R_2，R_1、R_2 与另两个固定电阻 R_3、R_4 一起构成测量电桥。当电

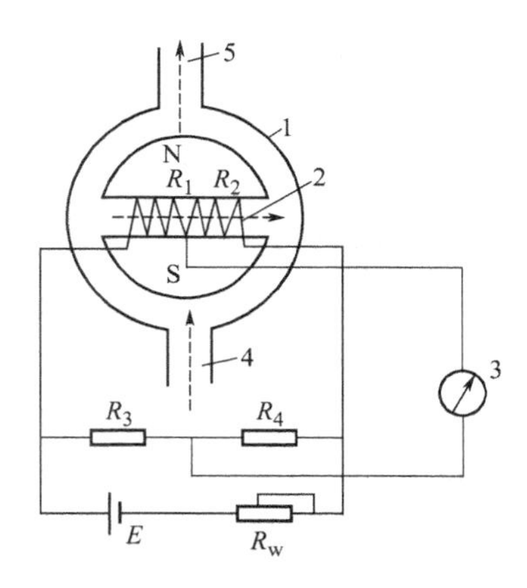

图 2-84 内对流式发送器原理
1—环形管；2—中间通道；
3—显示仪表；4—被测气体入口；
5—被测气体出口

桥接上电源时，R_1、R_2 因发热使中间通道温度升高。若此时中间通道无气流通过，则中间通道上各处温度相同，$R_1=R_2$，测量电桥输出为零。

在中间通道的左端装有一对磁极。当温度为 T_0 在环形气室中流动的气体流经该强磁场附近时，若气体中含有氧气等顺磁性介质，则这些气体受磁场吸引而进入中间通道，同时被加热到温度 T。被加热的气体由于磁化率的减小受磁场的吸引力变弱，而在磁极左边尚未加热的气体继续受较强的磁场吸引力而进入通道，结果将原先已进入通道，受磁场引力变弱的气体推出。如此不断进行，在中间通道中自左向右形成一连续的气流，这种现象称热磁对流现象，该气流称作磁风。若控制气样的流量、温度、压力和磁场强度等不变，则磁风大小仅随气样中氧含量的变化而变。

热磁对流的结果将带走电阻丝 R_1 和 R_2 上的部分热量，但由于冷气体先经 R_1 处，故 R_1 上被气体带走的热量要比 R_2 上带走的热量多，于是 R_1 处的温度低于 R_2 处的温度，电阻值$R_1<R_2$,电桥就有一个不平衡电压输出。输出信号的大小取决于 R_1 和 R_2 之间的差值，也即磁风的大小，进而反映了混合气体中氧含量的多少。

因此，发送器的信号转换过程可简单表示为：被测气体中氧含量的变化⟶被测气体的磁化率变化⟶发送器中间通道磁风的变化⟶R_1、R_2 上热量散发变化⟶R_1、R_2 温度变化⟶R_1、R_2 阻值变化⟶测量电桥输出信号变化。

3. 热磁式氧量分析仪的应用特点

(1) 对于图 2-84 所示的内对流式发送器，氧含量的测量范围为 0～40%。当被测混合气体的含氧量超过 40%时，中间通道中气体流速变得较大，气体对 R_1、R_2 的冷却程度逐渐接近，使 R_1 与 R_2 的阻值之差减小，从而使发送器的灵敏度变得很小，见图 2-85 所示。为使仪器的测量范围扩大，可将发送器顺时针旋转 90°放置，这时发送器中除了有自上而下的热磁对流外，还存在因热气体上升而产生的自下而上的热对流，从而降低了通道中实际气流速度，使发送器的氧含量测量范围可超过 40%。但此时测量低氧含量时，仪器灵敏度要下降。

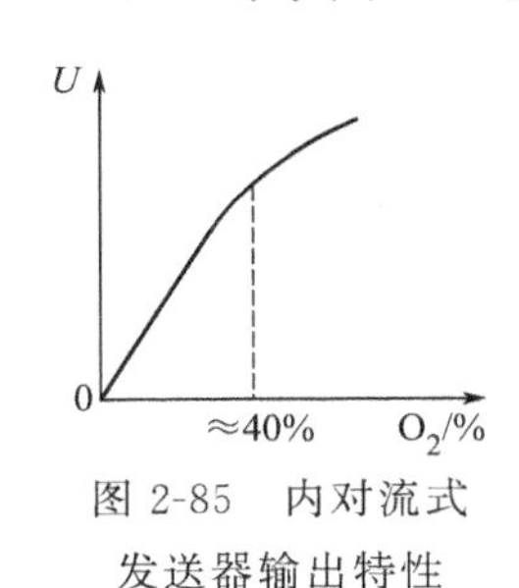

图 2-85 内对流式发送器输出特性

(2) 由表 2-20 可见，除了氧气外，NO 和 NO_2 两种气体的磁化率也相对较大，因此当混合气体中含有一定量的 NO 和 NO_2 时将对测量产生干扰，故此时应对被测混合气体作必要的处理，如将它们除去等。

(3) 对于内对流式发送器，不论中间通道是水平放置还是垂直放置，安装时均不能倾斜，否则因产生自然对流影响测量精度。另外，进入发送器的被测样品气体要保证流量稳定、温度恒定，环境温度的变化也会造成测量误差。

为减小仪器倾斜及环境温度变化对测量的影响，可采用外对流式发送器，其原理图如图 2-86 所示。发送器由两个气室——测量气室和参比气室组成，它们在结构上完全相同，但测量气室底部加有磁场，参比气室则没有。发送器工作时，两个气室均产生

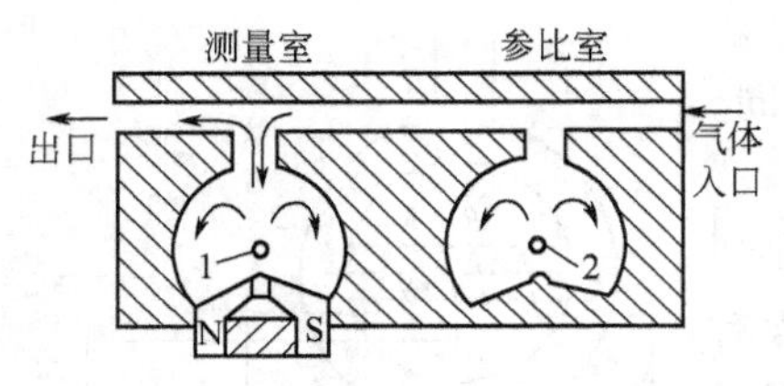

图 2-86 外对流式传感器原理图

1—工作检测元件；2—参比检测元件

热对流作用，测量气室除热对流作用外还有热磁对流作用，因此测量气室中热气体流出，冷气体补充的速度要比参比气室快，其结果使测量气室中的电阻丝上的温度相对要低一些，电阻值也就要小一些，测量电桥就有不平衡电压输出。

三、红外式成分检测

红外式成分检测方法是根据气体对红外线的吸收特性来检测混合气体中某一组分的含量，由此构成的检测仪器称为红外线气体分析仪，这是一种光学式分析仪器。它具有选择性高、灵敏度高、测量范围宽、精度高以及通用性好等特点。

1. 气体对红外线的吸收

人的肉眼能看到的光的波长约在 0.4～0.76μm 之间，红光的波长最长，紫光的波长最短。红外线是波长比红光还要长一些的光波，其波长范围为 0.76～1000μm 之间。红外线是一种电磁波，它具有折射、反射、散射、干涉和吸收等性质。红外线气体成分检测主要是利用红外线的吸收性质，归纳起来有以下几个特点。

(1) 同种气体对红外线的吸收能力因红外线的波长不同而不同。图 2-87 给出了几种气体在不同波长时对红外线的吸收情况，这种图称为红外吸收光谱图。

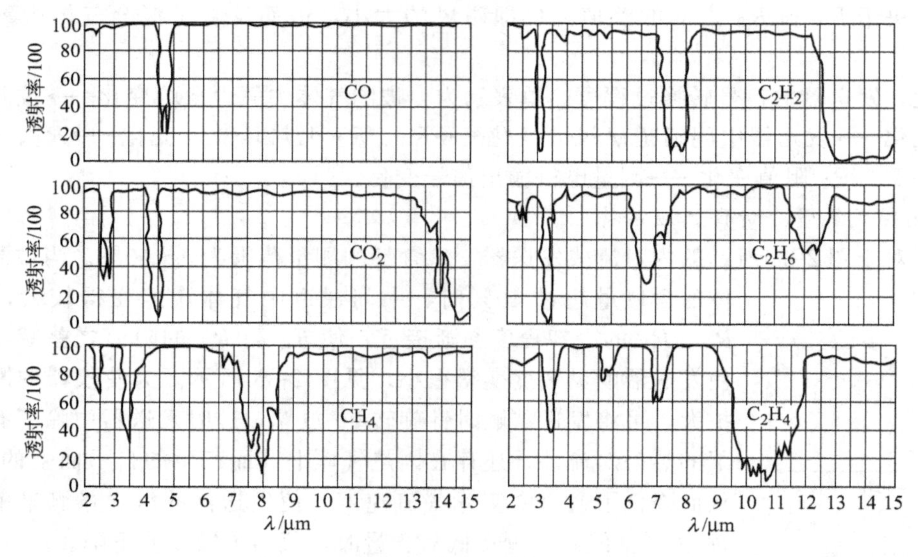

图 2-87 部分气体对红外线的吸收特性

(2) 单原子分子气体和无极性的双原子分子气体不吸收红外线；而具有异核分子的大多数气体对红外线一般都具有吸收能力，并且在某些特定的波长范围内对红外线有强烈的吸收。由图 2-87 可以看出，CO 气体对波长为 4.65μm 附近的红外线具有很强的吸收能力，CO_2 气体对红外线有较强吸收能力主要发生在波长为 2.78μm 和 4.26μm 附近以及波长大于 13μm 的范围。

(3) 气体吸收红外辐射后温度上升，若气体的体积一定，则在温度升高的同时，使压力增加。气体吸收红外辐射越多，则温度升高也越多。

(4) 气体对红外线的吸收遵循朗伯-比尔定律，即红外线通过物质前后的能量变化随着

待测组分浓度的增加而以指数下降，其公式为

$$I=I_0\mathrm{e}^{-K_\lambda cl} \tag{2-175}$$

式中，I 为通过被测气体后的光强度；I_0 为通过被测气体前的光强度；K_λ 为待测组分对波长为 λ 的红外线的吸收系数；c 为待测组分的浓度；l 为红外线穿过的被测气体的长度。

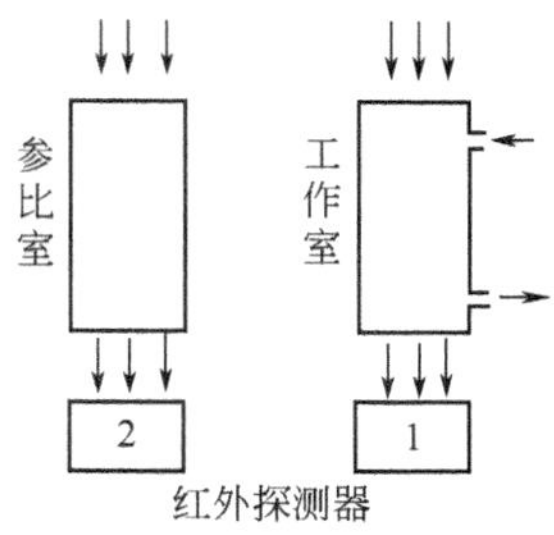

图 2-88 红外线气体分析仪原理图

2. 检测原理

图 2-88 是红外线气体分析仪的检测原理图，下面以 CO_2 气体成分检测为例来说明其检测原理。

一束红外线（波长一般为 3～10μm）同时照射到工作气室和参比气室，工作气室通入被测气体，参比气室的作用是在待测组分为零时使经两个气室后照射到红外探测器上的红外线强度相等，减小光源波动及环境变化的影响。参比气室中一般充有不吸收红外线的气体，如 N_2 等。如果工作气室内通过的气体与参比气室一样不吸收红外线，则红外线到达两个红外探测器的强度也相同；若进入工作气室的气体中含有一定量的 CO_2 气体，由于该气体对波长为 4.26μm 的红外线有较强的吸收能力，因此使到达红外探测器 1 的红外线能量有所减弱，其输出信号减小。随着被测气体中 CO_2 气体浓度的增加，测量气室中对入射的红外线的吸收程度也相应增加，从而使红外探测器 2 与 1 输出信号之间的差值变大。因此，可以根据该差值大小获得被测气体中 CO_2 气体的含量。

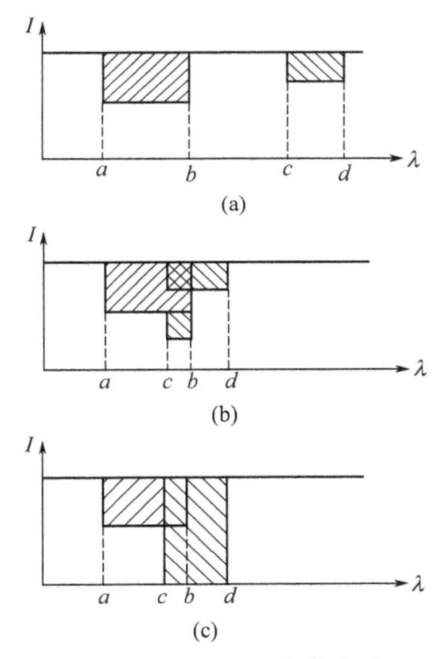

图 2-89 有背景气体存在时红外光谱吸收示意图

在上述讨论中，假设被测气体中只有待测组分吸收特定波长的红外线。如果其他组分也对红外线有吸收（这些气体称为背景气体或叫干扰气体），则情况就不一样了。下面分两种情况来讨论。

（1）背景气体吸收的红外光波长与待测气体的不一样　如图 2-89(a) 所示，待测气体吸收 a-b 波长段的红外线，而背景气体吸收 c-d 波长段。显然，背景气体的存在只使照射到红外探测器 1 的 c-d 波长段的红外线能量减小。如果红外探测器对波长有选择性，如只接收 a-b 波长段，那么背景气体的存在将不会影响待测组分的测量结果；如果红外探测器对波长无选择性，它能接收整个红外光谱，那么背景气体的存在以及它对入射红外线的吸收将导致红外探测器输出的变化。

（2）背景气体吸收的红外线波长与待测气体有部分重叠　图 2-89(b) 中，待测气体和背景气体吸收红外线的波长段分别为 a-b 和 c-d，它们之间在 c-b 波长段有重叠。在这波长段内，待测气体和背景气体都对红外线有吸收。由于 c-b 波长段上的红外光有部分能量被背景气体吸收，作用于红外探测器的 a-b 波长段的红外线能量比无背景气体吸收的要小了，因此在这种情况下，无论采用何种红外探测器，背景气体的存在都将影响测量结果，称这种影响为干扰。

由图 2-87 可见，CO 气体和 CO_2 气体在 4～5μm 波长段内的红外吸收光谱非常相

近，所以这两种气体的相互干扰就特别明显。为消除背景气体的影响，可以在测量和参比两条光路中各增加一个充有背景气体的气室，该气室称为滤波气室，如图 2-90 所示。滤波气室有足够的长度，它能将 *c-d* 波长段的红外线全部吸收，而待测气体只吸收 *a-c* 波长段的红外线，如图 2-89(c) 所示。因为在左右两光路上装了同样的滤波气室，吸收的红外线波长段也相同，因此作用于两个红外探测器的红外线能量之差只与待测组分的浓度有关。

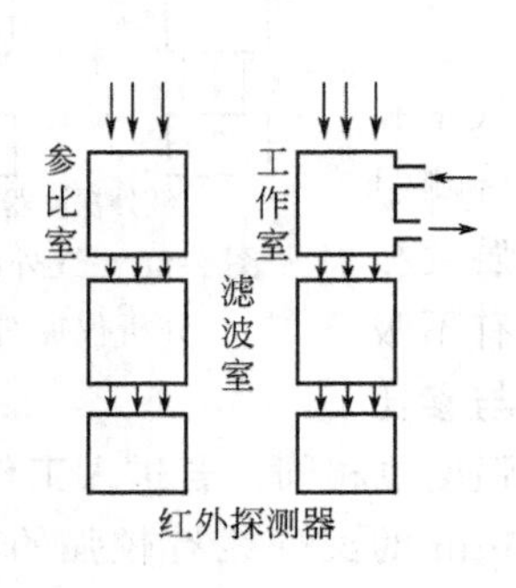

图 2-90　带滤波气室的红外线气体分析仪

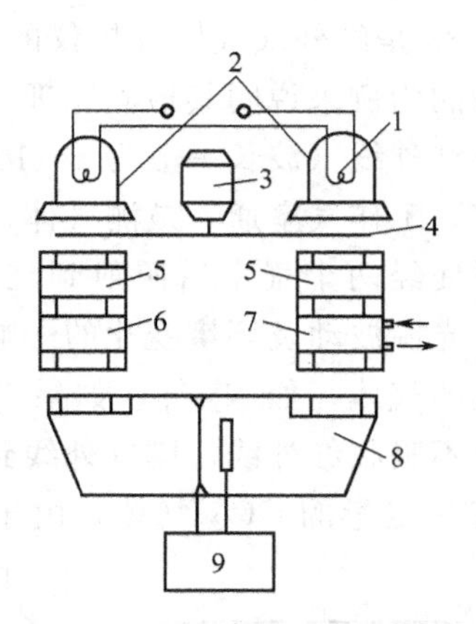

图 2-91　红外线气体分析仪结构原理图

1—光源；2—抛物体反射镜；3—同步电动机；4—切光片；5—滤波室；6—参比室；7—测量室；8—红外探测器；9—放大器

3. 红外线气体分析仪的组成和应用特点

图 2-91 是红外线气体分析仪的结构原理图，它主要由红外线辐射光源、气室、红外探测器以及电气线路等部分组成。

(1) 红外线辐射光源　光源一般都由通电加热镍铬丝而得到，可发出波长为 3～10μm 的红外线。辐射光源有单光源和双光源两种形式，单光源可以避免两个光源不完全一致的毛病，但在安装和调试上比较麻烦；双光源的特点正好相反，图 2-91 采用了双光源形式。

反射镜的作用是将光源产生的红外线变成一平行辐射线照射到各气室。反射镜面常做成球形或圆柱形，镜面光洁度达▽12，一般用铜镀金、铜镀铬或铝合金抛光制成。

切光片由同步电机带动以十几赫兹的频率转动。常见的切光片的形状有半圆形和十字形两种，如图 2-92 所示。使用切光片的目的是将光源调制成断续的红外辐射线，以便于电气线路中信号的放大。在用薄膜电容接收器作红外探测器时，必须使用切光片对光束进行调制，而用对波长无选择性的红外探测器时，则可以不用切光片调制。

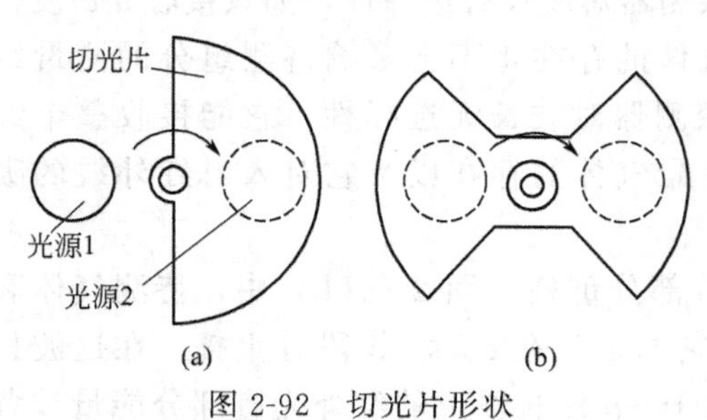

图 2-92　切光片形状

(2) 气室　气室包括测量气室、参比气室和滤波气室。它们在结构上基本相同，一般都是圆筒形，两端用晶片密封。气室的内壁光洁度很高，而且还要求不吸收红外线、不吸附气体、化学稳定性好，一般采用铜镀金、玻璃镀金或铝合金抛光制成。气室两端的晶片要求不吸收红外线、有高的透光系数、不易潮解、有足够的机械强度及良好的化学稳定性。常用的晶片材料有氟化锂、氟化钙、石英及蓝宝石等。

滤波气室可以用滤光片取代。使用滤光片的优点是仪器结构可以简化，使用时比较灵活方便，但滤光片制造工艺复杂，使用上还存在一定的局限性，因此滤波气室目前仍被广泛使用。

测量气室的长度与待测组分的浓度大小有关。由朗伯-比尔定律可知，若待测组分的浓度较低，为提高仪器的灵敏度，可选用较长的测量气室；反之，应取较短的气室。

(3) 红外探测器　红外探测器是把红外辐射量的变化转换成电量的变化的装置。根据工作原理，红外探测器可分为光电导型、光生伏特型、热敏型以及薄膜电容型等，其中前三种探测器对波长一般没有选择性，若要提高选择性，从原理上讲可在探测器前加滤光片。

薄膜电容型探测器是一种选择性检测器。目前，绝大部分工业用红外线气体分析仪都应用这种探测器。它的最大优点是抗干扰组分影响能力强。其原理结构如图 2-93 所示，测量光束及参比光束分别射入两个吸收气室，吸收气室内充以待测气体，气体吸收波长段 a-b 的红外辐射能量，使吸收气室内气体温度升高。由于气室内的体积是固定的，温度升高的结果使气室内压力增高。如果测量气室中通入的被测气体中无待测组分，则到达探测器的测量光束和参比光束相平衡，两吸收气室吸收的红外辐射能量相等，因此两室的压力相等，动片薄膜维持在平衡位置。当被测气体中待测组分浓度增加，测量光束的一部分能量被待测组分吸收，从而进入吸收气室测量边的能量减弱，致使这边的压力减小，于是薄膜偏向定片方向，改变了两电极距离，也就改变了电容量 C。待测组分的浓度愈大，两束光强的差值也愈大，则电容量的增量也愈大，因此电容变化量反映了被测气体中待测组分的浓度。

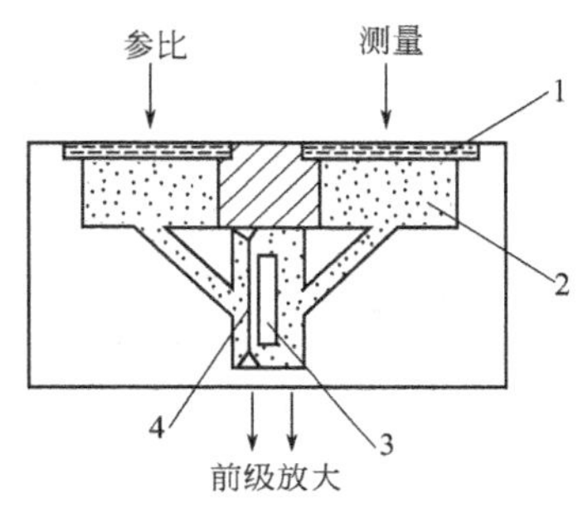

图 2-93　薄膜电容接收器的原理结构

1—窗口材料；2—待测组分气体；3—定片；4—动片（薄膜）

由于薄膜电容变化量的绝对值非常小，要直接测量比较困难，通常采用直流极化法间接测量，为此要求对两束红外线进行调制。实现方法是在光路上加一个切光片调制系统。

(4) 电气线路　电气线路的任务是将红外探测器的输出信号进行放大变成统一的直流电流信号，使电流大小与待测组分的浓度成正比。由于探测器阻抗很高，输出信号十分微弱，且又是超低频信号，因此对信号检测放大部分要求很高。一般应做到有高的稳定性、足够的灵敏度及较强的抗干扰能力。

由于不同的气体有不同的红外吸收光谱图，因此，和热导式、热磁式气体分析仪相比，红外线气体分析仪可用于多种气体的成分分析。目前，较多的用于 CO、CO_2、CH_4、NH_3、SO_2、NO 等气体的检测。由于受红外探测器检测气室、滤波气室、参比气室的限制，通常一台仪器只能测量一种组分的一定浓度范围。

仪器根据待测组分的浓度不同一般可分为常量和微量两类：常量分析仪的测量精度为 1～2.5 级，时间常数不大于 15s；微量分析仪的浓度测量范围一般以 ppm（即百万分之一）为单位，精度为 2～5 级，时间常数不大于 30s。但是，红外线气体分析仪的使用环境条件比热导式等要严格，例如，不能将仪器安装在振动和冲击较大、尘埃较大的地方。另外，由于水蒸气对波长为 3～10μm 的红外辐射几乎都能吸收，因此水蒸气对红外线气体分析仪的干扰较严重，为此必须在气体进入测量气室前进行除水、干燥处理。环境湿度对仪器也有一定的影响。

四、色谱分析方法

1906年俄国科学家茨维特在进行分离植物色素的实验时，把溶解有植物色素的石油醚倒入一根垂直放置装有碳酸钙的玻璃管中，结果在玻璃管中出现按一定顺序排列的色带，色带上不同颜色的物质就是各种不同的植物色素。这种能将植物色素分离的方法，当时就称色谱法，实验用的装有碳酸钙的玻璃管称为色谱柱。几十年来，色谱法得到迅速发展，分离对象早已不只是植物色素和有色物质，色谱柱也不仅仅是装有碳酸钙的玻璃管，但色谱法这个名词一直沿用到今天。

基于色谱法原理构成的分析仪器称为色谱仪，与前面介绍的各种气体成分检测仪表不同，色谱仪能对被测样品进行全面的分析，即它能鉴定混合物是由哪些组分组成，并能测出各组分的含量。因此，色谱仪在科学实验和工业生产中得到广泛的应用。

1. 检测原理

色谱分析方法是利用色谱柱将混合物各组分分离开来，然后按各组分从色谱柱出现的先后顺序分别测量，根据各组分出现的时间以及测量值的大小可确定混合物的组成以及各组分的浓度。

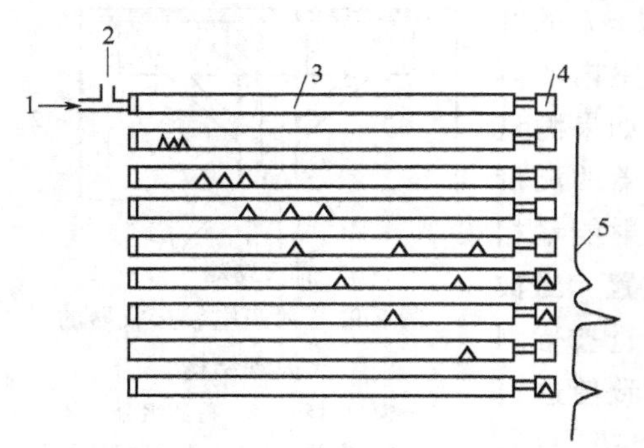

图 2-94　混合物在色谱柱中的分离
1—载气；2—样品；3—色谱柱；
4—检测器；5—色谱图

混合物的分离是色谱法的关键所在。分离过程是一种物理化学过程，它是通过色谱柱来完成的。如图 2-94 所示，需分离的样品由气体或液体携带着沿色谱柱连续流过，该携带样品的气体或液体称为载气或载液，统称为流动相。色谱柱中放有固体颗粒或是涂在担体上的液体，它们对流动相不产生任何物理化学作用（如吸附、溶解），但能吸收或溶解样品中的各组分，并且对不同的组分具有不同的吸收或溶解能力。这种放在色谱柱中不随流动相而移动的固体颗粒或液体统称为固定相。

色谱法就是利用色谱柱中固定相对被测样品中各组分具有不同的吸收或溶解能力，使各组分在两相中反复进行分配，分配的结果使各组分得以分离，致使各组分按照一定的顺序流出色谱柱。固定相对某一组分的吸收或溶解能力越强，则该组分就不容易被流动相带走，流出色谱柱的时间就越慢。如果在色谱柱的出口处安装一个检测器（如热导式检测器），则当有组分从色谱柱流入检测器时，检测器将输出一个对应于该组分浓度大小的电信号，通过记录仪可把每个组分对应的输出曲线记录下来，就形成如图 2-94 右边所示的由不同峰值组成的曲线图，称该图为色谱图。

色谱法根据流动相的不同，可分为气相色谱和液相色谱两种。

（1）气相色谱　流动相为气体，如果固定相为液体（这种液体称固定液），则称为气液色谱；如果固定相为固体，则称气固色谱。

（2）液相色谱　流动相为液相，根据固定相的不同，液相色谱也有液液色谱和液固色谱两种情况。

不管用何种色谱方法，其基本原理是相似的，所以下面将以气相色谱为例进行分析。

2. 气相色谱仪的构成及部分作用

气相色谱仪的基本组成如图 2-95 所示。一台完整的气相色谱仪主要包括载气处理及控制系统、进样装置、色谱柱、检测器和记录仪等。

(1) 载气处理及控制系统　色谱仪用的载气一般应用专用的气源，经过干燥、净化处理后进入流量控制器，使进入色谱柱的载气流量保持恒定。

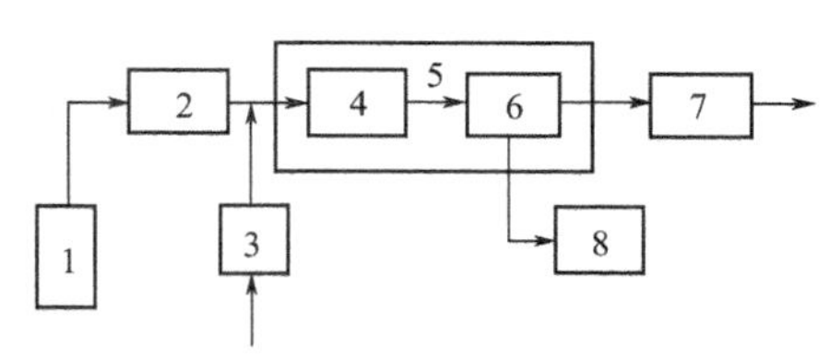

图 2-95　气相色谱仪基本组成部分
1—载气源；2—流量控制器；3—进样装置；4—色谱柱；5—恒温箱；6—检测器；7—气体流量计；8—记录仪

(2) 进样装置　实验室用气相色谱仪在分析液体样品时可用注射器针头刺入密封的橡皮膜盖，手动进样；若分析气体样品，则可用定量管进样。工业用色谱仪都用定量管进样。定量管进样的方法是：经过处理后的被测样品由管道流过电磁阀（用来控制样品的进入）后进入取样阀。取样阀的作用是将一定量的样品送入色谱柱中，常见的取样阀有直线滑阀和六通平面转阀等。图 2-96 给出了六通平面转阀在取样和进样时的情况。图 2-96(a) 为取样时的情况，样品流入取样阀经过定量管后流出，载气经取样阀直接流入色谱柱；阀盖旋转 60°后即为进样时情况，如图 2-96(b) 所示。这时，载气入口与定量管相连，在载气压力的作用下，把定量管中的样品带入色谱柱。可见，进样量的大小除与定量管及与阀的连接管的体积有关外，还与样品进入时的温度、压力有关。因此，样品在进入取样装置前应进行预处理。对于气体样品，除了过滤外，还要进行压力和温度的控制，以保证进样的准确性；对于液体样品，一般只需过滤和减压处理，但在进样后需要经过汽化室，使样品在进入色谱柱之前迅速汽化。

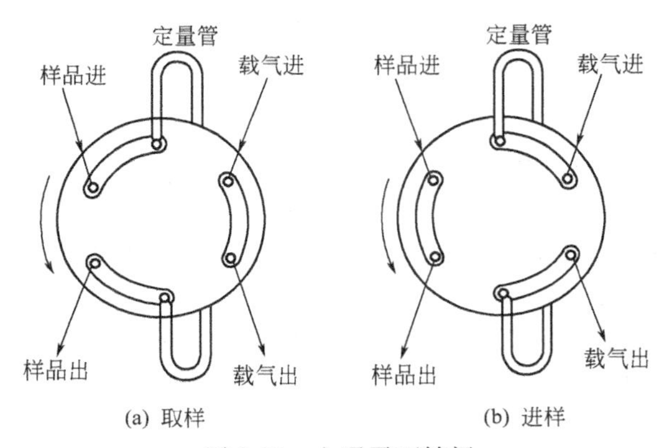

图 2-96　六通平面转阀

(3) 色谱柱　色谱柱是色谱仪中最重要的部分之一，其作用是将被测样品的各组分进行分离。色谱柱有填充式和毛细管式两种。填充式色谱柱中装有固体颗粒，如石墨化炭黑、分子筛、硅胶和多孔性高分子微球。由这种色谱柱构成的色谱为气固色谱，其中的固体颗粒也称吸附剂。

填充式色谱柱中也可以用液体作固定相，该液体称为固定液。固定液常用担体来支持和扩大表面积。液体石蜡、甘油、聚乙二醇等都可作为固定液，担体一般为多孔性固体颗粒，其结构及表面性质会影响分离效果，常用的担体有硅藻、四氟乙烯和玻璃球等。这种色谱柱构成气液色谱。

毛细管色谱柱是直接将固定液涂在内径很小的毛细管内壁上，它也属于气液色谱。

气固色谱和气液色谱都能将被测样品在色谱柱中进行分离，但它们的分离原理是不同的。气固色谱是利用固体表面对物质的吸附作用，不同的组分一般具有不同的吸附能力，固体对某组分的吸附力越强，则该组分在色谱柱中的移动速度就越慢。这样可以把混合物中各组分分离开来。由于它是基于吸附原理，因此气固色谱也称吸附色谱。液固色谱也属于吸附色谱。

气液色谱是利用样品中不同的组分在选定的两相中具有不同的分配系数来达到分离的。所谓分配系数定义为

$$K_i = \frac{c_{si}}{c_{mi}} \tag{2-176}$$

式中，c_{si}为组分i在固定相中的浓度；c_{mi}为组分i在移动相中的浓度。

分配系数大的组分在色谱柱中不易被载气带走，在固定相中所滞留的时间长；反之，滞留时间就短。液液色谱的分离原理与气液色谱相同，它们都称为分配色谱。

不管是吸附色谱还是分配色谱，各组分在色谱柱中的分离效果与固定相、载气以及色谱柱所处的温度等因素有关，因此在应用色谱柱时要注意以下问题。

① 色谱柱不是万能的，必须根据被测混合物各组分的特性选用合适的色谱柱（即选择固定相），使得各组分能在色谱柱中得到充分的分离。为此，气相色谱仪往往有多支色谱柱可供选择；另外，为提高色谱柱的分离效率和稳定性，色谱仪常采用多柱系统组合方式，即让样品按一定的顺序先后流过两个色谱柱。这可以通过仪器中的柱切阀来进行柱子的切换。

② 根据固定相和被测组分的不同，要合理地选择流动相。对流动相（即载气）的要求是不与样品中各组分及固定相起化学反应，并且不为固定相吸附或溶解。一般氮气、氢气、氩气、空气及二氧化碳可用作载气，而最常用的是氮气和氢气。在分析烟气中的氢气时，则可用氩气。此外，载气的选择还与所用的检测器种类有关。

③ 色谱柱的温度对组分的分离效果有很大影响，因此必须选择合适的温度，并通过温度控制器使色谱柱的温度在工作期间保持恒定。色谱柱工作温度范围可由几十摄氏度到三百多摄氏度，主要取决于样品各组分的沸点。对于沸点较低的组分，可选用较低的工作温度；而若要分离的样品各组分的沸点较高，则应选择较高的工作温度。如果各组分的沸点相差很大，为了能对低沸点组分和高沸点组分同时具有较好的分离效果，可采用程序升温的方法，即通过程序控制，使色谱柱的温度在分析过程中逐步地或分段地升温。

（4）检测器　检测器是用来检测并定量测定经色谱柱分离的物质组分。从原理上来说，样品组分与载气在性质上的任何差别都可作为检测器工作的基础，检测器将这种性质上的差别转变成电信号输出。可作气相色谱仪用的检测器有二十多种，常用的主要有以下两种。

① 热导池检测器。其工作原理与热导式气体分析仪完全相同。在工业色谱仪中一般均采用单电桥测量线路，测量桥臂与色谱柱出口相连接，参比桥臂则通入载气，如图 2-97 所示。当混合物中的各组分经色谱柱分离后，依次进入检测器，检测器中热导率随组分的不同依次发生变化，将电桥的输出信号进行记录，即可得到色谱图。

② 氢火焰电离检测器。如图 2-98 所示，带有样品的载气从色谱柱出来后与纯氢气混合进入检测室，从喷气口喷出。点火丝通电点燃氢气，设样品中含有碳氢化合物，则样品中的有机物在燃烧中所产生的离子及电子在强电场作用下向收集电极和极化电极移动，从而形成电流，经放大器放大后供显示和记录。

氢火焰电离检测器的灵敏度比热导池检测器要高一千倍左右。但这种检测器仅对有机碳氢化合物有响应，其响应信号随着化合物中碳原子数量增多而增大，对所有惰性气体及CO、CO_2、SO_2 等气体都没有响应。尽管这样，这种检测器由于灵敏度高、反应快、线性范围宽等特点，有较广泛的应用。

（5）记录仪　用来对信号数值进行指示、记录，并产生色谱图。记录仪一般用电子电位差计。

3. 气相色谱仪的定性和定量分析

（1）色谱图及有关术语　样品经色谱柱分离后，由检测器把各组分的浓度转换成电信

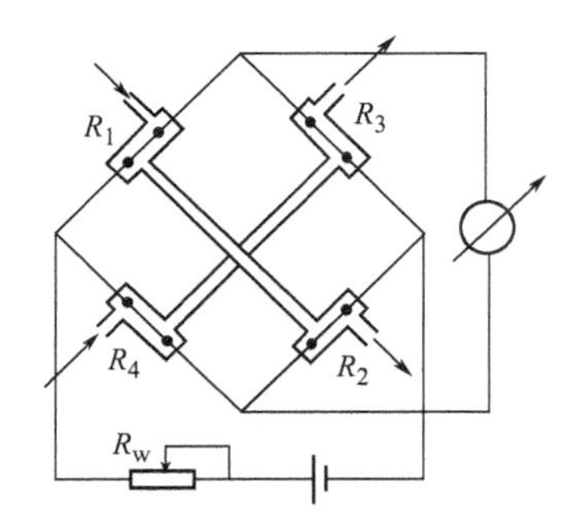

图 2-97 热导池检测器测量线路

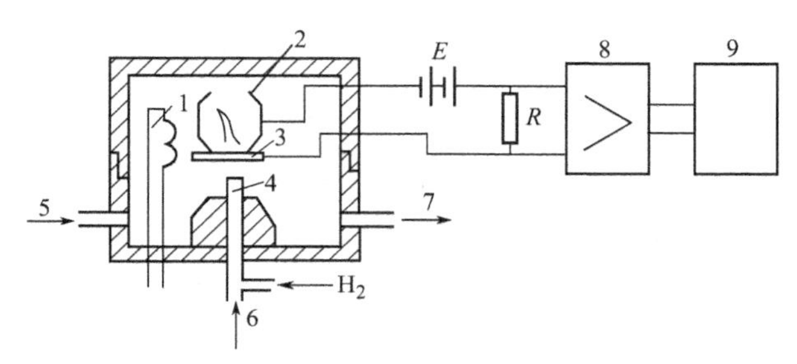

图 2-98 氢火焰电离检测器

1—点火丝；2—收集电极；3—极化电极；4—喷气口；
5—空气入口；6—载气口；7—排气口；
8—放大器；9—记录仪表

号，然后传送给记录仪记录，得到一张随时间变化的具有一个个峰值的曲线，该曲线称为色谱图，如图 2-99 所示。如何利用色谱图来确定被分析的组分是什么物质，它的含量有多少，这就是色谱的定性和定量分析。下面先介绍一下色谱图上的几个基本术语。

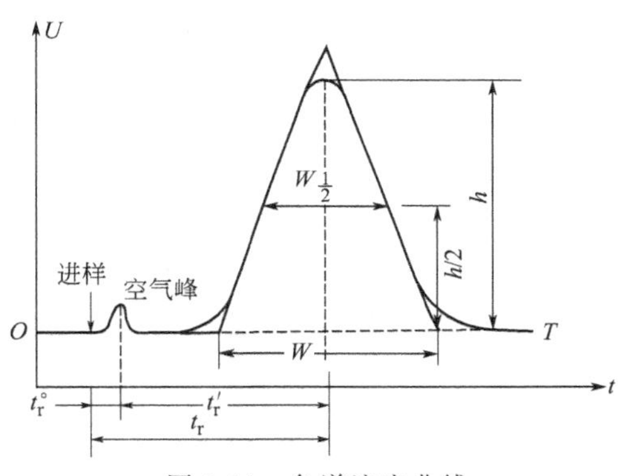

图 2-99 色谱流出曲线

① 基线：色谱仪启动后，在没有样品注入的情况下，色谱仪的输出曲线称为基线。正常情况下，基线应该是一条平稳的直线，如图 2-99 中的 OT 线。

② 滞留时间：从样品进入色谱柱到某组分在色谱图上对应的色谱峰出现最大值时所经历的时间称该组分的滞留时间。样品中各组分的滞留时间应有较大差别，它是反映各组分在色谱柱中得以分离的重要依据。滞留时间在图中用 t_r 表示。

③ 死时间：不被固定相吸附或溶解的气体（如空气等）从进入色谱柱到出现色谱峰值所需的时间，用t_r° 表示。死时间反映了色谱柱中空隙体积的大小。

④ 校正滞留时间：各组分的滞留时间减去空气的滞留时间称为各组分的校正滞留时间，用 t_r' 表示。$t_r'=t_r-t_r^\circ$。

⑤ 峰高：色谱峰的最高点与基线之间的高度差称为峰高，用 h 表示。

⑥ 峰宽：以色谱峰上两个转折点作切线交在基线上所形成的截距称峰宽，用 W 表示。

⑦ 半峰宽：在峰高的一半 $h/2$ 处的色谱峰的宽度称半峰宽，用 $W_{\frac{1}{2}}$ 表示。

⑧ 峰面积：峰面积是指某组分的色谱峰与基线所围面积，用 A 表示。如果峰是对称的，则可以把曲线峰近似为一个等腰三角形，其面积为

$$A\approx\frac{1}{2}hW \tag{2-177}$$

考虑到峰的底部两边比三角形要扩大些，当要求较精确计算时可用

$$A\approx1.065hW_{\frac{1}{2}} \tag{2-178}$$

⑨ 分辨力：分辨力是反映两组分分离情况好坏的指标，在色谱图上则体现了两个色谱

峰的重叠程度，用 R 表示，可由下式计算

$$R=\frac{2(t_{rb}-t_{ra})}{W_a+W_b} \tag{2-179}$$

式中，t_{ra}、t_{rb}为组分 a、b 的滞留时间；W_a、W_b 为组分 a、b 的峰宽。

式(2-179) 表明，两个组分的滞留时间相差愈大，各组分的峰宽愈小，则分辨力就愈高，说明这两个组分的分离效果好，而在色谱图上代表这两个组分的色谱峰重叠小。通常认为 $R\geqslant1.5$ 时，两组分的色谱峰完全分离开。当 R 较小时，由于两个色谱峰重叠严重，将会给定量计算（如峰面积的计算）带来误差。

(2) 定性分析　定性分析是根据色谱图来判定样品中有哪些组分，具体有以下两种方法。

① 滞留时间法。对于一定的色谱柱，当载气流量、色谱柱温度等操作条件一定时，各组分的滞留时间是一定的，它与该组分在样品中所占的浓度无关，与该组分所在样品中其他别的组分的存在与否无关。因此，可根据滞留时间来辨别色谱图中的色谱峰是属什么组分。

② 利用加入纯物质法。这种方法是先作出被测样品的色谱图，然后，在该样品中加入某种组分的纯物质，再做一个色谱图。比较这两个色谱图，如果发现后者中某一色谱峰加高，说明在原样品中存在所加入纯物质的组分；如果后者出现新的色谱峰，则说明原样品中不含有该组分。这种方法虽然较简单，但是如果被测样品的组成完全不清楚，则用这种方法定性比较麻烦和盲目。

(3) 定量分析　定量分析是在定性分析的基础上确定各组分在样品中所占的百分含量。在定量时，首先要测定检测器的灵敏度，灵敏度不仅与组分性质有关，而且还与操作条件(如温度、载气流量等) 有关。在一定的操作条件下，某一组分的灵敏度定义为

$$S_i=\frac{V_{oi}}{\varphi_i} \tag{2-180}$$

式中，S_i 为检测器对组分 i 的灵敏度；V_{oi}为相对组分 i 时，检测器的输出信号值；φ_i 为组分 i 在单位载气中的含量。

在实际灵敏度测定时，为了得到准确的结果，需用纯物质注入不同的量，通过色谱图求得该物质的灵敏度。设注入某组分样品量为 m_i（mg 或 mL)，得到的色谱峰面积为 A_i (cm^2)，则经数学推导可以得到

$$S_i=\frac{fq_vA_i}{vm_i} \tag{2-181}$$

式中，f 为记录仪的灵敏度倒数，mV/cm；q_v 为载气流量，mL/min；v 为记录仪的走纸速度，cm/min；灵敏度 S_i 的单位取决于 m_i 的单位，若 m_i 用 mg 单位，则 S_i 的单位为 mV・mL/mg；否则为 mV・mL/mL。

下面介绍几种定量分析方法。

① 定量进样法。设样品的总进样量为 m，待测组分 i 在被测样品中的浓度为 c_i，则 $c_i=\frac{m_i}{m}\times100\%$，进一步由式(2-181) 可得

$$c_i=\frac{fq_v}{S_ivm}A_i\times100\% \tag{2-182}$$

根据色谱图求出组分 i 的色谱面积 A_i，便可算出该组分的 c_i。这种方法需要准确地知道进

样量 m，另外要求操作条件很稳定。

② 面积归一化法。当样品中的各组分的灵敏度均为已知时可用此方法。因为组分 i 的浓度可表示为

$$c_i=\frac{c_i}{c_1+c_2+\cdots}\times 100\% \tag{2-183}$$

将式(2-182) 代入式(2-183)，化简后则得

$$c_i=\frac{A_i/S_i}{A_1/S_1+A_2/S_2+\cdots}\times 100\% \tag{2-184}$$

若各组分的灵敏度相等，即 $S_1=S_2=\cdots$，则有

$$c_i=\frac{A_i}{A_1+A_2+\cdots}\times 100\% \tag{2-185}$$

这种方法不需要知道进样量 m 以及 f、q_v、v 等参数，但必须预先知道样品中所有各组分的灵敏度。

③ 外标法。外标法是配制已知浓度的标准样品进行色谱试验，测量各组分的峰面积(或峰高)，作出峰面积 A_i（或峰高 h_i）与组分含量 c_i 关系的标准曲线，见图 2-100 所示。使用时，在保证相同的操作条件下，只要测量出某一组分的峰面积（或峰高)，即可通过标准曲线查出该组分的浓度。

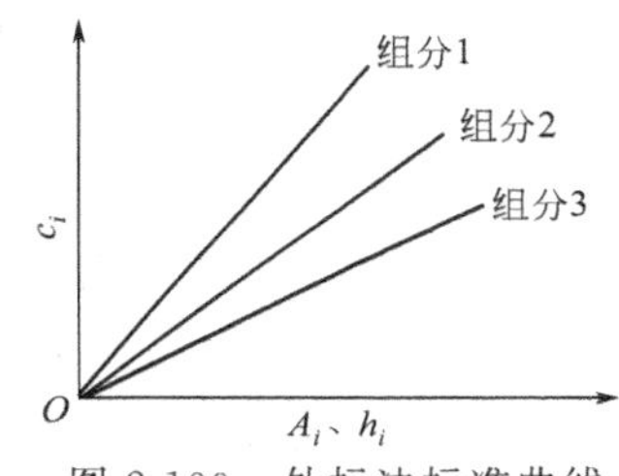

图 2-100 外标法标准曲线

近年来，随着计算机和自动化水平的提高，色谱仪逐渐与计算机连用。色谱仪将检测器的输出信号经放大、A/D 转换后送入计算机。计算机能自动记录色谱图，并利用已存储在内部的知识，判断出样品由哪些组分组成，同时可计算出各组分的浓度。除此之外，计算机还能进行各种补偿和故障的预报等。因此，由于计算机的应用，将提高分析速度以及分析准确度，增强色谱仪的分析能力和处理功能。

五、固态电解质气敏元件及成分检测

前面所介绍热导式、热磁式等各种气体成分检测方法或仪器有一个共同的缺点，即需要一个专用的取样系统，把被测气体引入到分析仪中的检测器内。同时由于取样系统的存在，造成较大的测量滞后。固态电解质气敏元件一般体积都比较小，可以直接与被测对象接触，通常不需专用的取样系统，因此使用和安装方便。另外，它还具有对气体的选择性好，反应速度快等特点。所以，基于固态电解质气敏元件的各种气体成分分析仪近年来发展较快。

1. 固态电解质材料与气敏元件

在一般固态无机材料中，离子和电子往往都牢牢地被束缚在晶格和组成晶格的原子内，离子和电子的远距离迁移很难实现，因此导电能力非常弱。然而，有某些固态无机材料，由于其结构的特殊性，部分离子可以相对自由地在晶格结构内移动，表现出一定的导电性能。对这一类固态无机材料通常称为固态电解质。

作为检测气体用的固态电解质材料有通用固态电解质和气敏电解质两种。通用固态电解质是指不受被测气体性质所限制，可制成多种气敏传感器的固态电解质。正由于这个特性，通用固态电解质不能单独制作气敏传感器，必须与气敏膜联合使用才能构成加膜型气敏传感器。气敏膜材料通常是低离子电导率的气敏固态电解质，也可能是非固态电解质。它们可直

接涂加在通用固态电解质的表面，也可经化学反应来制备。通用固态电解质的材料主要有各种β-氧化铝、钠离子超离子导体（Nasicon）和沸石等。

气敏固态电解质是指本身具有气敏功能，而且只对某一气体组分具有气敏作用的固态电解质材料。其种类较多，包括氧离子固态电解质、质子固态电解质、卤素离子固态电解质以及各类无机含氧盐电解质。可制成氧气、氢气、卤素气体及各种无机氧化物气体的检测元件。

氧离子固态电解质是最常用的气敏固态电解质，其材料主要有氧化锆（ZrO_2），其次还有氧化铯（CeO_2）、氧化铋（Bi_2O_3）等。

用固态电解质构成气敏检测元件有两种形式，一种是电位式气敏元件，它的输出信号为电位差形式，即气敏元件的输出电位差与被测气体中某一组分的含量有关；另一种是安培式气敏元件，它的输出信号为电流量，即气敏元件的输出电流与被测气体中某一组分的含量有关。一般情况下，一种固态电解质材料可构成某一形式的气敏元件，有的材料，如 ZrO_2，既可构成电位式气敏元件，也可以构成安培式气敏元件。

由于篇幅原因，下面将主要介绍用 ZrO_2 固态电解质检测氧含量的原理。

2. 氧化锆氧含量检测原理

氧化锆是一种氧离子固态电解质。纯 ZrO_2 晶体在高温时以正方的氟化物结构存在，当温度降至1000℃以下时转化为单斜晶结构。正方氟化物结构的 ZrO_2 具有很高的离子电导率，而单斜晶结构的离子电导率很低。作为氧含量检测用的氧化锆一般都掺入一定量（通常为15%）的化学纯氧化钙CaO（也可以是氧化钇 Y_2O_3）作为稳定剂，使 ZrO_2 晶体的正方氟化物结构稳定到较低的使用温度，并称之为“稳定化氧化锆”。掺入CaO的 ZrO_2 经高温焙烧后形成置换式固溶体，它是一种金属氧化物陶瓷，在一定的温度范围内，其晶体结构保持不变。

氧化钙固溶在氧化锆中，其中 Ca^{2+} 置换了 Zr^{4+} 的位置，而在晶体中留下了氧离子空穴。空穴的多少与掺杂量有关。在数百摄氏度的高温（≥470～550℃）下，掺有CaO的 ZrO_2 固态电解质便是一种良好的氧离子导体。此时，如果在一块 ZrO_2 电解质的两侧分别附上一个多孔铂电极，若两侧气体的含氧量不同，则在两电极间就会出现电势，该电势称为浓差电势，如图2-101所示。通常铂电极两侧气体中一侧为参比气体，其氧分压用 p_R 表示；另一侧为被测气体，其氧分压用 p_X 表示。电极两侧氧含量的不同表现为氧分压的差异，假设 $p_R>p_X$，则在高氧 p_R 侧，吸附在电极上的氧分子离解得到4个电子，形成两个氧离子 O^{2-}，生成的氧离子进入固态电解质，通过氧离子空穴迁移到低氧侧固态电解质的表面。在低氧 p_X 侧电极上，氧离子给出电子变成氧分子。这样，高氧侧的电极因失去电子而带正电，而低氧侧的电极因得到电子而带负电。这就构成了一种电极浓差电池，可用下列电池符号表示

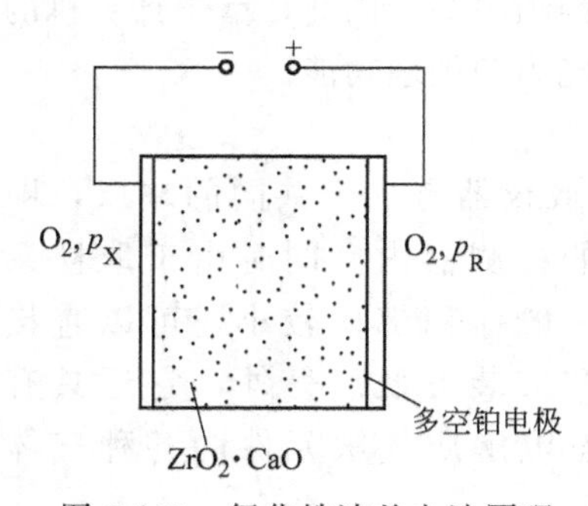

图2-101　氧化锆浓差电池原理

多孔铂电极

$$Pt, O_2(p_R) | ZrO_2 \cdot CaO | O_2(p_X), Pt$$

电极上发生的电化学反应如下，

在电池正极　　$O_2(p_R) + 4e \longrightarrow 2O^{2-}$

在电池负极　　$2O^{2-} \longrightarrow O_2(p_X) + 4e$

总电池反应为

$$O_2(p_R) \longrightarrow O_2(p_X)$$

浓差电势的大小可由能斯特公式决定，即

$$E=\frac{RT}{nF}\ln\frac{p_R}{p_X} \tag{2-186}$$

式中，E 为浓差电势；R 为理想气体常数；T 为氧化锆固态电解质浓差电池温度；n 为迁移一个氧分子的电子数（$n=4$）；F 为法拉第常数。

由式(2-186) 可见，若温度 T 保持某一定值，并选定一种已知氧浓度的气体作参比气（一般都选用空气)，则测得氧浓差电势 E，即可求得被测气体的氧含量（即 p_X）。若考虑氧化锆在高温条件下自由电子导电，致使浓差电池有内部短路电流而降低输出电势；因两侧气流温度不同和因流速差别形成温差而产生热电势以及存在本底电势等，也都使氧化锆浓差电池的输出偏离式(2-186) 所给出的理论值。因此，在实际使用时，应对式(2-186) 进行修正。

3. 氧化锆探头

氧化锆探头的主要部件是氧化锆管。要保证氧化锆管成为良好的氧离子导体，温度必须大于 470～550℃。增加温度有利于提高灵敏度，同时还会提高响应速度，降低氧化锆内阻，所以应选择氧化锆管工作在较高的温度下，一般在 650～850℃范围内。

要达到氧化锆管所需的工作温度，通常有两个办法：一是利用高温的被测气体直接加热氧化锆管；二是在氧化锆探头内设有电加热器。前者要求被测气体的温度在 650～850℃之内，且温度变化速度慢、变化范围小；后者需消耗额外的电能。

由式(2-186) 可知，氧浓差电势不仅与氧化锆管两侧的氧分压 p_R 和 p_X 有关，而且还与温度 T 有关，因此不论采用何种方法，均需要测出氧化锆探头内的温度。对于电加热式的探头，除了测温元件外，一般还有温度控制器，从而使氧化锆探头稳定在所需的温度值上。这种氧化锆探头的结构如图 2-102 所示。被测气体经陶瓷过滤器后流过氧化锆管的外部，空气从另一边进入一头封闭的氧化锆管的内部作为参比气体。为了稳定氧化锆管的温度，在氧化锆管的外围装有加热电阻丝。管内部还装有热电偶，用来检测管内温度，并通过温度调节器调整加热丝电流的大小，使氧化锆管稳定在 850℃左右。

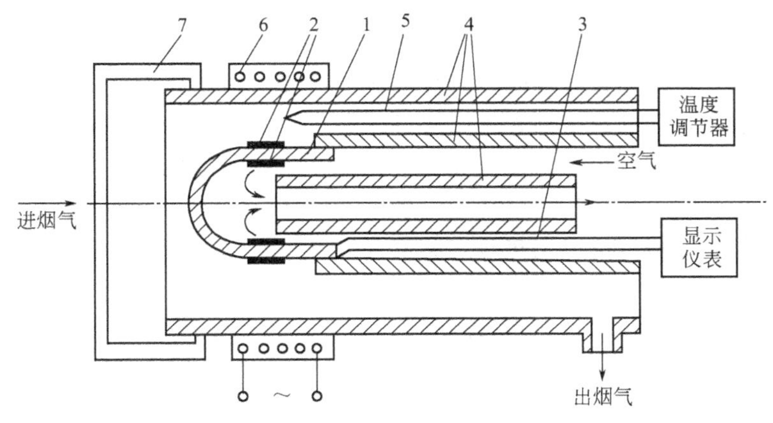

图 2-102 氧化锆探头结构

1—氧化锆管；2—内外铂电极；3—电极引线；4—Al_2O_3 管；5—热电偶；6—加热电丝；7—陶瓷过滤器

氧化锆氧量分析仪由氧化锆探头和相应的电子线路组成。由于氧化锆电解质内阻很大，要求前置放大器的输入阻抗足够高。另外氧浓差电势与被测气体氧浓度之间为对数关系，需要用专用的电路进行放大和处理。

气体成分检测和其他参数的检测有较大的区别，一般它要有一个专门的取样系统，把被测气体引入到分析仪中的检测器内。取样系统不只是一个简单的取样管，通常包括过滤、分离、恒温（压）以及稳流等装置，使进入检测器内的被测气体满足检测器所需的要求。另外，被测气体在进入检测器前可能还需进行预处理，除去对测量结果影响大，但含量较小的一些干扰组分。例如，用红外线气体分析仪检测气体成分时，需除去被测气体中的水蒸气；用热导式气体分析仪检测 CO_2 气体含量时，要设法除去混合气体中可能存在的 H_2 和 SO_2 气体。

除此之外，用于成分参数检测的气体分析仪还具有以下特点。

① 由于取样系统的存在，取样点与检测器的距离有时较远，加上检测器反应速度一般较慢（红外线气体分析仪和氧化锆氧量分析仪除外），因此测量滞后较大。

② 大多数气体成分检测器受环境温度及被测气体温度的影响较大，所以，在气体成分分析仪内部，一般都要有温控系统或温度补偿系统。

③ 目前大多数的气体成分分析仪的测量精度还不够高，一般在 2.5 级左右。

六、分析仪表的选择及举例

1. 分析仪表的选择

① 氧化锆含氧分析仪用于工业锅炉烟道气或其他燃烧系统烟道气中的含氧量测量。但要求被测气体中不能有甲烷等可燃性气体或酸雾。

② 红外线分析仪可用于测量一氧化碳或二氧化碳的含量，但需要背景气干燥、无粉尘。

③ 工业色谱仪一般用于检测混合气体中的单一组分或从流路多组分的含量。常用的检测器分为热导式和氢火焰式。前者用于测量常量有机或无机物样品；氢火焰式适用于测量微量或烃类有机物样品，也可测量烃类有机物中微量一氧化碳和二氧化碳的含量。

2. 举例

锅炉是一种常用的工业设备，主要给后续装置提供蒸汽负荷。为了保证蒸汽压力稳定，需要对锅炉的燃烧系统进行控制，从节能角度考虑，希望燃烧充分，也就是实现经济燃烧。为了实现经济燃烧，当燃料量改变时，必须相应的改变送风量，使送风量与燃料量相适应。燃料量与送风量燃烧过程的经济与否可以通过剩余空气系数是否合适来衡量，过剩空气系数通常用烟气的含氧量来间接表示。现有 300MW 燃煤汽轮发电机组由 1 台燃煤锅炉和 1 台汽轮机组成，若要检测锅炉烟气的含氧量，应采用哪种分析仪？

解 对于含氧量的检测可以用热磁式氧量分析仪和氧化锆氧量分析仪。热磁式氧量分析仪反应速度慢、测量误差大、容易发生测量环室堵塞和热敏元件腐蚀严重等缺点，所以它的应用日渐减少，逐渐被取代。现在多采用氧化锆氧量分析仪，所以这里采用氧化锆氧量分析仪来检测烟气含量。

练习与思考

1. 什么叫温标？什么叫国际实用温标？请简要说明 ITS-90 的主要内容。

2. 试比较热电偶测温与热电阻测温有什么不同（可以从原理、系统组成和应用场合三方面来考虑）？

3. 用测温件热电偶或热电阻构成测温仪表（系统）测量温度时，应各自注意哪些问题？

4. 如图 2-8 所示，已知热电偶的分度号为 K 型，在工作时，自由端温度 $t_0=30℃$，今测得热电势为 38.560mV，求工作端的温度是多少？

5. 简要说明选择压力检测仪表主要应考虑哪些问题。

6. 某台空压机的缓冲器，其正常工作压力范围为 1.1～1.6MPa，工艺要求就地指示压力，并要求测量误差不大于被测压力的±5%，试选择一块合适的压力表（类型、示值范围、精度等级），并说明理由。

7. 在下述检测液位的仪表中，受被测液位密度影响的有哪几种？并说明原因。

(1) 玻璃液位计；

(2) 浮力式液位计；

(3) 差压式液位计；

(4) 电容式液位计；

(5) 超声波液位计；

(6) 射线式液位计。

8. 如图 2-103 所示是用双法兰式差压变送器测量密闭容器中有结晶性液体的液位。已知被测液位的密度 $\rho=1200\mathrm{kg/m^3}$，液位变化范围 $H=0\sim950\mathrm{mm}$，变送器的正负压法兰中心线距离 $H_0=1800\mathrm{mm}$，变送器毛细管硅油密度 $\rho_1=950\mathrm{kg/m^3}$，试确定变送器的量程和迁移量。

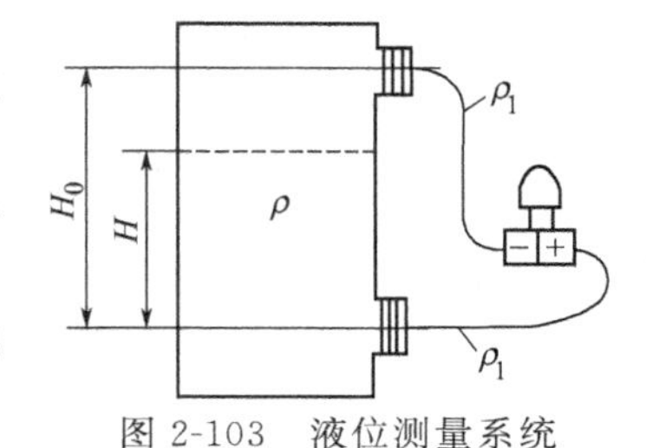

图 2-103　液位测量系统

9. 什么是流量检测仪表的量程比？当实际流量小于仪表量程比规定的最小流量时，会产生什么情况？请举例说明。

10. 试设计计算采用角接取压的标准孔板，并配用电动差压变送器，已知条件如下。

(1) 被测介质为空气；

(2) 最大流量 $q_v=22000\mathrm{m^3/h}$；

(3) 工作压力 $p=0.5\mathrm{MPa}$（表压）；

(4) 工作温度 $t=100℃$；

(5) 相对湿度 $\varphi=0$；

(6) 管道直径 $D_{20}=350\mathrm{mm}$，材料为 20 号钢管；

(7) 压力损失及敷设条件无要求。

11. 在你学习到的各种流量检测方法中，请指出哪些测量结果受被测流体的密度影响，为什么？

12. 有一台用来测量液体流量的转子流量计，其转子材料是耐酸不锈钢（密度 $\rho_f=7900\mathrm{kg/m^3}$），用于测量密度为 $750\mathrm{kg/m^3}$ 的介质，当仪表读数为 $5.0\mathrm{m^3/h}$ 时，被测介质的实际流量为多少？

13. 有一台电动差压变送器配标准孔板测量流量，差压变送器的量程为 16kPa，输出为 4～20mA，对应的流量为 0～50t/h。工艺要求在 40t/h 时报警。问：

(1) 差压变送器不带开方器时，报警值设定在多少 mA？

(2) 带开方器时，报警值又设定在多少 mA？

14. 请比较热导式气体分析仪和热磁式气体分析仪在检测原理上的异同点。

15. 什么叫干扰组分？使用热导式气体分析仪、热磁式气体分析仪和红外线气体分析仪时应如何克服或减小干扰组分的影响？

16. 氧化锆氧量分析仪在实际使用一段时间后发现指示值始终指示在最大位置（21%），你认为可能是什么原因引起的？

17. 用色谱仪分析双组分混合物，测得甲、乙两组分色谱峰（对称峰）数据及灵敏度值如下表，求各组分含量及两个谱峰的分辨力为多少（设走纸速度为 1cm/s）？

名　称	甲组分	乙组分	名　称	甲组分	乙组分
灵敏度 $S/(\mathrm{mV\cdot mL/mg})$	40.6	75.2	半峰宽 $W_{\frac{1}{2}}/\mathrm{cm}$	1.4	2.0
峰高 h/cm	1.6	4.0	滞留时间 t_r/s	12.0	14.4

参 考 文 献

[1] 杜维，乐嘉华. 化工检测技术及显示仪表. 杭州：浙江大学出版社，1988.

[2] 王玲生. 热工检测仪表. 北京：冶金工业出版社，1994.

[3] 范玉久等. 化工测量及仪表. 北京：化学工业出版社，1981.

[4] 凌善康，原遵东. '90 国际温标通用热电偶分度表手册. 北京：中国计量出版社，1994.

[5] 王美宏，张雪申. 一种新型光纤压力传感器. 自动化仪表，1996 (8).

[6] 金篆芷，王明时. 现代传感技术. 北京：电子工业出版社.

[7] 凌善康. '90 国际温标工业用铂电阻温度计分度表. 北京：中国计量出版社，1996.

[8] 王家桢，王俊杰. 传感器与变送器. 北京：清华大学出版社，1996.

[9] 翟秀贞，谢纪绩，王自和等. 差压型流量计. 北京：中国计量出版社，1995.

[10] 常健生. 检测与转换技术. 北京：机械工业出版社，1992.

[11] 颜本慈. 自动检测技术. 北京：国防工业出版社，1994.

[12] 周泽魁，汤雪英，杜小平. EK 系列过程控制仪表与 1751 电容式变送器. 杭州：浙江大学出版社，1992.

[13] 戴昌晖. 流体流动测量. 北京：航空工业出版社，1992.

[14] 张宏建，蒙建波. 自动检测技术与装置. 北京：化学工业出版社，2004.

[15] 周杏鹏，仇国富等. 现代检测技术. 北京：高等教育出版社，2004.

[16] 张毅，张宝芬等. 自动检测技术及仪表控制系统. 第 2 版. 北京：化学工业出版社，2004.

[17] 石油化工自动化仪表选型设计规范. 北京：国家石油和化学工业局，1999.

第三章　信号变换技术

第二章介绍了温度、压力、物位、流量、气体成分等参数的检测方法，它们的共同特点是利用各种敏感元件把被测参数转换成电阻、电压、电容、位移、差压等物理量，这些物理量有些可以直接用显示仪表指示测量结果，有些还需进行信号的转换、放大和处理等才能显示。此外，随着自动化水平的不断提高和计算机技术的广泛应用，对自动化仪表的标准化提出了更高的要求，这都需要有统一的信号作信息传递。我国目前暂定的统一信号有：0～10mA DC，4～20mA DC，0～5V DC、1～5V DC 和 20～100kPa 气压信号。本章所说的信号变换是指把敏感元件输出的某一物理量经过转换元件及（或）转换电路变换成统一的标准信号或能直接用显示仪表显示的信号。

本章首先将讨论信号变换的一般形式和特点，然后介绍常见信号（物理量）间的变换技术，最后分析几个典型的信号变换实例。

第一节　信号变换的基本形式

信号变换主要是依靠转换元件和转换电路来实现。转换元件是将敏感元件输出的非电物理量，如位移、应变、光强等转换为电学量，如电流、电压及其他电路参数量（如电阻、电容、电感等）。转换电路是将敏感元件或转换元件输出的电路参数量转换成便于测量的电量，或将非标准的电流、电压转换成统一的电流、电压信号，后者也称变送器。

变换环节视检测仪表的不同千差万别。有的检测仪表不需变换环节；有的在变换环节中只有转换元件，无需转换电路；有的只有转换电路，无需转换元件；有的转换元件和转换电路都需要；还有需多个转换元件等。目前信号变换主要以结构形式来分类，它们包括：简单直接变换、差动式变换、参比（补偿）式变换和平衡（反馈）式变换。

一、简单直接变换

1. 结构形式

简单直接变换的结构形式有两种，如图 3-1 所示。图 3-1(a)是一种只有转换电路的信号变换。这种信号变换形式最为简单，它要求敏感元件能将被测量转换成电学量。如果敏感元件（如热电偶、光电池等）输出电压或电流信号，那么转换电路的任务只是信号的放大或是信号间的转换，如电压-电流转换；如果敏感元件输出电路参数量信号，如热敏电阻、气敏电阻，则转换电路一方面为敏感元件提供能量，另一方面将相应的电路参数量转换成电压或电流输出。最典型的转换电路是不平衡电桥，敏感元件是电桥的一部分（常作为一个桥臂），电桥的作用是将敏感元件的阻抗（通常是电阻）变换转换成电压信号输出。

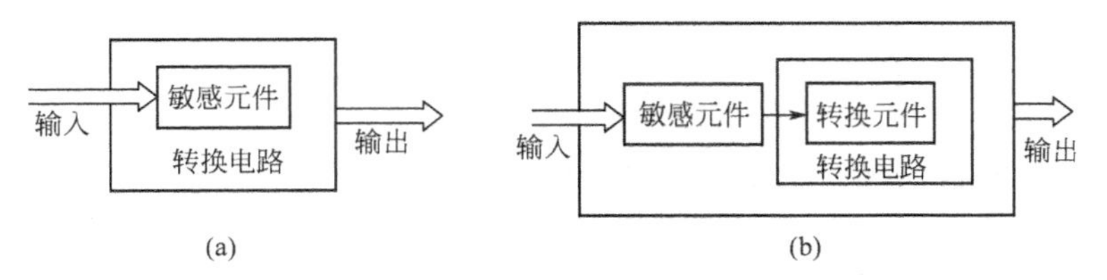

图 3-1　简单直接变换形式

图 3-1(b) 是一种既有转换元件又有转换电路的信号变换。敏感元件首先把被测参数转换成某种可利用的中间物理量，再通过转换元件把中间物理量转换成电学量，最后通过转换电路使输出的电压或电流信号与被测参数相对应。例如，粘贴式应变压力传感器，作为弹性元件的膜片是敏感元件，用它把被测压力转换为膜片的位移；贴在膜片上的应变片是转换元件，它将膜片的位移转换为应变片的电阻变化；电桥及相应的电路是转换电路，它把应变片的电阻转换成标准电信号，其输出值与被测压力成正比。

在过程参数检测中，常用到的中间物理量主要有位移、光量和热量等，相应的转换元件有应变片、电感、电容、霍尔元件、光电器件和热敏元件等，详见表 3-1。在有些检测系统中，信号变换过程可能需要两个或两个以上的转换元件，这种变换称为多级变换。

表 3-1　可利用的中间物理量及转换元件

中间物理量	被　测　量	转　换　元　件
位　移	压力、温度、流速、力、加速度、扭矩等	应变片、电感、电容、霍尔元件
光　量	气体成分、位移、浓度等	光电器件
热　量	温度、流速等	热电偶、热敏电阻

由于转换元件的使用，增加了检测系统（仪表）设计的自由度，这样可以用同一种敏感元件，通过应用不同的转换元件，使检测仪表适应各种使用条件。

2. 转换电路的信息能量传递

对于简单直接变换，不论是否需要转换元件，转换电路一般是必不可少的（除了直接指示型仪表）。在以下的讨论中，为了方便起见，把敏感元件和转换元件统称为检测元件。这样，不论哪种形式的简单直接变换，都可以认为它包含检测元件和转换电路，其中检测元件输出应为电学量，这时图 3-1(a)、(b) 可简单表示为图 3-2 形式。

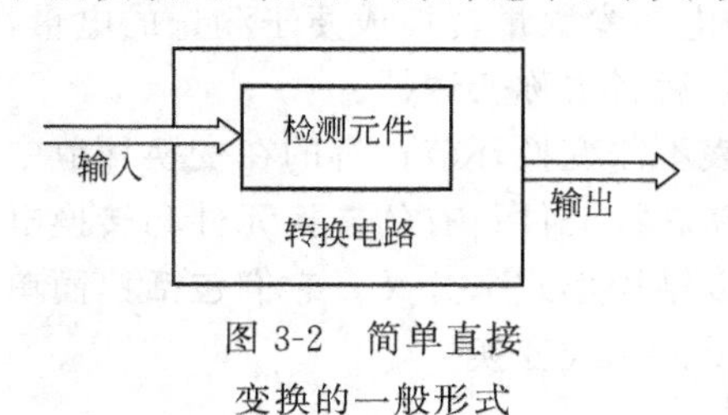

图 3-2　简单直接变换的一般形式

检测元件根据是否需要外加能源可分为两大类：一类是有源的，它所产生的输出信号的能量直接取自被测对象，如热电偶、压电元件等；另一类是无源的，它所产生的输出信号的能量不是取自被测对象，而是取自外部能源，如热电阻、电容、电感等。由于检测元件的性质不同，相应的转换电路的信息能量传递方式也不一样，现分别介绍如下。

(1) 有源检测元件与转换电路连接　有源检测元件与转换电路连接的等效电路如图 3-3 所示。图中 E 为有源检测元件的等效电势，R_i 为检测元件的内阻，R_L 为转换电路的输入阻抗，相当于负载电阻。信息从检测元件 T 向转换电路 D 传递时，信息在负载电阻上所产生的有效功率可按下式计算

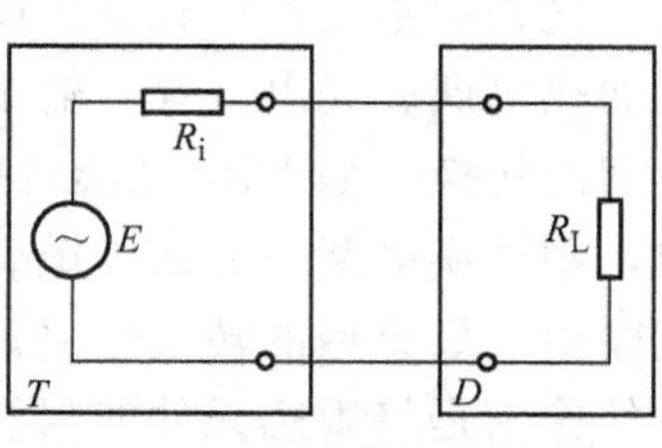

图 3-3　有源检测元件与转换电路连接的等效电路

$$P_L=\frac{E^2}{(R_i+R_L)^2}\cdot R_L=P_{KE}\frac{a_g}{(1+a_g)^2}=\xi_g P_{KE} \quad (3\text{-}1)$$

式中，$P_{KE}=\frac{E^2}{R_i}$为有源检测元件的短路功率；$a_g=\frac{R_L}{R_i}$为负载电阻对检测元件内阻之比；$\xi_g=\frac{a_g}{(1+a_g)^2}$为有源检测元件的信息传递有效系数。

由式（3-1）可知，从负载电阻获得的有效功率来分析，总希望信息传递有效系数 ξ_g 越大越好，ξ_g 大表明仪表的灵敏度高。令

$$\frac{d\xi_g}{da_g}=0$$

则

$$a_g=1$$

即当 $R_L=R_i$ 时，ξ_g 为最大，$\xi_{gm}=\frac{1}{4}$，此时 $P_L=\frac{1}{4}P_{KE}$。这说明有源检测元件与转换电路连接时，为了在转换电路中从检测元件中获得最大的有效功率，必须保证 $R_L=R_i$，但是其信息能量传递效率较低。

在有些情况下，转换电路中带有电压或功率（电流）放大，此时主要关心电压灵敏度，即要求转换电路从信号源（检测元件的输出电势）中获取最大的电压信号。由图 3-3 可得，在转换电路上得到的有效电压为

$$u_L=\frac{ER_L}{R_L+R_i} \tag{3-2}$$

显然，要求 u_L 为最大，则 $R_L=\infty$，这时 $u_L=E$。这就是说，当转换电路的输入阻抗为无穷大时，可获得最高的电压灵敏度。

在这里必须注意，图 3-3 中的 R_L 是指转换电路接受检测元件传递过来的有效信息能量的电阻（或阻抗），而电路里其余连接电阻（或阻抗）皆作为检测元件的内阻 R_i 处理。

（2）无源检测元件与转换电路连接　无源检测元件通常是把被测参数的变化转换为电阻、电容或电感的变化，因此无源检测元件的输出为阻抗 Z_P，要求转换电路将 Z_P 转换为电压或电流输出。转换电路一般有两种形式：对于简单的变换，可以直接与检测元件进行串接；更多的是使用不平衡电桥，必要时在电桥后再接其他放大电路。

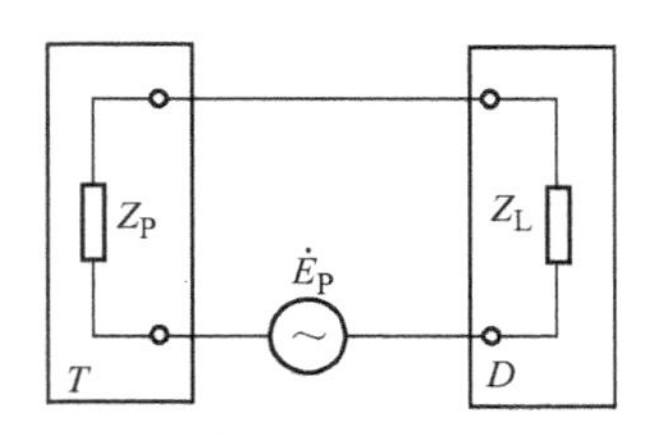

图 3-4　无源检测元件与转换电路连接的等效电路

图 3-4 是无源检测元件与转换电路串接的等效电路。图中 $\dot{E}_P$ 为外界提供的电源，Z_L 为转换电路的输入阻抗，也即负载阻抗。为了分析简单起见，设检测元件和负载均为电阻，则 $Z_P=R_P$，$Z_L=R_L$；外接电源也为直流电，即 $\dot{E}_P=E_P$。那么，当检测元件由初始状态 $R_P=R_{P0}$ 变化到 $R_P=R_{P0}+\Delta R_P$ 时，转换电路输入电阻上获得的有功功率的增量为

$$\Delta P_L=(\Delta I)^2R_L=\left(\frac{E_P}{R_{P0}+R_L}-\frac{E_P}{R_{P0}+\Delta R_P+R_L}\right)^2R_L=\xi_P\varepsilon^2P_{KE_P} \tag{3-3}$$

式中，$\xi_P=\frac{a_P}{(1+a_P)^4}$为无源检测元件的信息传递有效系数，其中 $a_P=\frac{R_L}{R_{P0}}$；$\varepsilon=\frac{\Delta R_P}{R_{P0}}$为检测元件阻值的相对变化量；$P_{KE_P}=\frac{E_P^2}{R_{P0}}$为无源检测元件的短路功率。

令$\frac{d\xi_P}{da_P}=0$，得 $a_P=\frac{1}{3}$（即 $R_{P0}=3R_L$），进而可得 $\xi_P=\xi_{Pm}=0.1055$。这就是说，对于无源检测元件与转换电路串接时，要使信息传递有效系数为最大，则转换电路的输入电阻值应是检测元件电阻的 1/3。另外，即使在这样的最佳匹配下，也只有 10%左右的有效信息传递到负载上，这比有源检测元件的信息能量传递效率还要低。

从式（3-3）可以看到，要提高负载上获得的有功功率，除了应满足 $R_{P0}=3R_L$ 的电阻匹配条件外，还可以从提高 ε 和 P_{KE_P} 来考虑。提高 ε 就是要选择检测元件具有较高的灵敏度；为了提高 $P_{KE_P}=\left(\frac{E_P^2}{R_{P0}}\right)$，一方面可以减小检测元件的起始电阻 R_{P0}，另一方面可以考虑提高外加的电源电压 E_P。但是，由于 R_{P0} 的减小，要求 R_L 相应变小，这样导线电阻等的影响相对增加；提高 E_P 受到检测元件的允许耗散功率的限制，耗散功率的增加可能会改变检测元件的电阻值。所以要综合考虑各种因素，选择合理的 R_{P0} 和 E_P 值，以提高检测元件的 P_{KE_P}。

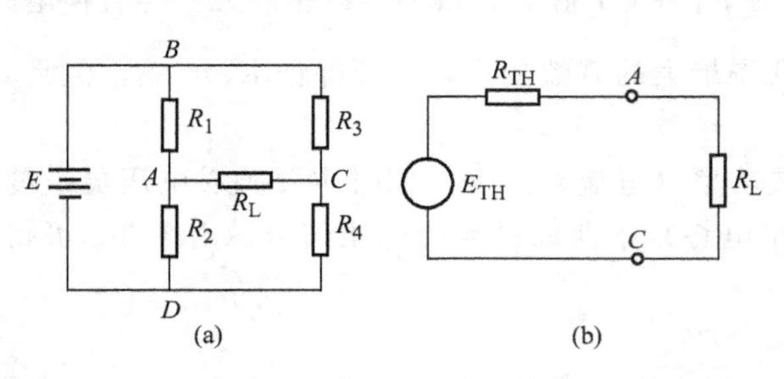

图 3-5　电桥转换电路及等效电路

当采用电桥作初级转换时，如图 3-5（a）所示，可以把电桥连同检测元件和电桥供电电源一起看作为一个广义的检测元件。显然，该广义的检测元件是有源的，其等效电路为图 3-5（b）所示，图中 E_{TH} 和 R_{TH} 为广义检测元件的等效电势和等效内阻，且

$$E_{TH}=\left(\frac{R^2}{R_1+R_2}-\frac{R_4}{R_3+R_4}\right)E \tag{3-4}$$

$$R_{TH}=\frac{R_1R_2}{R_1+R_2}+\frac{R_3R_4}{R_3+R_4} \tag{3-5}$$

根据有源检测元件的信息能量传递的性质可知：当 $R_L=R_{TH}$ 时，电桥之后的转换电路上获得的有功功率为最大；当 $R_L=\infty$ 时，可使电桥后的负载上得到最高的电压灵敏度。

有关电桥的设计将在本章的第二节中介绍。

3. 简单直接变换式仪表的特点

简单直接变换式仪表是由敏感元件、转换元件、转换电路和显示装置等部分串接而成，这是一种开环式仪表。设仪表由 n 个环节组成，各个环节的灵敏度和相对误差分别为 S_i 和 δ_i，则仪表的灵敏度和相对误差为

$$S=\prod_{i=1}^{n}S_i \tag{3-6}$$

$$\delta=\sum_{i=1}^{n}\delta_i \tag{3-7}$$

由此可见如下几点。

① 由于仪表的相对误差为各个环节相对误差之和，环节越多，则相对误差一般也越大，因此简单直接变换式仪表的精度较低。

② 当组成仪表的某个环节有非线性时，整个仪表就存在非线性，如果有多个环节呈现非线性特性，则仪表的非线性度变得更为严重，因此简单直接变换式仪表的线性度一般较差。

③ 信息能量传递效率较低，在检测元件与转换电路之间需要考虑阻抗匹配。

④ 简单直接变换式仪表的优点是结构简单，结果可靠，与其他结构形式的仪表相比其价格也比较便宜，因此目前仍获得广泛的应用。

二、差动式变换

1. 结构形式

为了提高检测仪表（系统）的灵敏度和线性度，减小或消除环境等因素的影响，信号变换常采用差动式结构，即用两个性能完全相同的转换元件，感受敏感元件的输出量，并把它转换两个性质相同但沿反方向变化的物理量（常见的是电路参数量），如图 3-6 所示。

图 3-7 是两个差动式变换的应用实例，其中图 3-7(a) 称为差动式变压器（或差动式电感器），当铁芯在中间位置时，$e_1=e_2$。当铁心向上移动时，e_1 增加，而 e_2 减小；当铁芯向下移动，正好相反。图 3-7(b) 为差动式电容器，电容器由三个极板组成，其中两边为固定极板，中间为弹性元件（即为敏感元件），由此构成两个电容器。当弹性元件受力产生变形时，其中一个电容器因极板间的距离缩小而增加，而另一个电容器的电容量则减小。除此之外，在应变式压力传感器中，作为转换元件的应变片粘贴在膜片的不同位置上，如图 2-26 所示，结果是随着作用在膜片上压力的增加，两个应变片的电阻增加，另两个应变片的电阻减小。

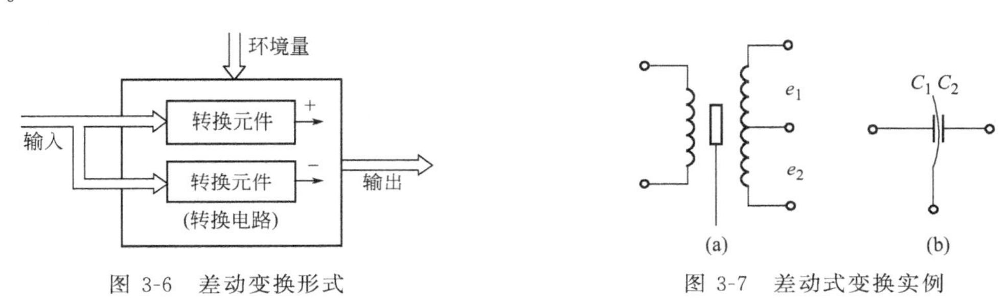

图 3-6　差动变换形式　　　图 3-7　差动式变换实例

差动式变换的转换电路一般采用电桥或差动放大形式，前者用于转换元件的输出量为电路参数量；后者用于输出量为差动电势的转换元件。

2. 差动式变换的特性分析

设转换元件的输入量为 x_1，其增量为 Δx_1。在差动式变换中，由于使用的转换元件的性能是一样的，要使两个转换元件的输出信号沿反方向变化，实际上是使转换元件以两个相反方向感受同一被测量，即转换元件 1 感受的被测量为 $x_1+\Delta x_1$，转换元件 2 感受的被测量为 $x_1-\Delta x_1$。又设干扰量为 x_2，干扰量的增量为 Δx_2，它同时作用于两个转换元件。这样，在输入量 x_1 和干扰量 x_2 的作用下，两个转换元件的输出均为 $f(x_1,x_2)$；当输入量产生增量 Δx_1，干扰量产生增量 Δx_2 时，两个转换元件的输出分别为 $f(x_1+\Delta x_1,\ x_2+\Delta x_2)$，$f(x_1-\Delta x_1,\ x_2+\Delta x_2)$，取它们之差，并用多项式展开，忽略二次以上高阶量，得

$$f(x_1+\Delta x_1,x_2+\Delta x_2)-f(x_1-\Delta x_1,x_2+\Delta x_2)=2\frac{\partial f}{\partial x_1}(\Delta x_1)+2\frac{\partial^2 f}{\partial x_1\partial x_2}(\Delta x_1)(\Delta x_2) \tag{3-8}$$

如果只考虑简单直接变换，则在相同的情况下，单个转换元件的输出函数为 $f(x_1+\Delta x_1,\ x_2+\Delta x_2)$，用多项式展开，忽略二次以上高阶量，得

$$f(x_1+\Delta x_1,x_2+\Delta x_2)=f(x_1,x_2)+\frac{\partial f}{\partial x_1}(\Delta x_1)+\frac{\partial f}{\partial x_2}(\Delta x_2)+\frac{1}{2}\left[\frac{\partial^2 f}{\partial x_1^2}(\Delta x_1)^2+2\frac{\partial^2 f}{\partial x_1\partial x_2}(\Delta x_1)(\Delta x_2)+\frac{\partial^2 f}{\partial x_2^2}(\Delta x_2)^2\right] \tag{3-9}$$

比较式（3-8）与式（3-9）可知：差动式变换比简单直接式变换的有效输出信号提高

了一倍，信噪比得到改善。在式（3-8）中消除了非线性项$(\Delta x_1)^2$，从而改善了检测仪表的非线性。如果x_1与x_2的关系为算术叠加，即$f(x_1,x_2)=a_1f_1(x_1)\pm a_2f_2(x_2)$，则可以证明$\partial^2 f/(\partial x_1\partial x_2)=0$,则式（3-8）中的二次项为零，说明干扰量$x_2$的影响可以完全消除。

需要注意的是，这种差动式变换可以有效地减小或消除作用于转换元件的干扰，使转换元件环节中存在的非线性得到改善，但它却不能降低作用于敏感元件的干扰的影响或敏感元件存在的非线性。为了解决这个问题，从原理上讲可以使用差动敏感元件，即用两个性能、几何尺寸完全相同的敏感元件，使它们感受同一被测量，但输出量沿两个相反方向变化，而这在大多数的参数检测中是难于实现的。

三、参比式变换

参比式变换也称补偿式变换。采用这种变换的目的是为了消除环境条件变化（如温度变化，电源电压波动等）对敏感元件的影响，解决在上述差动式变换中所出现的问题。

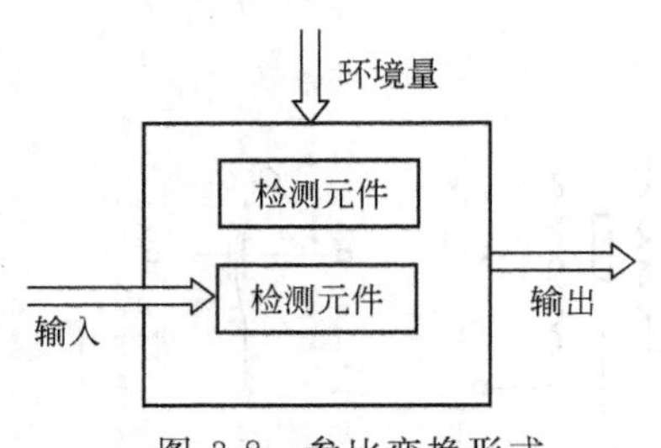

图 3-8　参比变换形式

1. 结构形式

图 3-8 是参比式变换的原理框图，图中的检测元件表示它可以是一个敏感元件，也可以是一个敏感元件加转换元件。这种变换形式采用两个性能完全相同的检测元件，其中一个检测元件感受被测量和环境条件量，另一个检测元件只感受环境条件量。根据环境条件量对被测量的作用效果，通过转换电路把检测元件 1 中包含环境条件量的干扰信息除去，即相当于对环境条件进行了补偿，从而达到消除或减小环境干扰的影响。

红外线气体分析仪是一个典型的应用参比方式的检测仪表。如图 2-89 所示，光源所需的电能由同一个电源供给，两束光分别通过测量气室（包含被测气体）和参比气室（只有不吸收红外光的气体），然后用红外线接收器，如薄膜电容接收器等，检测这两束红外光的强度差，得到被测气体中待测组分的浓度。由于采用了参比气室，大大减小了光源波动以及环境温度变化的影响。

另一个例子是应用超声波检测液位（见第二章第四节有关内容）。在这个检测系统中，除了测量探头外，还设置了校正具。使用校正具的目的是通过测量固定长度上声波的传播时间来获得声波在介质中的传播速度，进而用来校正测量探头中与温度有关的声波速度。

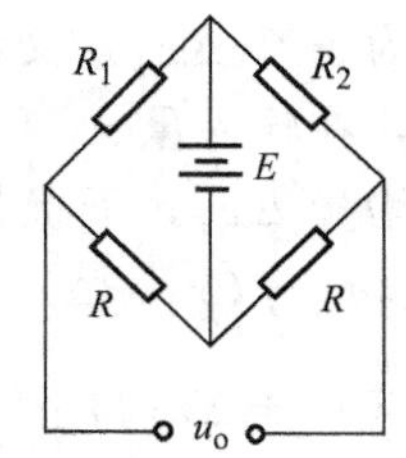

图 3-9　电阻应变片电桥电路补偿方式

如果环境条件量主要作用在转换元件上，则和差动式变换类似，参比式变换可以只用一个敏感元件和两个转换元件，其中一个转换元件既感受敏感元件的输出，又感受环境条件量，另一个只感受环境条件量。图 3-9 为一种应变式压力传感器的电桥电路，其中R为固定电阻，R_1为工作应变片，它粘贴在弹性元件上，R_2是补偿用的应变片，安装在材料与R_1相同的补偿件上，温度与R_1相同，但不承受应变。设R_1和R_2的温度系数相同，则

$$R_1=R_{10}(1+\alpha\Delta t)(1+\kappa\varepsilon)$$
$$R_2=R_{20}(1+\alpha\Delta t)$$

式中，R_{10}、R_{20}为工作应变片和补偿应变片的初始电阻值，一般取$R_{10}=R_{20}=R$；α为应

变片的电阻温度系数；κ 为工作应变片 R_1 的应变灵敏系数；ε 为工作应变片 R_1 所感受的应变量。

由图 3-9 可求得电桥的输出电压 u_o 为

$$u_o=\frac{\kappa\varepsilon E}{2(2+\kappa\varepsilon)}\approx\frac{1}{4}\kappa\varepsilon E$$

因此，电桥的输出电压只与工作应变片感受的应变量有关，而与温度变化无关。但电桥电源电压 u 的变化，仍将直接影响输出量，必须控制其为定值。

2. 参比式变换的特性分析

设 x_1 为被测量，x_2 为环境条件量，也即干扰量，被测量和干扰量的增量分别为 Δx_1 和 Δx_2。根据参比式变换的结构形式，同时感受被测量和干扰量的检测元件的输出为 $f(x_1+\Delta x_1, x_2+\Delta x_2)$，只感受干扰量的检测元件的输出为 $f(x_1, x_2+\Delta x_2)$。相对于被测量，如果干扰量的作用效果是相加的，即 $f(x_1, x_2)=a_1f_1(x_1)+a_2f_2(x_2)$，则 $\partial^2 f/(\partial x_1\partial x_2)=0$。将 $f(x_1, x_2+\Delta x_2)$在 x_1，x_2 附近展开，并忽略二次以上的高阶项，得

$$f(x_1, x_2+\Delta x_2)=f(x_1, x_2)+\frac{\partial f}{\partial x_2}(\Delta x_2)+\frac{\partial^2 f}{\partial x_2^2}(\Delta x_2)^2 \tag{3-10}$$

取两个检测元件的输出之差，并利用式（3-9）和式（3-10），可得

$$f(x_1+\Delta x_1, x_2+\Delta x_2)-f(x_1, x_2+\Delta x_2)=\frac{\partial f}{\partial x_1}(\Delta x_1)+\frac{1}{2}\frac{\partial^2 f}{\partial x_1^2}(\Delta x_1)^2 \tag{3-11}$$

由上式可知，它消除了环境条件量 x_2 的影响，达到了完全补偿的目的。但是 Δx_1 的二次项仍然存在，检测系统的非线性没有得到任何改善。

如果干扰量的作用效果相对于被测量是相乘的，即 $f(x_1, x_2)=af_1(x_1)f_2(x_2)$，则取两个检测元件的输出之比，可得

$$\frac{f(x_1+\Delta x_1, x_2+\Delta x_2)}{f(x_1, x_2+\Delta x_2)}=\frac{af_1(x_1+\Delta x_1)f_2(x_2+\Delta x_2)}{af_1(x_1)f_2(x_2+\Delta x_2)}=\frac{f_1(x_1+\Delta x)}{f_1(x_1)} \tag{3-12}$$

同样也消除了环境条件量 x_2 的影响，可得到完全补偿。

因此，在应用参比式变换方法时，要根据干扰量相对于被测量的作用效果，来确定两个检测元件输出信号的处理形式，以达到对环境条件量的完全补偿。但是这种补偿方式对检测元件的非线性得不到改善。另外，和差动式变换一样，参比式变换中所用的两个检测元件的性能要求完全一致，否则会引起附加误差。

四、平衡式变换

1. 结构形式

平衡式变换也称反馈式变换，是指信号变换环节（包括转换元件和转换电路）为闭环式结构。具有平衡式变换环节的仪表称为平衡式仪表，其原理框图如图 3-10 所示。图中 C 为比较器，即敏感元件的输出信号 x_i 与反馈元件的输出信号 x_f 在此进行比较，其差值传递给转换元件，通过转换电路和放大器后输出。

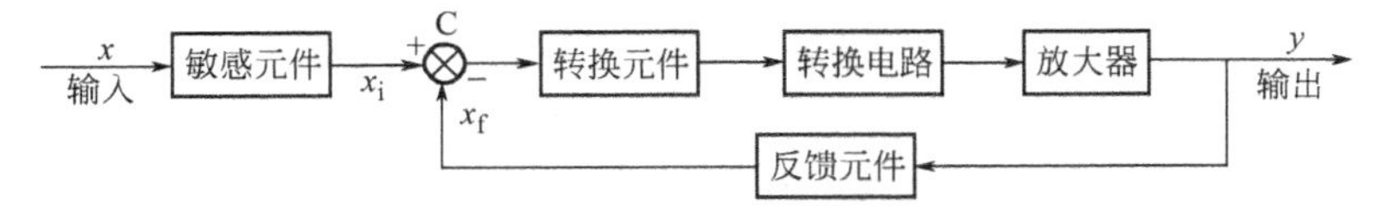

图 3-10 平衡式变换原理框图

如果反馈元件的反馈系数为 $\beta(=x_f/y)$，则变换环节的信号输入输出关系可近似为 $y/x_i=\frac{1}{\beta}$。当反馈系数 β 比较稳定时，整个变换环节就可以达到比较高的精度，而转换元件和转换电路的非线性以及环境条件量的影响等在较大程度上可以得到减轻。

如果敏感元件的输出信号 x_i 为力或力矩，则比较器将进行力或力矩的比较，这种变换称力平衡式或力矩平衡式变换。如果敏感元件输出为电信号，则比较器将进行电压或电流的比较，这种变换称电压平衡式或电流平衡式变换，它一般不再需要转换元件。

根据平衡时比较器的输入信号 x_i 和 x_f 之间是否有差值，平衡式变换可分为有差随动式变换和无差随动式变换。下面分别介绍这两种变换。

2. *有差随动式变换*

图 3-11 是有差随动式变换的一个实例，它是 DDZ-Ⅱ型差压变送器的结构原理图。被测参数差压 $\Delta p=p_1-p_2$ 作用在敏感元件膜片 1 上，产生作用力 $F_x=A\Delta p$，其中 A 为膜片的有效面积，F_x 通过簧片 2 作用在杠杆 3 的 A 点上产生力矩 $M_x=L_1F_x$，使杠杆逆时针绕 O 点偏转，并带动杠杆 3 的 B 端向上转动，致使检测片 4 靠近检测线圈 5 而电感量增加，从而放大器 7 的输入端的电压 Δu 增加，放大器输出电流 I_o 也相应增加。电流通过反馈元件中的反馈线圈 6，使其在永久磁钢磁场的作用下产生反馈力 F_y，它作用在杠杆 3 的 B 点上，从而产生反馈力矩 $M_y=L_2F_y$，使杠杆 3 顺时针绕 O 点偏转，直到两力矩 M_x 和 M_y 达到平衡，这时杠杆 3 处于平衡位置。但要注意，这里所说的平衡，只是近似平衡，即 $M_x\approx M_y$，而不能完全平衡。因为只有存在 $\Delta M=M_x-M_y$，才会有输出电流 I_o，因此，这种差压变送器是一种有差的力矩平衡式变换。

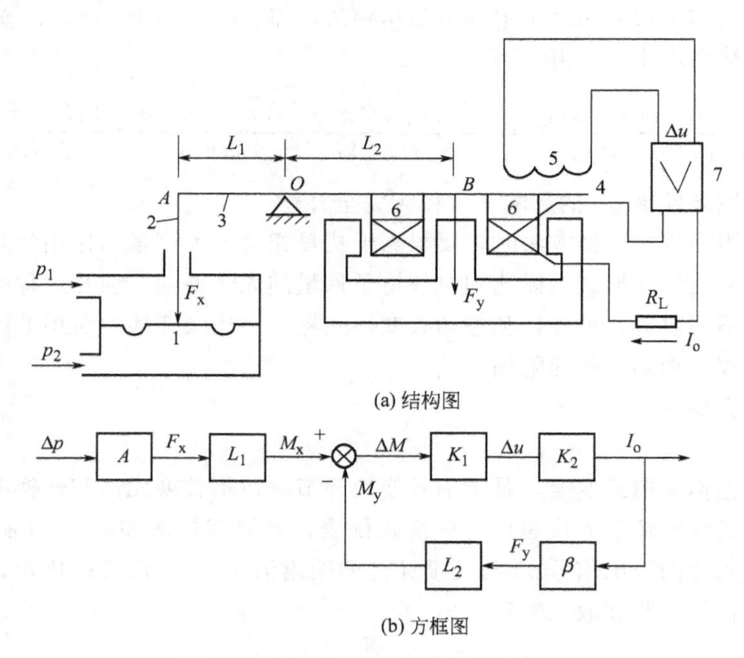

(a) 结构图

(b) 方框图

图 3-11 差压变送器的结构及方框图

1—膜片；2—簧片；3—杠杆；4—检测片；5—检测线圈；6—反馈线圈；7—放大器

图 3-11(b) 是差压变送器的方框图，图中 K_1 为转换元件的放大倍数，K_2 为放大器的放大倍数。由图 3-11(b) 可得

$$M_x = AL_1\Delta p \tag{3-13}$$

$$M_y = \beta L_2 I_o \tag{3-14}$$

当 $K_1K_2 \gg 1$，则在系统达到平衡时，有

$$M_x - M_y = \Delta M \approx 0 \tag{3-15}$$

将式（3-13）和式（3-14）代入式（3-15），得

$$I_o = \frac{AL_1}{\beta L_2}\Delta p \tag{3-16}$$

由式(3-16) 可知，输出电流 I_o 只与几何量 A、L_1、L_2 以及电磁反馈系统的反馈系数 β 有关，而这些量可以做得比较精确，它们的稳定性也比较好，因此输出电流可达到较高的精度。另外，由于主通道放大倍数 $K=K_1K_2$ 很大，所以杠杆端部的位移极小，对应的膜片位移也极小，因而弹性元件的非线性和弹性滞后等影响大大减小。

3. 无差随动式变换

图 3-12 是无差随动式温度检测仪表的原理图。敏感元件为热电偶，当被测温度为 t 时，热电偶的输出电势为 u_x，它和电压 u_{AB} 比较，得 $\Delta u = u_x - u_{AB}$，作为放大器的输入。放大器对 Δu 进行放大和调制，推动可逆电机 M，产生转角 φ，同时带动滑线电阻 R_p，从而改变电压 u_{AB}。当 $\Delta u \neq 0$ 时，则放大器有输出，电机将按原方向继续转动，直到 $\Delta u = 0$ 电机才停止转动。当被测温度 t 上升，u_x 也增加，则 $\Delta u > 0$，可逆电机将按顺时针方向转动，使滑线电阻 R_p 的触点向右移动，u_{AB} 增加。电机转动时同时带动指针向下移动。当 $u_{AB} = u_x$ 时，电机停止转动，指针指在标尺的某个位置，标尺在该位置上的读数代表了被测温度的大小。

图 3-12 所示的仪表之所以为无差平衡，关键在于采用了可逆电机 M。可逆电机用传递函数可表示为 K/s，即相当于一个积分环节。因此只有当 $\Delta u = 0$ 时，积分环节的积分作用才不起作用，电机停止转动。但是，实际上可逆电机 M 也有一个启动电压，若达不到这个启动电压，则电机不会转动。把该启动电压折算到放大器输入端的差压称为无差随动式仪表的误差。显然，这个误差较有差随动式仪表要小得多。

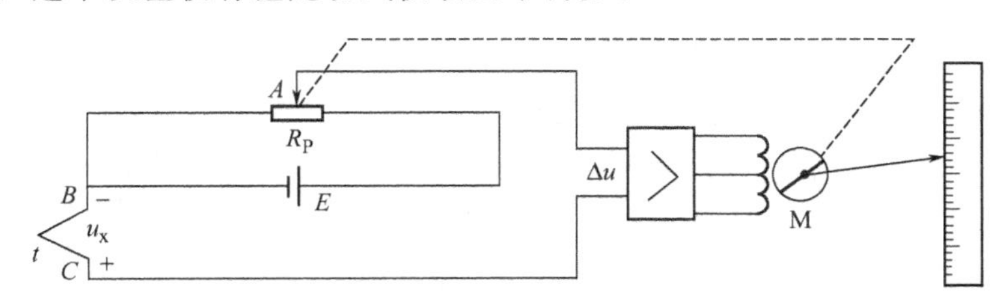

图 3-12 无差随动式温度检测仪表原理图

无差随动式仪表的显示装置中的指针（或记录笔）一般是由可逆电机直接带动，不需另外的显示装置，使整个检测仪表（系统）少了一个误差分量较大的环节，因此精度较其他仪表要高。

根据敏感元件的不同，无差随动式变换中的转换元件和转换电路与图 3-12 会有所不同，但基本组成是一样的，特别是放大器和可逆电机是两个必不可少的环节。

4. 平衡式变换的特性分析

（1）有差随动式变换　有差随动式变换的传递函数方框图如图 3-13 所示，主通道相当于一个简单直接式变换环节，它可以由转换元件和转换电路组成，可近似用一个典型的一阶

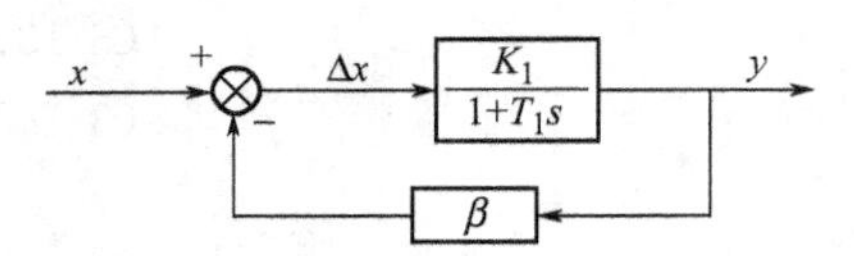

图 3-13 有差随动式变换系统方框图

滞后环节表示，其中 T_1 为一阶环节的时间常数，K_1 为变换系数（也称放大倍数），x 为输入量，它可以是指被测参数，也可以指敏感元件的输出量，y 是输出量。设反馈通道为纯比例环节，β 为反馈系数，由图 3-13 可得输入输出之间的传递函数式为

$$G(s)=\frac{Y(s)}{X(s)}=\frac{\dfrac{K_1}{1+T_1s}}{1+\dfrac{K_1\beta}{1+T_1s}}=\frac{K'}{1+T's} \tag{3-17}$$

式中，$K'=\dfrac{K_1}{1+K_1\beta}$为闭环系统的放大倍数；$T'=\dfrac{T_1}{1+K_1\beta}$为闭环系统的时间常数。

式（3-17）表明，该闭环系统仍为一阶滞后环节，且放大倍数 K' 和时间常数 T' 皆为开环系统的 $1/(1+K_1\beta)$，因此这种闭环结构式仪表较开环结构式仪表的时间响应快（$1+K_1\beta$）倍，但对于输入的有用信号的灵敏度也将下降（$1+K_1\beta$）倍，这可用增加放大器的放大倍数来补救。

当 K_1 足够大时，有

$$K'=\frac{K_1}{1+K_1\beta}\approx\frac{1}{\beta} \tag{3-18}$$

这说明闭环平衡式仪表的稳态特性主要取决于反馈回路。因此对反馈回路有严格的要求，如它必须具有高的零点稳定性和高的灵敏度稳定性，小的惯性等。对于主通道，不一定要严格保证放大倍数的稳定度，而只要求有很高的放大倍数 K_1，以保证式（3-18）成立。另外，由于 K_1 较大，输入的偏差值 Δx 就很小，使敏感元件（或转换元件）的非线性影响大大减小，有利于提高检测仪表的精度。

但是，并非放大倍数 K_1 越大越好，一方面 K_1 增加到一定程度，对精度的提高已基本不起作用；另一方面，随着放大倍数的增加，系统的稳定性变差。所以要合理地选择放大倍数 K_1。

（2）无差随动式变换　无差随动式变换的传递函数的方框图如图 3-14 所示。主通道可近似为一个一阶滞后环节和一个积分环节组成，前者代表转换元件和转换电路（包括放大器）；后者代表可逆电机。反馈通道仍近似为一比例环节，其反馈系数为 β。由于无差随动变换式仪表的显示装置是由电机直接驱动的，利用电机转角 φ 显示被测量，因此仪表的输出在反馈环节后，见图 3-14 的 y 处，而不是在 y' 处。这样，无差随动变换式仪表的输入输出之间的传递函数式为

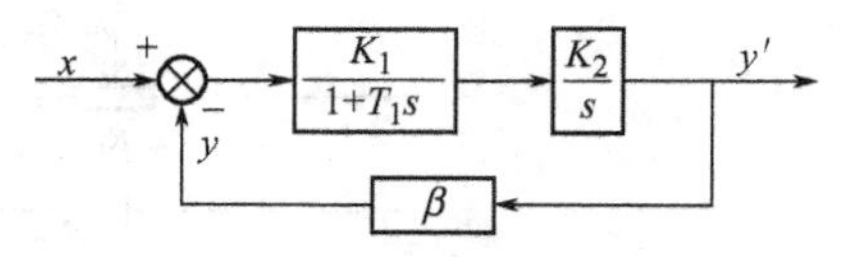

图 3-14 无差随动式变换系统方框图

$$G(s)=\frac{Y(s)}{X(s)}=\frac{\dfrac{K_1K_2\beta}{s(1+T_1s)}}{1+\dfrac{K_1K_2\beta}{s(1+T_1s)}}=\frac{K_1K_2\beta/T_1}{s^2+\dfrac{1}{T_1}s+\dfrac{K_1K_2\beta}{T_1}}=\frac{\omega_0^2}{s^2+2\zeta\omega_0s+\omega_0^2} \tag{3-19}$$

式中，$\omega_0=\sqrt{\dfrac{K_1K_2\beta}{T_1}}$为自然角频率；$\zeta=\dfrac{1}{2\sqrt{K_1K_2\beta T_1}}$为衰减系数。

式（3-19）表明，无差随动变换式仪表是一个典型的二阶系统，仪表的特性完全取决于

ζ和ω_0的值。其中稳定性和精度取决于ζ，要使仪表稳定性好，具有足够的稳定裕度，则ζ的值应取较大；而要提高仪表的精度，则ζ值不能太大。为兼顾稳定性和精度这两方面的要求，衰减系数ζ必须选择在0.4～0.8。仪表的反应速度由ζ和ω_0决定，在一般的ζ取值范围内，ω_0越大，则仪表的反应速度越快。

由式（3-19）及有关ζ和ω_0的定义式可知，增大$K_1K_2\beta$，则ζ减小，ω_0增大，说明有利于提高仪表的精度和反应速度，但使系统的稳定性变差。为了解决提高仪表精度和反应速度与保证仪表的稳定性之间的矛盾，一种方法是选择适当的$K_1K_2\beta$值，在保证仪表具有一定的稳定性的条件下，尽可能使仪表有较快的响应速度和较高的精度；另一种方法是加校正环节，即在不降低仪表精度（保证$K_1K_2\beta$值）的条件下，通过在回路中加入适当的校正环节，使ζ达到0.7左右，保证仪表具有足够的稳定裕度。下面通过举例来说明校正环节的设计。

【例 3-1】 如图3-14所示的无差随动式变换仪表的方框图，设$K_1=151.25$，$K_2=1$，$\beta=0.1$，$T_1=0.125$，则其闭环传递函数为

$$F(s)=\frac{121}{s^2+8s+121}$$

其中

$$\omega_0=\sqrt{121}=11$$

$$\zeta=\frac{8}{2\omega_0}=0.364$$

由于衰减系数较小，仪表的稳定性较差。要设法在不降低K_1、K_2、β乘积的情况下，把衰减系数ζ提高到0.7，其方法是在主通道中加超前校正环节$G_c(s)$，如图3-15所示，校正环节的传递函数为$G_c(s)=(1+T_d s)$。这时闭环系统的传递函数为

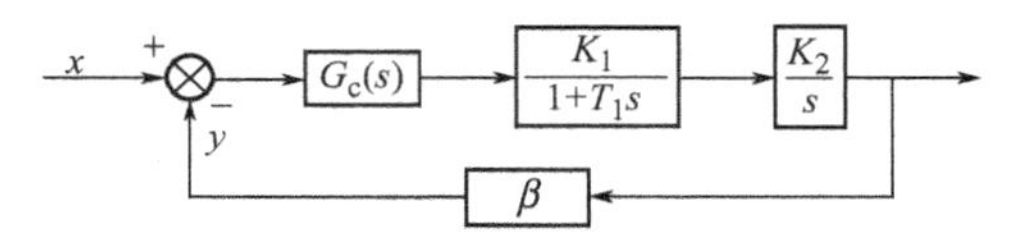

图 3-15　在主通道中加超前校正环节

$$F_c(s)=\frac{121(1+T_d s)}{s^2+(8+121T_d)s+121}$$

比较$F_c(s)$和$F(s)$后发现，两者结构均为二阶系数，且ω_0(即$K_1K_2\beta$)皆相同，即加入校正环节后静态精度和反应速度不变，但衰减系数变了。设这时的衰减系数为ζ_c，则

$$2\zeta_c\omega_0=8+121T_d$$

为了满足$\zeta_c=0.7$，则

$$T_d=\frac{2\zeta_c\omega_0-8}{121}=\frac{2\times0.7\times11-8}{121}=0.061$$

由此可知，改变T_d的大小可调整仪表的衰减系数ζ，从而保证了仪表既有高的精度和反应速度，又有高的稳定度。

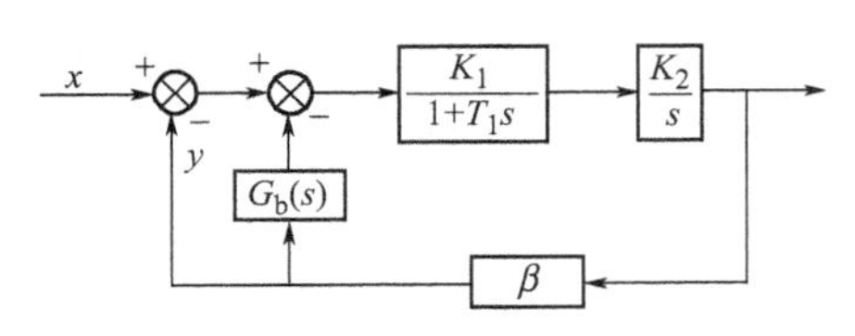

图 3-16　在反馈通道上加校正环节

校正环节也可以通过增加局部反馈通路来解决，在增加的反馈通路上加入速度反馈，其传递函数为$G_b(s)=bs$。根据衰减系数的需要值来确定b的大小，如图3-16所示。

第二节　常见信号间的变换

一、位移与电信号的变换

在第二章介绍的温度、压力、物位和流量等参数的检测所用各种敏感元件中，有一部分敏感元件能将被测变量转换成位移。例如，在温度检测中，温度敏感元件双金属片的自由端随温度的升高而改变位移量，即利用双金属片实现了温度与位移的转换；在压力检测中，压力作用在弹性元件上，使它产生位移，从而弹性元件的作用是进行压力与位移的转换；在液位检测中，变浮力式浮筒能随液位的变化（即所受浮力的大小）而上下移动，故作为敏感元件的浮筒把液位转换成它本身的位移；在流量检测中，转子流量计中的转子随流量的大小能平衡在锥形管中的一定位置，这样由锥形管和转子组成的检测元件把流量转换成转子的位移。

在上述各例子中，虽然他们的被测变量完全不同，敏感元件的特性也不一样，但敏感元件的输出均为相同的位移量。位移量可直接带动有关传动机构进行指示，但不能远传。为此，一般都需要进一步利用转换元件将位移转换成电信号。常用的转换元件有霍尔元件、电容器和差动变压器等。

1. 霍尔元件

由第二章第一节有关电磁效应的内容可知，霍尔元件（即霍尔片）在外磁场作用下，当有电流以垂直于外磁场方向通过它时，在薄片垂直于电流和磁场方向的两侧表面之间将产生霍尔电势，已知霍尔电势与磁场强度和电流的乘积成正比，即$u_H=R_HBI$。

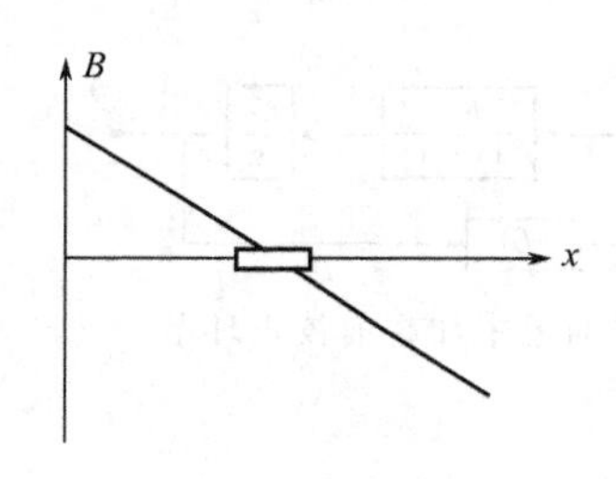

图 3-17　霍尔元件在非均匀强磁场中

为了用霍尔元件来实现位移-电压的转换，应将磁场改为沿x方向线性变化的非均匀强磁场，如图 3-17 所示。当霍尔元件沿x方向移动时，穿过霍尔元件的磁场强度随之而变，从而改变霍尔元件的输出电势u_H。因为B与x之间存在线性关系，则u_H与霍尔片的位移也为线性比例关系，实现了位移-电压的转换。

图 3-18 为霍尔式压力传感器原理图，被测压力由弹簧管 1 的固定端引入，弹簧管自由端与霍尔元件 2 连接，在霍尔元件的上、下方垂直安放两对磁极，使霍尔元件处于两对磁极形成的线性磁场中。霍尔元件的四个端面引出四根导线，其中与磁极平行的两根导线接恒流源，另两根导线作为霍尔元件的输出。

当被测压力为零时，霍尔元件处于两对磁极的中间，等效磁场强度为零，这时即使在霍尔元件上通以电流，也不会有霍尔电势输出。当被测压力升高时，弹簧管自由端产生位移，因而改变了霍尔元件在线性磁场中的位置，导致霍尔元件输出霍尔电势。被测压力越大，霍尔元件的位移越大，则输出的霍尔电势也越高。因此，霍尔式远传压力传感器利用弹簧管作为敏感元件，将压力转换为位移，进一步利用霍尔元件作为转换元件将位移转换成电压信号，从而实现了压力-电压的转换，以便于信号的远传。

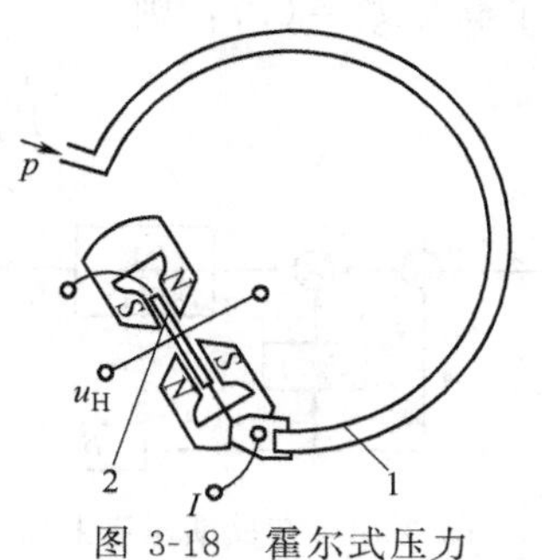

图 3-18　霍尔式压力传感器原理

1—弹簧管；2—霍尔元件

2. 电容器

电容器作为位移-电信号的转换元件，其原理如下，设电容器由两个平行极板组成，其中一个为固定极板，另一个极板一般是敏感元件（常见的有作为弹性元件的膜片）。当敏感元件在被测量（如压力）的作用下，产生位移，则电容器的电容量也要发生相应的变化，从而利用电容器实现了位移-电容量的转换。

在实际应用时，为减小非线性和介电常数受温度的影响，提高灵敏度和精度，电容器常采用差动式结构，其原理如图 3-7(b) 所示。此外，固定极板的几何形状并非都是平板，而是做成凹球面状。图 3-19 为电容式差压传感器的结构原理图，测量室的两边为两电容器的固定极板，测量膜片对称地位于两个固定极板的中间。在测量膜片的左右两室中充满硅油，用来传递两边的压力。当左右压力相等，即差压 $\Delta p=p_H-p_L=0$ 时，测量膜片左右两电容器的容量完全相等，即 $C_H=C_L=C_0$。当 $\Delta p>0$ 时，测量膜片向左发生变形，即向低压侧的固定极板靠近，其结果是使 C_L 增加，而 C_H 减小。按电容器串联公式可写出

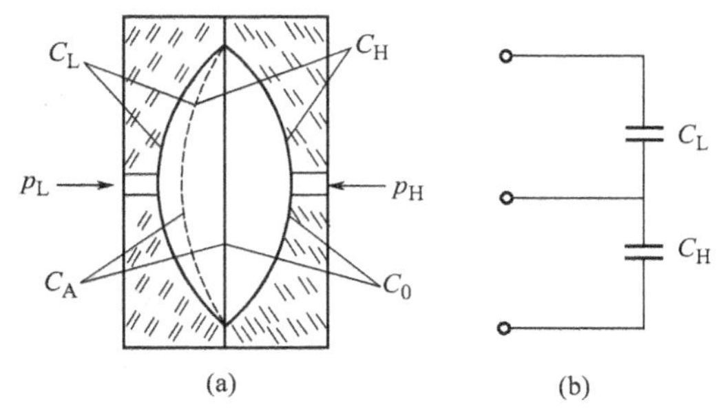

图 3-19 电容式差压传感器结构原理

$$\frac{1}{C_L}=\frac{1}{C_0}-\frac{1}{C_A} \tag{3-20}$$

$$\frac{1}{C_H}=\frac{1}{C_0}+\frac{1}{C_A} \tag{3-21}$$

式中，C_A 为膜片变形后的位置［图 3-19(a) 中的虚线］与初始位置间的假想电容器的电容值。对式（3-20）和式（3-21）改写后得

$$C_L=\frac{C_0C_A}{C_A-C_0} \tag{3-22}$$

$$C_H=\frac{C_0C_A}{C_A+C_0} \tag{3-23}$$

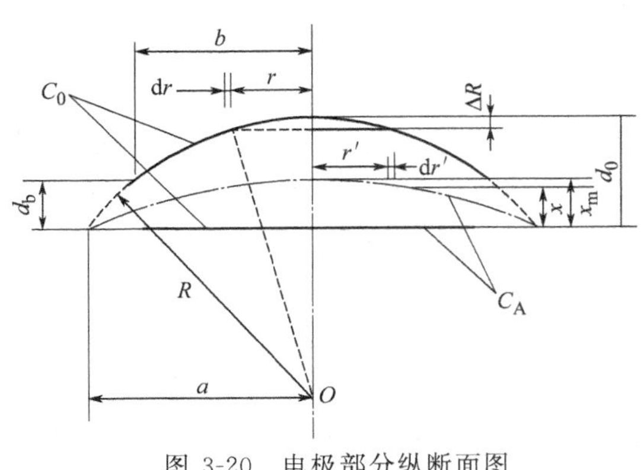

图 3-20 电极部分纵断面图

下面来求各个电容值。将图 3-19(a) 中低压侧电容的纵断面放大，得图 3-20。图中固定极板的曲率中心在 O 点，曲率半径为 R，则由图 3-20 可得

$$r^2=R^2-(R-\Delta R)^2$$

由于 $R\gg\Delta R$，因而有

$$\Delta R\approx\frac{r^2}{2R} \tag{3-24}$$

在球面电极上，宽度为 dr，周长为 $2\pi r$ 的环形面积，其初始电容量 $\mathrm{d}C_0$ 为

$$\mathrm{d}C_0=\frac{\varepsilon\times2\pi r\,\mathrm{d}r}{d_0-\Delta R} \tag{3-25}$$

式中，ε 为硅油的介电常数；d_0 为固定的球面电极中心与测量膜片在初始位置时的距离。将式（3-24）代入式（3-25），并积分，得

$$C_0=\varepsilon\int_0^b \frac{2\pi r}{d_0-\dfrac{r^2}{2R}}\mathrm{d}r=2\pi\varepsilon R\ln\frac{d_0}{d_b} \tag{3-26}$$

式中，d_b 为固定的球面电极边缘与测量膜片间的距离。

为计算假想电容 C_A，设有初始张力 T 的平膜片，在差压 Δp 的作用下，其挠度 x 可近似地表示成下式

$$x=\frac{\Delta p}{4T}(a^2-r'^2) \tag{3-27}$$

式中，a 和 r' 见图 3-20 中的标注。同计算 C_0 一样，$\mathrm{d}C_A$ 为

$$\mathrm{d}C_A=\frac{\varepsilon\times 2\pi r'\mathrm{d}r'}{x} \tag{3-28}$$

将式（3-27）代入式（3-28），求积分得

$$C_A=\varepsilon\int_0^b \frac{2\pi r'}{\dfrac{\Delta p}{4T}(a^2-r'^2)}\mathrm{d}r'=\frac{4\pi\varepsilon T}{\Delta p}\ln\frac{a^2}{a^2-b^2} \tag{3-29}$$

由式（3-26）和式（3-29）进一步可求得比值 C_0/C_A：

$$\frac{C_0}{C_A}=\frac{R\Delta p\ln\dfrac{d_0}{d_b}}{2T\ln\dfrac{a^2}{a^2-b^2}}=K\Delta p \tag{3-30}$$

式中，K 为结构常数。

由式（3-22）和式（3-23）可知，比值 C_0/C_A 只与电容 C_L 和 C_H 有关，并可推得

$$\frac{C_0}{C_A}=\frac{C_L-C_H}{C_L+C_H} \tag{3-31}$$

这说明，利用 C_L 和 C_H 可获得比值 C_0/C_A，而该比值与差压成正比，且与介电常数无关。从而实现了差压-电容的转换，其中中间变量为位移。

有关电容与电压之间的进一步转换见本节的第三部分内容。

3. *差动变压器*

差动变压器是利用互感原理把位移转换成电信号的一种常用的转换元件，其原理如图 3-21 所示。它由骨架 1、原边线圈 2、副边线圈 3 和铁芯 4 组成，铁芯与产生位移信号的敏感元件钢性相连，能随敏感元件的位移而改变在线圈中的位置。线圈骨架呈“王”字形结构，分上下相等长度的两段。原边线圈以相同匝数均匀地绕在上下段的内层，并以顺相串联方式连接。副边线圈分别以相同的匝数绕在上下段的外层，但以反相方式连接。

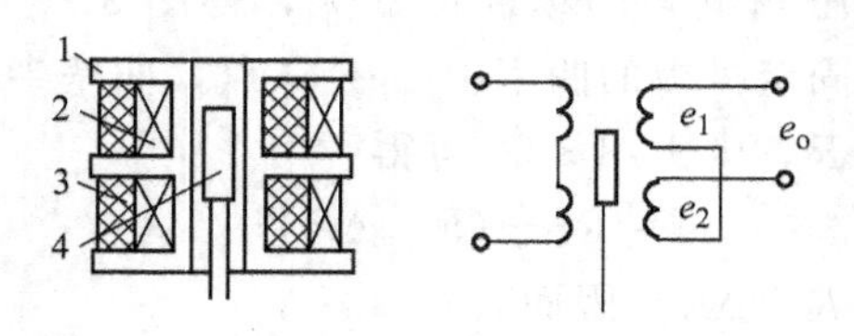

图 3-21 差动变压器结构原理

1—骨架；2—原边线圈；3—副边线圈；4—铁芯

变压器的原边由交流供电。当铁芯在中间位置时，上下两段副边线圈产生的感应电动势 e_1 和 e_2 大小相等。由于它们是反相串联的，则 $e_o=e_1-e_2=0$。当铁芯在敏感元件的带动下向上移动时，则 e_1 增大，而 e_2 减小，使 e_o 增大，e_o 的大小与铁芯的位移成正比。当铁芯向下移动时，e_1 减小，e_2 增大，使 e_o 负向增大，从而实现了位移-电压的转换，其输出特性见图 3-22 所示。

副边输出的电信号是与原边同频率的交流电压，经整流和滤波后变为直流电压信号，其电路原理如图 3-23 所示。图中 D_1、D_2、R_1、R_2 和 R_{w1} 组成半波相敏整流，当差动变压器的铁芯处于非电气平衡位置时，感应电动势 e_1 和 e_2 分别经 D_1 和 D_2 整流后在电阻 R_1 和 R_2 产生半波直流电压，它们的极性相反，而且大小也不等，其电压差经 R_{w2} 和 C_1 滤波后得直流电压 u_o，可送显示仪表显示或进一步用其他转换电路变换成标准信号。

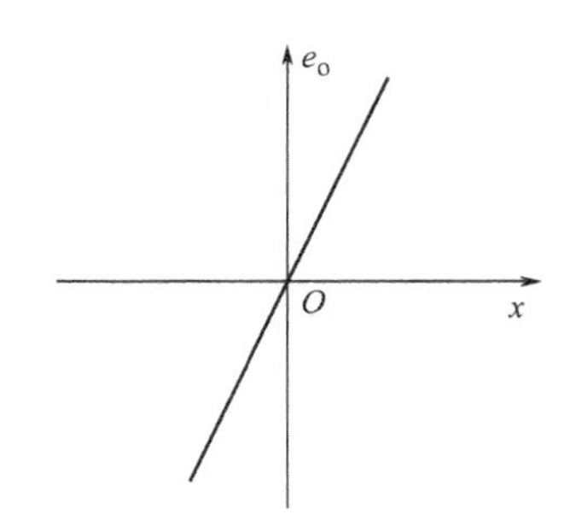

图 3-22　差动变压器输出特性

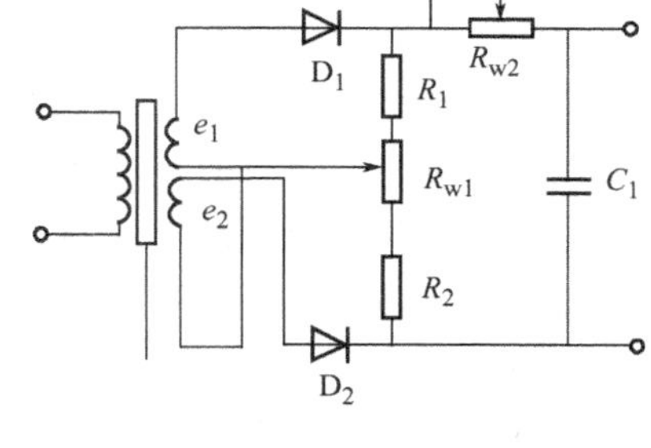

图 3-23　整流和滤波电路

由于两副边线圈不可能一切参数都完全相同，不容易做到十分对称，铁芯的磁化曲线也难免有非线性，因此铁芯在中央位置时 e_o 往往不等于零，即存在所谓残余电压。为了消除零点残余电压，在图 3-23 中使用了电位器 R_{w1}。通过电位器 R_{w1} 的调整，改变上下两支路的电阻分配，可使铁芯在正中央时输出为零。图 3-23 中的另一个电位器 R_{w2} 可作为改变仪表的满量程范围用。

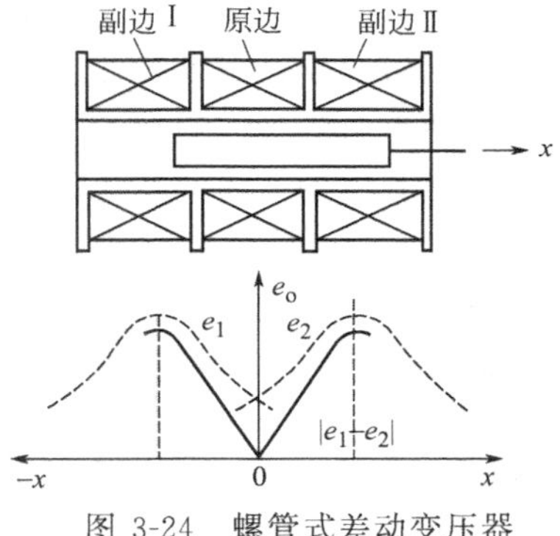

图 3-24　螺管式差动变压器

差动变压器除了图 3-21 所示的结构外，还有很多其他形式，图 3-24 为应用较多的螺管式差动变压器结构示意图。线圈骨架分成三段，其中原边线圈绕在中间段，副边分为匝数相等的两部分各绕在原边的两端。螺管式差动变压器的输出电势 e_o 与铁芯位移 x 之间的关系为图 3-24 所示。这种差动变压器结构简单，容易制作，可用来有较大位移的检测和信号转换。

4. 其他转换元件或方法

(1) 电感器　这是利用线圈互感原理把位移转换成电感量的变化。图 3-25 是一个典型的自感式转换元件，可动衔铁与敏感元件为刚性连接，当敏感元件在被测参数作用下产生位移时，使衔铁与铁芯之间的气隙长度 δ 发生变化，从而改变了线圈的感抗。从理论上可推出，电感量 L 与气隙长度 δ 等参数之间的关系为

$$L \approx \frac{N^2 \mu_0 S}{2\delta} \tag{3-32}$$

式中，N 为线圈的匝数；μ_0 为气隙的磁导率；S 为气隙的横断面积。

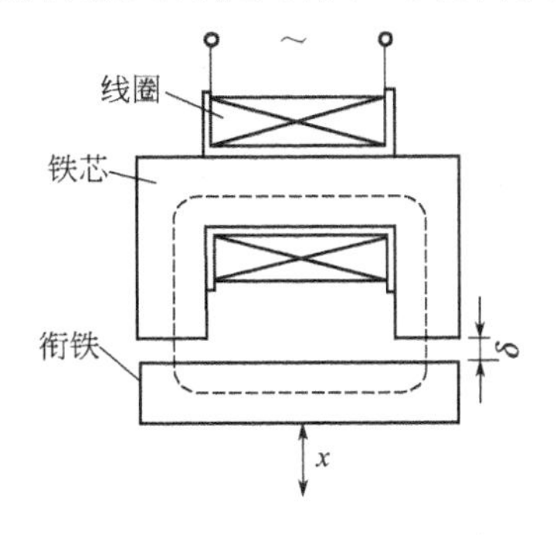

图 3-25　自感式转换元件

式 (3-32) 表明，线圈的电感量 L 与衔铁的位移成反比，从而实现了位移-电感量的转换，使用适当的转换电路

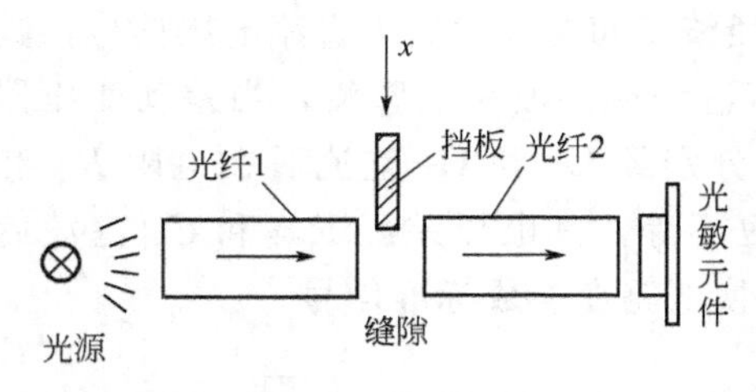

图 3-26 光纤式位移转换原理

可进一步把电感量转换成电压或电流信号。

(2) 光学法 光学法的原理是：首先将位移量转换成光强的变化，进一步用光敏元件把光信号转换成电信号。目前用来进行位移量转换的方法主要有反射法和透射法。反射法的转换原理已在第二章的第三节中介绍，见图 2-23 所示。图 3-26 是应用透射法进行位移-电信号转换的原理图。光纤 1 和光纤 2 之间有一缝隙，当挡板在该缝隙外面，即位移 $x=0$ 时，光纤 1 发出的光几乎被光纤 2 全部接收，光敏元件输出的电信号为最大；当挡板向下移动进入两光纤间的缝隙时，光纤 2 接收到的光强减弱，使光敏元件输出的电信号也减小；挡板的位移越大，则相应的输出信号就越小，从而实现了位移-电信号的转换。透射法的转换原理简单，但可测位移范围及线性均不如反射法。

二、电阻与电压的变换

在参数检测中，经常把被测变量转换成电阻量，这是因为电阻体容易制成，而且可以做得很精确，另外电阻量也很方便转换成电压或电流量，转换技术比较成熟。第二章中已指出，可以用敏感元件（实际上是一个电阻体）将很多参数的变化转换成电阻量的变化。例如，金属热电阻随被测温度的升高而导致电阻值上升；根据压阻效应，一些半导体电阻的阻值随作用在其上的压力的变化而增加或降低；在成分参数检测中，热导池中的电热丝一方面起产生热量的作用，另一方面，由于热量通过被测气体的热传导作用向壁面散发，达到平衡时热电丝的温度变化直接反映为热电丝的电阻值变化，因此电热丝同时起将被测气体的热导能力（即热导系数）转换为电阻值变化的作用。

把电阻信号转换成电压（或电流）主要有两种方法：一是外加电源，并和被测电阻一起构成回路，测量回路中的电流或某一固定电阻上的压降，这是典型的串联式转换电路，见图 3-4 所示，但是它存在着转换电路初始输出不为零，易受环境温度等参数的影响和灵敏度不高等问题；另一种方法是利用电桥进行转换。

应用电桥转换可以较好地解决串联式转换电路中存在的问题。

首先，当被测变量为初始状态 x_0 时，设敏感元件的初始电阻为 R_0，则可以调整电桥其他桥臂上的电阻值，使电桥达到平衡，这样可以保证当被测变量为“0”时，电桥的输出电压为零。

其次，利用电桥还能进行温度补偿，以补偿敏感元件的电阻值随温度变化的影响。有关这方面的应用实例参见图 3-9 及与之相关的内容。

最后，如果同时使用两个敏感元件或转换元件，并且它们能产生差动输出，即 $R_1=R_{10}+\Delta R$，$R_2=R_{20}-\Delta R$，则电桥的输出电压将增加一倍，同时从理论上讲非线性误差可降为零。如果采用四个电阻为检测元件，并且是两两差动，则输出电压还将增加一倍。因此，采用电桥转换电路有利于提高灵敏度。

电桥变换有多种形式，如不平衡电桥，平衡电桥以及双电桥等。其中不平衡电桥应用最多；平衡电桥主要在显示仪表中使用，将在第四章中详细讨论；双电桥在气体成分参数检测中用得较多。下面主要讨论不平衡电桥。

1. 不平衡电桥的电压灵敏度

图 3-27 所示为典型的不平衡电桥（为了叙述方便在本小节中简称电桥）。电桥应用在不

同的场合须采用不同的灵敏度。当电桥的输出端接输入阻抗很大的放大器或其他仪器时，则最关心的是电桥输出的电压灵敏度，其定义为单位被测电阻变化时所获得的输出电压值。设 $R_L=\infty$，则电桥的输出电压（也是负载电阻 R_L 上的电压）为

$$u_o=u_{AC}=\left(\frac{R_2}{R_1+R_2}-\frac{R_4}{R_3+R_4}\right)E \tag{3-33}$$

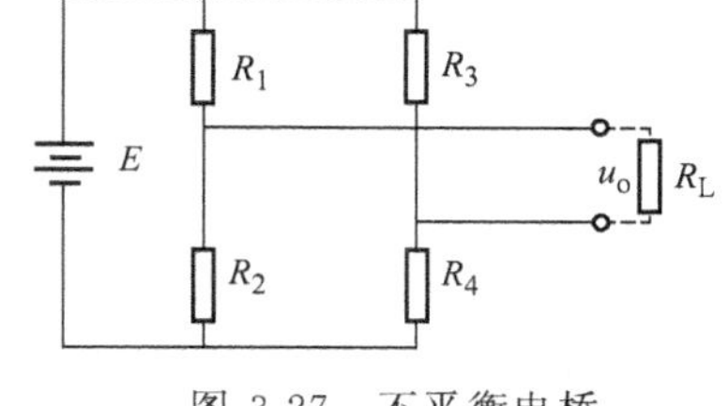

图 3-27　不平衡电桥

设初始状态时，电桥上各电阻的阻值分别为 R_{10}、R_{20}、R_{30}、R_{40}，并且应满足 $R_{10}R_{40}=R_{20}R_{30}$，这时电桥达到平衡，输出电压 $u_o=0$。

下面分几种情况分别进行讨论

（1）等臂电桥、单臂工作　所谓等臂电桥是指在初始状态时电桥四臂的电阻均相等，即 $R_{10}=R_{20}=R_{30}=R_{40}=R$；单臂工作是指只有 R_1 为敏感元件，且 $R_1=R_{10}+\Delta R$。在这种情况，式（3-33）变为

$$u_o=\frac{-R\Delta RE}{2R(2R+\Delta R)}=\frac{-\varepsilon E}{4+2\varepsilon} \tag{3-34}$$

式中，$\varepsilon=\Delta R/R$ 为敏感元件电阻的相对变化量。

（2）第一对称、单臂工作　所谓第一对称是指 $R_{10}=R_{20}$，$R_{30}=R_{40}$，且工作臂电阻 $R_1=R_{10}+\Delta R_1$，则可求得输出电压为

$$u_o=\frac{-\Delta R_1 E}{2(2R_{10}+\Delta R_1)}=\frac{-\varepsilon E}{4+2\varepsilon} \tag{3-35}$$

式中，$\varepsilon=\Delta R_1/R_{10}$。

式(3-35）表明：在单臂工作情况下第一对称与等臂电桥的输出电压式完全一样。

（3）等臂电桥、双臂工作　这是指 $R_{10}=R_{20}=R_{30}=R_{40}=R$，且 $R_1=R_{10}+\Delta R_1$，$R_2=R_{20}-\Delta R_2$，并有 $\Delta R_1=\Delta R_2=\Delta R$，在这种情况下，$u_o$ 为

$$u_o=-\frac{\Delta RE}{2R}=-\frac{1}{2}\varepsilon E \tag{3-36}$$

（4）等臂电桥、四臂工作　这是指 $R_{10}=R_{20}=R_{30}=R_{40}=R$，且四个桥臂电阻都随被测变量而变化，它们满足 $R_1=R_{10}+\Delta R_1$，$R_2=R_{20}-\Delta R_2$，$R_3=R_{30}-\Delta R_{30}$，$R_4=R_{40}+\Delta R_{40}$，其中$\Delta R_{10}=\Delta R_{20}=\Delta R_{30}=\Delta R_{40}=\Delta R$，在这种情况下，由式（3-33）可得

$$u_o=-\frac{\Delta RE}{R}=-\varepsilon E \tag{3-37}$$

上述四种情况的电桥输出电压汇总于表 3-2。

表 3-2　各种工作方式的电桥的输出电压与电流

工作方式	电压输出($R_L=\infty$)			电流输出($R_L=R_{TH}$)		
	u_o	近似式 u'_o	非线性误差($\varepsilon=10\%$)	I_o	近似式 I'_o	非线性误差($\varepsilon=10\%$)
等臂电桥 单臂工作	$\frac{-\varepsilon E}{4+2\varepsilon}$	$-\frac{1}{4}\varepsilon E$	5%	$\frac{-\varepsilon E}{R(8+5\varepsilon)}$	$\frac{-\varepsilon E}{8R}$	6.25%
第一对称 单臂工作	$\frac{-\varepsilon E}{4+2\varepsilon}$	$-\frac{1}{4}\varepsilon E$	5%	$\frac{-\varepsilon E}{R_{10}(4+3\varepsilon)+R_{30}(4+2\varepsilon)}$	$\frac{-\varepsilon E}{4(R_{10}+R_{30})}$	7.08% ($R_{10}=5R_{30}$)

续表

工作方式	电压输出($R_L=\infty$)			电流输出($R_L=R_{TH}$)		
	u_o	近似式 u'_o	非线性误差($\varepsilon=10\%$)	I_o	近似式 I'_o	非线性误差($\varepsilon=10\%$)
等臂电桥双臂工作	$-\frac{1}{2}\varepsilon E$	$-\frac{1}{2}\varepsilon E$	0	$\frac{-\varepsilon E}{R(4-\varepsilon^2)}$	$\frac{-\varepsilon E}{4R}$	0.25%
等臂电桥四臂工作	$-\varepsilon E$	$-\varepsilon E$	0	$\frac{-\varepsilon E}{R(2-\varepsilon^2)}$	$\frac{-\varepsilon E}{2R}$	0.5%

2. 不平衡电桥的电流灵敏度

当电桥输出接至磁电式仪表（如动圈式仪表）作直接显示时，由于这些显示仪表的内阻较小，而驱动动圈的力矩是与电流大小有关，所以需要重视电流灵敏度，其定义为单位被测电阻变化时所获得的输出电流值（有时也用功率来表示）。在这种情况下，$R_L\neq\infty$，故负载电阻 R_L 的影响应加以考虑。为了分析方便起见，根据戴维南定理可将图 3-27 的电桥部分的电路等效为图 3-5(b) 所示的等效电路。其中的等效电动势 E_{TH} 和等效电阻 R_{TH} 分别由式 (3-4) 和式 (3-5) 给出。

按照信息能量传递效率最高原则，则负载电阻 R_L 必须与 R_{TH} 匹配，即 $R_L=R_{TH0}$（R_{TH0} 为电桥为初始状态时的等效电阻）。在这种条件下，流过负载电阻 R_L 的电流 I_o 为

$$I_o=\frac{E_{TH}}{R_{TH}+R_L}=\frac{E_{TH}}{R_{TH}+R_{TH0}} \tag{3-38}$$

把不同电桥结构的有关电阻值代入式 (3-38) 可求得相应的输出电流，所有结果列于表 3-2 中。

3. 不平衡电桥的特性分析

通过对表 3-2 的分析可以得出以下几点。

① 在输出电压和电流表达式中，除了双臂和四臂工作的电压灵敏度外，其余与 ε 之间均存在一定程度的非线性，只有当 ε 很小时，$u_o(I_o)$ 与 ε 之间才可近似为线性关系。表 3-2 给出了当 $\varepsilon=10\%$ 时各输出值的非线性误差，当 ε 超过 10% 时，该误差值还会有明显的增加。

② 输出值 $u_o(I_o)$ 均与 ε 和 E 成正比，因此提高这两个量有利于提高电桥的输出值。但是提高电阻的相对变化量 ε 会使非线性误差上升；而提高电源电压 E 虽然不影响非线性，但受到元件允许耗散功率的限制。另外，由于输出值与 E 有关，因此电源电压的稳定度直接影响输出精度。

③ 电桥的工作方式不一样，灵敏度大小也不一样，单臂工作的电桥的灵敏度最低，其次为双臂工作的电桥，四臂工作的电桥的灵敏度为最高，而且后两者的非线性误差也为最小。因此，在有可能的情况下，应尽量采用这两种工作方式的电桥。

④ 在输出电压 u_o 表达式中，u_o 与电阻本身的绝对值无关，仅与相对变化量 ε 有关；而在输出电流 I_o 表达式中，I_o 与两者均有关系。

4. 交流电桥

交流电桥是指供给电桥工作的电源是交流电。电阻→电压的变换可以用直流电，也可以用交流电，但对于电容、电感等阻抗的变换则必须用交流电桥。直流电桥有灵敏度和精度都较高等特点，交流电桥的特点是其输出为交流信号，可以直接用没有零漂的交流放大器进行

放大。交流电桥的分析方法与直接电桥相同，对于纯电阻电桥，电桥平衡的条件(参见图3-27)是

$$R_1R_4=R_2R_3 \tag{3-39}$$

对于一般阻抗构成的电桥，当电桥达到平衡时有

$$Z_1Z_4=Z_2Z_3 \tag{3-40}$$

把阻抗写成实部和虚部

$$Z_i=R_i+\mathrm{j}X_i \tag{3-41}$$

式中，X_i 为阻抗为 Z_i 的电抗。

把式（3-41）代入式（3-40），整理后分成实部相等和虚部相等，得

$$R_1R_4-X_1X_4=R_2R_3-X_2X_3 \text{（实部相等）}$$

$$R_1X_4+R_4X_1=R_2X_3+R_3X_2 \text{（虚部相等）}$$

用阻抗代替直流电桥中的相应电阻，即可得到交流电桥的输出电压或电流表达式。至于电桥的具体性能分析，仍然可按前面直流电桥的类似方法进行，这里不再作具体讨论。

三、电容与电压的变换

在压力检测、物位检测和气体成分参数检测中，有时利用敏感元件（或加转换元件）把这些被测变量转换成电容器的电容量，然后再用转换电路将电容转换为电压。

电容器的形状可以有多种多样，常见的有平行板电容器、双圆筒式电容器和球面状电容器等。作为检测元件用的电容器的电容量变化可以是不同的原因引起的，主要有由于被测变量变化而改变几何形状（如电容器两极板间的距离）以及改变电容器中两极板间的介电常数。不管是哪种原因引起的电容变化，它们的外特性表现都相同。因此，下面只讨论电容-电压转换的一般原理，而不涉及电容器的结构以及它的应用。最后将较详细地介绍一个实例。

电容量的检测一般须用交流电源，而且频率应选高一些，以利于比较各容抗间的差别。但频率过高会使寄生电容的影响增大，反而不利。因此，一般采用频率为几千赫的交流电源。

电容检测的基本思路有两个：其一是把电容作为一个阻抗元件，按照电阻-电压转换的方式进行变换，但其中电源必须采用交流电；其二是充分利用电容的充放电特性进行变换。下面介绍几个常用的转换电路。

1. 桥式电路

图3-28为两个桥式电容-电压转换电路。图3-28(a)为单臂接法的桥式电路，电容 C_1、C_2、C_3、C_x 构成电容电桥的四个桥臂，其中 C_x 为电容检测元件。当 $C_x=C_{x0}$，并有

$$C_1C_3=C_2C_{x0} \tag{3-42}$$

时，该交流电桥达到平衡，输出电压 $\dot{u}_o=0$。

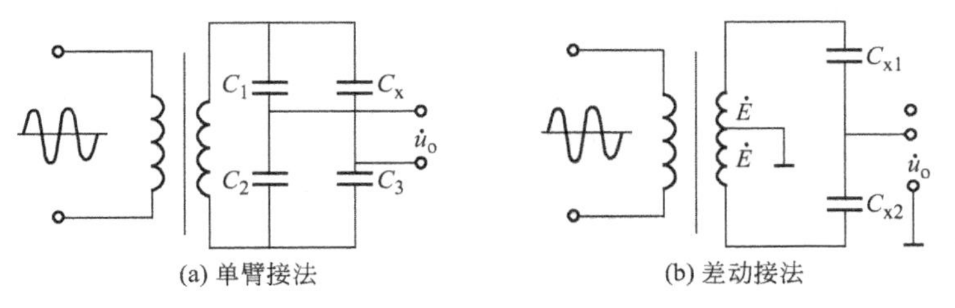

图 3-28　桥式电容-电压转换电路

当被测变量变化而使 C_x 变化时，电桥的输出电压为

$$\dot{u}_o=\frac{\frac{1}{j\omega C_2}\dot{u}}{\frac{1}{j\omega C_1}+\frac{1}{j\omega C_2}}-\frac{\frac{1}{j\omega C_3}\dot{u}}{\frac{1}{j\omega C_3}+\frac{1}{j\omega C_x}}=\frac{-C_2\Delta C\dot{u}}{(C_1+C_2)(C_3+C_{x0}+\Delta C)}=K\Delta C\dot{u} \quad (3\text{-}43)$$

式中，ω 为电源的角频率；$\Delta C=C_x-C_{x0}$ 为检测元件的电容增量；$K=-C_2/(C_1+C_2)(C_3+C_{x0}+\Delta C)$。当 $\Delta C \ll C_{x0}$时，K 可视为常数，则由式（3-43）可知，输出电压 $\dot{u}_o$ 是与电源同频率、与检测元件的电容增量 ΔC 成正比的高频交流电压。

图 3-28(b)为差动桥式转换电路，其左边两臂为电源变压器的副边绕组，设感应电势均为$\dot{E}$，另外两臂为检测元件的电容，并且有 $C_{x1}=C_0+\Delta C$ 和 $C_{x2}=C_0-\Delta C$，则电桥的空载输出电压 $\dot{u}_o$ 为

$$\dot{u}_o=\frac{C_{x2}-C_{x1}}{C_{x2}+C_{x1}}\dot{E}=-\frac{\Delta C}{C_0}\dot{E} \quad (3\text{-}44)$$

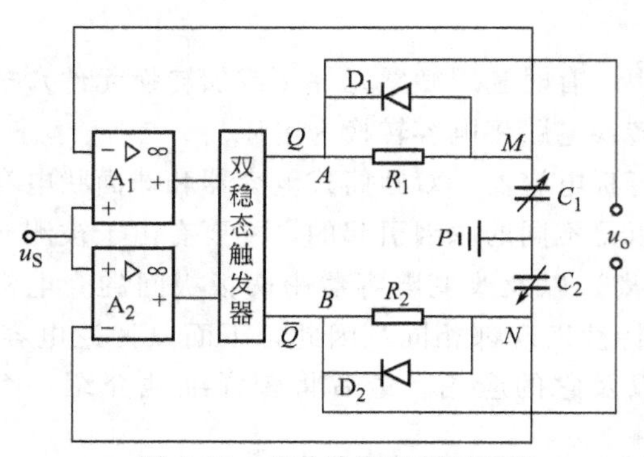

图 3-29 差动脉宽调制原理图

由式(3-44)可以看出，差动桥式转换电路有较高的灵敏度和良好的线性特性，因此电容的测量精度较高。

2. 脉宽调制电路

图 3-29 为脉冲宽度调制电路原理图。图中 C_1、C_2 为两个作为检测元件的电容，并且有 $C_1=C_0+\Delta C$，$C_2=C_0-\Delta C$。双稳态触发器的两个输出端 Q 及 $\bar{Q}$ 产生反相的方波脉冲电压。当 Q 端为高电平时，u_A 经 R_1 对 C_1 充电，使 u_M 升高。充电过程可用下式来描述

$$u_M=u_A(1-e^{-\frac{t}{T_1}}) \quad (3\text{-}45)$$

当忽略双稳态触发器的输出电阻，并认为二极管 D_1 的反向电阻无穷大时，则式（3-45）中的充电时间常数 $T_1=R_1C_1$。若 $t \ll T_1$，则有

$$u_M=\frac{u_A}{T_1}t \quad (3\text{-}46)$$

式（3-46）表明，若 C_1 越大，T_1 也越大，则 u_M 对 t 的斜率就越小，说明充电过程慢。当 $u_M>u_S$ 时，比较器 A_1 产生脉冲使双稳态触发器翻转，Q 端变为低电平，$\bar{Q}$ 端变成高电平。这时 C_1 上的电压经 D_1 迅速放电趋近零，而 $\bar{Q}$ 端的高电平开始向 C_2 充电，充电的过程与式（3-45）描述的一样，其中

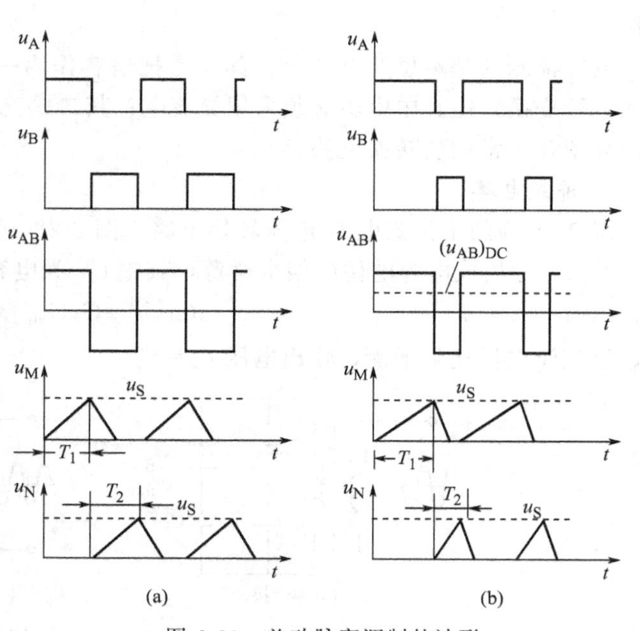

图 3-30 差动脉宽调制的波形

时间常数变为 $T_2=R_2C_2$。当 C_2 上的电压 u_N 超过参考电压 u_S，即 $u_N>u_S$ 时，比较器 A_2 产生脉冲使双稳态触发器重新变为初始状态。如此周而复始，Q 和 $\bar{Q}$ 端即 A、B 两点间便可输出方波。

由上述的分析可知，若取 $R_1=R_2$，则当 $C_1=C_2=C_0$ 时，$T_1=T_2$，两个电容器的充电过程完全一样，这样 A、B 间的电压 u_{AB} 为对称的方波，其直流分量为零。图 3-30(a) 给出了在 $C_1=C_2$ 时各点的波形情况。

若 $C_1>C_2(C_1=C_0+\Delta C;\ C_2=C_0-\Delta C)$，则 C_1 的充电过程的时间常数 T_1 就要延长，而 C_2 的充电过程的时间常数 T_2 就要缩短，这时 u_{AB} 的方波将不对称，各点的波形见图 3-30(b)所示。u_{AB} 的直流分量将大于零，由图 3-30 可得，其直流输出为

$$u_o=(u_{AB})_{DC}=\frac{T_1u_{Am}-T_2u_{Bm}}{T_1+T_2}=\frac{R_1C_1u_{Am}-R_2C_2u_{Bm}}{R_1C_1+R_2C_2} \tag{3-47}$$

式中，u_{Am}、u_{Bm} 为 u_A、u_B 的幅值。当 $u_{Am}=u_{Bm}=u_m$，$R_1=R_2$ 时，则式 (3-47) 变为

$$u_o=\frac{C_1-C_2}{C_1+C_2}u_m=\frac{\Delta C}{C_0}u_m \tag{3-48}$$

3. 运算放大器电路

以上两种转换电路主要适用于差动电容，对于由单个电容组成的检测元件可采用简单的运算放大器电路来实现电容-电压的转换，其转换电路如图 3-31 所示。图中 C_0 为已知电容，作为输入容抗，C_x 为被测电容，作为反馈容抗，$\dot{E}$ 为外加的高频电源。根据运算放大器一般原理，在放大器放大倍数和输入阻抗足够大时，放大器的输出电压为

$$u_o=\frac{\frac{1}{j\omega C_x}}{\frac{1}{j\omega C_0}}\dot{E}=-\frac{C_0}{C_x}\dot{E} \tag{3-49}$$

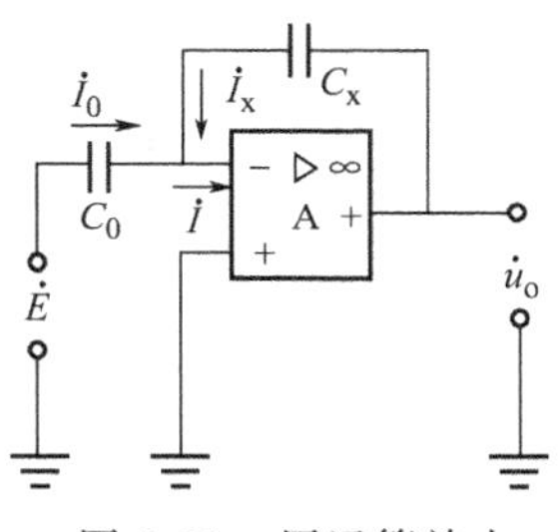

图 3-31 用运算放大器测量电容电路

式(3-49) 表明，放大器的输出 u_o 与被测电容 C_x 成反比。如果被测电容是位移检测用的平行板，因为 C_x 与位移 d 成反比，则 u_o 与 d 成线性正比关系。

图 3-31 所示的运算放大器电路虽然易于实现，但它主要存在两个问题：一是该电路没有零输出，也就是说当 C_x 为初始状态时，输出电压不为零，为解决这个问题，需要增加零点调整电路；二是被测电容 C_x 的引线等的寄生电容影响较大，而且这种影响不是一般屏蔽和接地所能克服的，必须用等电位屏蔽，也就是采用“驱动电缆”技术，它需要严格保证放大倍数 1∶1 的放大器和双层屏蔽电缆，这一般不容易做到。

4. 谐振电路

谐振电路如图 3-32 所示，高频电源经变压器给由 L、C_1、C_x 构成的谐振电路供电，取被测电容 C_x 两端的电压 $\dot{u}_c$ 经放大器放大及变换后输出。根据图 3-32 (b) 的等效电路，可以求得电容器两端的电压 $\dot{u}_c$ 为

$$\dot{u}_c=\frac{\frac{1}{j\omega C}}{R+j\omega L+\frac{1}{j\omega C}}\dot{E}=\frac{\dot{E}}{1-\omega^2LC+j\omega RC} \tag{3-50}$$

式中，$C=C_1+C_x$。由此可确定的谐振频率ω_r为

$$\omega_r=\frac{1}{\sqrt{LC}} \tag{3-51}$$

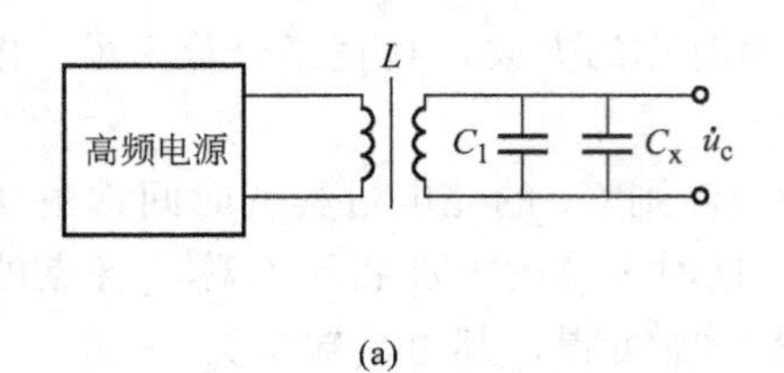

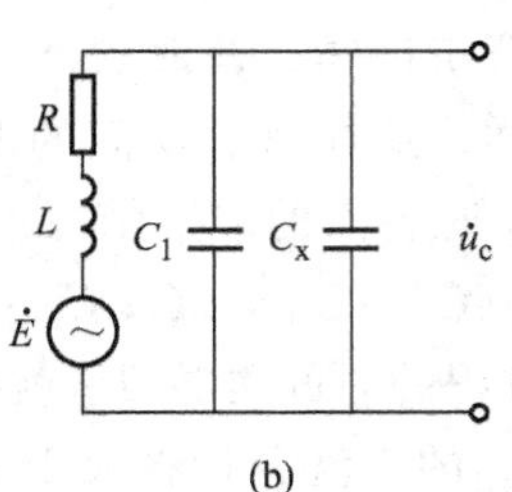

图 3-32 谐振电路

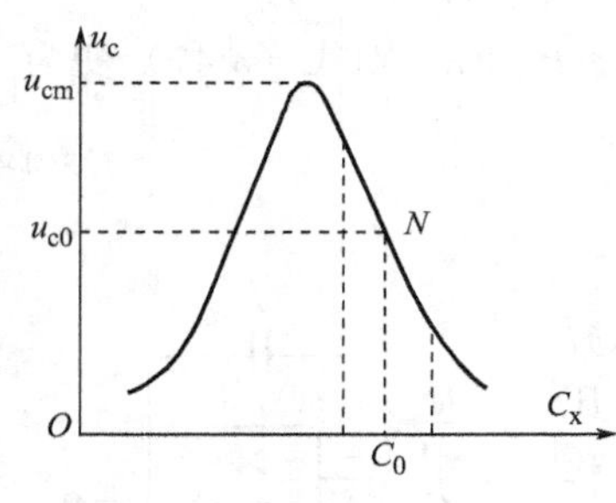

图 3-33 谐振电路的特性曲线

该频率即为供电电源的频率。在这个频率下，输出电压u_c与电容C_x之间的特性曲线为图 3-33 所示。改变调谐电容C_1，使输出电压u_c为谐振电压u_{cm}的一半，这时电路在特性曲线的N点上。该点称为工作点，是特性曲线右半直线段的中间处，这样就保证了输出u_c与电容变化量ΔC的线性关系。如果被测变量在测量范围内使ΔC的变化值不超过特性曲线的右半段直线区，则能确保输出与被测量间的单值线性关系。

5. 电容转换电路实例

下面介绍一个电容式差压变送器。它的敏感元件为膜片，和两个固定极板一起构成差动式电容，如图 3-19 所示。由本节中位移与电信号的变换讨论可知，电容与差压间有如下关系

$$\frac{C_L-C_H}{C_L+C_H}=\frac{C_0}{C_A}=K\Delta p \tag{3-52}$$

式(3-52) 说明，差动电容的相对变化值与被测差压成线性关系。下面进一步讨论将电容的相对变化转换成电流（电压）的转换电路。

图 3-34 是电容式差压变送器电容-电流转换电路原理图。电路由振荡器、解调器和振荡控制放大器等部分组成。

（1）振荡器　振荡器由晶体管T_1、电阻R_{29}、电容C_{20}以及变压器线圈$L_{5\text{-}7}$和$L_{6\text{-}8}$组成，其作用是向被测电容C_L和C_H提供高频电源。

振荡器的供电电压为u_{EF}，它由运算放大器A_1的输出供给，u_{EF}的大小可以控制振荡器的输出幅度。图中$L_{6\text{-}8}$和$L_{5\text{-}7}$为同一变压器的两组线圈，该变压器的磁芯上还有其他三组线圈：

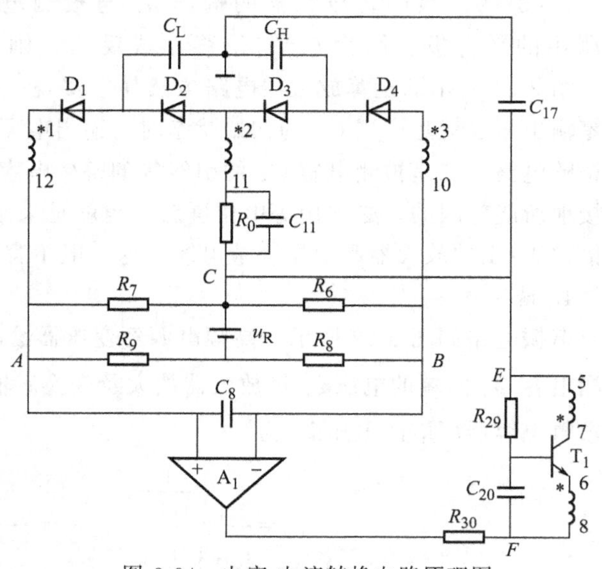

图 3-34 电容-电流转换电路原理图

$L_{1\text{-}12}$、$L_{2\text{-}11}$和 $L_{3\text{-}10}$（参见图 3-34）。线圈 $L_{6\text{-}8}$和电容 C_{20}构成串联谐振回路，接在晶体管 T_1 的发射极和基极间。R_{29}决定 T_1 的静态偏流。当线圈 $L_{5\text{-}7}$电流增大时，7 端的电位下降，由变压器耦合到线圈 $L_{6\text{-}8}$上，使同名端 6 的电位下降，引起基极电流加大，进而加大了集电极电流。反之，流过线圈 $L_{5\text{-}7}$的电流减小时又通过上述正反馈使该电流进一步减小。从而使电路处于振荡状态，其频率决定于 $L_{6\text{-}8}$和电容 C_{20}，此处设计成 32kHz。

（2）解调器　解调器用于对通过差动电容 C_L 和 C_H 的高频电流（由变压器耦合至 $L_{1\text{-}12}$、$L_{2\text{-}11}$和 $L_{3\text{-}10}$）进行半波整流，它包括二极管 D_1～D_4，分别构成四个半波整流电路。

当振荡器输出为正半周时，即同名端为正时，D_2 和 D_3 导通，而 D_1 和 D_4 截止。线圈 $L_{2\text{-}11}$产生的电压经路径

$$L_{2\text{-}11} \rightarrow D_2 \rightarrow C_L \rightarrow C_{17} \rightarrow \text{C 点} \rightarrow R_0 /\!/ C_{11} \rightarrow L_{2\text{-}11}$$

形成电流 I_L；同时线圈 $L_{3\text{-}10}$产生的电压经路径

$$L_{3\text{-}10} \rightarrow D_4 \rightarrow C_H \rightarrow C_{17} \rightarrow C\ \text{点} \rightarrow R_6 /\!/ R_8 \rightarrow L_{3\text{-}10}$$

形成电流 I_H。

当振荡器输出为负半周时，D_1 和 D_4 导通，而 D_2 和 D_3 截止。线圈 $L_{1\text{-}12}$产生的电压经路径

$$L_{1\text{-}12} \rightarrow R_7 /\!/ R_9 \rightarrow \text{点 C} \rightarrow C_{17} \rightarrow C_L \rightarrow D_1 \rightarrow L_{1\text{-}12}$$

形成电流 I'_L；同时线圈 $L_{2\text{-}11}$产生的电压经路径

$$L_{2\text{-}11} \rightarrow R_0 /\!/ C_{11} \rightarrow \text{点}\ C \rightarrow C_{17} \rightarrow C_H \rightarrow D_3 \rightarrow L_{2\text{-}11}$$

形成电流 I'_H。

考虑到在各个电流路径上都是以 C_H 或 C_L 的容抗为主要成分，其他电阻及电容的阻抗相对来说都非常小，可以忽略，所以按半波整流的平均电流关系，可以写出

$$I_H = \frac{u_m}{\pi} 2\pi f C_H = 2u_m f C_H \tag{3-53}$$

$$I_L = \frac{u_m}{\pi} 2\pi f C_L = 2u_m f C_L \tag{3-54}$$

式中，u_m 为线圈 $L_{1\text{-}12}$、$L_{2\text{-}11}$和 $L_{3\text{-}10}$的电压峰值；f 为振荡电源的频率。

在波形对称的情况下，有

$$I_H = I'_H, I_L = I'_L$$

这样，流过 R_0/C_{11}的电流为

$$I_d = I_L - I'_H = I_L - I_H = 2u_m f (C_L - C_H) \tag{3-55}$$

该电流即为解调器输出的差动信号，作为下一级电流放大器的输入信号

（3）振荡控制放大器　振荡控制放大器 A_1 的作用是使流过 D_1 和 D_3 的电流和 $I'_L + I_H$ 等于常数。

由图 3-34 可知，放大器 A_1 的输入端有两个电压信号作用：一个是基准电压 u_R（由稳压电路提供）在由 R_6、R_7、R_8 和 R_9 组成的不平衡电桥上的输出电压 u_1；另一个是电流 I'_L在$R_7 /\!/ R_9$上的电压与 I_H 在 $R_6 /\!/ R_8$ 上电压之和 u_2。它们分别为

$$u_1 = \frac{R_8}{R_8 + R_6} u_R - \frac{R_9}{R_7 + R_9} u_R \tag{3-56a}$$

$$u_2 = \frac{R_7 R_9}{R_7 + R_9} I'_L + \frac{R_6 R_8}{R_6 + R_8} I_H \tag{3-56b}$$

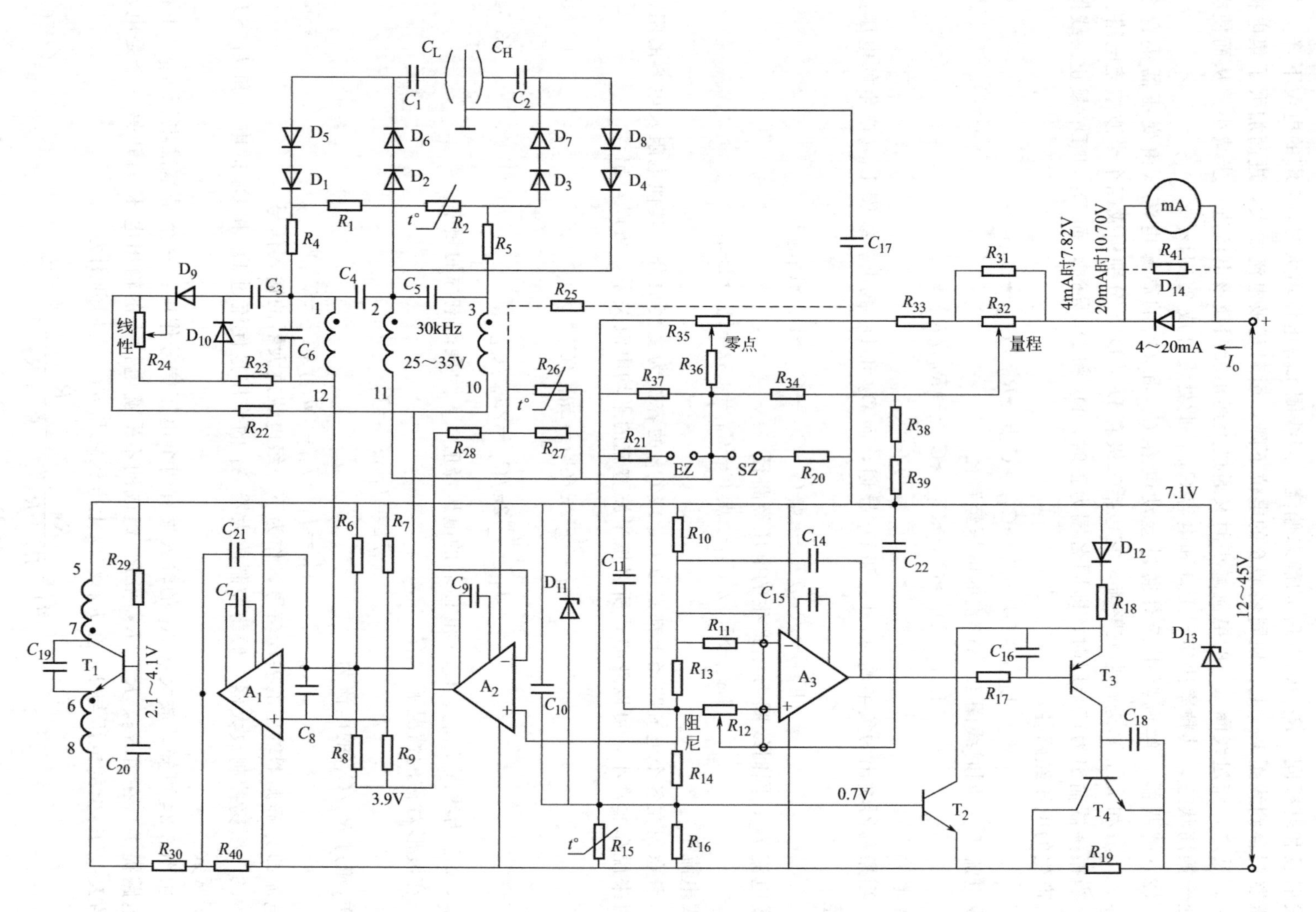

图 3-35　1151 型电容式差压变送器电路图

由于 $R_6=R_9$，$R_7=R_8$，$I'_L=I_L$，故式(3-56) 可改写为

$$u_1=\frac{R_8-R_9}{R_6+R_8}u_R \tag{3-57a}$$

$$u_2=\frac{R_6R_8}{R_6+R_8}(I_L+I_H) \tag{3-57b}$$

因为电压 u_1 和 u_2 的方向相反，又考虑到放大器 A_1 的倍数很高，理想情况下两个输入端之间的电压为零，因此有 $u_1=u_2$，则由式（3-57）可得

$$I_L+I_H=\frac{R_8-R_9}{R_6R_8}u_R \tag{3-58}$$

上式中 R_6、R_8、R_9 和 u_R 均恒定不变，因此 I_L+I_H 也恒定不变。

由式(3-53) 和式(3-54) 可得

$$I_L+I_H=2u_m f(C_L+C_H) \tag{3-59}$$

把式(3-58) 和式(3-59) 代入式(3-55)，整理后得

$$I_d=I_L-I_H=\frac{(R_8-R_9)u_R}{R_6R_8}\cdot\frac{C_L-C_H}{C_L+C_H}=K_1\frac{C_0}{C_A} \tag{3-60}$$

式中，$K_1=(R_8-R_9)u_R/(R_6R_8)$ 为常数。又由式（3-30）可进一步将式（3-60）改写为

$$I_d=I_L-I_H=K_1K\Delta p \tag{3-61}$$

式(3-61) 表明，差动信号 I_d 正比于被测差压，该电流流经 $R_0 /\!/ C_{11}$ 作为后级运算放大器 A_3 的输入，其中 R_0 为对电容 C_{11} 而言两端的等效电阻。

图 3-35 为 1151 系列电容式差压变送器的电路原理图，图中除了电容-电流 I_d 的转换（其等效电路如图 3-34 所示）外，还有电流放大、量程调整、零点调整以及补偿等功能，其中与运算放大器 A_3 有关的电路为核心电路，其等效简图为如图 3-36 所示。

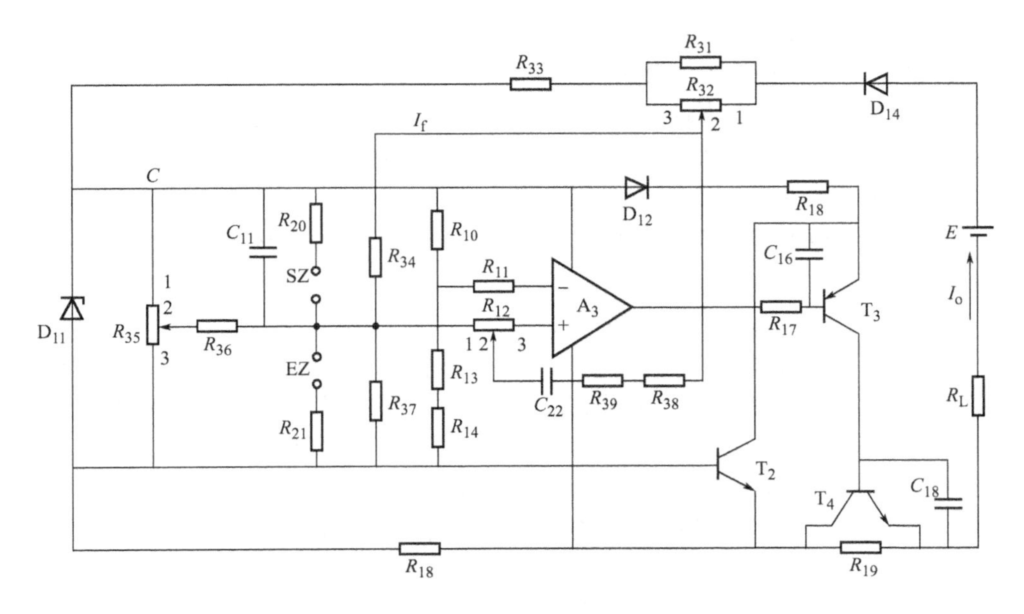

图 3-36 放大电路的等效简图

在图 3-36 中，运算放大器 A_3 和晶体管 T_3、T_4 及有关元件组成电流放大电路，其中 A_3 起电压放大作用，T_3 和 T_4 组成复合管将 A_3 的输出电压转换为变送器的输出电流 I_o。

由前面的分析可知，当差压 Δp 的作用产生差动信号 I_d 后，对 C_{11} 充电，使运算放大器 A_3 的同相输入端电位减小（设 A_3 的电源正极为零电位），A_3 的输出电位也下降，即 T_3 的发射结电压增加，其集电极电流，也就是 T_4 的基极电流增加，使 T_4 的发射极电流增大，该电流即为变送器的输出电流 ΔI_o，ΔI_o 经由 R_{31}、R_{32}、R_{33} 和 R_{34} 组成的反馈网络，所形成的反馈电流 ΔI_f 也增加。ΔI_f 经 R_{34} 对 C_{11} 反向充电，使 A_3 同相输入端的电位提高。当 $\Delta I_f \approx I_d$ 时，该电位保持一定，相应的输出电流 ΔI_o 也为一定，这时 ΔI_o 与 I_d 成正比，由图 3-36 可求得 ΔI_f 与 ΔI_o 的关系为

$$I_f = \frac{R_{33}+R_a}{R_{33}+R_a+R_b+R_{34}}\Delta I_o \tag{3-62}$$

式中 $$R_a = \frac{R_{31}R_{32(2\text{-}3)}}{R_{31}+R_{32}},\quad R_6 = \frac{R_{32(1\text{-}2)}R_{32(2\text{-}3)}}{R_{31}+R_{32}}$$

由于 $R_{34} \gg (R_{33}+R_a+R_b)$，而且 $\Delta I_f \approx I_d$，则

$$\Delta I_o = \frac{R_{34}}{R_{33}+R_a} I_d \tag{3-63}$$

式(3-63) 表明，输出电流变化量 ΔI_o 与 I_d 成正比关系，并且只与 R_{32}、R_{33} 和 R_{34} 三个电阻有关。改变 R_a 的大小，即调节电位器 R_{32} 可改变输出 ΔI_o 的大小，实现量程的调节。

稳压管 D_{11} 两端电压为 6.4V，此电压经电位器 R_{35} 和电阻 R_{36}、R_{37} 的分压送往 A_3 的同相输入端，经过 T_3 和 T_4 放大后得到输出电流 I_o，在差压 $\Delta p=0$ 时，即 $I_d=0$，调节 R_{35}，可使输出电流 $I_o=4\text{mA}$（实际上，I_o 中还包括线路中各元件如运算放大器、电阻等的工作电流，其值约为 2.7mA），因此 R_{35} 为调零电位器。如果要加大零点的调整幅度，如进行正负迁移，可将 SZ 或 EZ 短接，使 A_3 的同相输入端有较大的电位改变，然后再由 R_{35} 进行微调。

图 3-36 中的 D_{12}、R_{18} 和 T_2 组成输出限幅电路。当输出电流 I_o 增大时，R_{18} 上的压降也增大，T_2 的集电极与发射极之间的电压 u_{ce} 减小，当 I_o 增大到一定值时，使 T_2 进入饱和区，这时 I_o 不能再增加，从而限制了输出电流。该电路的最大输出电流约为 30mA。

电阻 R_{38}、R_{39}，电位器 R_{12} 和电容 C_{22} 构成阻尼电路，其中 R_{12} 为阻尼时间调整电位器，阻尼时间的可调范围为 0.2～1.67s。

二极管 D_{14} 用于电源极性反向保护，同时当变送器指示表未接通时，为输出电流提供通路。

图 3-35 的电路中其他元件的作用如下。

电阻 R_1、R_2、R_4 和 R_5 用于量程温度补偿，其中 R_2 为负温度系数的热敏电阻。

电阻 R_{26}～R_{28} 构成零点温度补偿电路，用于解决变送器零点随温度而变的问题。

运算放大器 A_2 用来产生基准电压 u_R，作为不平衡电桥的供电电源。

电阻 R_{22}～R_{24} 和二极管 D_9、D_{10} 组成线性调整电路，克服由于被测电容的分布电容影响造成的 I_d 与 Δp 之间的非线性。由于分布电容的存在，使式（3-30）中的 K 随 Δp 的增加而增大。通过线性调整电路，使（I_L+I_H）随 Δp 的增加而减小，从而保证（I_L+I_H）与 K 的乘积保持不变，达到了非线性补偿的目的。

四、电压与电流之间的变换

在转换电路中，经常需要将电压信号转换成电流信号，或将电流信号转换成电压信号。下面分别予以介绍。

1. 电压-电流的转换

一般集成运算放大器的输出为电压信号，输出功率较小，为此需要进行电流放大，并转换成统一的标准电流输出，以便显示或与其他仪表（如DDZ电动单元组合仪表）配套使用。

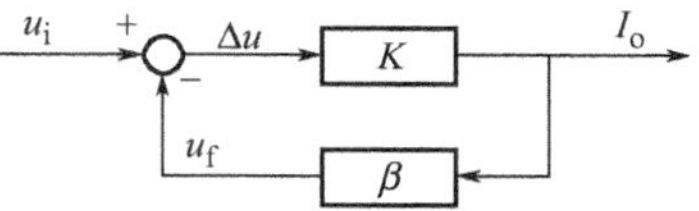

图 3-37　电压-电流转换方框图

电压-电流转换的原理框图如图 3-37 所示。由图可得输出电流与输入电压之间的关系为

$$I_o=\frac{K}{1+K\beta}u_i \tag{3-64}$$

由式(3-64)不难看出，当放大器的放大倍数 K 足够大，且 $K\beta\gg1$ 时，输出电流 $I_o\approx u_i/\beta$ 只与反馈系数 β 有关。由图 3-37 可知，要得到具有恒流特性的输出电流 I_o，要求电路有电流负反馈。根据上述原理组成的电路有很多，下面是其中的两个例子。

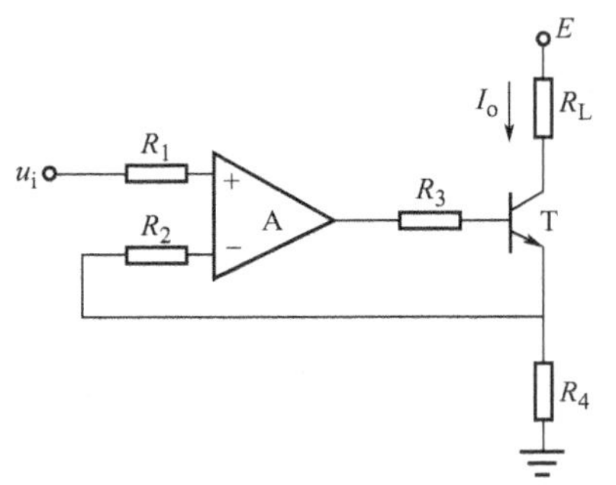

图 3-38　常见的电压-电流转换电路

图 3-38 是一个最常见的电压-电流转换电路。设放大器 A 的放大倍数很大，两输入端的电位可近似相等；又设晶体管 T 的基极电流忽略不计，则流过电阻 R_4 的电流与流过 R_L 的电流近似相等。当输入电压为 u_i 时，输出电流为

$$I_o=\frac{u_i}{R_4} \tag{3-65}$$

取 $R_4=100\Omega$，则当 $u_i=0\sim1V$ 时，输出电流 $I_o=0\sim10mA$。

图 3-39 为另一个电压-电流转换电路。它和图 3-38 的主要区别是输入信号 u_i 是以 u_B 为基准的电压，加入放大器的反相端；另外，在放大器的同相端加有相对于基准电压 u_B 为 u_z 的电压。为了分析方便，可以把晶体管 T 看成为 A 的一部分，化简后的等效电路为图 3-39（b）。设计时使 $R_1=R_2=R_3=R_4$，则可以求得 R_7 上的电压为

$$u_{R_7}=-u_i+u_z \tag{3-66}$$

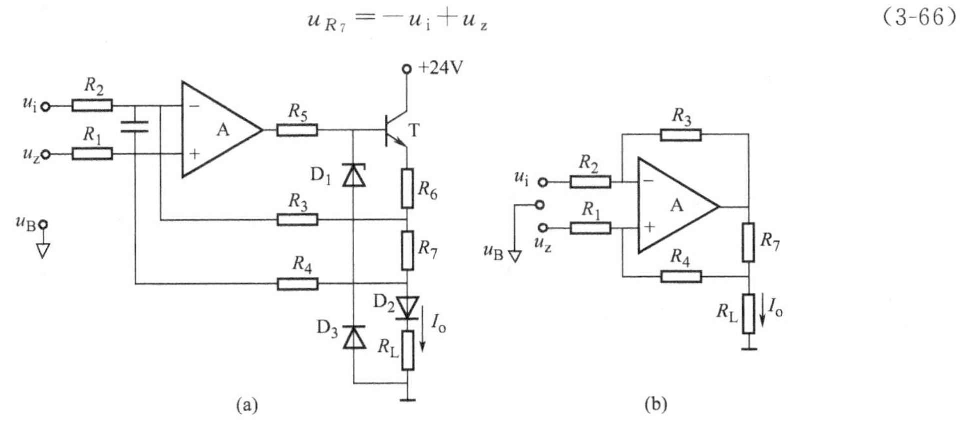

图 3-39　有基准电压的电压-电流转换电路

由于 $R_4(1M\Omega)\gg R_L(<1.5k\Omega)$，可以认为流过负载电阻 R_L 的电流 I_o 等于流过 R_7 的电流，因此

$$I_o=\frac{u_{R_7}}{R_7}=\frac{-u_i+u_z}{R_7} \tag{3-67}$$

取 R_7 为 250Ω，并使 $u_z=1\text{V}$，则由式（3-67）可知，当 u_i 为 0～－4V 变化时，$I_o=4\sim20\text{mA}$。

图 3-39(a) 中，稳压管 D_1 用于限制最大输出电流 I_o；D_2 用于提高 T 发射极电位，以满足放大器 A 输出电压范围要求，保证放大器在 $R_L=0$ 时仍能正常工作；D_2 同时和 D_3 一起作输出保护之用。

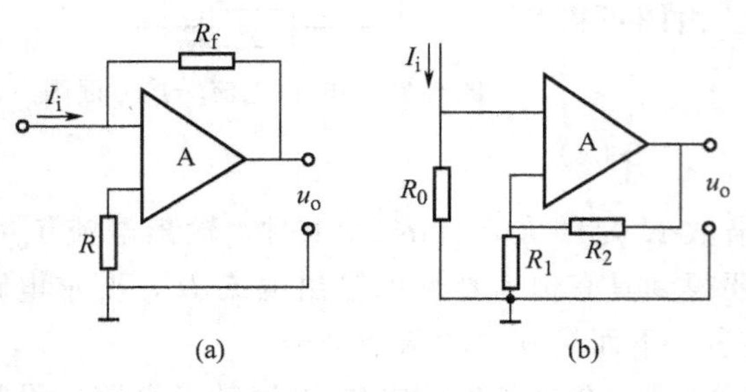

图 3-40 两种电流-电压转换电路

2. 电流-电压的转换

电流-电压的转换比较简单，一般只需用一个集成运算放大器就能实现。图 3-40 是两个典型的电流-电压转换电路，其中图 3-40(a) 的输出电压 u_o 与输入电流 I_i 之间的关系为

$$u_o=-R_fI_i \tag{3-68}$$

图 3-40(b) 的输出电压为

$$u_o=R_0\left(1+\frac{R_2}{R_1}\right)I_i \tag{3-69}$$

第三节 典型仪表的信号变换举例

本节将以两种典型的仪表为例，比较系统地介绍这些仪表的整体结构以及敏感元件、转换元件和信号转换之间的关系。

一、差压变送器

目前使用较多的差压变送器主要有两类：一类是电容式差压变送器；另一类是力矩平衡式差压变送器。

1. 电容式差压变送器

电容式差压变送器的外形结构见图 3-41。它主要由检测部分和信号变换部分构成，前者的作用是把被测差压 Δp 转换成电容量的变化；后者是进一步将电容的变化量转换成标准的电流信号。

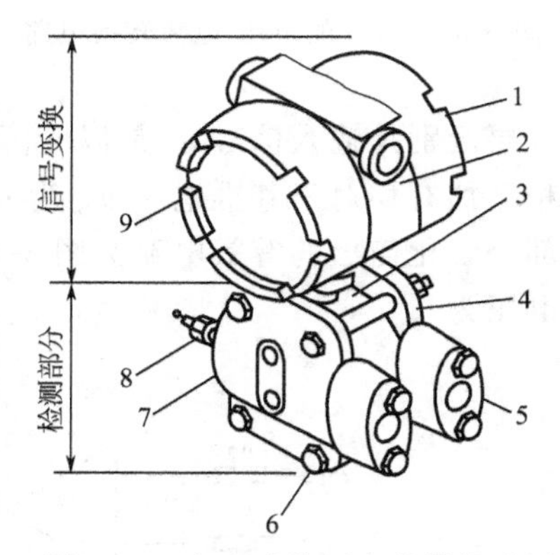

图 3-41 电容式差压变送器外形图

1—线路板罩盖；2—线路板壳体；3—差动电容敏感部件；4—负压侧法兰；5—引压管接头；6—紧固螺栓；7—正压侧法兰；8—排气/排液阀；9—排线端罩盖

检测部分的结构如图 3-42 所示。检测部分的核心是差动电容器，包括作为敏感元件的中心测量膜片 6（即差动电容的可动电极），正、负压侧弧形电极 10、8（即差动电容的固定电极）。中心测量膜片 6 分别与正、负压侧弧形电极 10、8 以及正、负压侧隔离膜片 16、5 构成封闭室，室中充满灌充液（硅油或氟油），用以传递压力。正、负压侧隔离膜片 16、5 的外侧分别与正、负压侧法兰 12、7 构成正、负压测量室。

当正、负压测量室引入被测压力，作用于正、负压侧隔离膜片上时，p_H 和 p_L 通过灌充液的传递分别作用于中心测量膜片的两侧（见图 3-19）。由于 p_H 和 p_L 的压力差使测量膜片产生位移，从而使测量膜片与其两边的弧形电极的间距发生变化，结果使测量膜片与正压侧弧形电极构成的电容 C_H 减小，而测量膜片与负压侧弧形电极构成的电容 C_L 增加。电容的变化与差压之间的关系见式（3-30）。

电容-电流的信号变换已在本章的第二节中有详细的介绍，这里不再赘述。

2. 力矩平衡式差压变送器

在本章的第一节中曾介绍了 DDZ-Ⅱ型差压变送器，这里讨论 DDZ-Ⅲ型电动差压变送器。它的结构原理如图 3-43 所示。敏感元件为膜片 3，膜片与主杠杆 5 刚性连接。当正、负压室 2、1 有差压存在时，膜片将向负压室方向产生位移，并对主杠杆 5 下端旋以力 F_i，使主杠杆以轴封膜片 4 为支点顺时针偏转，同时以力 F_1 沿水平方向推动矢量机构 8。矢量机构将推力 F_1 分解成 F_2 和 F_3，F_2 使矢量机构的推板向上偏转，并带动副杠杆 14 以支点 M 逆时针偏转，这使固定在副杠杆上的衔铁 12 靠近差动变压器 13，两者之间距离的变化量再通过低频位移检测放大器 15 转换并放大为4～20mA的直流电流 I_o，作为变送器的输出；同时，该电流又流过电磁反馈装置的反馈线圈 16，产生电磁反馈力 F_f，使副杠杆顺时针偏转。当输入力与反馈力对杠杆系统所产生的力矩达到平衡时，变送器便达到一个新的平衡状态。这时，低频位移检测放大器的输出电流 I_o 反映了输入差压 Δp 的大小。

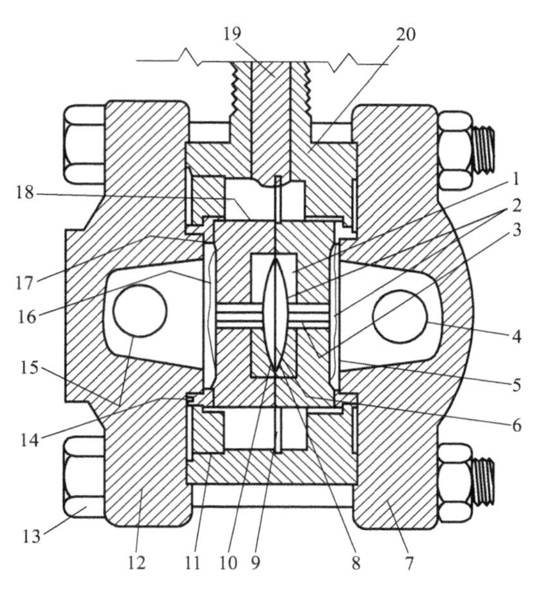

图 3-42　电容式变送器检测部分结构图

1—玻璃绝缘体；2—灌充液；3—陶瓷导管；4—负压侧引压口；5—负压侧隔离膜片；6—中心测量膜片；7—负压侧法兰；8—负压侧弧形电极；9—电路板；10—正压侧弧形电极；11—压环；12—正压侧法兰；13—固定螺栓；14—焊接密封环；15—正压侧引压口；16—正压侧隔离膜片；17—O 型密封环；18—敏感部件基座；19—密封管；20—敏感部件壳体

为了便于分析输出电流与输入差压之间的关系，可以画出对应于图 3-43 差压变送器的方框图，如图 3-44 所示。图中，A_d 为测量膜片的有效面积；C 为副杠杆系统的偏转刚度；α 为副杠杆的偏转角度；S 为衔铁位移；K 为低频位移检测放大器的放大系数；K_f 为电磁反馈装置的转换系数；其余符号见图 3-43 的标注。

由图 3-44 可知，当 $l_s K K_f l_f / C \gg 1$ 时，差压变送器的输入与输出之间有如下关系

$$I_o = \frac{A_d \tan\theta l_1 l_3}{l_2 l_f K_f} \Delta p \tag{3-70}$$

式中，A_d、l_1、l_2、l_3、l_f 是固定不变的系数。因此，输出电流与输入差压之间的比例关系可通过调整 $\tan\theta$ 和 K_f 来改变（即改变变送器的量程）。$\tan\theta$ 的改变是通过调节量程调整螺钉（见图 3-43 中的 11）来调整矢量机构的夹角 θ 实现的，θ 增大，I_o 增大，量程变小。θ 角的可调节范围一般为4°～15°。K_f 的改变是通过改变反馈线圈的匝数实现的。反馈线圈由 W_1 和 W_2 两部分组成，在高量程挡时，W_1 与 W_2 串联使用，产生的反馈力 F_f 较大；在低量程挡时，W_2 被短接，由此产生的反馈力较小。有关反馈线圈的连接方式参见图 3-45。

图 3-45 为低频位移检测放大器原理图，它的作用是将衔铁相对于差动变压器的位移变化转换成电流输出。晶体管 T_1、差动变压器的初级线圈 L_{AB}和次级线圈 L_{CD}、C_4 等组成低频振荡器，其中 L_{AB}和 C_4 构成并联谐振回路。控制衔铁与差动变压器之间的距离在一定的范围内，则可保证 u_{AB}和 u_{CD}同相位，满足振荡的相位条件。当衔铁位移改变时，耦合系数

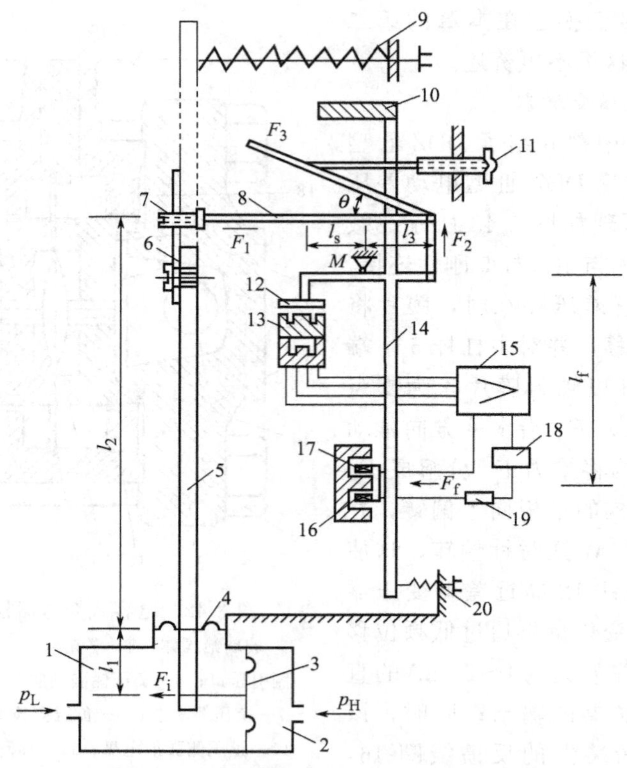

图 3-43 DDZ-Ⅲ型差压变送器结构示意图

1—负压室；2—正压室；3—膜片；4—轴封膜片；5—主杠杆；6—过载保护簧片；7—静压调整螺钉；8—矢量机构；9—零点迁移弹簧；10—平衡锤；11—量程调整螺钉；12—位移检测片（衔铁）；13—差动变压器；14—副杠杆；15—低频位移检测放大器；16—反馈线圈；17—永久磁钢；18—电源；19—负载；20—调零弹簧

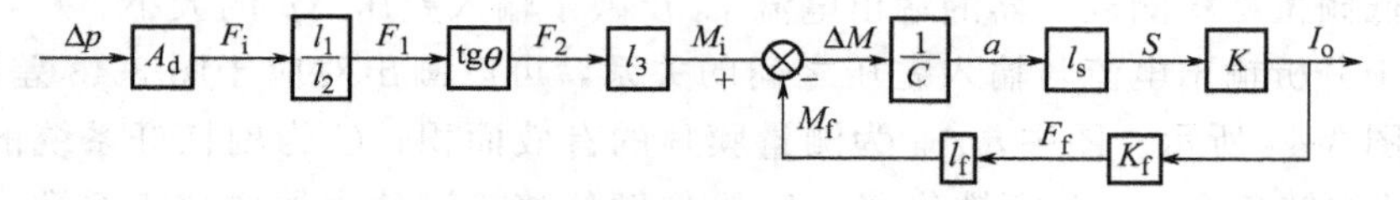

图 3-44 DDZ-Ⅲ差压变送器方框图

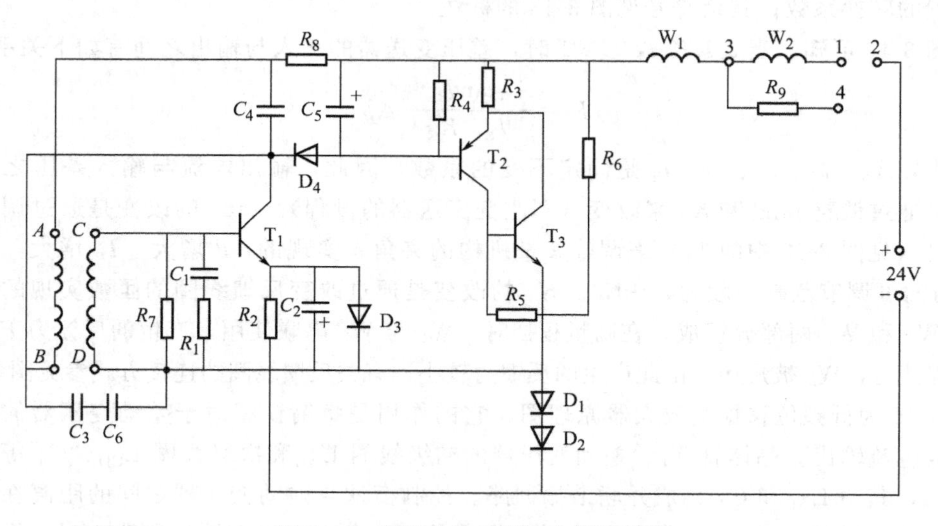

图 3-45 低频位移检测放大器原理图

M 随之改变，即改变了振荡电路的正反馈系数，从而使 u_{CD} 和 u_{AB} 发生变化。低频振荡器的输出电压 u_{AB} 经二极管 D_4 整流，并通过由电阻 R_8 和电容 C_5 组成的厂形滤波器滤波。滤波后的信号经 T_2 和 T_3 进行功率放大，使输出电流为 4～20mA。作为功率放大器的负载之一，反馈线圈 W_1 和 W_2 串联在输出回路中，当 1-2 短接时，反馈系数 K_f 较大，为高量程挡；当 1-3 和 2-4 短接时，反馈系数 K_f 较小，为低量程挡。

二、氧化锆氧量变送器

由第二章的第六节可知，氧化锆探头在一定的温度范围内，两电极产生的氧浓差电势与氧化锆电解质两侧的气体的氧含量具有如下关系

$$E=\frac{RT}{nF}\ln\frac{p_R}{p_x} \tag{3-71}$$

式中，p_x 和 p_R 分别为被测气体和参比气体的氧分压，其余符号见式（2-186）的说明。

一般情况下，参比气体用空气，而空气中的氧含量为 20.9%。设被测气体中氧含量为 $x\%$，则根据道尔顿分压定律，有

$$\frac{p_R}{p_x}=\frac{20.9}{x} \tag{3-72}$$

将式(3-72)代入式(3-71)，可得

$$E=\frac{RT}{nF}\ln\frac{20.9}{x} \tag{3-73}$$

由式（3-73）可知，氧浓差电势不仅与被测气体中的氧含量有关，而且与氧化锆探头的工作温度有关；同时氧浓差电势与氧含量是典型的非线性关系。因此，氧化锆氧量变送器的任务是同时接受温度和氧浓差电势信号，经过运算和非线性变换后，使输出信号正比于氧含量 x。

1. 数学模型

设温度检测元件用 K 型热电偶。由于氧化锆探头的正常工作温度在 600～850℃范围内，温度 t（或 T）与热电势 E_T 之间有以下近似关系

$$t=24.09E_T-1.15 \tag{3-74a}$$

或

$$T=24.09E_T+272 \tag{3-74b}$$

把式（3-74）和有关常数代入式（3-73），得

$$E=1.194(E_T+11.29)\lg\frac{20.9}{x} \tag{3-75a}$$

氧含量可表示为

$$x=\lg^{-1}\left[\lg 20.9-\frac{E}{1.194(E_T+11.29)}\right] \tag{3-75b}$$

式（3-75）中，E 和 E_T 的单位为 mV。

2. 实现方法

实现式（3-75）运算的变送器方块图如图 3-46 所示。它主要有输入电路、乘除器、加减器、反对数放大电路和电压-电流转换电路等部分组成。

输入电路包括温度变换电路和阻抗变换电路。温度变换电路是把热电偶的输出电势 $E(t,t_0)$（其中 t_0 为自由端温度）加上自由端温度补偿器输出电势 $E(t_0,0)$，使 $E_T=E(t,t_0)+E(t_0,0)=E(t,0)$。然后加上一恒定电压 11.29mV 后再放大，使输出电压 V_2 为

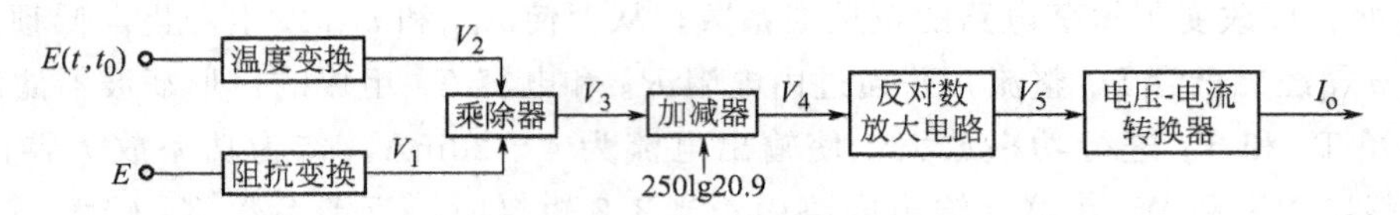

图 3-46 变送器方块图

$$V_2=24(E_T+11.29) \tag{3-76}$$

阻抗变换电路是为了把高输出阻抗的浓差电势信号 E 转换成低内阻电压信号，放大后的输出信号 V_1 为

$$V_1=10E \tag{3-77}$$

经乘除器后，输出信号 V_3 为

$$V_3=\frac{500V_1}{V_2} \tag{3-78}$$

加减器的任务是将信号 V_3 取反，并加上一常数，250lg20.9，即 V_4 为

$$V_4=250\lg 20.9-V_3 \tag{3-79}$$

由于氧含量 x 与浓差电势成反对数关系，为了使变送器的输出与氧含量呈线性关系，则需要引入反对数运算放大电路，其输出 V_5 为

$$V_5=100\lg^{-1}\frac{V_4}{250} \tag{3-80}$$

V_5 通过电压-电流转换后输出电流信号 I_o，其大小为

$$I_o=\frac{V_5}{100} \tag{3-81}$$

把式（3-80）～式（3-76）依次代入式（3-81）得 $I_o=x$。这样保证了变送器的输出电流直接代表了被测气体中的氧含量 x。

下面主要介绍方块图中的乘除电路和反对数放大电路。

图 3-47 为乘除器电路图，它主要由比较器 A_3 和乘法电路 M_1 和 M_2 组成。乘法电路 M_1 和 M_2 的电路参数完全相同，它们的输入信号分别是阻抗变换电路的输出 V_1 和温度变

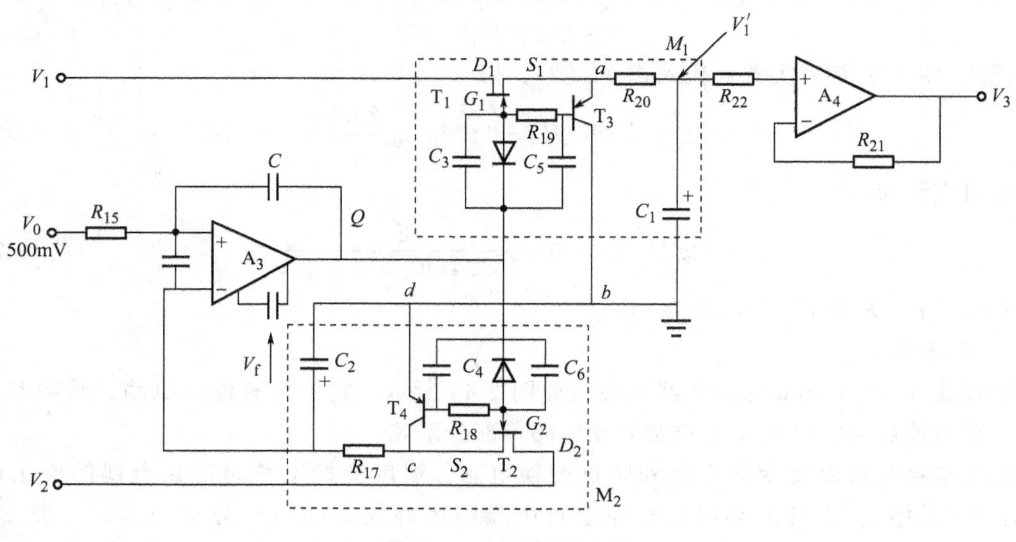

图 3-47 乘除器电路图

换的输出 V_2。乘法电路 M_2 的输出信号 V_f 作为比较器 A_3 的反相端输入，其同相端输入为一固定电压V_0（500mV）。比较器 A_3 的输出 V_Q 作为乘法电路 M_1 和 M_2 的开关控制信号，分别控制场效应管 T_1、T_2 和晶体管 T_3、T_4 的导通和截止。

当（V_0-V_f）$\geqslant\varepsilon$（ε 为比较器的不灵敏区）时，比较器 A_3 输出 V_Q 为高电平，使 T_1、T_2 导通，T_3、T_4 截止，电压 V_1 经 T_1、R_{20} 对 C_1 充电；V_2 经 T_2、R_{17} 对 C_2 充电，其结果使电压V_1'和 V_f 按指数规律增加。

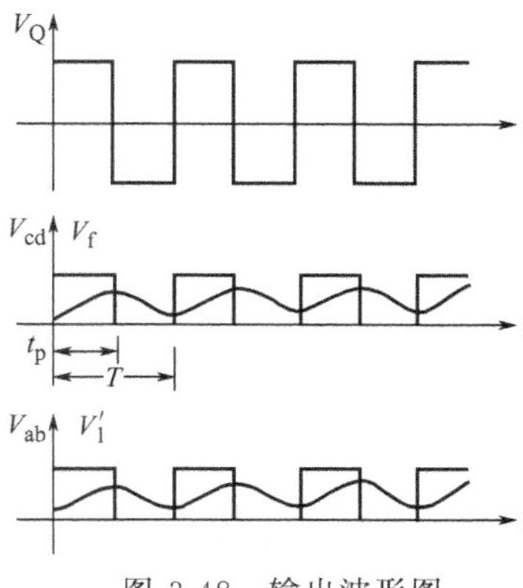

图 3-48　输出波形图

当 V_f 增加到大于 V_0，即（V_0-V_f）$\leqslant\varepsilon$ 时，比较器 A_3 的输出翻转，V_Q 变为低电平，使 T_1、T_2 截止，同时 T_3、T_4 导通，此时电容 C_1 和 C_2 放电，电压V_1'和 V_f 下降。

当 V_f 降到小于 V_0，即（V_0-V_f）$\geqslant\varepsilon$ 时，比较器 A_3 再次翻转，重复前述过程。上述过程实际上就是把直流信号 V_1 和 V_2“分割”成宽度随 V_2 而变的脉冲信号 V_{ab}和 V_{cd}，经电容 C_1 和 C_2 的充放电，电容两端的电压，即V_1'和 V_f 为基本平稳的直流电压，各点的波形见图 3-48。由图 3-48 可得

$$V_f=\frac{t_p}{T}V_2 \tag{3-82}$$

$$V_1'=\frac{t_p}{T}V_1 \tag{3-83}$$

由于比较器 A_3 的不灵敏区 ε 很小，故 $V_0\approx V_f'$；另外，放大器 A_4 为电压跟随器，因此乘除器电路的输出为

$$V_3=V_1'=\frac{V_0V_1}{V_2} \tag{3-84}$$

将 $V_0=500\text{mV}$ 代入式（3-84），可得式（3-78）。

图 3-49 为反对数放大电路，它的作用是实现反对数运算，使输出 V_5 与输入 V_4 成反对数关系。由电路的一般理论可知，要实现反对数运算可以在正向通道中加入具有反对数运算的非线性环节，或者是反馈回路为对数运算的非线性环节，目前常采用后者。

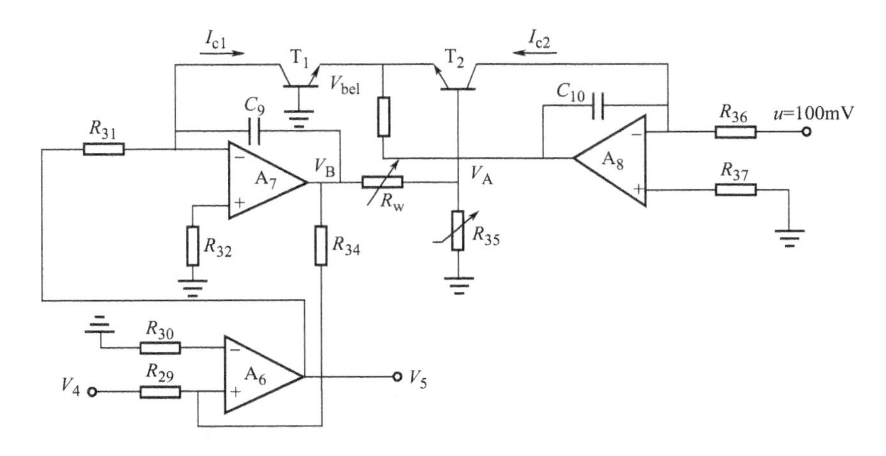

图 3-49　反对数放大器电路原理图

图 3-49 中放大器 A_6 为主放大器，它的反馈回路是由放大器 A_7 及非线性元器件 T_1 和 T_2 等电路组成。根据半导体理论，晶体管的发射结电压 V_{be} 与集电极电流 I_c 有以下对数关系

$$V_{be}=V_T \ln \frac{I_c}{I_s} \tag{3-85}$$

式中，$V_T=\frac{\kappa T}{q}$，其中 κ 为波尔兹曼常数；q 为电子电量；I_s 为发射结反向饱和电流，它是温度的函数。

为了消除 I_s 受温度的影响，在图 3-49 的电路中采用了两个温度特性完全一致的晶体管 T_1 和 T_2，并将它们的发射结反向串联，这样电压 V_A 为

$$V_A=V_{be2}-V_{be1}=V_T \ln \frac{I_{c2}}{I_{s2}}-V_T \ln \frac{I_{c1}}{I_{s1}}=V_T \ln \left(\frac{I_{c2}}{I_{c1}} \cdot \frac{I_{s1}}{I_{s2}}\right) \tag{3-86}$$

因为 T_1、T_2 的温度特性一致，则 $I_{s1}=I_{s2}$。另外，由图 3-49 可知 $I_{c1}=V_5/R_{31}$，I_{c2} 由放大器 A_8 和固定电压 $u=100\text{mV}$ 提供，其数值为 $I_{c2}=u/R_{36}$。因此，式（3-86）可写为

$$V_A=V_T \ln \left(\frac{R_{31}}{R_{36}} \cdot \frac{U}{V_5}\right) \tag{3-87}$$

当 T_2 的基极电流忽略不计时，放大器 A_7 的输出 V_B 与 V_A 之间有如下关系

$$V_B=\frac{R_W+R_{35}}{R_{35}} V_A \tag{3-88}$$

将式（3-87）代入式（3-88），并考虑到在设计时有 $R_{31}=R_{36}$，则有

$$V_B=\left(1+\frac{R_W}{R_{35}}\right) V_T \ln \frac{u}{V_5} \tag{3-89}$$

式(3-89）表明，放大器 A_6 的反馈回路中实现了对数运算，并消除了 I_s 受温度的影响。分析放大器 A_6 可得

$$\frac{V_4}{R_{29}}=-\frac{V_B}{R_{34}} \tag{3-90}$$

式中，取 $R_{34}=2R_{29}$，则 $V_B=-2V_4$，将其代入式（3-89），并改写后可得

$$V_5=u \lg^{-1}\left[\frac{V_4}{1.15\left(1+\frac{R_W}{R_{35}}\right) V_T}\right] \tag{3-91}$$

式（3-91）中的 V_T 是温度的函数，为了消除温度的影响，R_{35} 采用热敏电阻，并与 V_T 具有数值相当的温度系数。调整电位器 R_W，使 $1.15\left(1+\frac{R_W}{R_{35}}\right) V_T=250$，则式（3-91）就变为式（3-80），保证了输入 V_4 与输出 V_5 的单值反对数关系。

第四节 新型变送器

一、微电子式变送器

下面以两种微电子式变送器为例介绍一下新型的变送器。这两种变送器分别为扩散硅差压变送器和硅谐振差压变送器。在测量元件的制作上前者采用了扩散硅工艺，后者采用了蚀刻工艺。

1. 扩散硅差压变送器

扩散硅差压变送器的测量元件结构比较简单，如图 3-50 所示。整个力敏元件是由两片研磨后胶合成杯状的硅片组成，即图中的硅杯。其上各电阻元件的引线由金属丝引印刷线路板，再穿过玻璃密封引出。硅杯两面浸在硅油中，硅油与被测介质间由金属隔离膜分开。被测压力作用在金属隔离膜上，再通过硅油传递到附着在硅杯上的电阻元件。

扩散硅差压变送器组成框图如图 3-51 所示。其中输入差压 Δp 作用于测量部分的扩散硅压阻传感器上，压阻效应使硅材料上的扩散电阻（应变电阻）阻值发生变化。从而使这些电阻组成的电桥产生不平衡电压 U_o，U_o 由前置放大器放大后，与零点调整电路产生的调零信号 U_Z 的代数和送入电压-电流转换器，转换为整机的输出信号 I_o。

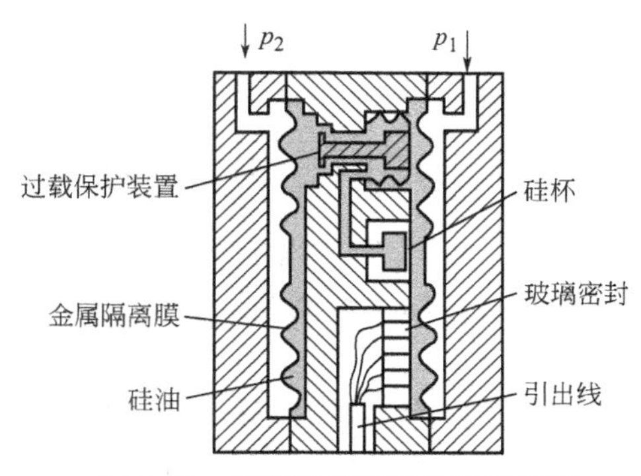

图 3-50 扩散硅差压变送器结构图

下面简要分析一下该变送器的测量桥路和温度补偿。

(1) 测量桥路 测量桥路如图 3-52 所示，它是把被测差压 Δp 按比例地转换成不平衡电压 U_o，它由扩散硅压阻传感器和传感器供电电路组成。

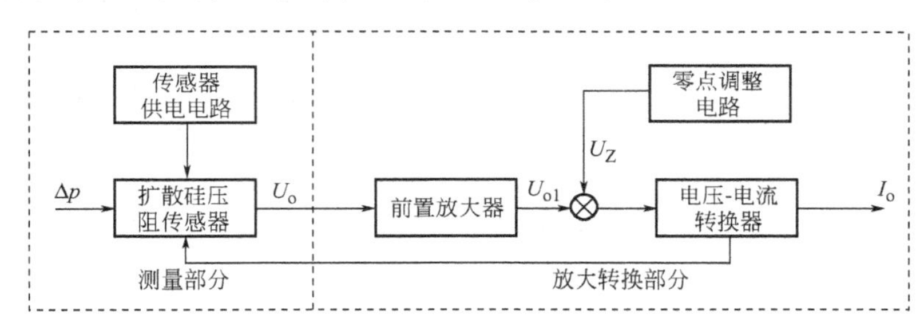

图 3-51 扩散硅差压变送器组成框图

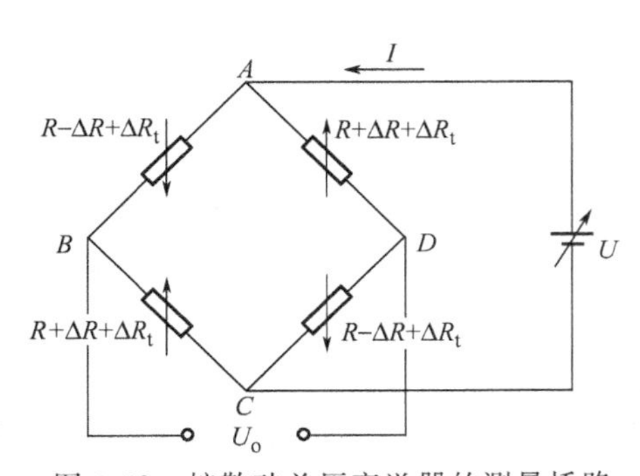

图 3-52 扩散硅差压变送器的测量桥路

通常是在硅膜片上用离子注入和激光修正方法形成 4 个阻值相等的扩散电阻，应用中将其接成惠斯通电桥形式，阻值增加的两个电阻对面布置，阻值减小的两个电阻亦对面布置，这样电桥灵敏度最大。压力分别作用在正、负压隔离膜片，通过硅油传递作用于硅杯上，两个压力之差构成差压信号使硅杯产生形变，硅杯上的扩散电阻因压阻效应使电阻率发生变化导致阻值变化，结果使桥路输出电压 U_o 发生变化，U_o 大小与被测差压 Δp 成正比。具体关系分析如下。

设 4 个电阻的初始值为 R，当有压力作用时，产生的应力使两个电阻增加 ΔR，其余两个电阻减小 ΔR，另外由于环境温度影响，每个电阻值都有 ΔR_t 产生，变送器采用恒流源供电，假设硅杯未受差压作用时，电桥两个支路电阻相等，即

$$R_{ABC}=R_{ADC}=2(R+\Delta R_t) \tag{3-92}$$

则有
$$I_{ABC}=I_{ADC}=\frac{1}{2}I \tag{3-93}$$
当硅杯受差压作用时，设电桥的 C 端为零电位，则 B 端的电位
$$U_B=\frac{1}{2}(R+\Delta R+\Delta R_t)I \tag{3-94}$$
D 端的电位
$$U_D=\frac{1}{2}(R-\Delta R+\Delta R_t)I \tag{3-95}$$
故电桥输出电压为
$$U_o=U_{BD}=U_B-U_D=\frac{1}{2}(R+\Delta R+\Delta R_t)I-\frac{1}{2}(R-\Delta R+\Delta R_t)I=I\Delta R \tag{3-96}$$

由式(3-96) 可知，当桥路的恒流源确定后，则 I 为常数，故电桥的输出电压 U_o 与电阻变化量成正比，即与被测差压成正比；但与温度无关，不受温度影响是恒流源供电电桥的突出优点。

(2) 零点温度补偿　零点温度漂移是由于 4 个扩散电阻的阻值及其温度系数不一致造成的。当被测差压为零时，由于环境温度的变化，此时桥路输出可能不为零，此值即为零点漂移。一般用串、并联电阻法作补偿，如图 3-53 所示。其中，R_S 是串联电阻，R_P 是并联电阻。串联电阻主要起调零作用；并联电阻主要起补偿作用。其补偿原理如下。

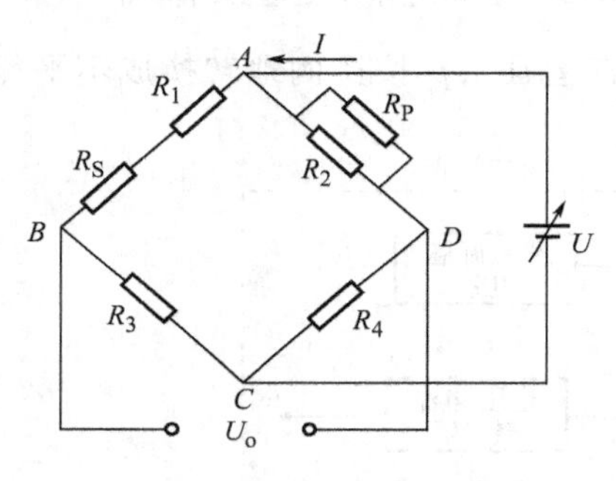

图 3-53　温度漂移的补偿

当环境温度变化时，导致 B、D 两点电位不等。如当温度升高时，R_2 增加比较大，使 D 点电位低于 B 点，B、D 两点之间出现电位差。要消除两点间的电位差最简单的办法是在 R_2 上并联一个温度系数为负，阻值较大的电阻 R_P，用来约束 R_2 的变化。这样，当温度变化时，可减少 B、D 两点之间的电位差，以达到补偿的目的。

(3) 变送器测量原理分析　图 3-54 所示为扩散硅差压变送器电路原理简图。它由应变电桥、温度补偿网络、恒流源、输出放大器及电压-电流转换单元等组成。

电桥由电流值为 1mA 的恒流源供电。硅杯未承受负荷时，因 $R_1=R_2=R_3=R_4$，$I_1=I_2=0.5\text{mA}$，故 A、B 两点电位相等 ($U_A=U_B$)，电桥处于平衡状态，因此变送器的输出电流 $I_o=4\text{mA}$。当硅杯受压时，R_2 增大，R_4 减小，因 I_2 不变，导致 B 点电位降低。同理，R_1 减小，R_3 增大，引起 A 点电位上升，电桥失去平衡 (其增量为 ΔU_{AB})。A、B 间的电位差 ΔU_{AB} 是运算放大器 A_1 的差模输入信号，它的输出电压转换成后面三极管的基极电流，进而引起三极管集电极电流的变化，由于桥路输出的信号是接入运算放大器的同向输入端，故运算放大器输出端成高电位，导致基极电流减小，从而使集电极电流减小，该电流流过 R_F，在 R_F 上产生压降 $-\Delta I_C R_F$，从而使 F 点电位升高，故 B 点电位也跟着升高，直到 $U_B=U_A$，测量桥路达到平衡，此时放大转换电路的三极管集电极电流不再减小，此时 F 点的电位较先前的平衡状态时已经提高 $\Delta U_F=\Delta U_{AB}$，这相当于在三极管基极加了一个正信号，因而使三极管集电极电流增加，即输出转换电路输出电流增加；当硅杯受压不断增加，则桥路 F 点的电位将不断升高，因而输出转换电路的输出电流也将随之增加，直到变送器

承受上限差压时，变送器输出达最大值20mA。此测量桥路是利用R_F上压降的变化，即F端电位的变化，来补偿桥路由于差压的变化而导致的电桥不平衡，所以该测量桥路是属于另一种平衡电桥。

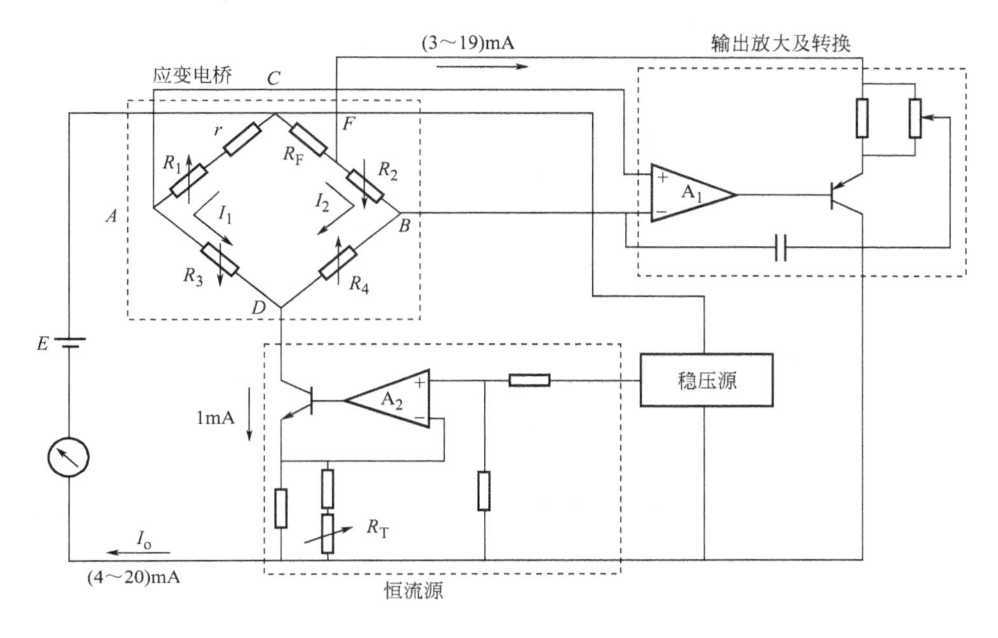

图3-54 变送器电路原理图

应变电桥（或称测量桥路）作为平衡电桥的工作原理可简述如下：随着差压的变化，电桥差生不平衡电压，再由该不平衡电压驱动输出转换电路的电流，从而使桥路上的反馈电阻下面F端的电位不断升高，直到F端的电位升高到等于电桥的不平衡电压，则电桥又处于新的平衡状态。

2. 硅谐振差压变送器

硅谐振差压变送器的测量元件是由蚀刻方式制作的“H”形硅梁，它可与放大电路形成磁场振荡电路。由“H”形硅梁构成的测量传感器如图3-55所示，当从激励端输入交变激励信号时，测量端将会因耦合效应而有相应的交变信号输出。

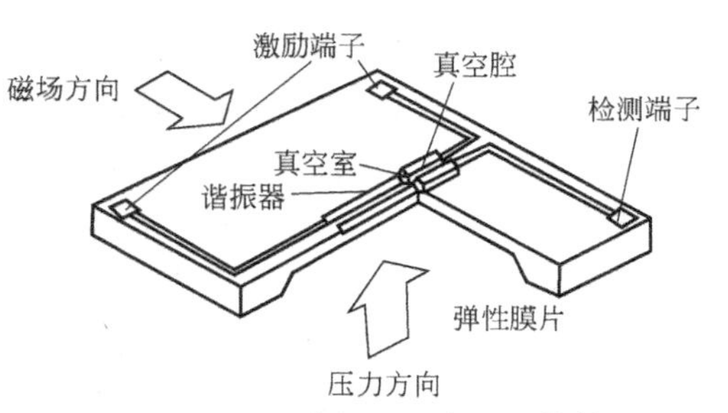

图3-55 硅谐振差压变送器结构

硅谐振差压变送器的基本工作原理如图3-56(a)所示。在弹性膜片上蚀刻有两个“H”形硅梁，分别与其对应的振荡电路连接利用差压造成弹性元件（膜片）变形，附着其上的“H”形硅梁亦发生变形，使得与硅梁相连的振荡电路的振荡频率发生变化，从而通过测量该振荡频率的变化来实现高精度的差压测量，并经过转换电路输出标准的4～20mA直流电流。图中的两个“H”形硅梁传感器处于不同位置，一个位于膜片中心，另一个位膜片边缘。由于其位置和方向的差异，使其振荡频率的变化方向与差压的变化方向各有不同。例如中心传感器的振荡频率随差压的增大而减小，而边缘传感器的振荡频率则随差压增大而增大，于是形成了如图 3-56(b) 所示的特性曲线。最后根据计算这两种振荡率的差值而获得高精度的差压测量结果。

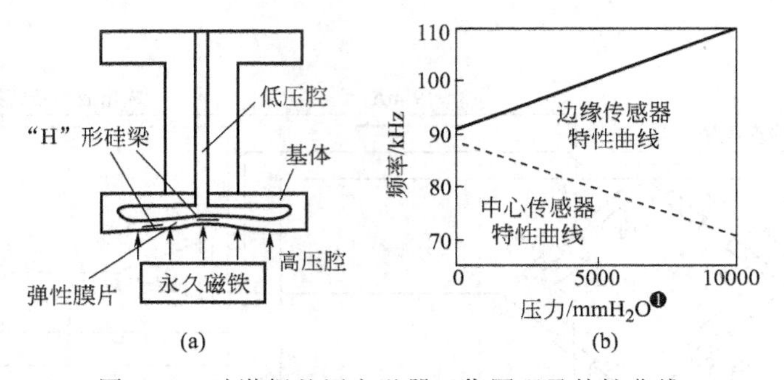

图 3-56　硅谐振差压变送器工作原理及特性曲线

二、数字式变送器

随着微计算机技术的发展，出现了多种智能型的变送器。这些新型变送器采用先进传感器制造、微处理器等技术，实现了力-电转换和补偿以及人-机对话，摆脱了过去依赖杠杆、多次转换和运算、离线人工调试等手段才能获得所需信号的落后状态。从而在结构上做到了检测和变换一体化，变换、放大和设定调制一体化，在使变送器小型化的同时，还大大提高了变送器的性能，使其达到了可靠、稳定、精度高、并具有遥控和网络通信等功能，是现代控制系统中理想的智能化仪表。

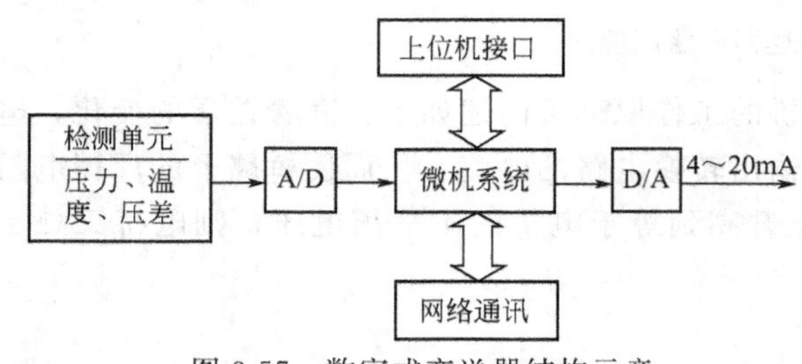

图 3-57　数字式变送器结构示意

目前，虽然得到实际应用的数字式变送器的种类较多，其结构各有差异，但从总体结构上看是相似的，存在一定的共性。总结各种数字式变送器的结构可得如图 3-57 所示的数字式变送器一般结构示意图。

由于在变送器中集成了微计算机，其处理功能较强，因而同时可配接多路检测通道。可使用单一传感器，以实现常规的参数测量；也可以使用复合传感器，以实现多种传感器检测的信息融合。

数字式变送器的核心是微处理器，因而要求各种信号在变送器内部进行交换和处理时采用数字信号方式。微处理器的处理功能一般包括检测信号的线性化处理、量程调整、数据转换、系统自检以及网络通信等，同时还控制 A/D 和 D/A 单元的运行，实现模拟信号和数字信号的转换。

在此基础上，可以根据实际应用的要求，增加与上位计算机的连接接口，亦可通过遥控单元或网络通信控制单元实现远程数据的传送。为提供与已有传统仪表和设备连接的能力，部分变送器还保留了 4～20mA 的联络信号，使输出的模拟和数字信号制式共存。

练习与思考

1. 举例说明信号变换有哪几种基本形式。

---

❶ $1mmH_2O=9.80665Pa$。

2. 差动式变换和参比式变换各有什么特点？

3. 为什么闭环结构的平衡式仪表较开环结构的简单直接变换式仪表反应速度快、线性好、精度高；但稳定性较差，灵敏度降低，结构复杂，试从理论上分析之。

4. 有差随动式变换仪表与无差随动式变换仪表在结构形式和特性方面有何不同？

5. 在力矩平衡式差压变送器中，采用负反馈形式来降低整个仪表的非线性程度；而在氧化锆氧量变送器中应用反对数放大器使变送器的输出与被测气体的氧含量呈线性关系。你认为还有别的减小或消除仪表或检测系统的非线性影响的方法吗？

参考文献

[1] 杜维，乐嘉华．化工检测技术及显示仪表．杭州：浙江大学出版社，1988.

[2] 周泽魁，汤雪英，杜小平．EK 系列过程控制仪表与1751 电容式变送器．杭州：浙江大学出版社.

[3] 王家桢，王俊杰．传感器与变送器．北京：清华大学出版社，1996.

[4] 罗先和，张广军，骆飞等．光电检测技术．北京：北京航空航天大学出版社，1995.

[5] 常健生．检测与转换技术．北京：机械工业出版社，1992.

[6] 纪树赓．自动显示技术及仪表．北京：机械工业出版社，1987.

第四章　显示仪表

过程工业中，为了监视、管理和控制生产，必须对生产过程中的工艺参数进行检测，并把检测数值及时准确地指示、记录或用字、符、数字等显示出来，以便提供生产所必需的信息，让操作者了解生产过程的全部情况，以便更好地操纵、管理生产。

显示仪表是直接接收检测元件或变送器或传感器（或经过处理）送来的信号，然后经过测量线路和显示装置，最后对被测变量予以指示或记录或字、符、数、图像显示，这后两部分构成了显示仪表。早期的显示仪表只作参数指示，而且连同检测元件做在一起，它只能就地指示，而不能作集中显示用，现在通常不被列为显示仪表。随着生产的发展，生产规模的不断扩大，生产过程逐步由手工操作过渡到局部自动化或全盘自动化，故所测参数增多，精度要求也相应提高，检测信号必须远传实行集中显示和控制，这时单一指示型的显示仪表已不能满足需要，因此逐渐地发展为检测和显示功能分开的只接收传送信号的显示型仪表。现在显示仪表已逐步形成一个整体，由于非电量电测和非电量电转换技术的发展，电能输送方便、迅速以及与计算机监控联用，所以在集中显示中电子显示仪表占有绝对突出的地位，本章仅限于介绍电子式显示仪表。

在电子显示仪表中又分为模拟式、数字式和屏幕显示三大类。

所谓模拟式显示仪表是以指针或记录笔的偏转角或位移量来显示被测变量的连续变化的仪表。就其测量线路而言，又分为直接变换式和平衡式两种。直接变换式线路简单，价格低廉，但精度较低，线性刻度较差，信息能量传递效率低，故灵敏度不高。而平衡式线路结构复杂，价格贵，稳定性较差，但构成仪表精度、灵敏度以及信息能量传输效率都较高，线性度好。

数字式显示仪表是直接以数字形式显示被测变量，其测量速度快，抗干扰性能好，精度高，读数直观，工作可靠，且有自动报警，自动打印和自动检测等功能，更实用于计算机集中监视和控制，近年来发展较快。

屏幕显示则是直接把工艺参数用文字、符号、数字和图像配合的形式在屏幕荧光屏上直接显示出来，并配以打字记录装置，按操作者的需要，任意以其中一种或多种方式同时显示，它具有模拟式与数字式显示仪表两种功能，并且具有计算机大存储量的记忆能力与快速功能，也是现代计算机不可缺少的终端设备，常与计算机联用，作为现代计算机综合集中控制必不可少的显示装置，是最近刚刚发展起来的一种新的显示形式。

上述三种显示仪表中，模拟显示仪表由于测量速度和测量精度的限制无法满足日益复杂的工业对象的要求，逐渐被数字式显示仪表取代。所以本章主要介绍数字显示仪表和屏幕显示仪表。对于数字显示仪表，则对其组成的三要素：模/数转换、非线性补偿、标度变换进行讨论，并结合具体数显仪表作分析。而对于屏幕显示则以集散控制系统为例进行介绍。

第一节　显示仪表的构成及基本原理

在第一章中介绍了检测系统除被测对象外由六部分组成，即检测元件、变换（或转换）、传输、处理以及测量线路和显示装置。其中检测和变换部分已经在第二、第三章介绍过，而信号传输及处理部分，往往是变换和显示仪表中的一部分，但由于在过程检测中，这部分较简单，只要运用第一章中关于传输及处理的基本概念，再结合读者已经具备的有关基本知识，这部分是不难掌握的，故本书不作专门介绍。显示仪表通常是由测量线路和显示装置（显示器）两部分组成，其中测量线路是用以接收检测元件或变送器送来的电势、电流、电阻、电容等信号，设计测量线路应合理，以便更好地接收变送器或转换部分送来的信息，最后让显示装置（显示器）显示。

一、模拟式显示仪表

这里介绍模拟式显示仪表中的平衡式显示仪表。所谓平衡式仪表即由闭环结构的平衡式测量线路构成的仪表，例如自动平衡式电子电位差计即为闭环结构，其结构如图 4-1 所示。图中 T 为检测元件或传感器；C 为比较器，即电位差计的测量桥路的输出信号与检测元件输出信号在此比较；A 为放大器；M 为可逆电机；R 为记录机构；F 为传动装置及测量桥路；x 为被测变量；y 为仪表示值；u_i 为检测元件输出电压信号；u_f 为反馈电压。由图 4-1 可知，平衡式仪表通常是由闭环结构的平衡式测量线路为主要内容，包括显示装置等所组成。

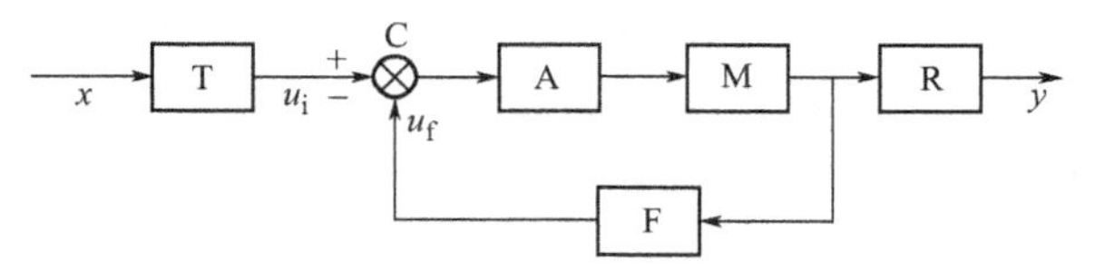

图 4-1　自动平衡电位差计结构框图

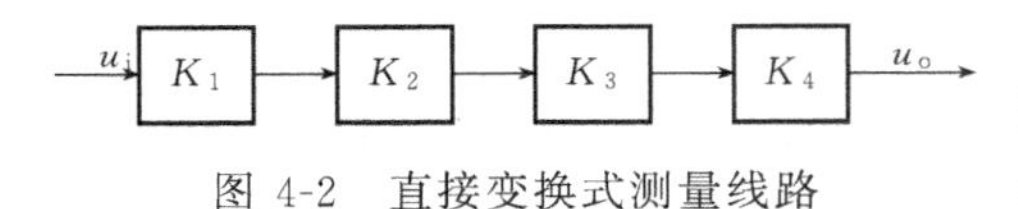

图 4-2　直接变换式测量线路

平衡式仪表较直接变换式仪表结构复杂；由控制理论也可看出，闭环系统较开环系统具有一系列优点，例如线性好，反应速度快等。下面举例说明。

【例 4-1】　图 4-2 是直接变换式仪表的测量线路，图中 u_i 为输入信号，u_o 为输出信号，K_1、K_2、K_3、K_4 为各环节的变换系数，由图可得

$$u_o = K_1 K_2 K_3 K_4 u_i$$

由上式可知：每一环节的非线性或干扰等都将对输出与输入之间的关系产生影响，所以直接变换式开环结构仪表的精度很难保证。图 4-3 是在图 4-2 基础上构成的闭环负反馈系统。其中 K_1、K_2、K_3、K_4 为主通道各环节的变换系数（放大倍数）；R_f 为反馈电阻；R_L 为输出负载电阻；u_i 为输入信号；u_f 为反馈信号，且为负反馈；Δu 是偏差信号；I_o 是输出信号。当主通道总放大倍数 $K = K_1 K_2 K_3 K_4$ 足够大时，而输出信号 I_o 是有限值，则 $\Delta u = u_i - u_f$ 可以很小而趋于零，故 $u_i = u_f = I_o R_f$，即 $I_o = \frac{1}{R_f} u_i$。显而易见只要闭环系统的主通道放大倍数足够大，R_f 电阻性能稳定，则输出与输入之间的关系就能很容易保证线性关系。若选用高精度的反馈电阻 R_f，闭环仪表就能获得对 u_i 的高精度测量。

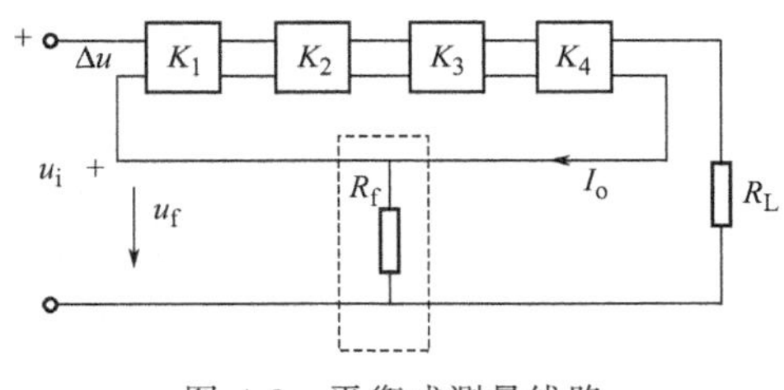

图 4-3　平衡式测量线路

【例 4-2】　当直接变换式仪表为一非周期环节，设其时间常数为 T，变换系数（放大倍数）为 K，x 是输入量，y 是输出量，如图 4-4(a)所示。当 x 为阶跃变化时，则仪表的示值约需经过 $5T$ 的时间才能接近 x 值。若采用平衡式测量线路，可在图 4-4(a)的基础上增加一个负反馈环节，令反馈系数为 β，这样就组成了闭环系统，如图 4-4(b)所示。由图可得

$$y=\frac{\dfrac{K}{1+Ts}}{1+\dfrac{K\beta}{1+Ts}}\cdot x$$

经整理后可得

$$y=\frac{K'}{1+T's}\cdot x \tag{4-1}$$

式中，$K'=\dfrac{K}{1+K\beta}$为闭环系统的放大倍数；$T'=\dfrac{T}{1+K\beta}$为闭环系统的时间常数。

由式（4-1）可知：该闭环系统（平衡式仪表）亦为非周期环节，且放大倍数 K' 和时间常数 T' 皆为开环系统的 $1/(1+K\beta)$，即闭环结构仪表较开环结构仪表的时间响应快（$1+K\beta$）倍，而对于非线性和外界的影响因素可缩小（$1+K\beta$）倍；但对于输入的有用信号的灵敏度也将下降（$1+K\beta$）倍，这可用放大器加以放大来补救。

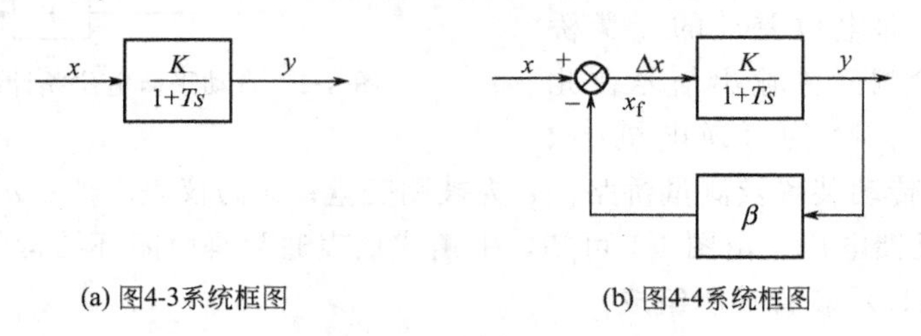

图 4-4　图 4-2、图 4-3 系统框图

综上所述可知：闭环结构的平衡式仪表反应速度快，线性好，精度高。但由于是闭环系统，就有可能产生自振，故稳定性较差，灵敏度降低（可加放大器补救），结构较复杂。

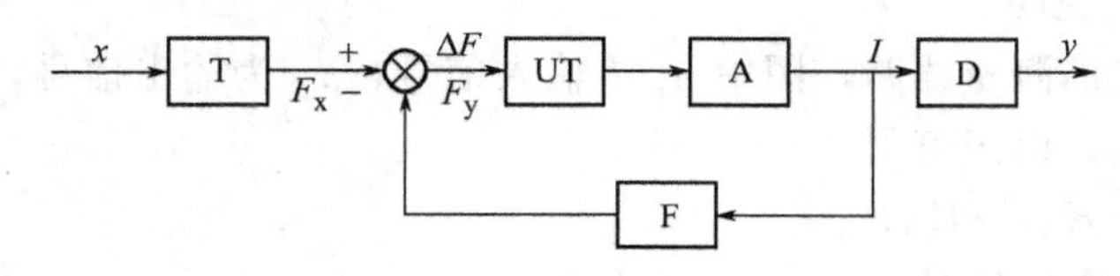

图 4-5　有差随动式测量线路框图

由于平衡式测量线路是平衡式仪表中的主要部分，下面就平衡式测量线路进行讨论。平衡式测量线路有三大类：有差随动式、无差随动式和程序平衡式，这里主要介绍前面两种。

（1）有差随动平衡式测量线路　图 4-5 是有差随动平衡式测量线路的结构框图，其中 T 是传感器或检测元件，⊗是比较单元，UT 是不平衡信号检测变换器，A 是放大器，F 为反馈装置，D 是显示装置；x 为被测变量，I 为输出电流，F_x、F_y 是中间变量，ΔF 是中间变量的偏差，y 是仪表示值。所谓平衡式线路即作用于比较单元上的两个量 F_x 和 F_y，当达到近似平衡（相等）时，有 $F_x-F_y=\Delta F\to 0$，此时与之对应的输出 I，经由显示装置 D 显示出 y 值，此即为被测变量 x 的示值，这就相当于利用平衡原理的天平称重一样，故称为平衡式线路。若 F_x、F_y 为电流，叫电流平衡式，若 F_x、F_y 为作用力，叫力平衡式；若 F_x、F_y 为力矩，则叫力矩平衡式。由图 4-5 可知，由不平衡信号检测变换器 UT 和放大器 A 所组成的主（正向）通道实际上是一个放大倍数很大的放大器，因此 I 与 ΔF 一一对应，若没有 ΔF，也就没有电流 I，也就无法把被测变量显示出来，所以该系统是有差的。又由于该系统的输入量为被测变量 x，是经常变化的，I 必须跟随着变化让显示装置 D 把被测变量显示出来，所以该系统是随动系统，总称为有差随动平衡式测量线路。现举例分析如下。

第三章图 3-11(a）是 DDZ-Ⅱ型差压变送器的结构原理图，被测变量差压 $\Delta p=p_1-p_2$

作用在检测膜盒的膜片 1 上，产生作用力 $F_x=A\Delta p$（A 为膜片 1 的有效面积），F_x 通过簧片 2 作用在杠杆 3 的 A 点上产生力矩 $M_x=F_xL_1$，使其绕 O 点旋转，因而使杠杆 3 的 B 端向上转动，致使检测片 4 靠近检测线圈 5 而改变其电感量，从而改变了放大器 A 的输入，使放大器的输出电流 I_o 增加，该电流通过反馈装置 F 中的反馈线圈 6，使其在永久磁钢磁场的作用下产生了反馈 F_y，它作用在杠杆 3 的 B 点上，从而产生反力矩 $M_y=F_yL_2$，使杠杆 3 的 B 端绕支点 O 又向下转动一些，直到两力矩达到平衡（近似平衡），即 $M_x=M_y$ 为止，这时杆杆 3 又处于原来的平衡位置。但应注意：这里所说的平衡，只是近似平衡，而不能完全平衡，若完全平衡的话，则没有检测片的微小位移，当然就没有 I_o 的增加，因而被测差压的变化就无法被显示出来；要把差压变化显示出来，就必须有电流 I_o 的变化与其对应，这样就必定有检测片的微小位移与之对应，故差压变送器的力矩平衡是有差的。

根据上面的分析可画出差压变送器的结构方框图如第三章图 3-11(b) 所示，方框中的符号为各环节的传递（变换）系数，其中 A 为膜盒膜片 1 的有效面积，L_1 为 F_x 所作用的力臂，K 为主通道放大器的放大倍数，β 为电磁反馈系统的反馈系数，L_2 为反馈力臂，F_x、F_y 为作用力和反馈力，M_x、M_y 为作用力矩和反馈力矩，ΔM 为不平衡力矩。现计算输出与输入间的关系，由图 3-11(b) 可得

$$M_x=AL_1\Delta p$$

$$M_y=\beta L_2I_o$$

$$M_x-M_y=\Delta M\to 0 \qquad (因为\quad K\gg 1)$$

所以
$$I_o=\frac{AL_1}{\beta L_2}\Delta p \tag{4-2}$$

由于主通道放大器的放大倍数 K 很大，所以杠杆端部位移极小，这样对应的 L_1、L_2 长度基本不变；对应的膜片位移也极小，因而弹性元件的非线性和弹性滞后等影响大大减小，有效面积 A 基本不变；而电磁反馈机构可以做得比较精确稳定，即 β 精确稳定，所以差变精度可以高达 0.5%以上。

① 性能分析。为了便于对有差随动平衡式测量线路的性能进行分析，根据图 4-5 先对系统做一些定义如下。

开环放大倍数
$$\theta=\frac{F_y}{\Delta F}=\frac{F_y}{I}\cdot\frac{I}{\Delta F}=\beta K \tag{4-3}$$

式中，$\beta=\dfrac{F_y}{I}$为系统反馈系数；$K=\dfrac{I}{\Delta F}$为系统主（正向）通道放大倍数。

相对不平衡度
$$\alpha=\frac{\Delta F}{F_x}=\frac{\Delta F}{F_y+\Delta F}=\frac{\dfrac{\Delta F}{\Delta F}}{\dfrac{F_y}{\Delta F}+\dfrac{\Delta F}{\Delta F}}=\frac{1}{K\beta+1} \tag{4-4}$$

相对平衡深度
$$\chi=\frac{F_y}{F_x}=\frac{F_y}{F_y+\Delta F}=\frac{\dfrac{F_y}{\Delta F}}{\dfrac{F_y}{\Delta F}+1}=\frac{K\beta}{K\beta+1} \tag{4-5}$$

平衡测量线路的灵敏度
$$S=\frac{I}{F_x}=\frac{K\Delta F}{F_y}=K\alpha=\frac{K}{1+K\beta} \tag{4-6}$$

相对不平衡度与相对平衡深度之和等于 1，即

$$\alpha+\chi=\frac{\Delta F}{F_x}+\frac{F_y}{F_x}=\frac{E_x}{F_x}=1 \tag{4-7}$$

利用平衡测量线路的灵敏度公式（4-6），可以分析测量线路中各环节误差分量所起的作用。对式（4-6）两边取对数得

$$\ln S=\ln K-\ln(1+K\beta)$$

再对上式微分得

$$\frac{dS}{S}=\frac{dK}{K}-\frac{K\,d\beta+\beta dK}{1+K\beta}=\frac{dK}{K}\frac{1}{1+K\beta}-\frac{K\,d\beta}{1+K\beta}$$

$$\delta_S=\frac{dS}{S}=\frac{dK}{K}\frac{1}{1+K\beta}-\frac{d\beta}{\beta}\frac{K\beta}{1+K\beta}=\delta_K\alpha-\delta_\beta\chi \tag{4-8}$$

式中，$\delta_S=\frac{dS}{S}$为平衡测量线路的相对误差；$\delta_K=\frac{dK}{K}$为主（正向）通道的相对误差；$\delta_\beta=\frac{d\beta}{\beta}$为反馈回路的相对误差。

由式（4-8）可知：平衡测量线路的误差是由主（正向）通道误差乘以相对不平衡度与反馈回路误差乘以相对平衡深度两项之差形成，而相对不平衡度 α 很小不占主要成分，相对平衡深度 χ 却接近于 1，所以平衡式测量线路的相对误差近似表示如下

$$\delta_S=-\delta_\beta\chi=-\delta_\beta \tag{4-9}$$

即平衡式测量线路的误差主要取决于反馈回路的误差。

再把平衡测量线路的灵敏度公式（4-6）作如下处理得

$$S=\frac{K}{1+K\beta}=\frac{1}{\frac{1}{K}+\beta}=\frac{1}{\beta}\ （因为\quad K\gg 1） \tag{4-10}$$

即平衡式测量线路的灵敏度 S 主要取决于反馈回路反馈系数 β 的倒数。

由上面分析可知：平衡式测量线路中的误差主要来自反馈回路，因此对反馈回路各方面的要求应该严格，它必须具有高的零点稳定性和高的灵敏度稳定性，小的惯性等；但并不要求高的灵敏度。其次对主（正向）通道的要求是应具有很高的灵敏度，但并不一定要求 K 严格保持定值。

② 基本特性。下面简述有差平衡式测量线路的基本特性。

a. 有差性。由前面讨论知，有差平衡式测量线路的主通道（正向通道）乃是一个放大倍数为 K 的放大器，若要在输出端保持一定的电流 I，就必须在输入端维持一定的偏差信号 ΔF，且 $\Delta F=I/K$，不管 K 多大，I 多小，总存在一个差值 $\Delta F=F_x-F_y$，即 F_x 与 F_y 永远不可能相等而有差值（误差）存在，这就是有差性。但该差值可以在仪表刻度时进行补偿，由图4-6（暂不考虑传感器 T，F_x 作输入）可直接得出

$$F_x=F_y=\beta I$$

所以

$$I=\frac{1}{\beta}F_x \tag{4-11}$$

式(4-11) 即为有差平衡式仪表的理论刻度公式，显然与该电流 I 对应的真正信号是 F_y 而不是 F_x，所以真正的 F_x 应该是

$$F_x=F_y+\Delta F=\beta I+\frac{1}{K}I=\left(\beta+\frac{1}{K}\right)I$$

所以
$$I=\frac{1}{\beta+\frac{1}{K}}F_x \tag{4-12}$$

式（4-12）是补偿后的特性式。比较式（4-11）和式（4-12）可知，在同样输出电流 I 的情况下，对应的理论刻度值 F_x（实际为 F_y）较对应的补偿后 F_x（即实际 F_x）小，这可由对应的图 4-6 中看出，它们的差即为 ΔF，即补偿后的特性曲线如图 Oa 所示。

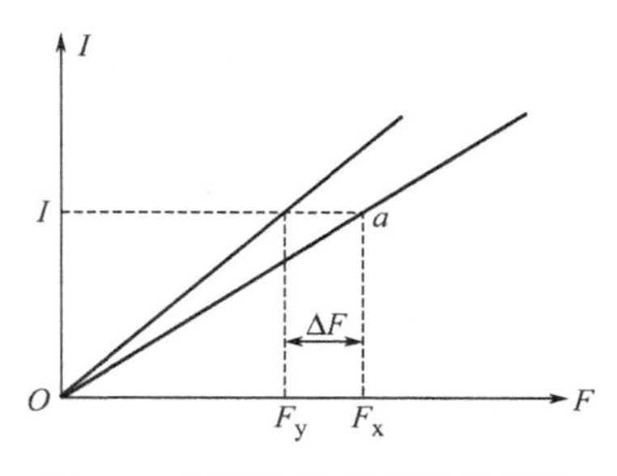

图 4-6 不平衡信号误差的消除

b. 反应快。在 $K\beta$ 很大的条件下，根据式（4-6）可得

$$S\approx\frac{1}{\beta}$$

只要反馈回路是个比例环节，则测量线路总的响应特性就近似一个比例环节（不管正向通道中有某些大惯性环节）。所以这种有差平衡测量系统，有很高的快速响应特性，线路的频带很宽，能达到 $\Delta f=0\sim10\text{MHz}$。

c. 有差平衡式测量线路的量程可以做得很宽，这是由该线路的误差性质所决定。

d. 动态稳定性差。这种线路要想误差小，必须 $K\beta$ 大，这就使闭环系统的稳定储备差，$K\beta$ 过大时，将会引起系统的自激振荡。

e. 这种线路构成仪表（或检测系统）时往往还要配上传感器或检测元件 T 和显示装置 D，这两个环节的相对误差 δ_T 和 δ_D 应该与 δ_S 合成后才算整个仪表的相对误差。一般合成后的相对误差往往大大超过 δ_S，以致整个仪表精度降低，但也不能为了提高精度而任意增大 $K\beta$，$K\beta$ 的增大必须受仪表稳定性的限制，为此应设法减小显示环节的误差 δ_D。办法之一是不用专门显示装置 D，无差随动平衡式测量线路就是为达到这个目的而设计的。

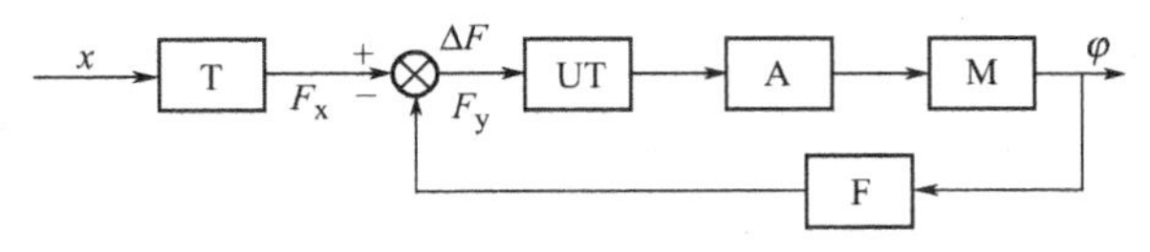

图 4-7 无差随动平衡式线路结构框图

（2）无差随动平衡式测量线路

无差随动平衡式测量线路的结构框图如图 4-7 所示，它与有差结构框图 4-5 相比，各部分基本相同，所不同的是多了 M 方块，它是积分环节（或叫记忆环节），少了个显示装置 D。增加了积分环节可以消除不平衡信号 ΔF，少了显示装置 D 可以消除误差 δ_D。

该仪表之所以为无差平衡，关键在于采用了可逆电机 M，只有当图 4-7 中的 ΔF 为零时，M 才停止转动，而 M 转过角度的大小与输入信号 x 没有任何关系，它停止与否只与 F_x 和 F_y 是否完全达到平衡有关，只要 ΔF 存在，M 将一直转动下去，M 转动方向将随 ΔF 符号为正或负而定，所以 M 是积分环节，故当 M 停止转动时，则 $F_x=F_y$，桥路达到完全平衡，由 M 经反馈装置 F 带动的滑触点和仪表指针停止在（$F_y=F_x$）对应的参数刻度上。而有差平衡则不然，它要保证与被测变量有一一对应的 I_o 输出，就必须有 ΔF 存在，否则就不会有 I_o 输出。

无差平衡式测量线路的误差可以采用有差线路同样的方法推导，其相对误差可以用式（4-9）表示之，即无差平衡式测量线路的误差主要取决于反馈回路的误差。它与有差线路的区别在于“无差”，即没有 ΔF 所引起的误差，但是实际上电机 M 也有一个启动电压，若达不到这个启动电压，则 M 也不会转动；设电机 M 的启动电压为 U_{MO}，把它折换到放大器输

入端成为 $\Delta F_{MO}=U_{MO}/K$，而 ΔF_{MO} 可正、可负，也可以是零，通常 ΔF_{MO} 较有差线路的 ΔF 小，即无差线路该项误差较小。

有差线路组成有差平衡式显示仪表时，必须配用一个显示装置 D，因而增加了误差 δ_D，例如前面分析的差压变送器是有差线路，若要对差压显示，必须配一台电流表，因而增加了电流表本身的误差。而无差线路组成无差平衡式显示仪表时，电机转动的同时带动了记录笔，记下了被测变量，因此消除了显示装置的误差 δ_D，这是无差线路较有差线路最显著的改进之处。

基本特性如下。

a. 精度高。无差系统可以直接利用电动机转角 φ 显示被测量，而无需另外的显示装置，使整个测量系统少了一个较大的误差分量 δ_D。另外由于电机转轴产生的力矩较大，可使摩擦力矩的影响相对减小。

b. 量程窄。无差线路的误差分布在整个量程上是不均匀的，这就使得无差平衡式仪表的量程不能做得太宽。

c. 动态稳定性差。对使用电动机的测量系统，相当于在正向通道中增加了一个二阶积分环节，这将给系统的稳定性带来不利影响，为了满足一定的稳定储备，系统的开环增益 $K\beta$ 不能太大，实际使用的 $K\beta$ 值不超过 200～2000。

二、数字式显示仪表

所谓数字式显示仪表，就是把与被测量（例如温度、流量、液位、压力等）成一定函数关系的连续变化的模拟量，变换为断续的数字量显示的仪表。

数字显示仪表按输入信号的不同，可分为电压型和频率型两大类。电压型输入信号是连续的电压或电流信号；频率型仪表的输入信号，是连续可变的频率或脉冲序列信号。按使用场合不同，可分为实验室用和工业用两大类。实验室用的有数字式电压表、频率表、相位表、功率表等。工业现场用的有数字式温度表、流量表、压力表、转速表等。

屏幕显示仪表又被称作无纸记录仪，就本质而言，它是属于数字仪表的范畴，只是在数字仪表中加入了微处理器及显示屏，因而对信息的存储以及综合处理能力大大加强，例如可对热电偶冷端温度、非线性特性以及电路零漂等进行补偿，进行数字滤波，各种运算处理，设定参数的上、下限值、报警、数据存储、通讯、传输、字、符、数以及趋势显示等。

1. 数字式显示仪表的构成

数字式显示仪表的构成如图 4-8 所示。它是由前置放大器、模拟-数字信号转换器（即 A/D)、非线性补偿、标度变换以及显示装置等部分组成。由检测元件送来的信号，首先经变送器转换成电信号；由于该信号较小，通常须进行前置放大；然后进行模拟-数字信号转换，把连续输入的电信号转换成数码输出；而被测变量经过检测元件及变送器转换后的电信号与被测变量之间有时为非线性函数关系，这在模拟式仪表中可以采用非等分刻度标尺的方法很方便地加以解决，对于不同量程和单位的转换系数可以使用相应的标尺来显示，但在数字式显示仪表中，所观察到的是被测变量的绝对数字值，因此对 A/D 输出的数码必须进行数字式的非线性补偿，以及各种系数的标度变换；最后送往计数器计数并显示，同时还送往报警系统和打印机构打印出数字来，在需要时也可把数码输出，供其他计算装置等使用。此类仪表应用面较广，可与单回路数字调节器以及 SPC 即计算机设定值控制等配套使用，精

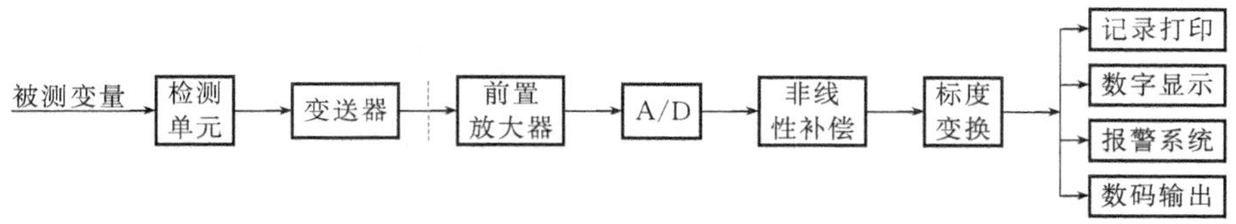

图 4-8　数字式显示仪表组成框图

度较高。

数字式显示仪表的结构，基本组成方式如图 4-8 所示，但对于具体仪表来说可以各不相同。有的仪表是先线性化和标度变换，然后再进行 A/D 转换，这类仪表在模拟信号时已经被线性化了，因而精度只能达到 0.5%～0.1%；有的仪表则是先进行模拟-数字信号转换，而后作数字式线性化处理和系数的标度变换，它可组成多种变换方案，适用面较广，精度较高，其结构也较复杂；也有的仪表的 A/D 转换与非线性补偿同时进行，而后作系数的标度变换，这种结构简单，精度高，但只能应用于特定的非线性补偿及被测变量范围较窄的情况。总之各有利弊。

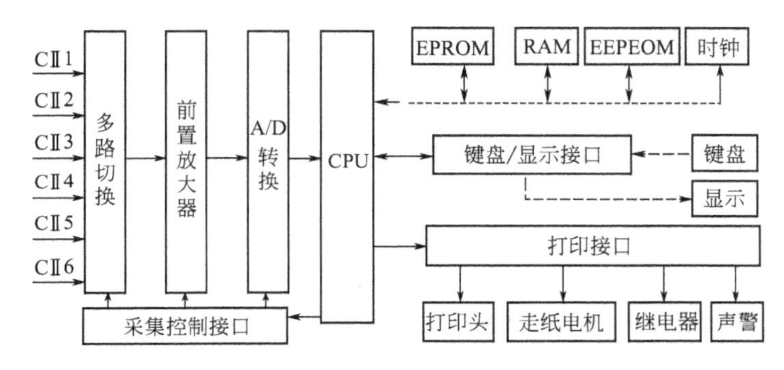

图 4-9　屏幕显示仪表的原理框图

由上所述可知，数字式显示仪表中的核心环节是模-数转换器，它将仪表分成模拟和数字两大组成部分；而非线性补偿和系数的标度变换也是不可少的，这是数字式显示仪表应该具备的三大部分。这三部分又各有很多种类，三者相互巧妙的结合，可以组成适用于各种不同场合的数字式显示仪表。

2. 屏幕显示仪表的构成

屏幕显示仪表是在数字仪表的基础上增加了微处理器（CPU）、存储器（RAM 是读写存储器，EPROM、EEPROM 是可擦式只读存储器）、显示屏以及与之配套的一些辅助设备等，其构成原理如图 4-9 所示。

多路切换开关可把多路输入信号，按一定时间间隔进行切换，输入仪表内，以实现多点显示；前置放大器和 A/D 转换是把输入的微小信号进行放大，而后转变为断续的数字量；CPU 的作用则是对输入的数字量信号，进行仪表各种功能所需的处理，诸如非线性补偿、标度变换、零点校正、满度设定、上下限报警、故障诊断、数据传输控制等；只读存储器是存放一些预先设置的使仪表实现各种功能的固定程序；其中 EPROM 需离线光擦除后写入，EEPROM可在线电擦除后写入；读写存储器 RAM 是用于存储各种输入、输出数据以及中间计算结果等，它必须带自备电池，否则一旦断电，所有贮存数据将全部丢失。键盘为输入设备，打印机、显示屏为输出设备。

目前的虚拟仪表和集散控制系统的显示部分都可以看做是屏幕显示仪表。

第二节　数字式显示仪表

随着科学技术的不断发展，人们对生产过程的检测与控制提出了越来越高的要求，但传统的模拟显示仪表却存在着很大的局限性，即测量速度不够快，精度难以再提高，存在读数误差，不利于信息处理，易受环境杂散干扰影响等；特别是在现代化生产中，通常要求将多路测量信息通过计算机及时地、按事先设计的程序加以处理，而模拟式仪表只能给出被测信息的记录图纸，对这些图纸中所包含的信息进行分析、统计与处理，还要花费很多时间或增加设备；数字式仪表却正好克服了上述缺点，且可与计算机很好地联用，因而数字式仪表逐渐地获得了广泛应用。

数字显示仪表通常是将检测元件或变送器或传感器送来的电流或电压信号，经前置放大器放大，然后经 A/D 转换成数字量信号，最后由数字显示器显示其读数。由于检测元件的输出信号与被测变量之间往往具有非线性关系，因此数字显示仪表必须进行非线性补偿；在生产过程中的显示仪表须直接显示参数值，例如温度、压力、流量、物位等大小，而 A/D 转换后的数字量与被测变量值往往并不相等，故数字显示器的显示值并不是被测变量值，为了使读数直观，往往须进行标度变换，使仪表显示的数字即为参数值。所以在数字显示仪表中模-数转换（A/D）、非线性补偿和标度变换是组成数字式仪表的三要素，除此之外，尚有前置放大器和数字显示器。下面将对组成数字仪表的三要素，分别予以介绍。

1. 模拟-数字转换（A/D）

在数字式显示仪表中，为了实现数字显示，需要把连续变化的模拟量转换成数字量，就必须用一定的量化单位使连续量的采样值整量化，量化单位越小，整量化的误差也越小，数字量也就越接近于连续量本身的值，但这要求模-数转换装置的频率响应、前置放大器的稳定性等也越高，这是一个矛盾，模-数转换技术就是讨论如何使连续量整量化的方法。

过程工业参数连续变化的范围很宽广，有各种各样的物理量与化学量，通常检测元件把这些参数转变成电的模拟量，因此这里主要讨论电模拟量的模-数转换技术。

将模拟量转换为一定码制的数字量统称为模数转换。实际应用中所指的模-数转换多为直流（缓变）电压到数字量的转换。A/D 转换器实际上是一个编码器，一个理想的 A/D 转换器的输入、输出函数关系，可以精确地表示为

$$D \equiv [U_x / U_q] \tag{4-13}$$

式中，D 为 A/D 输出的数字信号；U_x 为 A/D 输入的模拟电压；U_q 为 A/D 量化单位电压。

式（4-13）中的恒等号和括号的定义是 D 最接近比值 U_x/U_q（用四舍五入法取整），而比值 U_x/U_q 和 D 之间的差值即为量化误差。这是模-数转换中不可避免的误差。

表征模-数转换器性能的技术指标有多项，其中最重要的是转换器的精度与转换速度。

模拟（电压）-数字的转换方法很多，分类方法也不一致，若从其比较原理来看，可划分为直接比较型、间接比较型和复合型三大类。

（1）直接比较型 A/D 转换　直接比较型 A/D 转换的原理是基于电位差计的电压比较原理。即用一个作为标准的可调参考电压 U_R 与被测电压 U_x 进行比较，当两者达到平衡时，参考电压的大小就等于被测电压。通过不断比较，不断鉴别，并在比较鉴别的同时就将参考电压转换为数字输出，实现了 A/D 转换。其原理如图 4-10 所示。下面对典型的逐次逼近反馈编码型模-数转换器加以讨论。

逐次比较型 A/D 转换是最典型的直接比较型。它的工作过程可以用一架自动的“电压

天平”来类比，用作比较标准的数字电压量称为“电压砝码”，将电压砝码与被测电压从高位到低位逐次进行比较，像天平称重物那样，大者弃，小者留，不断逼近，逐渐积累，即将被测电压转换成了数字量。为了具体了解这种转换原理，下面举例说明，将模拟电压624mV按8、4、2、1码转换为数字输出（分辨力1mV）。

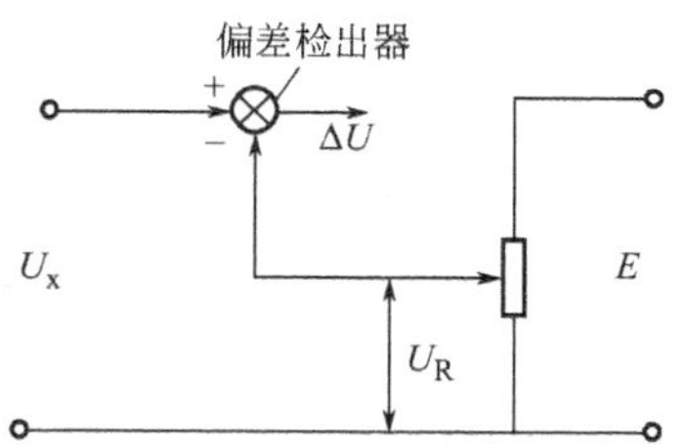

图4-10　直接比较原理示意图

显然，这里要用“电压天平”以称重的方式来实现这个转换过程。根据要求，每一位数字由四个“电压砝码”所组成。“电压砝码”应该有以下等级：800mV、400mV、200mV、100mV；80mV、40mV、20mV、10mV；8mV、4mV、2mV、1mV。下面就用这三组“电压砝码”按顺序“加码”的方式与被测电压642mV进行比较，从最高位开始，直至最低位比较结束，逐步实现模-数转换。比较过程和结果同时用波形图示出，如图4-11所示。比较过程如下。

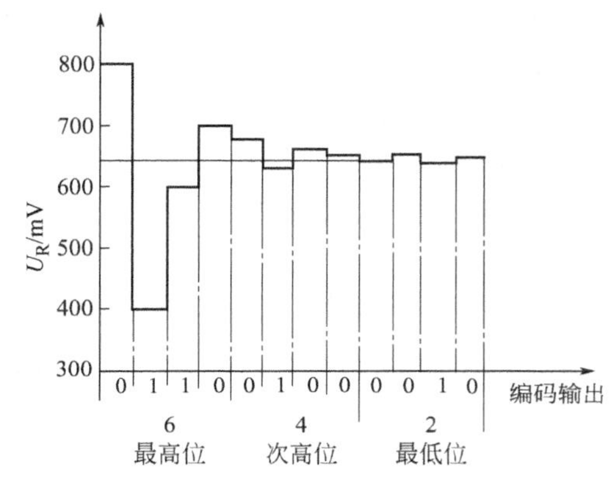

图4-11　逐次逼近反馈编码过程示意图

第一步，用“电压砝码”中的最大的码800mV与642mV比较，因为800mV>642mV，此砝码弃去，记作“0”（标在示意图横坐标下方）。

第二步，用400mV砝码与642mV比较，因为400mV<642mV，此砝码留下，记作“1”。

第三步，用（200＋400）mV与642mV比较，因为（200＋400）mV<642mV，将（400＋200）mV砝码留下，记作“1”。

如此下去，直至第十二步，将最小砝码1mV用完，得到图4-11横坐标下方的三位二进制数码（0110 0100 0010），这个数码就是经比较后的转换结果，为模拟电压642mV的8、4、2、1码形式的数字输出。

由转换过程可见，正是因为作“电压砝码”的标准电压可以用数码形式标出，其比较结果才能表示成数字量。要实现以上转换，还必须具备以下条件。

① 要有一套相邻关系为二进制的标准电压，产生这套电压的网络称为解码网络。

② 要有一个比较鉴别器，通过它将被测电压和标准电压进行比较，并鉴别出大小，以决定是“弃”还是“留”。

③ 要有一个数码寄存器，每次的比较结果“1”或是“0”由它保存下来。

④ 要有一套控制线路，来完成下列两个任务：比较是由高位开始，由高位到低位逐位比较；根据每次的比较结果，使相应位数码寄存器记“1”或记“0”，并由此决定是否保留这位“解码网络”来的电压。

所以，由数码寄存器的状态决定“解码网络”的输出电压，而这电压反过来又要与输入的被转换电压进行比较，根据比较结果再来决定这位数码寄存器的状态。这是一个互相联系，互相依赖的过程，称作电压反馈，而整个过程又是由高位到低位，一位一位地逐次进行比较的，所以称这种转换器为逐次比较型或电压反馈逐次比较型A/D转换器，又因为整个过程就是对被测电压进行编码的过程，故又称为逐次逼近反馈编码型A/D转换器。图4-12是这种转换器的原理框图。

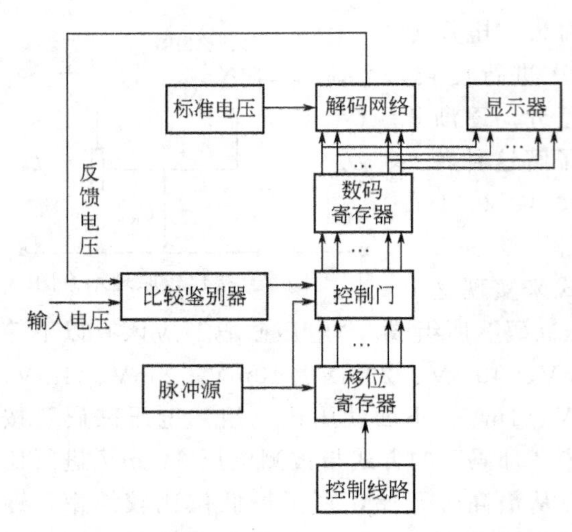

图 4-12　反馈比较型 A/D 转换原理框图

该转换器转换速度快、精度高；但抗干扰能力较差，只能做到五位读数，结构复杂。

(2) 间接比较型 A/D 转换　所谓间接比较型，就是被测电压不是直接转换成数字量，而是首先转换成某一中间量，然后再将中间量整量化转换成数字量。该中间量目前多数为时间间隔或频率两种，即 U-T 型或 U-F 型 A/D 转换。下面介绍 U-T 型 A/D 转换。

把被测电压转换成时间间隔的方法有：积分比较（双积分）法、积分脉冲调宽法和线性电压比较法，这里仅介绍双积分型 A/D 转换。

① 作用原理。把被测（输入）电压在一定时间间隔内的平均值转换成另一时间间隔，然后由脉冲发生器和计数器配合，测出此时间间隔内的脉冲数而得到数字量。

设有一被测电压 $U_x(t)$ 随时间变化的规律如图 4-13 所示。现按照一定的时间间隔 t_1 把其分成 n 等分，然后求出各段的平均值 $\overline{U}_{xj}$，再设法把 $\overline{U}_{xj}$ 转换成另一时间间隔 t_2^j，且满足正比关系，即

$$t_2^j \propto \overline{U}_{xj}$$

这样一段一段的 $\overline{U}_{x1}$，$\overline{U}_{x2}$，…被转换成与其对应的一系列的时间间隔 t'_2，t''_2，…，最后由脉冲发生器和计数器配合而得数字值 N。

具体步骤如下。

第一步的实质：完成被测电压 U_x 到平均值 $\overline{U}_x$（在一定的时间间隔 t_1 内）的转换。

第二步的实质：须完成被测电压平均值 $\overline{U}_x$ 到另一时间间隔 t_2 的转换（但 $t_2 \ll t_1$）。

第三步的实质：将时间间隔 t_2 整量化而成数字量 N。

这样就完成了被测电压到数字量的转换。

② 结构及分析。图 4-14 是其原理框图。工作过程分为采样积分时间与比较时间两个阶段。

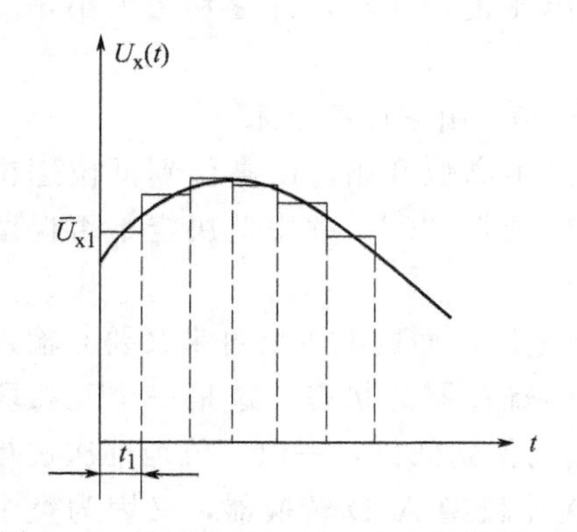

图 4-13　被测电压 $U_x(t)$ 的平均值求取图

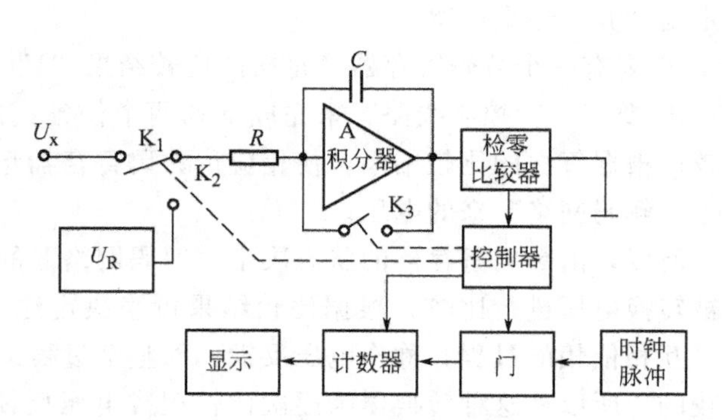

图 4-14　双积分型 A/D 转换原理框图

第一阶段：称采样积分阶段。开始时，由控制器发出指令脉冲，使计数器置零，同时使

K_2、K_3 断开，K_1 闭合。这时被测（输入）电压 U_x 接到积分器（由电阻 R、电容 C 和运算放大器 A 组成积分器）的输入端进行固定时间 t_1 的积分（t_1 由线路设计时事先确定，$t_1=20ms$ 或 100ms）。积分器的输出电压 U_o 从开始时的 0V，经 t_1 时间积分到

$$U_o=-\frac{1}{RC}\int_0^{t_1}U_x(t)\mathrm{d}t=U_A \tag{4-14}$$

令 $\overline{U}_x$ 为被测电压 U_x 在 t_1 时间间隔内的平均值（见图 4-45），则

$$\overline{U}_x=\frac{1}{t_1}\int_0^{t_1}U_x(t)\mathrm{d}t \tag{4-15}$$

把式（4-15）代入式（4-14）得

$$U_A=-\frac{1}{RC}t_1\overline{U}_x \tag{4-16}$$

式中，U_A 为对应于时间 t_1 时积分器的输出电压，采样积分时间 t_1 由控制器控制，RC 是电路常数。所以积分器在时间间隔 t_1 时的输出电压幅值 U_A 和被测电压的平均值 $\overline{U}_x$ 成正比关系，因而完成了 U_x 到 $\overline{U}_x$ 的转换。

当经历了 t_1 时间后控制器再发出一脉冲驱动开关，使 K_2 闭合，K_1 被打开，K_3 仍开路，使计数器开始计数，进入了第二阶段。

第二阶段：又称比较测量时间或反向积分时间。由于 K_2 闭合，K_1 开路，这时与被测电压 U_x 极性相反的基准电压 U_R 接入积分器。积分器进行反向积分（放电过程），输出电压 U_o 从 U_A 开始下降，当输出电压 U_o 下降到零时，检零比较器动作，推动控制器发出如下指令：闭合 K_3 使积分电容 C 上的电荷为零，等待下一次积分；K_2 开路，使基准电压 U_R 不再接入积分器，停止积分，同时使计数器停止计数，这时计数器显示数为 N。在这一段时间 t_2 内，是用基准电压 U_R 与积分电容 C 上已有电压 U_A 进行比较，所以

$$U_o=U_A-\frac{1}{RC}\int_{t_1}^{t_1+t_2}(-U_R)\mathrm{d}t=0$$

由于基准电压 U_R 是固定值，因而有

$$U_A+\frac{1}{RC}U_Rt_2=0 \tag{4-17}$$

把式（4-16）代入式（4-17）得

$$t_2=\frac{t_1}{U_R}\overline{U}_x \tag{4-18}$$

由于采样积分时间 t_1 和基准电压 U_R 是固定值，所以反向积分时间 t_2 与被测电压 U_x 在 t_1 时间内的平均值 $\overline{U}_x$ 成正比，因而完成了 $\overline{U}_x$ 到 t_2 的转换；又由于在反向积分时间内，门电路是打开的，故计数器记下了 t_2 时间内由时钟脉冲所发出的脉冲数 N，这脉冲数 N 是与反向积分时间 t_2 的大小成正比关系，这就完成了 t_2 到脉冲数（数字量）N 的转换，因而最后完成了被测电压的平均值到数字显示值 N 的转换。当然还要进行系数的标度变换，以确定一个单位被测电压对应多少个脉冲数，或一个脉冲对应的被测电压是多少，这在下一节讨论。

图 4-15 是积分器输出电压 U_o 的波形图。由图可知，输入的被测电压 U_x 越大，则积分器输出的最大值 U_A 也越大，因而对应的反向积分时间 t_2 也越长；即当 $U_{x2}>U_{x1}$ 时，则 $U_{A2}>U_{A1}$，对应的 $t_2''>t_2'$，当然对应的数字量 $N_2>N_1$，从而完成了电压-数字转换。

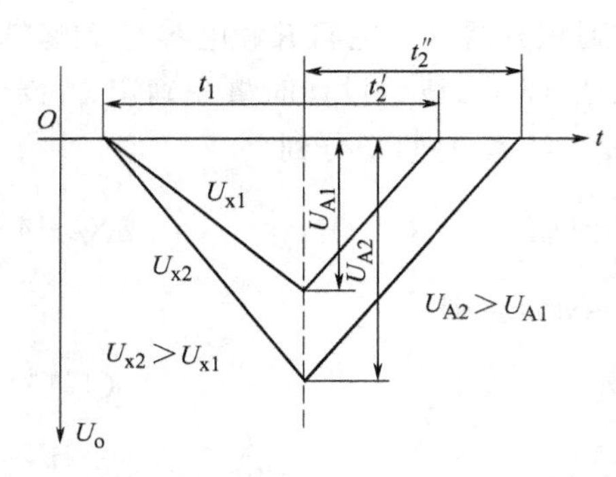

图 4-15　积分器输出电压 U_o 波形图

由于这种转换器在一次转换过程中进行了两次积分，故称为双积分 A/D 转换器。

③ 性能特点。对积分元件 R、C 要求大大降低。由式（4-18）可知，t_2 与 R、C 无关，这是由于采样积分与反向积分均采用同一积分器，它们的影响正好抵消，这有利于提高仪表精度。

对时标的要求大大降低。一般的数字电路对时标（时钟频率）的要求很高，而双积分转换器，因 t_2、t_1 均采用同一脉冲源，即使不十分准确，只要保持 t_2/t_1 的比值不变，就能实现对被测量的精确测量。

抗干扰能力强。前面所介绍的逐次逼近反馈编码型 A/D 转换是对被测电压的瞬时值转换；而双积分型则是对被测电压在 t_1 时间内的平均值进行转换。因此具有很强的抗常态干扰能力，对混入信号中的高频噪声有良好的抑制能力，特别对于对称干扰，其抑制能力更强。一般使用现场的干扰大多来自工频网络，若将采样积分时间 t_1 取为工频周期（20ms）或工频周期的整数倍（$n\cdot 20$ms），则这种对称工频干扰可以完全消除。

由于上面三方面的优点，所以双积分 A/D 转换器可应用于环境较为恶劣的生产现场。

要求反向积分时间 $t_2 \ll$ 采样积分时间 t_1，否则将造成过大的误差。因为在反向积分时（t_2 间隔内），被测电压被断开，若 t_2 较大的话，则用 t_1 时间间隔内的平均值 $\overline{U}_{x1}$ 代表一个转换过程（t_1+t_2）时间间隔内的平均值，显然要造成较大的误差。为此必须要求 $t_2 \ll t_1$，才能减小这一误差。如图 4-16 所示。

测量速度较慢。为了提高仪表抗工频干扰的能力，应将采样积分时间 t_1 取为工频周期的整数倍，即 $t_1=n\cdot 20\text{ms}, n=1, 2, 3, \cdots$。如 $n=1$，仅 t_1 就为 20ms，再加上 t_2，所以测量速度不会太高。n 取得越大，抗干扰能力越强，测量速度越慢。

脉冲调宽型和双积分型 A/D 转换有许多共同点，如都为平均值转换，对元件的要求不高，抗干扰能力强，较低的转换速度等。

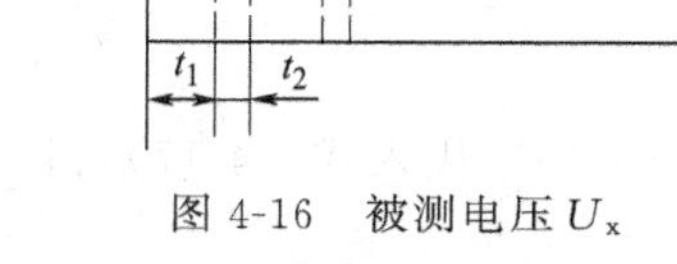

图 4-16　被测电压 U_x 的接通、断开图

由于数字技术的不断发展，A/D 转换的品种越来越多，它们各有特点，例如：直接比较型一般精度较高，速度快，但抗干扰能力差；积分型（间接比较型）一般抗干扰能力强，但速度慢，而且精度提高也有限。复合型 A/D 转换是把上述两种技术结合起来，利用了它们的各自优点，因而精度高、抗干扰能力强，故称之为“高精度 A/D 转换技术”。现把在数字仪表中常用的几种 A/D 转换器列于表 4-1 中。

2. 非线性补偿（线性化）

在实际工作中，很多检测元件或传感器的输出信号与被测变量之间往往为非线性关系，例如热电偶的热电势与被测温度之间，流体流经节流元件的差压与流量之间，皆为非线性关系。这类非线性关系，对于模拟式显示仪表，只需将仪表刻度按对应的非线性关系划分就可以了。但在数字仪表中，A/D 为线性转换，且转换后的数码直接用数码管显示被测变量，故必须进行非线性补偿，以消除或减小非线性误差。

表 4-1　数字仪表中几种常用的 A/D 转换器

型　　号	MC14433	ICL7106/7107	ICL7135	AD7555	ADVFC32	AD650
国内型号	5G14433	CH7106/7107	5G7135		5GVFC32	
显示位数	$3\frac{1}{2}$位	$3\frac{1}{2}$位	$4\frac{1}{2}$位	$5\frac{1}{2}$位	6 个十进位（即 10^6）	6 个十进位
电压量程	199.9mV 或 1.999V	199.9mV 或 1.999V	199.99mV 或 1.9999V	199.999mV 或 1.99999V	0～10V	0～10V
转换精度	±（读数×0.05%+1 个字）	±（读数×0.08%+1 个字）	±（读数×0.025%+1 个字）	±（读数×0.01%+1 个字）	10kHz 满度时为±0.01% 100kHz 满度时为±0.05% 500kHz 满度时为±0.2%	10kHz 满度时为±0.002% 100kHz 满度时为±0.005% 1MHz 满度时为±0.01%
转换速率	3～10 次/秒	1～3 次/秒	1～3 次/秒			
电源电压	±(4.5～8)V	7106 用 7～15V 单电源 7107 用±5V 双电源	±5V	±5V	±15V	±15V
外形封装	24 引线双列直插式	40 引线双列直插式	28 引线双列直插式	28 引线双列直插式	14 引线双列直插式	14 引线双列直插式
显示器件	LED 发光二极管显示	7106 配接 LCD 液晶显示 7107 配接 LED 发光二极管显示	LCD、LED 或 PDP（等离子）显示	LCD、LED 或 PDP 显示	输出频率 f_o 经计数器、锁存、译码后进行显示	电路结构与 ADVFC32 相类似，但作了如下改进。 ①最高输出频率提高到 1MHz。 ②线性度得到明显改善。 ③差分输入级能够用正输入、负输入或双极性输入
应用	带有 BCD 码输出，可接入计算机系统进行数据处理、控制和记录打印	无 BCD 码输出，但可直接驱动显示器件 LCD、LED 等，成为最简单的数字电压表	带有 BCD 码输出，显示采用动态扫描输出。主要用于数字电压表及数据采集系统	采用动态扫描输出，也可以采用串、并行输出，与微机接口，以适应各种不同的需要	适用于隔离放大器、远距离传送的 A/D 转换器以及速度监视和控制	

非线性补偿的方法很多，一类是用硬件的方式实现；一类是以软件的方式实现（常用在屏幕显示仪表中）。

硬件非线性补偿，可放在 A/D 转换之前的称为模拟式线性化；放在 A/D 转换之后的称为数字线性化；在 A/D 转换中进行非线性补偿的称为非线性 A/D 转换。模拟式线性化精度较低，但调整方便，成本低；数字线性化精度高；非线性 A/D 转换则介于上面两者之间，补偿精度可达 0.1%～0.3%，价格适中。

（1）模拟式线性化　线性化器在仪表构成中，可用串联方式接入，也可用反馈方式接入，现分别讨论如下。

① 串联方式接入。图 4-17 示出串联式线性化的原理框图。由于检测元件或传感器的非线性，当被测变量 x 被转换成电压量 U_1 时，它们之间为非线性关系，而放大器一般具有线性特性，故经放大后的 U_2 与 x 之间仍为非线性关系，因此应加入线性化器。利用线性化器的非线性静特性来补偿检测元件或传感器的非线性，使 A/D 转换之前的 U_o 与 x 之间具有线性关系。

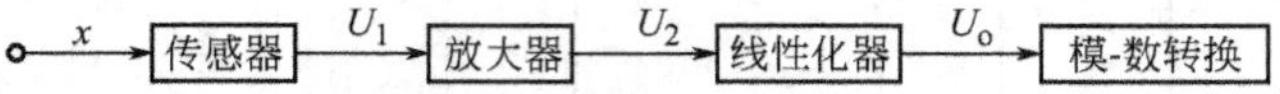

x → 传感器 → U_1 → 放大器 → U_2 → 线性化器 → U_o → 模-数转换

图 4-17　串联式线性化原理图

问题的关键是如何求取线性化器的静特性，可以采取解析的方法或图解的方法。这里先介绍解析法，而后介绍图解法。

现举例介绍如下，设有图 4-18 所示的测温系统，其测温关系为

图 4-18　热电偶测温系统框图

$$E_t = f(t) = at + bt^2 \tag{4-19}$$

式中，a、b 为常系数，其值可以按不同热电偶的热电势和温度关系查表求出。以 E 分度热电偶为例，若测量上限 $t_{max}=500℃$，下限 $t_{min}=\frac{1}{2}t_{max}=250℃$，按式（4-19）可分别写出

$$E_{tmax} = at_{max} + bt_{max}^2$$

$$E_{tmin} = at_{min} + bt_{min}^2$$

$$t_{min} = \frac{1}{2}t_{max}$$

对上式联立求解可得系数

$$a = \frac{4E_{tmin} - E_{tmax}}{t_{max}} = \frac{4\times18.76 - 40.15}{500} = 6.98\times10^{-2}$$

$$b = \frac{2E_{tmax} - 4E_{tmin}}{t_{max}^2} = \frac{2\times40.15 - 4\times18.76}{500^2} = 2.1\times10^{-5}$$

设放大器输出电压的解析式为

$$U_2 = KE_t \tag{4-20}$$

要使 U_o 和 t 之间的关系为线性，应有

$$U_o = St \tag{4-21}$$

对式（4-19）、式（4-20）和式（4-21）联立求解，消去变量 E_t 和 t 得

$$U_2=K\left(a\frac{U_o}{S}+b\frac{U_o^2}{S^2}\right) \tag{4-22}$$

式（4-22）就是所求的线性化器的静特性解析式，式中 a、b 已经求出，K 为放大器的放大倍数，S 为整机灵敏度，皆由设计者根据具体情况选定，故为已知数，所以式（4-22）就被唯一地确定。

有时，用解析法求取线性化器静特性比较麻烦或根本无法求取，故常采用图解法。一般来说，图解法比解析法简单实用。

无论是解析法还是图解法求取线性化器的静特性，最后还要用折线逼近的方法才能以硬件实现之。

对静态特性逼近的方法如图 4-19 所示。$y=f(x)$ 是其静特性，是非线性的。将它分成数段，分别用折线来逼近原来的曲线，然后根据各转折点的斜率来设计电路。

$$y=K_1x_1+K_2(x_2-x_1)+K_3(x_3-x_2)+\cdots+K_n(x_n-x_{n-1})$$

式中，K_1，K_2，…，K_n 为各段折线斜率。$K_1=\tan\theta_1$，$K_2=\tan\theta_2$，…，$K_n=\tan\theta_n$。

采用这种方法，转折点越多，精度越高。但转折点过多时电路也随之复杂，带来的误差也随之增加。

用图解法求线性化器静特性的方法示于图 4-20，其作图方法简述于后。

首先，将传感器的非线性曲线 $U_1=f_1(x)$ 绘在直角坐标的第Ⅰ象限，被测量 x 作横坐标，传感器的输出电压 U_1 为纵坐标。其次，将放大器的线性特性曲线 $U_2=KU_1$ 绘在第Ⅱ象限，放大器的输入量 U_1 为纵坐标，输出量 U_2 为横坐标。再次，将希望达到的线性关系 $U_o=Sx$ 特性曲线绘在第Ⅳ象限，被测量 x 为横坐标，输出量 U_o 为纵坐标，如图中所示。最后，按图 4-20 所示的方法作图，即可在第Ⅲ象限求得所需的线性化器的静特性曲线 $U_o=f(U_2)$，再用折线逼近，然后求出各折线段的斜率，就可以设计电路了。

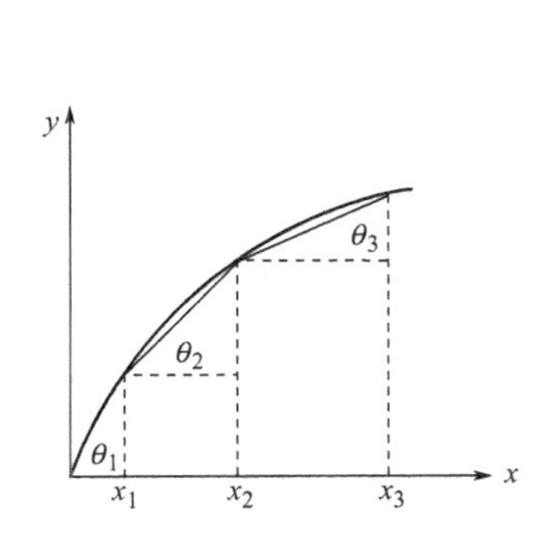

图 4-19　对静态特性逼近的图解法

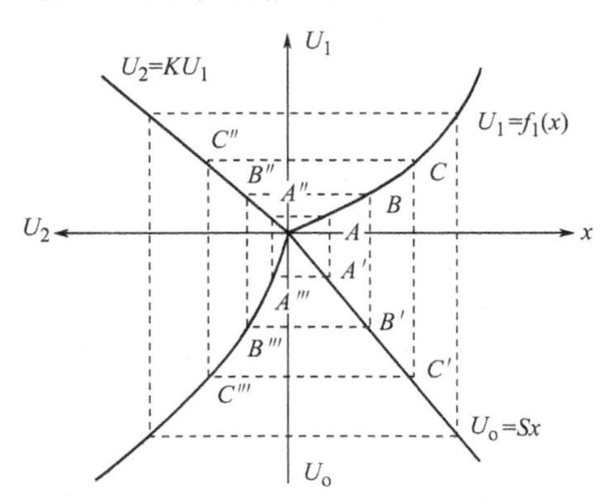

图 4-20　图解法

② 反馈式线性化。所谓反馈式线性化就是利用反馈补偿原理，引入非线性的负反馈环节，用负反馈环节本身的非线性特性来补偿检测元件或传感器的非线性，使 U_o 和 x 之间的关系具有线性特性。那么，满足这种条件下的负反馈环节，即线性化器应该具有什么样的特性呢？同样可以用解析法或图解法求取之。

闭环式线性化的原理图示于图 4-21，根据图 4-21 不难求出非线性反馈环节的特性式，设检测元件或传感器的特性式为

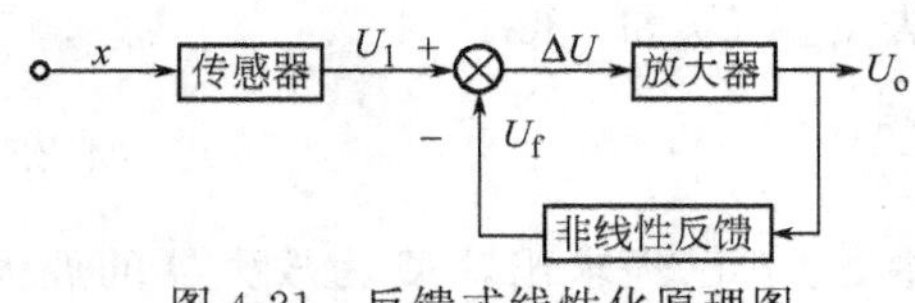

图 4-21 反馈式线性化原理图

$$U_1 = ax^2$$

由于放大器的放大倍数 K 很大，所以

$$U_1 - U_f \approx 0$$

即

$$U_f = U_1 = ax^2$$

若非线性反馈环节完全补偿检测元件或传感器的非线性的话，则

$$U_o = Sx$$

式中，S 为整机灵敏度，是常数，可根据具体情况确定。

由以上两式可得反馈环节的特性式为

$$U_f = a\frac{U_o^2}{S^2} = \frac{a}{S^2}U_o^2$$

式中，a 为检测元件的常系数，可根据具体情况确定。该式就是非线性反馈环节的解析式。

当检测元件或传感器的非线性特性很复杂，则可用图解法求取非线性反馈环节的静特性，如图 4-22 所示，其作法简述如下。

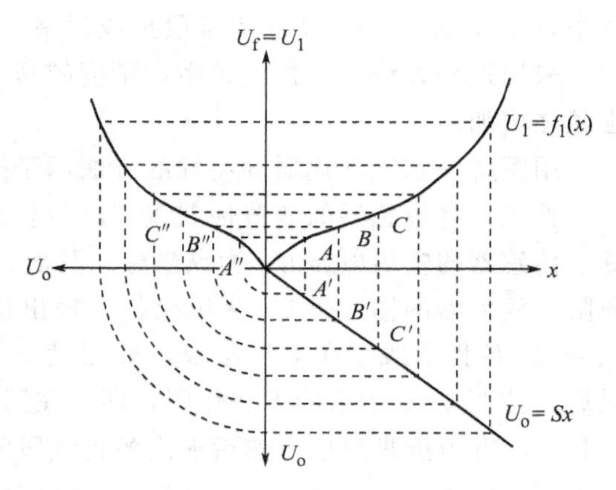

图 4-22 负反馈非线性补偿特性的图解法

首先，在直角坐标的第Ⅰ象限绘出传感器的非线性曲线 $U_1 = f_1(x)$，横坐标取为被测量 x，纵坐标表示传感器的输出量 U_1。

其次，将希望达到的线性关系 $U_o = Sx$ 特性曲线绘在Ⅳ象限，x 是横坐标，U_o 为纵坐标。

再者，由于主通道放大器的放大倍数 K 足够高，因此 $U_1 \approx U_f$，故可将 U_1 坐标轴同时兼作 U_f 坐标轴，于是，所求取的线性化器的特性曲线可以放在第Ⅱ象限，这时横坐标表示 U_o。

最后，根据精度要求，将 x 轴分成数段，作图，便获得图 4-22 中示于第Ⅱ象限的线性化器的静特性曲线。

这里必须再次指出，上述图解法的前提是主放大器的放大倍数足够高，只有这样才能满足 $U_1 \approx U_f$，这在工程上是容易达到的。

③ 线性化器设计实例。线性化器的例子较多，不同条件下有不同的应用。线性化器大多是采用非线性元件组成折点电路来实现，这里仅举一简单例子。

图 4-23 是 K 分度热电偶非线性补偿电路原理图，使用范围为 0～900℃，将整个测量范围分成五段，然后用折线近似（图中仅示出三段），即 $O \sim e_{o1}$、$e_{o1} \sim e_{o2}$、$e_{o2} \sim e_{o3}$，其工作过程分析如下。

第一折线段（$O \sim e_{o1}$），因输入电压较低，所以输出电压低于 E_2、E_3，故 D_2、D_3 不导通，反馈电阻为 R_{f1}，此时放大倍数为

$$K_1 = R_{f1}/R_1$$

第二折线段（$e_{o1} \sim e_{o2}$），此时 $e_{o2} > e_{o1}$，所以运算放大器的输出电压高于 E_2，但低于 E_3，故 D_2 导通，D_3 不导通，所以反馈电阻为 $R_{f1} /\!/ R_{f2}$，此时放大倍数为

$$K_2=\frac{R_{f1}/\!/R_{f2}}{R_1}$$

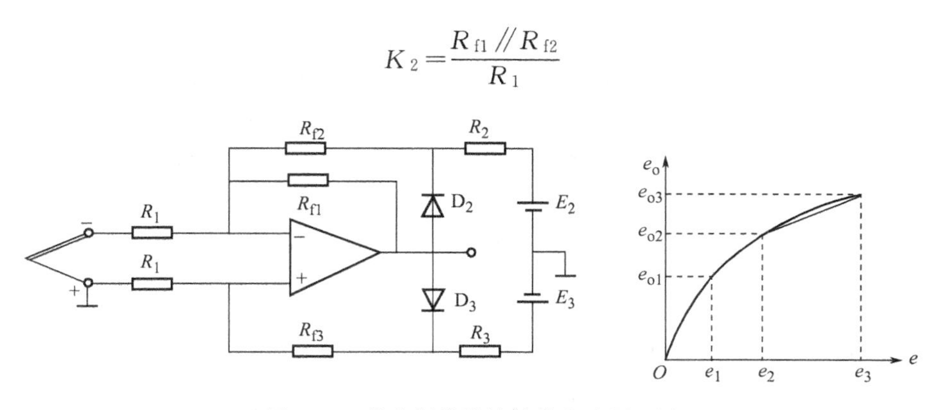

图 4-23　热电偶非线性补偿电路原理图

第三折线段（$e_{o2}\sim e_{o3}$），此时 $e_{o3}>e_{o2}$，故运算放大器输出高于 E_2、E_3，D_2、D_3 均导通，此时除负反馈电阻 $R_{f1}/\!/R_{f2}$ 接入外，而正反馈电阻 R_{f3} 也接入，此时放大倍数为

$$K_3=\frac{(R_{f1}/\!/R_{f2})(R_1+R_{f3})}{R_1[R_{f3}-(R_{f1}/\!/R_{f2})]}$$

（2）A/D 转换线性化（非线性 A/D 转换）　它是通过 A/D 转换直接进行线性化处理的一种方法。例如，利用 A/D 转换后的不同输出，经过逻辑处理后发出不同的控制信号，反馈到 A/D 转换网络中去改变 A/D 转换的比例系数，使 A/D 转换最后输出的数字量 N 与被测量 x 呈线性关系。常用的有电桥平衡式非线性 A/D 转换，现介绍如下。

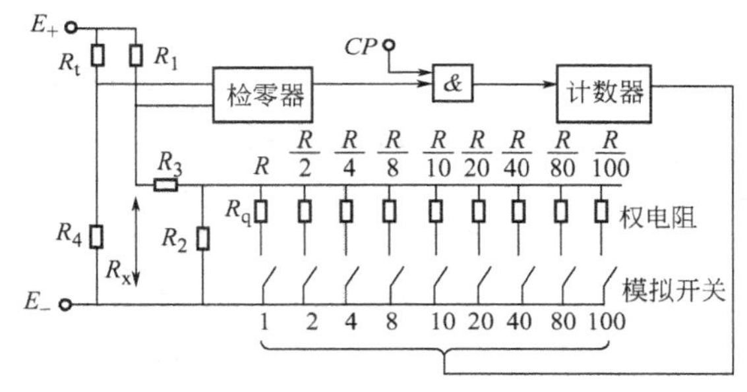

图 4-24　电桥平衡式非线性 A/D 转换器

图 4-24 为电桥平衡式非线性 A/D 转换的典型电路。图中热电阻 R_t 是电桥的一个桥臂，其余桥臂电阻分别为 R_1、R_4、R_2+R_3 和权电阻网络。由 $R\sim R/100$ 组成的权电阻与 R_2 并联，各权电阻由译码器通过相应的模拟开关控制。

当电桥平衡时，检零器输出为零，计数器不计数。随着温度升高，热电阻 R_t 阻值增加，电桥不平衡，检零器输出高电平，打开 CP 脉冲控制门，计数器进行加法计数，计数输出控制模拟开关，直至电桥平衡。模拟开关根据计数值决定接上哪几只权电阻，一是使电桥趋于平衡，二是完成非线性校正。

由图 4-24 可见，电桥平衡时

$$R_t=\frac{R_1R_4}{R_x}=\frac{R_1R_4}{R_3+R_2/\!/R_q} \tag{4-23}$$

式(4-23) 表明，热电阻 R_t 与接入的权电阻 R_q 成非线性关系。通过恰当地选取电桥的有关参数，可使被测温度 t 与热电阻 R_t 表达式呈线性关系。

（3）数字线性化　数字线性化是在模-数转换之后的计数过程中，进行系数运算而实现非线性补偿的一种方法。基本原则仍然是“以折代曲”。将不同斜率的斜线段乘以不同的系数，就可以使非线性的输入信号转换为有着同一斜率的线性输出，达到线性化的目的。

设数字仪表输入信号的非线性，如图 4-25 第Ⅰ象限的 OD 曲线，这里横坐标表示被测

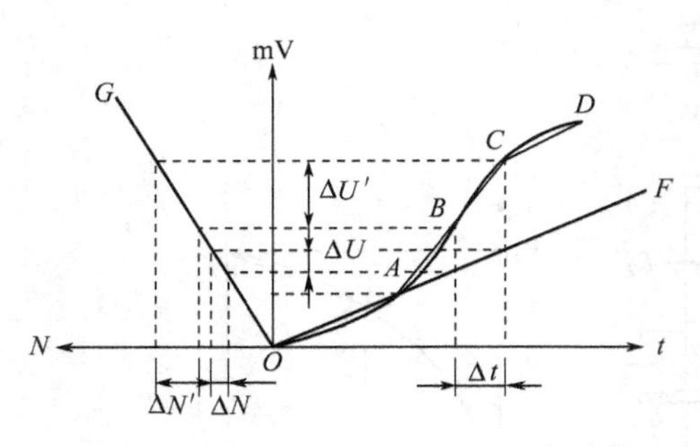

图 4-25 数字线性化的原理示意图

温度，纵坐标表示热电势值，同时在第Ⅱ象限绘出了计数器的静特性如 OG 所示。

现把输入信号的非线性特性 OD 曲线用折线 $OABCD$ 逼近，这样每段折线的斜率都不相同，若以 OA 折线为基础，则其他各段折线的斜率分别乘以不同的系数 K_i，就能与 OA 段的斜率相同，然后以 OA 段为基础进行转换，就达到了线性化的目的。具体转换计算如下。

延长 OA 至 F，设输入的温度变化为 Δt（见图 4-25），则对应 OF 折线的电势变化为 ΔU，而对应 BC 段折线的电热变化为 $\Delta U'$，若要使 BC 段对应的 $\Delta U'$ 与 OF 段对应的 ΔU 相等，则必须乘以系数 K_3，即

$$K_3\Delta U'=\Delta U$$

所以

$$K_3=\Delta U/\Delta U' \tag{4-24}$$

若对任一段折线，则有 $K_i=\Delta U/\Delta U'$，式中 ΔU 为基础段的电势增量，$\Delta U'$ 为除基础段（OF 段）之外的任一段的电势增量。因此 K_i 可以通过静特性的折线化关系按式(4-24）计算。

下面再进行电势到计数器显示的计算，由图 4-25 可知，对应于 ΔU 的计数器脉冲是 ΔN，即

$$\Delta N=C\Delta U=CK_i\Delta U' \tag{4-25}$$

式中，C 是计数器常数，即直线 OG 的斜率，其数值为 $\Delta N/\Delta U$；K_i 为基础折线段电势增量与除基础段之外任一段电势增量的比值。

图 4-26 为实现变系数运算的逻辑原理图。图中的系数控制器及系数运算器等组成数字线性化器，按照图示逻辑原理可以实现变系数的自动运算。

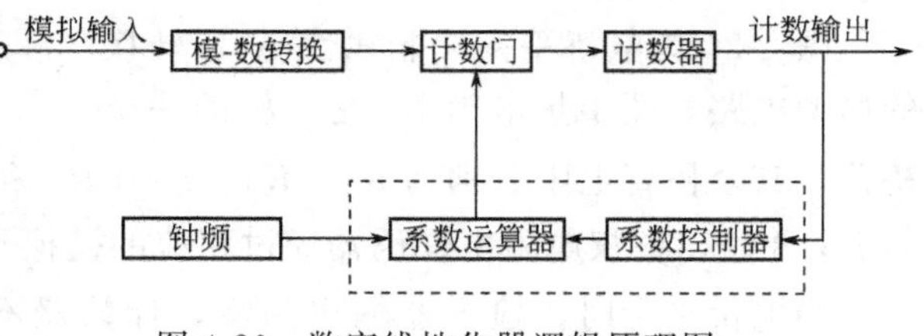

图 4-26 数字线性化器逻辑原理图

参照图 4-25，当输入信号为第一折线 OA 时，系数控制器使系数运算器进行乘 K_1 运算，计数器的输出脉冲可以记为

$$N_1=CK_1U_1$$

且一直到 N_1 结束和 N_2 开始之前，均进行乘 K_1 运算。当计满 K_1 需切换至 AB 段时，计数器发出信号至系数控制器，使系数运算器进行乘 K_2 运算，计数脉冲又可记为

$$N_2=C[K_1U_1+K_2(U_2-U_1)]$$

依次下去，若有 n 段折线，则计数器所计脉冲数

$$N_n=C[K_1U_1+K_2(U_2-U_1)+\cdots+K_n(U_n-U_{n-1})]$$

通常取第一折线段作为全量程线性化的基础段，即 $K_1=1$，这样，一个非线性的输入量就能作为近似的线性来显示了。显然，精确的程度取决于“以折代曲”的程度，折线逼近曲线的程度愈好，所得线性的程度愈高。

再介绍一种查表法线性化。

它是以 A/D 转换后的数字量作为 EPROM 的地址，去选取事先编在 EPROM 中的数据，然后进行数字显示。由于EPROM的内存较多，可做到逐点校正，因而精确度较高。

图 4-27 为查表法线性化原理框图。输入信号 U_x 经 A/D 转换后输出的数字量由锁存器

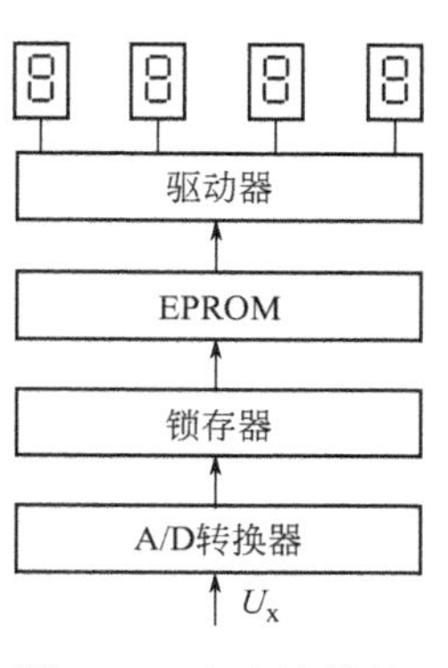

图 4-27　查表法线性化原理框图

锁存，当锁存器的输出作为地址码访问 EPROM 时，EPROM 中存放的表格就被取出，经显示驱动器由数码管显示其读数。表格编制方法见举例部分。

查表法线性化的特点是：精确度高，非线性误差很小；无需微机，成本低；使用广泛，当传感器的数学关系式比较复杂而离散性又较大时，只要有实测数据，都可用查表法进行非线性校正。

3. 信号的标准化及标度变换

由检测元件或传感器送来的信号的标准化或标度变换是数字信号处理的一项重要任务，也是数字显示仪表设计中必须解决的基本问题。

一般情况下，由于须测量和显示的过程参数（包括其他物理量）多种多样，因而仪表输入信号的类型、性质千差万别。即使是同一种参数或物理量，由于检测元件和装置的不同，输入信号的性质、电平的高低等也不相同。以测温为例，用热电偶作为测温元件，得到的是电势信号；以热电阻作为测温元件，输出的是电阻信号；而采用温度变送器时，其输出又变换为电流信号。不仅信号的类别不同，且电平的高低也相差极大，有的高达伏级，有的低至微伏级。这就不能满足数字仪表或数字系统的要求，尤其在巡回检测装置中，会使输入部分的工作发生困难。因此必须将这些不同性质的信号，或者不同电平的信号统一起来，这就叫输入信号的规格化，或者称为参数信号的标准化。

当然，这种规格化的统一输出信号可以是电压、电流或其他形式的信号。但由于各种信号变换为电压信号比较方便，且数字显示仪表都要求输入电压信号，因此都将各种不同的信号变换为电压信号。目前国内采用的统一直流信号电平有以下几种：0～10mV，0～30mV，0～40.95mV,0～50mV 等。采用较高的统一信号电平能适应更多的变送器，可以提高对大信号的测量精度。而采用较低的统一信号电平，则对小信号的测量精度高。所以统一信号电平高低的选择应根据被显示参数信号的大小来确定。

对于过程参数测量用的数字显示仪表的输出，往往要求用被测变量的形式显示，例如：温度、压力、流量、物位等，这就存在一个量纲还原问题，通常称之为“标度变换”。

图 4-28 为一般数字仪表组成的原理性框图。其刻度方程可以表示为

$$y=S_1S_2S_3x=Sx$$

式中，S 为数字显示仪表的总灵敏度或称标度变换系数；S_1、S_2、S_3 分别为模拟部分、模-数转换部分、数字部分的灵敏度或标度变换系数。因此标度变换可以通过改变 S 来实现，且使显示的数字值的单位和被测变量或物理量的单位相一致。通常当模-数转换装置确定后，则模-数转换系数 S_2 也就确定了，要改变标度变换系数 S，可以改变模拟转换部分的转换系数 S_1，例如传感器的转换系数以及前置放大级的放大系数等；也可以通过改变数字部分的转换系数 S_3 来实现。前者称为模拟量的标度变换，后者称为数字量的标度变换。因此标度变换可以在模拟部分进行，也可在数字部分进行。下面举例说明。

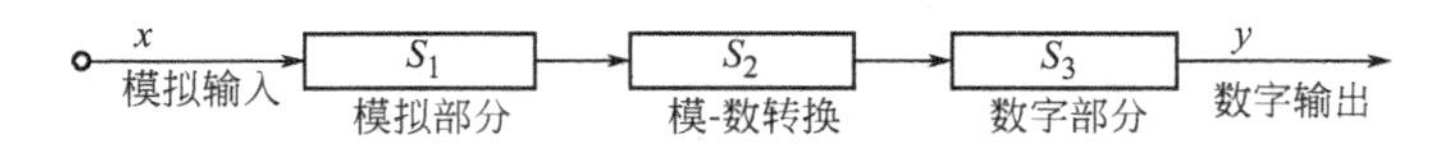

图 4-28　数字仪表的标度变换

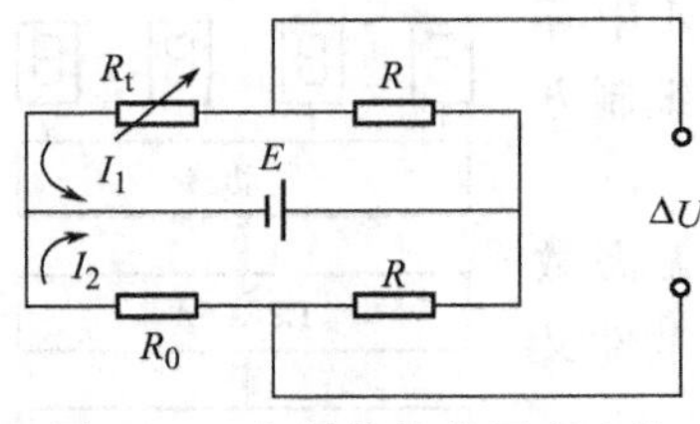

图 4-29　电阻信号的标度变换

(1) 模拟量标度变换

① 电阻信号的标度变换。为了将热电阻的电阻变化转变为电压信号的输出，通常采用不平衡电桥作电阻-电压转换。由不平衡电桥的测温原理（见图 4-29）可得

$$\Delta U=\frac{E}{R+R_t}R_t-\frac{E}{R+R_0}R_0$$

当被测温度处于下限时，$R_t=R_{t0}=R_0$，则

$$\frac{E}{R+R_{t0}}=\frac{E}{R+R_0}$$

且桥路设计时使得 $R\gg R_{t0}$，故被测温度处于任一值时，都有

$$I_1=\frac{E}{R+R_t}\approx\frac{E}{R+R_0}=I_2=I$$

于是

$$\Delta U=I(R_t-R_0)=I\Delta R_t$$

上式说明了可由不平衡电桥的转换关系，通过改变桥路参数来实现标度变换。

用 Cu50 铜电阻测温时，若所测温度为 0～50℃，则电阻变化值 $\Delta R_t=10.70\Omega$，为了也能显示“50”的数字值，可这样进行：设数字仪表的分辨力为 100μV，即末位跳一个字需 100μV 的输入信号，那么满度显示“50”时，就需要 50×100＝5mV 的信号，或者说电阻值变化 10.70Ω 时，应该产生 5mV 的信号，于是根据上式可得

$$I=\frac{\Delta U}{\Delta R_t}=\frac{5}{10.70}=0.47\text{mA}$$

该 I 值可通过适当选取 E 或 R 来得到。当仪表的分辨力或显示位数改变时，桥路参数也要适当予以调整。

② 电势信号的标度变换。当数字仪表以热电偶的热电势作为输入信号时，若热电势在仪表规定的输入信号范围以内，则可将信号送入仪表中，通过适当选取前置放大器的放大倍数来实现标度变换。

例如，国产 CX-100 型数字测温仪表，配用 K 热电偶，满度显示为“1023”，此时放大器的输出为 4V，而 K 热电偶 1000℃时的电势值为 41.27mV，其标度变换就是通过选取前置放大器的放大倍数来解决的。

问题是这样考虑的：数字仪表显示“1023”时，前置放大器须提供 4V 电压，若显示“1000”时，则前置放大器须提供 4000/1023×1000＝3910mV 的电压。而此时热电偶的热电势是 41.27mV，故前置放大器的放大倍数 K 应该是 3910/41.27＝94.7，才能保证放大器的输出为 3910mV，这样就能保证数字仪表的显示正好表示温度值。但这里没有考虑热电势和温度之间的非线性关系，因而精度不高。

③ 电流信号的标度变换。数字显示仪表与具有标准输出的变送器配套（如与电动单元组合仪表的变送器配套）使用时，可用简单的电阻网络实现标度变换。即将变送器输出的标准直流毫安信号转换为规格化的电压信号，如图 4-30 所示。

这里是将在 R_2 上取出的电压作为数字仪表的输入信号，因此电阻网络阻值的大小应满足已确定的仪表分辨力的要求，并与所接的放大器的阻抗相匹配。同时，以电阻网络与仪表输入阻抗并联作为变送器的负载，也应满足变送器对负载阻抗匹配的要求。再者，对 R_2 的精度要求较高，应注意元件允许的误差等有关问题。

④ 频率信号的标度变换。数字仪表的输入为频率信号（如涡轮流量计的输出）时，可以采用频率-电压转换器，将频率转换为电压；也可采用计数累积的办法等来实现标度变换。由于频率计数的办法较容易实现，所以对频率信号的标度变换通常是在数字部分用乘系数的办法来解决。

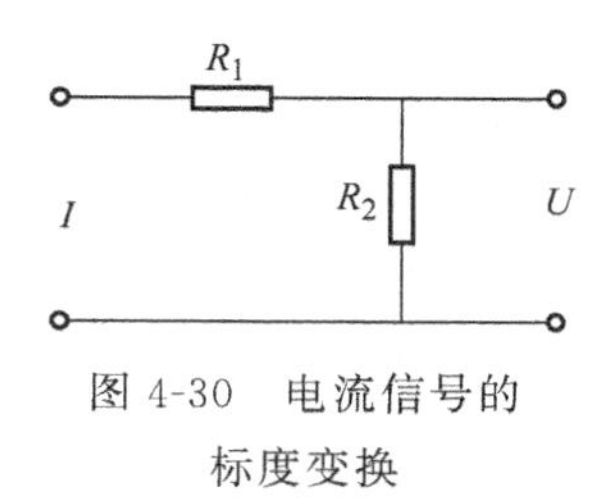

图 4-30　电流信号的标度变换

以上介绍的模拟量标度变换方法简单、可靠，但通用性较差，仅适用于专用装置，而且精度也不算太高。

(2) 数字量标度变换　数字量的标度变换是在 A/D 转换之后，进入计数器之前，通过系数运算而实现的。进行系数运算，即乘以（或除以）某系数，扣除多余的脉冲数，可使被测物理量和显示数字值的单位得到统一。

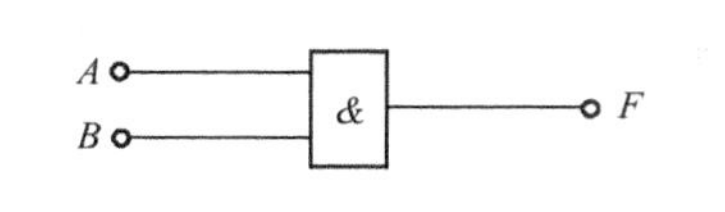

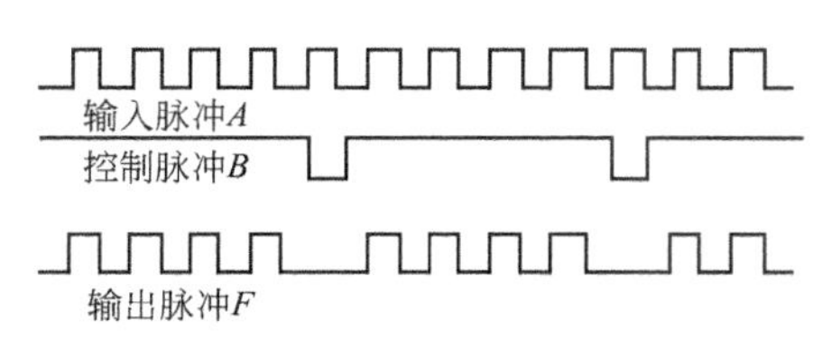

图 4-31　系数运算原理示意图

系数运算的原理可以通过图 4-31 所示的“与”门电路来说明。

从“与”门的真值表可知，只有当 A、B 端均为高电位时，F 端才为高电位，A、B 端如有一个低电位则 F 为低电位，因此控制 A、B 任一端的电位，就可以扣除进入计数器的脉冲数。图 4-31 所示的是每 10 个脉冲扣除了 2 个脉冲的情况，即相当于乘了一个 0.8 的系数。如某装置被测温度为 1000℃，经模-数转换输出 1250 个脉冲，则利用这个系数乘法器可实现标度变换。

随着集成电路技术的发展，目前已研制出了集成数字运算器，其转换精度与速度均大为提高。

由上面讨论可知，数字线性化中的系数运算和标度变换中的系数运算是有区别的。虽然其目的都是为了实现输入和输出之间的某种转换关系，但它们的要求不同。数字线性化中所进行的系数运算，则是为了使非线性的输入和线性的数字输出达到一致，因而系数 K_i 值应根据非线性特性曲线被折线化之后的折线斜率的变化而自动变化，所以是一种变系数运算；而标度变换中的系数运算是为了实现被测物理量和输出数字量的数值一致，所以系数的大小是按照“数值一致”的要求，事先整定好一次输入的，在一个量程范围内或者一次测量中是固定不变的，而且这种转换是基于线性条件而实现的，所以应确切地称之为“线性标度变换”。如果输入和输出之间某种转换都可看作标度变换，那么数字线性化可称为“非线性标度变换”。

4. 数字显示仪表举例

(1) 热电偶数字温度表　热电偶数字温度表的种类很多，下面介绍一种采用查表法进行非线性补偿的数字温度表。图 4-32 为热电偶数字温度表原理框图。

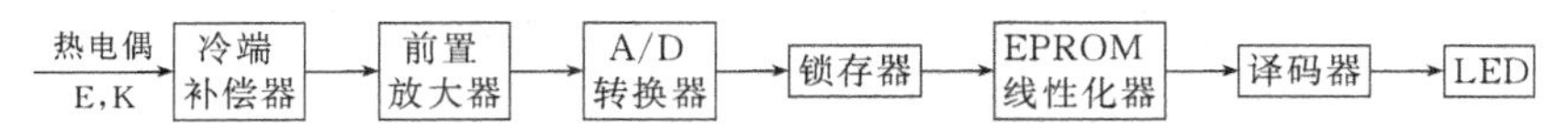

图 4-32　热电偶数字温度表原理框图

该仪表由冷端补偿器、前置放大器、A/D 转换器、锁存器、EPROM 线性化器、译码器和 LED 等组成。下面简述它的工作原理。

① 冷端补偿器。热电偶冷端补偿一般是利用冷端补偿器获得补偿电势，然后与热电偶测得的热电势相叠加，从而获得真实电势。近年来，国外已广泛利用半导体二极管或三极管

的 PN 结温度特性作温度补偿。PN 结在－100～＋100℃范围内，其端电压与温度有较理想的线性关系，温度系数约为－2.33mV/℃，因此是理想的温度补偿器件。采用二极管作为冷端补偿，精确度可达 0.3～0.8℃；采用三极管时，则将基极和集电极连接起来使用，补偿精度可达 0.05～0.2℃。也可采用单片集成温度传感器（如 AD590）进行冷端补偿。

② 前置放大器。由于热电偶信号微弱且变化缓慢，因而要选用漂移及失调极为微小的高精确度放大器作为前置放大器。如选用 ICL7650（国内 5G7650）CMOS 斩波稳零单片集成运放，它具有极低的输入失调电压（典型值为±1μV）；失调电压的温漂和长时间漂移也极低，分别为 0.01μV/℃和 3.33nV/d。也可选用 OP-07 超低失调运算放大器作为前置放大器，虽然失调电压和漂移比 ICL7650 大，在一般情况下仍能满足热电偶数字温度表的测量精确度要求。

前置放大器的输出应满足 A/D 转换器的电平要求。该仪表中，在满量程时 A/D 转换器的输入电压为 1V，要求前置放大器的放大倍数为

$$A=\frac{1000}{\text{满度电势值(mV)}}$$

例如选用镍铬-镍硅（分度号为 K）的热电偶，要求测量范围为 0～999℃，满度 999℃时的热电势值为 41.230mV，前置放大器的放大倍数 A_1 应为

$$A_1=\frac{1000}{41.230}\approx 24.25$$

若选用镍铬-铜镍（分度号为 E）的热电偶，要求测量范围为 0～799℃，满度 799℃时的热电势值为 60.944mV，放大器的放大倍数 A_1 应为

$$A_1=\frac{1000}{60.944}\approx 16.4$$

如果一台数字仪表选用两种或两种以上的热电偶测温时，则通过切换开关改变放大器的放大倍数；使之满度时的放大器输出为 1V。

③ A/D 转换器。A/D 转换器是将放大了的热电势模拟量转换成数字量，再将数字量按查表的方式进行非线性校正，得到与被测温度成正比的数字量。

如果选用 5G14433A/D 转换器，则被测电压 U_x 与基准电压 U_R 之间有严格的比例关系。如果满量程时被测电压 $U_x=1V$，基准电压 $U_R=2V$，采样时间 ΔT_1（又称为积分时间 t_1）的计数脉冲为 2000，应用式（4-18）可得转换时间间隔 $\Delta T_x(t_2)$ 内计数脉冲，即最大输出读数为

$$N=\frac{U_x}{U_R}\times 2000=\frac{1}{2}\times 2000=1000$$

④ 锁存器　5G14433A/D 转换器的转换结果采用 BCD 码动态扫描输出，因此每位数字要增加一个四位的锁存器，把经过多路组合的数据分离出来，并寄存在相应的锁存器内（见图 4-33）。

由 5G14433 的多路调制选通脉冲 DS_4～DS_2 控制 Q_0～Q_3BCD 码三位数据的输出，经个位、十位和百位锁存器锁存，输出个、十、百三位 2/10 进制数码。由于 EPROM 的寻址方式是 2 进制码，为此增设了 2/10 进制-2 进制变换器，以满足 EPROM 寻址的要求。

⑤ EPROM 线性化器。A/D 转换器的输出作为地址码访问 EPROM 时，EPROM 存放的表格内容将被取出，送入显示器以显示被测的温度。

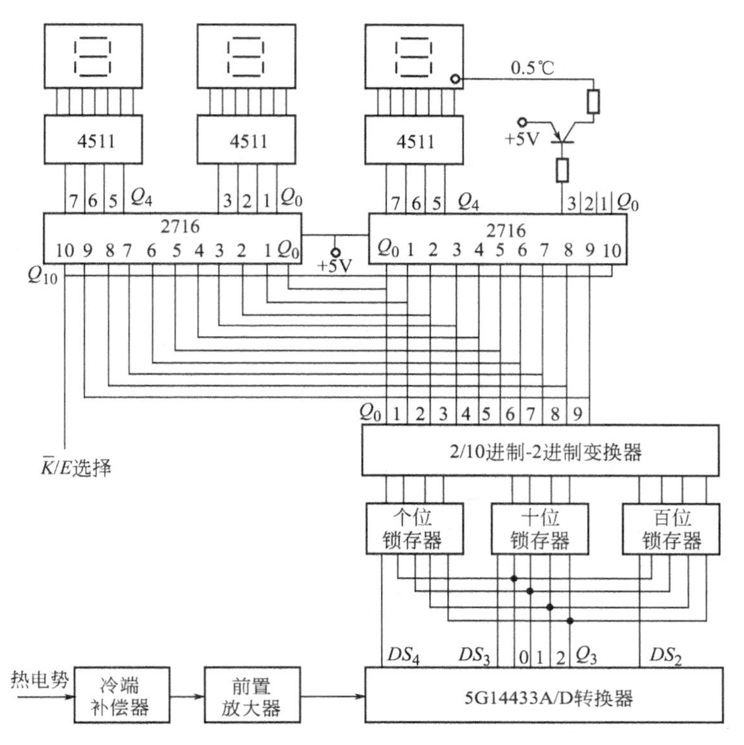

图 4-33 热电偶数字温度表原理

表格的编制方法如下：首先根据热电偶的 E-t 特性曲线，在 E 坐标上进行有限等分。例如：K 分度号的镍铬-镍硅（镍铝）热电偶用于测量 0～999℃。设要求量化单位 q 为 1℃的 mV 数。E-t 的量化曲线如图 4-34 所示。

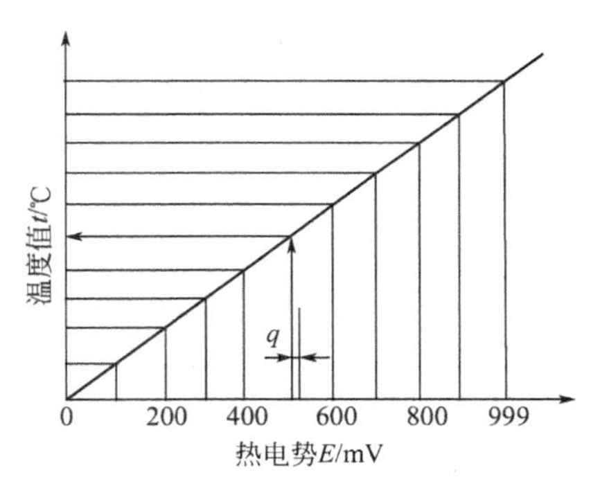

图 4-34 E-t 量化曲线

显然，A/D 转换器的量化误差 δ 是与量化单位 q、输入函数 $x(t)$ 有关。其误差可表示为

$$-\frac{q}{2}\leqslant\delta[q,x(t)]\leqslant+\frac{q}{2}$$

由此可见，非线性校正误差的大小取决于量化单位的大小，且在 $-\frac{q}{2}\sim+\frac{q}{2}$ 范围之内。其最大误差为 $\pm\frac{q}{2}$。

下面以 K 分度号热电偶表格编制方法为例加以说明。温度测量范围 0～999℃，999℃时的热电势查表为 41.230mV。0～999℃ 内平均热电势为 0.0413mV/℃，即量化单位 $q=0.0413$mV。当温度为 0℃时，热电势为 0.000mV，A/D 转换器输出地址（16 进制，下同）为 0000，EPROM 内写入 000.0 数，读数显示为 000.0（见表 4-2）。当热电偶输出为 $10q=0.413$mV 时，查表得出 10℃的热电势为 0.397mV。显然，0.413mV 应显示 10.4℃，实际显示 10.5℃。

为了节省成本，这里没有显示 0.0～0.9 用的小数点数码管，而是用个位数码管的小数点以代表 0.5℃或 0.0℃显示（见图 4-33）。即小数点亮，代表 0.5℃，小数点不亮，代表 0.0℃。因而设计时采取如下取舍方法。当小于或等于 0.25℃时，舍去小数点后的读数；当大于 0.25℃小于 0.75℃时，显示 0.5℃；当大于或等于 0.75℃时，进位显示 1℃。由此可见，这样设计可使最低位指示出 0.5℃。因此 EPROM 的转换误差为$\frac{0.5}{2}$℃，即 0.25℃，从而提高了测量精确度。

当热电势为 4.127mV，A/D 转换器输出地址为 0064，查表得出 4.127mV 应为 100.76℃，根据上述取舍原则，0.76>0.75 故进为 1℃，EPROM 内写入 101.0℃数值。当热电势为 20.636mV，A/D 转换器输出地址为 01F4，查表得出 20.636mV 应为 499.91℃，EPROM内写入 500.0℃数值。以此类推，得出表 4-2 K 分度号热电势与 EPROM 温度值的对照表。

表 4-2　K 分度号热电势与 EPROM 温度值对照表

序　号	热电势 /mV	对应热电势的温度值	A/D 输出地址（16 进制）	EPROM 内的温度值	序　号	热电势 /mV	对应热电势的温度值	A/D 输出地址（16 进制）	EPROM 内的温度值
0	0.000	0.00	0000	000.0	510	21.048	509.57	01FE	509.5
10	0.413	10.40	000A	010.5	520	21.461	519.26	0208	519.5
20	0.825	20.68	0014	020.5	530	21.874	528.95	0212	529.0
30	1.238	30.85	001E	031.0	540	22.286	538.60	021C	538.5
40	1.651	40.98	0028	041.0	550	22.699	548.29	0226	548.5
50	2.064	51.00	0032	051.0	560	23.112	557.98	0230	558.0
60	2.476	60.98	003C	061.0	570	23.525	567.67	023A	567.5
70	2.889	70.93	0046	071.0	580	23.937	577.33	0244	577.5
80	3.302	80.88	0050	081.0	590	24.350	587.05	024E	587.0
90	3.714	90.80	005A	091.0	600	24.763	596.74	0258	596.5
100	4.127	100.76	0064	101.0	700	28.890	694.31	02BC	694.5
200	8.254	202.95	00C8	203.0	800	33.017	793.66	0320	793.5
300	12.381	304.19	012C	304.0	900	37.144	895.48	0384	895.5
400	16.509	402.69	0190	402.5	990	40.859	989.33	03DE	989.5
500	20.636	499.91	01F4	500.0	999	41.230	999.00	03E7	999.0

表 4-3 为 E 分度号热电势与 EPROM 温度值对照表。温度测量范围 0～799℃，799℃时的热电势查表为 60.944mV，分成 999 格后，每一格的热电势为 0.061mV（约 0.8℃）。采用与上述相同的方法，算出每一格的热电势，然后查表得出对应热电势的温度值，根据相同的取舍原则，写入 EPROM 内。当 A/D 转换器的输出作为地址码访问 EPROM 时，EPROM 中的数值被取出，并进行温度显示。

图 4-33 中选用了两块 2K×8 位的 2716EPROM，存放 K 分度号及 E 分度号两种热电偶的 *E*-*t* “表格”内容。由于输出的温度值是 3 位 BCD 码，另加一位 0.5℃的信号，输出数据为

$$D=3\times4+1=13\text{（位）}$$

由于 2716 为 8 位 EPROM，因此须再用一块 2716 进行位扩展，扩展可达到 16 位（实际只用 13 位），以满足测量需要。

A/D 转换器输出的 BCD 码经锁存和 2/10 进制－2 进制转换后输出 $Q_0\sim Q_9$，$Q_0\sim Q_9$ 为 10 位数据线，可寻址 1K 的地址单元。一种热电偶检测元件的量化数，只占用 EPROM 中的 1K 区域。现将 2K EPROM 分为前后各半的 2 个 1K 区域，每一区域内恰好存放一种检测

表 4-3 E 分度号热电势与 EPROM 温度值对照表

序号	热电势/mV	对应热电势的温度值	A/D输出地址(16进制)	EPROM内的温度值	序号	热电势/mV	对应热电势的温度值	A/D输出地址(16进制)	EPROM内的温度值
0	0.000	0.00	1000	000.0	500	30.503	419.46	11F4	419.5
1	0.061	1.03	1001	001.0	600	36.603	495.10	1258	495.0
2	0.122	2.07	1002	002.0	700	42.704	570.52	12BC	570.5
3	0.183	3.12	1003	003.0	800	48.804	646.20	1320	646.0
4	0.244	4.15	1004	004.0	900	54.905	722.54	1384	722.5
5	0.305	5.17	1005	005.0	910	55.515	730.22	138E	730.2
50	3.050	50.05	1032	050.0	920	56.125	737.91	1398	738.0
100	6.101	96.79	1064	097.0	930	56.735	745.61	13A2	745.5
150	9.151	141.03	1096	141.0	940	57.345	753.32	13AC	753.5
200	12.201	183.45	10C8	183.5	950	57.955	761.04	13B6	761.0
250	15.251	224.56	10FA	224.5	960	58.565	768.76	13C0	769.0
300	18.302	264.70	112C	264.5	970	59.175	776.50	13CA	776.5
350	21.352	304.09	115E	304.0	980	59.785	784.25	13D4	784.5
400	24.402	342.92	1190	343.0	990	60.395	792.01	13DE	792.0
450	27.452	381.34	11C2	381.5	999	60.944	799.00	13E7	799.0

元件的表格内容。如图 4-33 中 2716 的 0 区域存 K 分度号温度值（EPROM 的地址为 0×××），1 区域存放 E 分度号温度值（EPROM 的地址为 1×××）。通过最高位地址 Q_{10} 的控制决定选用何种测温元件。如 $\overline{K}/E=$ “0”，选择 0 区域的 K 分度号温度值，如 $\overline{K}/E=$ “1”，选择 1 区域的 E 分度号温度值。

整机工作过程如下：当选用 K 分度号热电偶测温时，若被测热电势为 20.636mV，经前置放大器放大 24.25 倍后，A/D 转换器输入电压约为 0.5004V，A/D 转换器输出读数为

$$n=\frac{U_x}{U_R}\times 2000=\frac{0.5004}{2}\times 2000\approx 500$$

A/D 转换器输出的 BCD 码为 0101 0000 0000，用 16 进制表示为 01F4。在 2716 地址为 01F4 存储单元中，写入的数字为 500.0，用 BCD 码表示为 0101 0000 0000。2716 的个、十、百位输出分别送入相应的 4511。4511 为 BCD-7 段锁存器/解码器/驱动器，它将输入 BCD 代码转换成 7 段输出，直接驱动共阴极型 7 段 LED，进行读数显示，显示温度为 500.0℃。

当选用 E 分度号热电偶测温时，若被测热电势为 27.452mV，前置放大器的放大倍数由选择器自动切换到 16.4 倍，则前置放大器输出为 0.450V。

A/D 转换器的输出读数为

$$n=\frac{U_x}{U_R}\times 2000=\frac{0.450}{2}\times 2000\approx 450$$

A/D 转换器输出的 BCD 码为 0100 0101 0000，用 16 进制表示为 01C2。由于 E 分度号热电偶读数存放在 1×××区域，故 16 进制的地址码为 11C2。在 2716 中的地址为 11C2 存储单元写入 381.5℃。因而当 EPROM 的 11C2 地址被访问时，就显示 381.5℃。

用上述方法，编制出 K 分度号和 E 分度号的表格，如表 4-2 和表 4-3 所示。其他测量参数的表格编制方法与上类同。

综上所述，用查询固化在 EPROM 中校正值的非线性补偿方法，为仪表设计者提供了一种新的非线性补偿用的电路设计途径。这种校正方法的最大特点是对测温传感器的全量程实现线性化校正，因而具有较高的校正精确度。被测变量与传感器输出电压之间没有确定

的关系式，而只能利用实测数据，此时，这种查表法就更显示其优越性。EPROM 校正方法不仅适用于热电偶、热电阻等测温传感器的非线性补偿，也适用于其他方面的非线性补偿。

该法不仅实现了全量程的非线性补偿，而且标度变换也通过查表一起完成，故简化了电路设计。

(2) XMT-9000 型多功能数字显示仪表　该仪表可以与霍尔压力变送器、远传压力变送器、各种热电偶、热电阻以及 DDZ-Ⅱ、DDZ-Ⅲ型变送器等配套使用，除具有数字显示功能外，还具有上、下限报警和各种调节功能（双位、PI、PID）等。

该仪表为三位半加符号位（如 Pa、MPa、℃、%、m^3/h）LED 显示，显示精度为±0.5% *FS*+1 个字（*FS* 为仪表满度值）。它在数字显示的同时，还能输出直流电流 0～10mA 或 4～20mA；直流电压 0～5V、0～10V 或 1～5V。

仪表构成如图 4-35 所示。

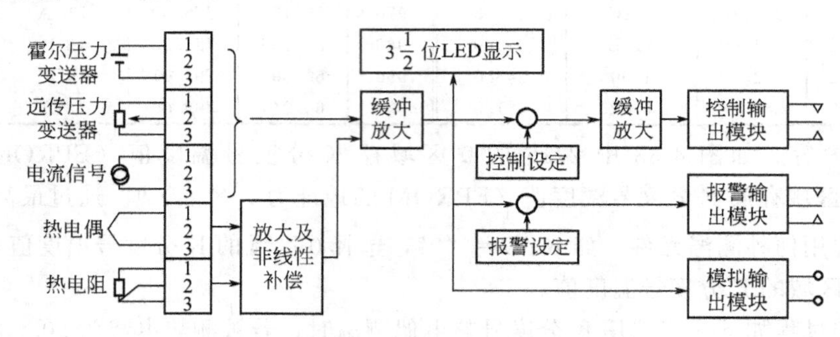

图 4-35　XMT-9000 型数字仪表原理框图

由霍尔压力变送器、热电偶等接入输入模块的①、②、③端子。如果测量的是热电偶或热电阻信号，则应先经过信号放大器及非线性补偿回路。其他信号若不需放大和非线性补偿，则可直接输入缓冲放大器，使信号与输出回路隔离（因为缓冲放大器具有很大的输入阻抗和很小的输出阻抗，所以在电路中起隔离作用）。缓冲放大器的输出分为四路。

第一路进入测量显示模块，将信号经 $3\frac{1}{2}$ 位 A/D 转换后，由 LED 发光二极管显示其读数。

第二路与控制设定信号进行比较，检出差值信号，经缓冲放大后，输入到控制输出模块，转换成继电器触点或逻辑信号，控制执行机构动作。

第三路与报警设定进行比较，然后由报警输出模块转换成继电器输出信号。

第四路经模拟输出模块转换，变成电流或电压模拟量输出，用作变送器或供记录的信号。

下面就 XMT-9000 的测量显示模块进行分析（见图 4-36）。

缓冲放大器 A_1 接成同相输入的比例器，RP_1 为增益调整电位器，选用高分辨力的多圈微调电位器。如果 RP_1 调整在中间位置，则放大器的放大倍数为

$$A_1=\frac{R_2+R_3+RP_1}{R_3+\frac{1}{2}RP_1}=\frac{10\text{k}\Omega+10\text{k}\Omega+470\Omega}{10\text{k}\Omega+470\Omega/2}=2$$

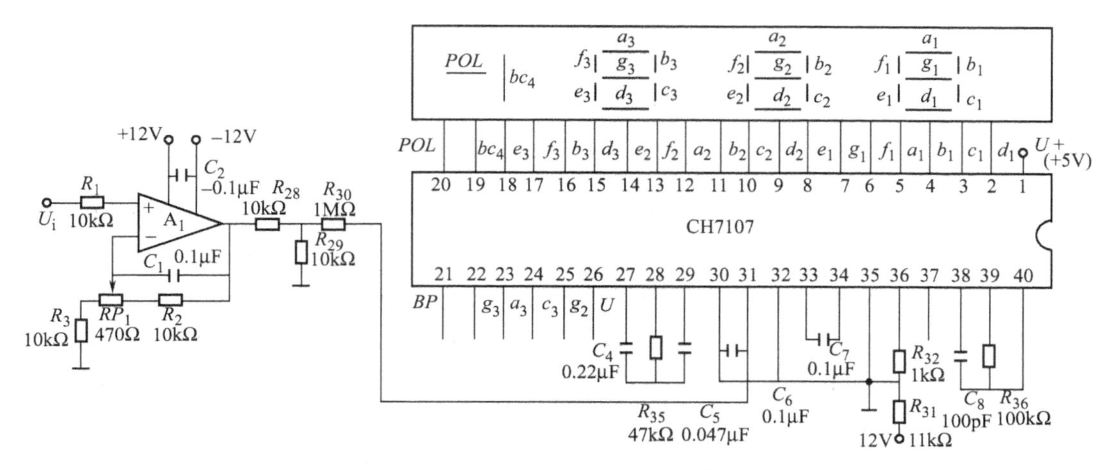

图 4-36 XMT-9000 的测量显示模块原理图

C_1 用于抑制干扰信号。缓冲放大器输出经 R_{28} 和 R_{29} 分压，得到 U_x，然后输入到 CH7107 $3\frac{1}{2}$位 A/D 转换器进行模-数转换。

输入信号先经 R_{30} 限流和 C_6 电容滤波，以便对芯片的输入端进行限流保护和高频干扰抑制，然后输入芯片的高端 INH 和低端 INL。

芯片的引脚（35）和引脚（36）之间接入基准电压。本仪表中，＋12V 电源电压经电阻 R_{31}、R_{32}分压后得到 1V 基准电压。基准电压 U_R 的取值应满足以下关系。

被测电压 U_x（满度值 U_{FS}）与基准电压 U_R 的关系可用下式表示

$$U_x = U_{FS} = 2U_R$$

因此，基准电压 1V 与满度值 2V 相对应；基准电压 100mV 与满度值 200mV 相对应。由于基准电压的稳定性对输出电压有直接影响，因此要求分压电阻 R_{31}、R_{32}要采用精确度高，温度系数小的电阻。当然，基准电压 U_R 也可从芯片［引脚(35)与引脚(36)］的内部基准电压分压得到，但由于较大的 LED 显示电流可能对内部基准源产生热调制作用而影响测量精确度，故本仪表设计中采用外接电源分压，以保证基准源的精确度。

引脚（28）为内部缓冲器的输出端，外接积分电阻 R_{35}，引脚（27）为积分器输入端，外接积分电容 C_4。从理论上说，R、C 的大小对转换精确度没有什么影响，但当 R_{35}、C_4 取得过小时，就可能使积分的峰值电压太大，超过积分器本身最大的输出范围，使输出达到饱和，以致不能区分不同的输入信号。反之，如果 R_{35}、C_4 取得过大，虽然没有饱和危险，但是因积分速度过慢，将使过零比较器的失调电压严重地影响过零点的时间，造成测量误差。本仪表中积分电阻 R_{35} 取 47kΩ 积分电容 C_4 取 0.22μF，采用聚丙烯介质电容。

CH7107 的时钟产生有多种方法，其中最简单的是外接 RC 网络，利用芯片中的 CMOS 反相器与外接 RC 阻容网络组成，时钟频率为

$$f_{op} = \frac{1}{2.2RC}$$

本仪表的 RC 网络，引脚（39）接的 R_{36} 为 100kΩ，引脚（38）接的 C_8 为 100pF，时钟频率 f_{op}约 45kHz。

设采样时间的定时计数为 N，测量时间内计数为 M，则转换结果（即读数显示）M 可用下式表示

$$M=N\frac{U_x}{U_R}$$

CH7107A/D 转换器的 N 为 1000，U_R 取为 1V，则上式表示为

$$M=1000\frac{U_x}{1}=1000U_x$$

假如被测压力为 p_1，经 DDZ-Ⅱ变送器转换后输出电流为 I_1，由标准电阻网络转换成电压信号 U_1，经 CH7107 转换成 M_1 个数码，然后经 LED 发光二极管显示其读数 M_1。

例如，$p_1=9.5$MPa，经变送器转换成电流或电压信号（电流信号需转换成电压信号），经缓冲放大器，隔离放大器和电阻网络分压，输入 CH7107 的电压为 0.95V，经 A/D 转换后输出 950 数码，设定百位数码管上的小数点和符号管“MPa”点亮，则显示为 9.5MPa。其他信号测量与此相同，不再赘述。

我国已能生产较完整的数字压力表系列产品。近年来西安某仪表厂引进了美国 DRESSER 公司的光电式数字压力计，量程由 0～25kPa 至 200MPa，精确度可达到 0.05%，通过微机进行线性化和温度补偿，带有测量单位选择、报警控制、记忆和多种模拟、数字输出功能，具有 20 世纪 80 年代的国际水平。

第三节　集散控制系统（DCS）

目前随着控制规模的变大，检测参数越来越多，集散控制系统的使用也日益广泛。集散控制系统通过人机界面的设计，可以采用多种方式灵活的对参数进行显示记录，直接替代了显示记录仪表。所以下面简单介绍一下 DCS 的相关知识。

一、概述

集散控制系统（Distributed Control System，DCS）是一个为满足大型工业生产要求，从综合自动化的角度，按功能分散、协调集中的原则，具有高可靠性，用于生产管理、数据采集和各种过程控制的计算机控制系统。一个最基本的 DCS 应包括四个大的组成部分（如图 4-37 所示）：至少一台现场控制站，至少一台操作员站，一台工程师站和一条系统网络。现场控制站是 DCS 的核心，它实现对 DCS 现场信号的采集与控制。操作员站主要完成人机

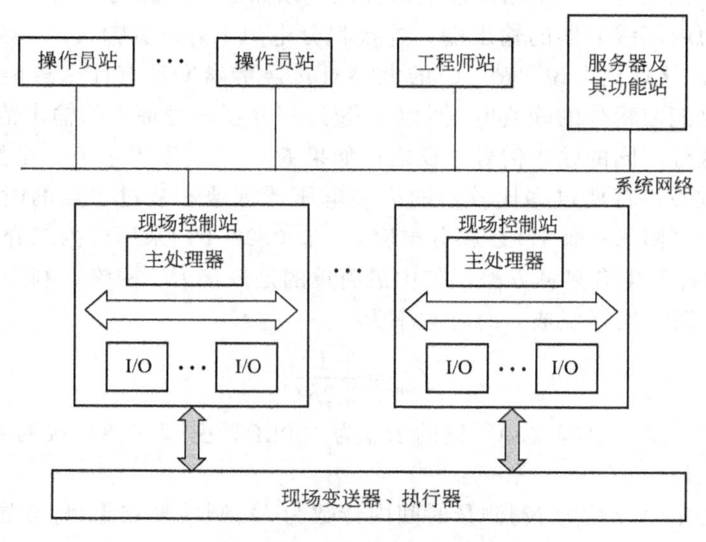

图 4-37　DCS 系统典型结构

界面的功能，一般采用桌面型通用计算机系统，相当于一个显示装置。

二、集散控制系统的数据采集

1. 数据采集

DCS要完成其控制功能，首先要对现场的信号进行采集和处理。DCS的信号采集是指其I/O系统的信号输入部分。它的功能是将现场的各种模拟物理量如温度、压力、流量、液位等信号进行数字化处理，形成现场数据的数字表示方式，并对其进行数据预处理，最后将规范的、有效的、正确的数据提供给控制器进行控制计算。现场信号的采集与预处理功能是由DCS系统自动完成。现场控制站通过插件箱内的I/O功能板中的输入模拟量模板和现场的传感器和变送器相连，采集温度、压力等过程参数。I/O模块硬件的形式可以是模块或板卡，电路原理DCS系统和可编程控制器基本相同。检测过程参数的模块主要包括以下几种。

（1）模拟量输入模板用于接收现场设备以连接方式提供的信号　由现场检测传感器，或由检测元件连接到变送器上，从而给模件提供模拟量输入信号。这些传感器和变送器将现场过程参数（压力、温度等）转换为能够输入到模拟量接口的电信号（电流或电压）。由于许多种类的传感器或变送器都可以将被检测参数转换为电信号、因此模拟量输入模件有几种标准的电信号输入值：4～20mA、0～10V DC、0～5V DC等。

通常模拟量模件可提供多个输入通道，因此只要与模件匹配的电压和电流值都可以同时接到输入模件上。对于电压型输入信号，模拟量输入模件通常具有很高的输入阻抗；而电流型输入模件则具有低输入阻抗，这对于现场设备的正确操作是必要的。

（2）热电阻输入模板　热电阻输入模板有直接接受3线或4线的Pt100等类型的热电阻能力，并提供热电阻所需的电源。

（3）热电偶输入模板　热电偶输入模板能直接接受分度号为K和E、J、T、B、S、R型热电偶信号。热电偶在整个工作段的线性化是在过程控制站内完成。

过程参数通过I/O模块送入现场控制站，再通过现场控制站的软件完成信号的采集与处理。软件则根据I/O硬件的功能稍有不同。对于早期的非智能I/O（多为板卡形式），处理软件由控制器实现，而对于现在大多数智能I/O来说，数据采集与预处理软件由I/O板卡（模块）自身的CPU完成。DCS系统中I/O部分的设备框图如图4-38所示。

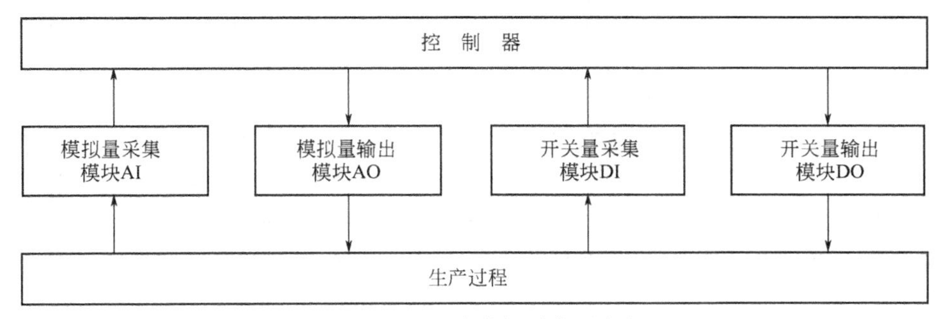

图4-38　DCS系统数据采集设备框图

DCS的信号采集系统对现场信号的采集是按一定时间间隔也就是采样周期进行的，而生产过程中的各种参数除开关量和脉冲量外大部分是模拟量如温度、压力、液位和流量等。由于计算机所能处理的只有数字信号，所以必须确定单位数字量所对应的模拟量大小，即所谓模拟量信号的数字化（A/D转换），信号的采集周期实质上是对连续的模拟量A/D转换时间间隔问题。此外，为了提高信号的信噪比和可靠性，并为DCS控制运算作准备，还必须对输入信号进行数字滤波和数据预处理。所以，信号采集除了要考虑 A/D 转换，采样周期外，还要对数据进行处理才能进入控制器进行运算。

2. 信号的处理

（1）A/D 转换　在实际应用中，一个来自传感器的模拟量物理信号，如电阻信号、非标准的电压及电流信号等，一般先要经过变送器，转换为 4～20mA、0～20mA、1～5V、0～10V等标准信号，才能接入到 DCS 的 I/O 模块（板）的模拟量输入（AI）通道上。在 AI 模块上一般都有硬件滤波电路。电信号经过硬件滤波后接到 A/D 转换器上进行模拟量到数字量的转换。A/D 转换后的信号是二进制数字量，数字量的精度与 A/D 转换位数相关，如 8 位的 A/D 转换完的数值范围是 0～255 之后再由软件对 A/D 转换后的数据进行滤波和预处理，再经工程量程转换计算，转换为信号的工程量值。

（2）采样周期 T_s　对连续的模拟信号，A/D 转换按一定时间间隔进行，采样周期是指两次采样之间的时间间隔。

从信号的复现性考虑，采样周期不宜过长，或者说采样频率均不能过低。根据香农采样定理，采样频率 ω_s 必须大于或等于原信号所含的最高频率 ω_{max} 的两倍，数字量才能较好的包含模拟量的信息。

从控制角度考虑，系统采样周期 T_s 越短越好，但是这要受到 DCS 整个 I/O 采集系统各个部分的速度、容量和调度周期的限制，需要综合 I/O 模块上 A/D、D/A 转换器的转换速度，I/O 模块自身的扫描速度，I/O 模块与控制器之间通信总线的速率及控制器 I/O 驱动任务的调度周期，才能计算出准确的最小采集周期。在 DCS 系统中，I/O 信号的采样周期是一个受到软硬件性能限制的信号。随着半导体技术的进步，现在对采样周期的确定只需考虑现场信号的实际需要即可。

一般来说，大多数工业对象都可以看成是一个低通滤波器，对高频的干扰都可以起到很好的抑制作用。对象的惯性越大，滤除高频干扰的能力则越强。因此，原则上说，反应快的对象采样周期应选得小些，而反应慢的对象采样周期应选得大一些。表 4-4 列出了对于不同对象采样周期所应选择范围的经验数据。

表 4-4　采样周期的经验数据

被控变量	流量	压力	液位	温度	成分
采样周期/s	1～5	3～10	5～8	15～20	15～20
常用值/s	1	5	5	20	20

（3）分辨率　由于计算机只能接受二进制的数字量输入信号，模拟量在送往计算机之前必须经过 A/D 转换器转换成二进制的数字信号。这就涉及 A/D 转换器的转换精度和速度问题。

显然 A/D 转换器的转换速度不能低于采样频率，采样频率越高，则要求 A/D 转换器的转换速度越快。

A/D 转换器的转换精度则与 A/D 的位数有关。位数越高，则转换精度也越高。

（4）信号采集的预处理

① 数字滤波。为了抑制进入 DCS 系统的信号中可能侵入的各路频率的干扰，通常在 AI 模块的入口处设置硬件模拟 RC 滤波。这种滤波可以有效地抑制高频干扰，但对低频干扰滤波效果不佳。而数字滤波对此类干扰是一种有效的方法。

所谓数字滤波就是用数学的方法通过数学运算对输入信号进行处理的一种滤波方法。这种方法是通过程序编制实现的，因此数字滤波实质是软件滤波。常见的数字滤波有限幅滤波、中值滤波、算术平均滤波、递推平均滤波法等。

② 模拟量数据预处理。对 A/D 转换后的数据经滤波处理，还需要对数据再加工，剔除无效的数据，找出有效数据，在经过工程量的转化，变成控制计算需要的数据，存储在控制器的数据库中，以备调用。通常数据预处理包括以下几个内容。

a. 模拟量的近零死区处理，即当一个输入信号的值应该为 0 时，由于 A/D 转换的误差或仪表误差或现场干扰，导致该值不为 0 而是接近 0 点附近的某个值（如流量信号没有流量通过时应为 4mA，而信号实际为 4.03mA），这时应设一个死区 ε，使进入该死区的所有值强制为 0。

b. 模拟量超量程检测。通过检查输入数据是否超过了允许的电量程，可以判断信号输入部件（如变送器，I/O 模块等）是否出现故障，一旦出现采集故障，程序将自动禁止扫描，以防止硬件电路故障进一步扩大。

c. 模拟信号-工程单位变换。工程变换包括线性变换，将统一的电信号重新变成工程量的测量值，供后续显示运算使用；非线性变换，开方变换等。

d. 模拟量变化率超差检查。此功能用于硬件自检。在信号的周期采样中，保留上一周期采样值，与本周期采集值进行比较，计算周期变化率，若结果超出极限值（该数值可根据现场信号的不同特性设置，如温度信号变化率限制应低于压力信号），则认为变化率超差，可认为信号输入部件（变送器、I/O 模块等）出现故障。

DCS 就是通过上述的 I/O 模块和相应软件实现了对现场信号的采集和处理。

三、参数的显示和记录

DCS 的参数显示通过操作站上的人机界面（人机接口）实现的。操作站一般要求有大尺寸的高清晰度显示器，由于现在液晶显示器的分辨率高达 1920×1080P，且较 CRT 大大节省能源，且辐射小，重量轻，其价格也相当低廉，特别是占用空间很小，非常适合用作操作站的显示屏。古老的 CRT 即将被淘汰，因为其体积、能耗特别大，清晰度远低于 LCD（液晶显示器），价格也低不了多少，LCD 的性价比，远高于 CRT。它的功能等同于屏幕显示仪表。通过人机界面的 LCD 显示屏可以对各种检测参数进行显示和记录。

1. 操作站的硬件构成

操作站由工控机的主体、操作员键盘、工程师键盘及操作站软件构成，它主要完成系统与操作员之间的人机界面功能，包括现场状态显示、报警、报表及操作命令的执行等功能。其中操作站主体内装有 CPU、LCD 显示器、固定磁盘驱动器等主要部分。LCD 用于显示控制画面，动态显示过程数据。数据显示可用数字、棒图显示。根据指定条件可进行多种颜色的变换，也可显示和报警相对应的图形。通过窗口技术的应用，每幅画面可以显示 100 多个窗口，如趋势图窗口、过程变量窗口，仪表面板窗口等。每幅画面最多可显示仪表面板画面八个。操作员键盘主要用于对生产过程的控制进行正常维护和监视操作。工程师键盘在系统组态和程序编制中使用。

2. 操作站的软件

参数的显示和记录是通过操作站来实现的。操作员站软件的主要功能是人机界面，即 HMI 的处理，其中包括图形画面的显示、对操作员操作命令的解释与执行、对现场数据和状态的监视及异常报警、历史数据的存档和表处理等。为了上述功能的实现，操作员站软件主要由以下几个部分组成。

① 图形处理软件，该软件根据由组态软件生成的图形文件进行静态画面（又称为背景面）的显示和动态数据的显示及按周期进行数据更新。

② 操作命令处理软件，其中包括对键盘操作、鼠标操作、画面热点操作的各种命令式的解释与处理。

③ 历史数据和实时数据的趋势曲线显示软件。

④ 报警信息的显示、事件信息的显示、记录与处理软件。

⑤ 历史数据的记录与存储、转储及存档软件。

⑥ 报表软件。

⑦ 系统运行日志的形成、显示、打印和存储记录软件。

通过操作站软件，可以在计算机上形象、直观地显示检测参数如图 4-39 所示。

也可以通过软件设计以报表或曲线形式记录某些参数的数值，如图 4-40 所示。

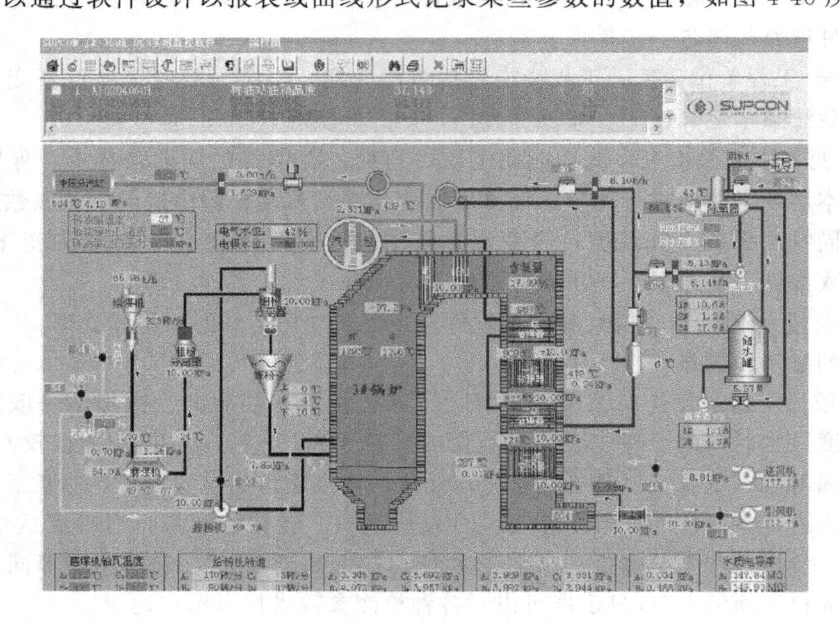

图 4-39　操作单元流程图

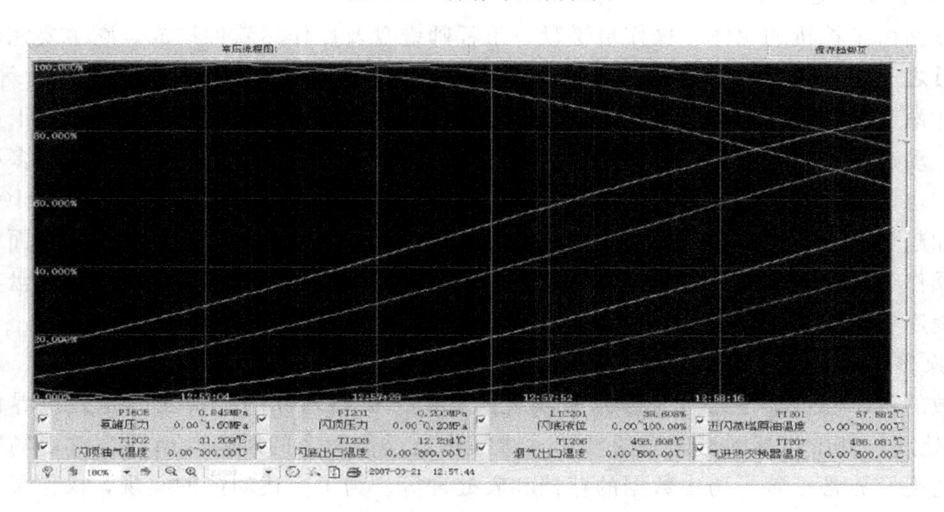

图 4-40　参数历史曲线图

练习与思考

1. 差压变送器和自动平衡电子电位差计皆为平衡式仪表，试画出各方框图，并分析其主要区别在哪里？

2. 有一密闭容器的液位需要检测，且要求测量误差小于或等于1%。现采用理论精度为1%的差压变送器和精度为0.5%的自动平衡电位差计配合进行液位检测，问能否满足液位检测的精度要求？若不能满足时，需作何处理？

3. 为什么闭环结构的平衡式仪表较开环结构的直接变换式仪表反应速度快，线性好，精度好；但稳定性较差，灵敏度降低，结构较复杂。试从理论上分析之。

4. 手动电位差计的测量电路只有一条支路，而自动平衡电位差计的测量电路由两条支路组成（实际上是一个电桥线路），为什么要采用这种形式？

5. 在自动平衡式仪表中，其测量桥路的电压灵敏度 S_u 是一项很主要的技术指标，为了保证仪表对精度和灵敏度的要求，测量桥路的电压灵敏度 S_u 应尽量设计得高些。例如对于0.5级精度仪表，应该有0.1%的启动灵敏度 Δ，而测量桥路的电压灵敏度 S_u 应大于或等于 Δ，对于电子电位差计，其测量桥路的 S_u 与哪些因素有关，如何提高 S_u 使其与仪表精度适配？

6. 自动平衡电子电位差计与热电偶配合能否用来检测温差？应如何连接？要注意哪些问题？

7. 有一台0.5级精度，量程为0～1100℃的电子电位差计，是否可用来测量150±2℃的温度？若改变量程后呢？

8. 一台自动平衡电子电位差计，配K分度号热电偶，其测量范围为0～800℃，现改为配DDZ-Ⅲ型仪表的变送器，该变送器输出信号为4～20mA DC，问该电子电位差计测量线路应如何改动？并画出其原理接线图。

9. 自动平衡电子电位差计和自动平衡电桥的测量桥路的稳压电源，哪一个要求稳压精度高？为什么？

10. 在自动平衡电桥的测量桥路中，当滑触点处于不同位置时，桥路的电压灵敏度 S_u 是不相同的，那么在桥路设计时，应取哪一点的电压灵敏度作为设计依据？为什么？

11. 在数字式显示仪表中，A/D转换是其关键环节，它的主要任务是使连续变化的模拟量转换成断续的数字量，它可以具体地包括采样和量化（编码）两个过程。试举例阐述量化（编码）过程？

12. 数字式线性化中的系数运算与标度变换中的系数运算有何区别？请举例说明。

13. 某一自动平衡式电子记录仪，不能正常工作，多次试验发现有一规律，当被测值相当于仪表中部某点时，如通电之前指在标尺左半部，则接通电源后指针立刻走到标尺最左端；反之，走向最右端。试分析故障可能出现在哪里？如何排除？

14. 由K分度号热电偶（包括补偿导线）、冷端温度补偿器和配K分度号的动圈仪表组成一个温度检测系统，测量显示782℃，此时室温为32℃，后来发现所用的冷端补偿器型号为S，与K分度号热电偶不配套，请计算对象实际温度为多少？

15. 有一Cu100分度号的热电阻，接在配Pt100分度的自动平衡电桥上，指针读数为143℃，问所测实际温度是多少？

16. 有一配K分度号的电子电位差计，在测温过程中错配了S分度号的热电偶，此时仪表指示196℃，问所测的实际温度是多少？此时仪表外壳为28℃。

17. 有一台数字电压表，其分辨力为100μV/1个字，现与Cu100热电阻配套应用，测量范围为0～100℃，试设计一个标度变换电路，使数字表直接显示温度数。

18. 现有一台数字式仪表，其分辨力为100μV/1个字，准备与一台差压变送器配套使用测量液位，差变输出为0～10mA DC，它所对应的是0～1000mm的液位变化，问如何处理才能使数字表直接显示液位高度？

19. 有一台数字仪表满度显示为“20060”，此时它从放大器接收的信号为5V，现与一测压变送器配套测量压力，其输出为0～10mA DC，它所对应的测压范围为0～20000Pa，问应采取什么办法才能使数字表直接显示压力数？

20. 现采用 Pt100 铂电阻检测 150～200℃温度，希望数字显示，现有一台满量程为“1000”的数字仪表，其分辨力为 100μV/1 个字，问应如何处置，才能配套使用显示温度？

21. 现有 Pt100 铂电阻用于测量 0～400℃温度，在该温度段内具有明显的非线性，要求在 A/D 转换之前进行线性化处理，求出线性化器的特性式？

（提示：首先要确定 Pt100 在 0～400℃范围内电阻值与温度之间的确切关系式）

22. 现有一 S 分度号热电偶用来测量 0～1300℃范围内温度，请用图解法求出非线性反馈环节的特性曲线，并设计电路及其理论分析。

23. 用 Pt100 铂电阻与数字仪表配合测量 0～200℃温度，要求非线性误差不得超过 0.5%，请设计一个数字线性化方案。

（提示：首先由 Pt100 特性表拟合电阻-温度特性曲线）

24. 有一台配 Eu-2 的电位差计，原刻度为 0～1100℃现改为分度号为 K、测量范围 100～900℃，试求改制后各电阻值？并画出新标尺（标尺的长度为 25cm）。

25. 有一台配 EA-2 的电位差计，原刻度为 0～600℃，现改为分度号为 K、测量范围为 0～1000℃，试求改制后各电阻值？并试画出标尺各点（如 0，100，200，…，1000）的分度线（标尺的长度为 25cm）？

（24、25 可配合实验进行）

参考文献

[1] 杜维，乐嘉华．化工检测技术及显示仪表，杭州：浙江大学出版社，1988.

[2] 周春晖．化工过程控制原理．北京：化学工业出版社，1984.

[3] 潘其光、王有章等．自动平衡式记录仪原理及维修．北京：国防工业出版社，1994.

[4] 王志祥．数字显示仪表．北京：水利电力出版社，1992.

[5] Schluberger Technologies Instruments Division. Microprocessor Voltmeters 7150 and 7151 Technical Manual. 1988.

[6] Yokogawa VR Series 无纸记录仪手册．四川仪表厂，1995.

[7] 刘翠玲，黄建兵．集散控制系统．北京：中国林业出版社，2006.

第五章　现代检测技术

近年来，计算机技术、微电子技术、通信技术和网络技术迅猛发展，大大促进了检测技术的发展。和传统的检测技术相比较，现代检测技术具有实时性强、可靠性高、实现静动态测量及抗干扰性强、数字化等特点。本章主要对现代检测技术中的智能检测技术和现场总线检测技术进行介绍。

第一节　智能检测技术

一、概述

随着现代工业规模日益扩大，需要对大量的物理量、工艺参数、特性参数进行实时检测、监督管理和自动控制。检测控制系统从单台计算机直接检测控制到多台计算机监测控制，以及分布式、网络化、智能化系统，在各种工业系统中得到广泛应用。

传统的检测控制大多采用常规的处理方法，例如对检测信息的处理采用常规的滤波和去噪。随着现代生产过程向大型、复杂、连续和综合化方向发展，监测控制的要求越来越高，这就需要组成更高性能的检测系统。在传统检测基础上，引入人工智能的方法来提高检测系统的性能，就构成了智能检测系统。

智能检测系统是以微机为核心，以检测和智能化处理为目的的系统。一般用于过程物理量的测量，并进行智能化处理以获得精确的测量值，通常包括测量、检验、故障诊断、信息处理等方面内容。由于智能检测系统充分利用计算机及相关技术，实现了检测过程的智能化和自动化，因此可以在最少人工干预下获得最佳的结果。

智能检测系统中的智能化可以分为三个层次，即初级智能化、中级智能化和高级智能化。所谓初级智能化是把微处理器或微型计算机与传统的检测方法结合起来，以实现对测量数据的自动采集、存储和处理；中级智能化除了具有初级智能化的功能外，检测系统或仪表还具有部分自治功能，即具有自校正、自诊断和自学习功能；高级智能化是检测技术与人工智能原理的结合，利用人工智能的原理和方法改善传统的检测方法。其主要特征是具有知识处理功能，能够根据经验知识利用专家系统和神经网络解决检测中的问题；有多维检测和数据融合功能，可实现检测系统的高度集成并通过环境因素补偿提高检测精度；通过过程参数预测，可自动实时调整增益实现自适应检测等。就目前情况而言，智能检测系统多属于中级智能化，高级智能化是今后的发展方向。

智能检测系统中智能化的层次因检测对象、检测要求和应用环境的不同而异。不同的检测应用对智能化水平的要求也各不相同，片面追求高智能化通常会增加不必要的开发成本与维护费用。因此检测系统智能化层次应根据检测系统的要求与应用环境而定。对检测精度要求较高，自动化水平较高或者工作环境恶劣的检测系统，其智能化水平也较高。而一般的检测系统，可以采用较初级的智能化，以提高系统的性价比。

根据智能化水平，可将智能检测仪表分为智能仪表、虚拟仪表和智能检测系统。其中智能仪表是最早出现的智能检测装置，它将微处理器嵌入仪表内部形成基于微处理器的独立仪表。而虚拟仪表以通用微型计算机的软、硬件资源为基础，将仪表功能板插入计算机或直接与微型计算机连接，使计算机具有仪表的功能。智能仪表和虚拟仪表是从不同的思路实现仪器与微处理器融合的两种方式。对于智能化而言，智能仪表由于用途专一，因而更便于提高智能化水平；而虚拟仪表的智能化主要体现在功能板的设计软件开发中，其功能板具有零点补偿、自校准等功能，但在高级人工智能实现还有较大的困难，其智能化水平与用户的水平关系较大。所以虚拟仪表的智能化水平稍差。智能检测系统采用微型计算机，可以充分发挥计算机内存大、运算速度快的特点，利用神经网络、模糊推理等知识处理方法实现高级智能，智能化水平最高。

目前智能检测系统中的新技术，大致可分为以下几种。

1. 多传感器信息融合技术

多传感器融合技术也称为多源信息融合技术或多传感器信息融合技术，它是利用不同时间与空间的多传感器数据资源，利用计算机技术对按时间序列获得的多传感器测量数据进行自动分析、综合处理，以获得被测对象的一致性解释或描述，使该传感器系统获得比它的各组合部分子集所构成的系统更优越的性能，进而实现相应的决策，估计信息的处理过程。

2. 网络智能传感技术

网络智能传感技术是将传感器与现场总线技术结合起来的一种技术。它将所有的传感器连接在一个公共网络上。为保证所有的传感器能够实现即插即用，网络中的所有节点需满足共同的协议。1997～1999 年，国际电气和电子工程师协会（IEEE）制定了通用网络化智能传感器接口标准——IEEE 1451，使传感器的信息能够与任何基于网络的变送器进行通信。

3. 软测量技术

软测量就是选择与被估计变量相关的一组可测变量，构造某种以可测量为输入、被估计变量为输出的数学模型，用计算机软件实现对过程变量的估计。软测量技术被认为是最具有吸引力和富有成就的新方法，在过程检测领域得到广泛应用。

下面主要对智能检测技术中应用比较广泛的软测量技术和虚拟仪表技术进行介绍。

二、软测量技术

众所周知，当今工业界对过程控制系统的要求越来越高，不仅希望控制指标能保持平稳和快速跟踪，而且常常希望控制指标能以一定的方式显示出来。然而对于许多工业过程来说，一些重要的输出变量较难或根本无法通过在线直接检测得到，如精馏塔的产品浓度、湿蒸汽干度、发酵罐的菌体浓度等；或者是检测元件的存在会使工作装置可靠性下降，维护不方便等，从而大大限制其在系统要求较高的控制场合中的应用。为了解决这类过程的控制问题，工业上一般采用两条途径：一种是间接质量指标控制，但这种方式的运用往往伴随着许多假设的限制条件；另一条途径是采用在线分析，但这需要较大的投资和较多的人力物力对其进行维护，而且往往会引起较大的滞后，从而使控制系统复杂化，也给调节品质带来不利影响。

软测量技术就是为解决上述矛盾而逐渐发展起来的一个技术分支，其基本思想是以易测的过程变量（辅助变量）为基础，利用易测过程变量和待测过程变量（难测的主导变量）之间的某种关系，通过数学推导（计算和估计），求出它们之间的关系式，此关系式称为软测量模型，根据此模型编制程序，再由计算机求出待测过程的主导变量。建立软测量的方法有很多，有线性估计、机理推导、回归分析等。但是，现代工业过程内在机理复杂，而且存在严重的非线性和不确定性问题，单纯依据传统的软测量模型难以真实的描述过程特性。所以近年来，将人工神经网络、模糊技术等智能方法引入了软测量。该课程是为本科生开设的，所以仅以传统的软测量介绍为主，对过程参数进行检测；而基于状态估计、模式识别、滤波理论、神经网络及模糊数学等方法引入的软测量，主要用于对过程动特性（即被控过程的数学模型和状态变量）的测试，这部分内容将在控制理论课或系统动态建模课程中作详细论述，这里仅作一般性介绍。

1. 软测量技术的要素

软测量技术主要由4个相关要素组成，分别为中间辅助变量的选择、数据处理、软测量模型的建立和软测量模型的在线校正。其中软测量模型的建立是软测量技术最重要的组成部分。

（1）中间辅助变量的选择　辅助变量或称二次变量的选择包括变量类型、变量数量和检测点位置的选择。这三个方面互相关联、互相影响，不但由过程特性决定，还受设备价格、可靠性、安装和维护的难易程度等外部因素制约。

① 变量类型的选择，可以根据以下原则选择辅助变量。

a. 灵敏性：能对过程输出或不可测扰动作出快速反应。

b. 特异性：对过程输出或不可测扰动之外的干扰不敏感。

c. 过程适用性：工程上容易获得并能达到一定的测量精度。

d. 精确性：构成的模型输出满足精度要求。

e. 鲁棒性：构成的测量模型对模型误差不敏感。

目前软测量对象都是暗箱系统，得不到系统的准确模型。一般来说，原始辅助变量数目、类型很多，往往有数十个，并且相关程度差异较大，为了实时运行方便，有必要对输入变量进行适当的降维处理。根据上述原则，常用的选择方法有两种：一种是通过机理分析法，找到那些对被测变量影响大的相关变量；另一种是采用主元分析、部分最小二乘法等统计方法进行数据相关性分析，剔除冗余的变量，降低系统的维数，来选择辅助变量。它们的思想是对各原始辅助变量与主导变量之间的相关性进行分析，根据分析所得相关性的强弱来决定哪些适合作为建模用的辅助变量。

② 变量数目的选择，显然辅助变量可选数目的下限是被估计的变量数。而最佳数目则与过程的自由度、测量噪声以及模型的不确定性有关。但如果模型结构合理，辅助变量的数量的增加将会有利于克服测量噪声的影响。一般建议从系统的自由度出发，先确定辅助变量的最小个数，再结合实际对象的特点适当增加，以便更好地处理动态特性等问题。

③ 检测点位置的选择，检测点位置的选择方案十分灵活。对于许多对象，特别是大型设备检测点位置选择也很重要。一般情况下，辅助变量的数目和位置常常是同时确定变量数目的选择准则也经常可用于检测点位置选择。

（2）数据处理　软仪表是根据过程测量数据经过数值计算实现软测量的，其性能很大程度上依赖于过程测量数据的准确性和有效性。测量数据通过安装在现场的传感器、变送器等得到。由于受到检测元件的精度、测量原理和测量方法、生产环境的影响，测量数据都不可避免含有误差，甚至有严重的显著误差。如果将这些数据直接用于检测中，不但得不到正确的主导变量估计值，还可能误操作，引起生产波动，导致系统整体性能下降，甚至使整个生产过程失败。因此对原始数据进行预处理以得到精确可靠的测量数据是软测量成败的关键，具有重要的意义。为了保证测量数据的精确性，一方面在数据采集时要注意数据的“信息”量，均匀分配采样点，尽量拓宽数据的涵盖范围，减少信息重叠，避免某一方面信息冗余，否则会影响最终建模的质量；另一方面，对采集来的数据进行适当的处理，因为现场采集的数据必然会受到不同程度环境噪声的影响而存在误差，因此对软测量数据的处理是软测量技术实际应用中一个重要方面。测量数据处理包括数据预处理和二次处理。由于工业现场采集的数据具有一定的随机性，数据预处理主要是消除突变噪声和周期性波动噪声的污染。为提高数据处理的精确度，除去随机噪声，可采用数据平滑方法（如时域平滑滤波和频域滤波法等）。根据软测量采用的系统建模方法及其机理不同，须对预处理后的数据进行二次处理，如采用神经网络方法进行系统建模需要对预处理后的数据进行归一化处理。采用模糊逻辑系统需要对预处理后的数据进行量化处理。

(3) 软测量模型的建立　从软测量技术的过程可以看出，软测量技术的核心是建立待测变量和可直接获取变量之间的数学模型，这个模型的好坏直接关系到软测量的计算结果。软测量技术按其建模方法可分为机理建模和非机理建模（即基于过程数据建模）。具体来说建模可分为：机理建模、回归分析、状态估计、模式识别、人工神经网络、模糊数学、相关分析和现代非线性信息处理技术等。

在软测量技术发展过程中，推理控制模型经历了从线性到非线性的过程。线性软测量模型的建立一般在 Kalman 滤波理论基础上，这类方法对模型误差和测量误差很敏感，很难处理严重非线性过程。而非线性软测量采用许多当前前沿技术，可采用机理建模、统计回归建模、模糊建模及神经网络建模等人工智能方法。人工智能技术因无须对象精确的数学模型而成为软测量技术中建模的有效方法。

(4) 测量模型修正　工业实际装置在运行过程中，由于过程的随机噪声和不确定性，使其对象特性和工作点会不可避免的发生变化和漂移，所建模型和实际对象间存在误差，如果误差大于工艺允许的范围时，应对测量模型进行校正。校正方法可以根据当前数据进行重新建模，也可以通过闭环校正进行数学模型的修正。

2. 软测量技术的应用

(1) 软测量技术的应用条件　软测量技术作为一种新的检测与控制技术，与其他技术相似，只有在适用范围内才能充分发挥自身优势，因此必须对其适用条件进行分析：通过软测量技术所得到的过程变量估计值必须在工艺过程所允许的精确度范围内；能通过其他检测手段得到过程变量估计值以对软测量模型进行校验，并根据两者偏差确定数学模型校正与否；直接检测被估过程变量的检测仪表较贵或维护困难；被估过程变量应具有灵敏性、精确性、合理性等。

(2) 软测量技术的应用现状　软测量技术现在广泛应用于过程工业中，应用领域包括炼油、石化、造纸、食品、医药、纺织及微电子行业等。其中，大量应用于化工行业的反馈控制、操作指导、质量管理、调度优化等环节。

目前、就实际应用而言，在一些技术较发达的国家已有许多成功地将软测量技术应用于工业过程的例子，如美国的德州 MT 炼油厂及比利时的烯烃生产线等。国内软测量技术的应用起步较晚，但也有一些成功的例子，如石家庄炼油厂和上海炼油厂。

(3) 尚存在的问题　软测量技术的发展依赖于两个基本问题的解决：可计算性与实时性问题。首先，用哪些可测变量和哪些关系式，能够唯一和准确地确定所需的不可测变量？即不可测变量的计算问题。其次，实时性是建立软测量的目的之一和优势所在。所以还需要解决好以下问题：一是确定既简单、便于实时计算又保持一定的精度的软测量模型的问题还没有理想的解决方案；二是软测量技术的通用性。

总的来说，软测量技术已经在检测控制方面取得了不少有意义的成果，但目前尚未形成系统的理论。由于工业过程的复杂性决定了不可能只采用一种技术就可以完美地解决过程建模和控制问题，因此将各种技术结合起来，已成为现今研究和应用的潮流。

3. 软测量技术应用举例

汽驱热采工艺的主要设备包括热力除氧器、直流锅炉、高压汽水分离器和低压汽水分离器。经除氧器处理过的软化水，由往复泵打入直流锅炉中进行加热，并达到汽化阶段，与锅炉的出口处形成具有一定干度的湿饱和蒸汽。根据工艺要求，炉出口蒸汽的干度应严格控制在75%～80%之间。然后，这种状态下的湿蒸汽进入高压分离器进行汽水分离。经分离后，湿蒸汽的干度达到90%以上，并从高压分离器顶部抽出，经分配器平衡后进入汽驱井。被分离出的高压水由高压分离器底部排出，经减压阀闪蒸形成阀后压力下的两相流体，并进入低压汽水分离器进行再次分离。被分离出的蒸汽从顶部送到热力除氧器回收利用，而再次分离后高含盐量的水从分离器下部排出。

在这个工艺流程中，锅炉出口湿蒸汽干度的检测是其中的一个关键问题。干度过低，无法满足注井热量要求；干度过高会导致蒸汽过热而使锅炉结垢。目前对干度的测量主要有两种方法，一种是依靠人工分析化验，但这种方法时间滞后性大，锅炉的优化操作得不到保证，这里采用机理分析建立湿蒸汽的软测量模型。

经过分析可知湿蒸汽干度的在线自动测量主要依赖于给水流量、蒸汽差压以及锅炉出口压力这三个参数。只要现场能提供这些参数的测量信号，利用数据采集技术和计算机的强大计算功能，便可实现湿蒸汽干度的在线自动测量。

分别在直流锅炉入口和出口各安装一套节流装置，分别用于检测锅炉入口给水流量和锅炉出口的蒸汽流量。给水流量计算的数学模型为

$$G_1=0.01252\alpha_1 d_1^2\sqrt{\rho_1\Delta p_1} \tag{5-1}$$

式中，G_1 为给水质量流量，kg/h；α_1 为给水节流装置的流量系数；d_1 为给水节流元件的孔径，mm；ρ_1 为给水密度，kg/m^3；Δp_1 为给水节流装置两端的差压，mmH_2O。

湿蒸汽流量计算的数学模型为

$$G_2=0.01252\alpha_2 d_2^2\varepsilon\sqrt{\rho_2\Delta p_2} \tag{5-2}$$

式中，G_2 为湿蒸汽质量流量，kg/h；α_2 为蒸汽节流装置的流量系数；d_2 为蒸汽节流元件的孔径，mm；ε 为流束膨胀系数；ρ_2 为蒸汽密度，kg/m^3；Δp_2 为蒸汽节流装置两端的差压，mmH_2O。

根据质量守恒原理，锅炉入口的给水流量应与锅炉出口的蒸汽流量相等，即

$$G_1=G_2 \tag{5-3}$$

因为湿蒸汽是饱和水与饱和蒸汽的混合物，所以，当锅炉出口处的绝对压力已知时，可以通过干度计算出湿蒸汽的密度，即

$$\rho_2=f_2(y,\rho_2',\rho_2'') \tag{5-4}$$

式中，y 为湿蒸汽干度；ρ_2'为压力为 p 时，饱和水的密度；ρ_2''为压力为 p 时，饱和蒸汽的密度。

在某一压力下的饱和水和饱和蒸汽的密度可以从对应的热力性质表中查得。但由于它们都是压力的单值函数，在实际应用中可以采用曲线拟合的方法回归出相应的数学模型为

$$\rho_2'=f_3(p) \tag{5-5}$$

$$\rho''_2 = f_4(p) \tag{5-6}$$

联立求解方程(5-2) ～方程(5-4)，便可得到湿蒸汽干度的数学模型，得到

$$y=\varphi(a_2, d_2, \varepsilon, \Delta p_2, \rho'_2, \rho''_2) \tag{5-7}$$

在此基础上经过现场工艺调查和对机理的定性分析，得到关于湿蒸汽干度的具体的数学模型为

$$y=\left(\frac{K}{G_1}\sqrt{\Delta p_2 \rho_2}-\sqrt{\frac{\rho_2}{\rho_1}}\right)\left(1-\sqrt{\frac{\rho_2}{\rho_1}}\right)^{-1} \tag{5-8}$$

式中，K 为锅炉出口蒸汽标准节流装置的综合计算系数。

这样就得到了湿蒸汽干度软测量模型。

三、虚拟仪表技术

虚拟仪表技术是 20 世纪 90 年代发展起来的一项技术，主要应用于自动化测试、过程控制、仪器设计和数据处理等领域，其基本思想是在测试系统和仪器仪表设计中尽可能地用软件代替硬件，即“软件就是仪器”。自 1976 年美国国家仪器提出虚拟仪表（virual instrument，VI）的概念以来，虚拟仪表这种计算机控制的模块化仪表系统在世界范围内得到了广泛的传播和应用，国内近几年的应用需求也急剧高涨。

所谓虚拟仪表就是指的基于计算机的仪器仪表技术、基于计算机的检测与自动化技术、其核心是图形化编程开发环境（LabVIEW）、LabWindows/CVI、标准 ANSCI 语言、PCI 时钟和触发控制、数据采集（PXI、PCI）、数据采集卡等。也可将虚拟仪表概括为：由计算机、应用软件和仪器硬件三大部分组成，且在仪器仪表中最大限度地用软件代替硬件。

虚拟仪表的出现，打破了传统仪器由厂家定义、用户无法改变的模式，它利用计算机丰富的软硬件资源大大突破了传统仪表在数据的处理、表达、传送、显示和贮存等方面的限制，有极好的性能价格比。

1. 虚拟仪表的构成

如图 5-1 所示，虚拟仪表是以个人计算机为核心、通过测量软件支持的，具有虚拟仪表面板功能的、足够的仪器硬件以及通信功能的测量信息处理装置。通常包括计算机、应用软件和仪器硬件三大部分，其中计算机与仪器硬件又称为虚拟仪表的通用硬件平台。

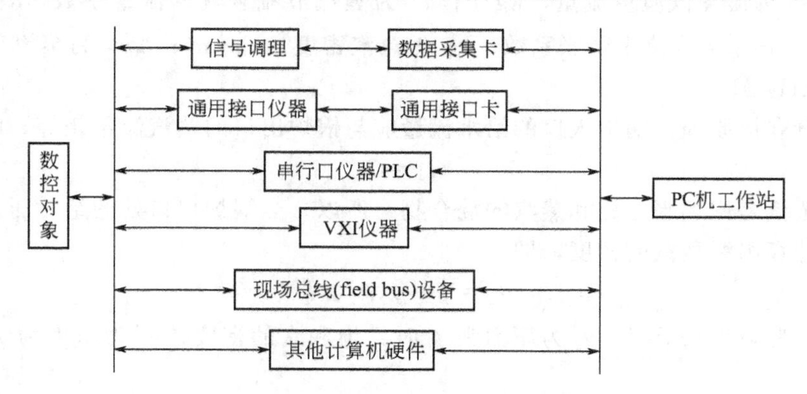

图 5-1　虚拟仪表的基本组成

(1) 虚拟仪表的硬件平台　虚拟仪表的构成有多种方案，根据用户的需求可灵活选用不同的结构方案，一般常用的有以下四种方案。

① 基于数据采集的虚拟仪表系统。它的应用方式是利用计算机内的预留插口槽插入数据采集卡，与相应的LabVIEW软件配合使用，通过A/D，将模拟信号转换成数字信号由计算机进行分析处理，并通过终端显示。还可通过D/A变换对系统进行反馈控制。

② 以通用接口（GPIB接口）总线构成的虚拟仪表系统。其原理是利用GPIB接口卡将几个GPIB仪器连接在一起，用计算机增强传统仪器的功能，构成一个整体的柔性测控系统。整个系统由一台PC机、一块GPIB接口板和若干台仪器通过标准GPIB电缆连接起来，组成大型的自动化仪器测量系统。从而可利用GPIB技术实现计算机对系统操控、替代人工操作。

③ 由VXI总线构成的虚拟仪表系统。计算机总线技术的发展，为实现自动测试奠定了基础。VXI总线是一种高速计算机总线一VME总线（1981年由Motorola等公司联合发布）在仪器领域的扩展。由于它的标准开放、结构紧凑、具有数据吞吐能力强、定时和同步精确、模块可重复利用、众多仪器厂商支持等优点，VXI系统的组建和使用越来越方便，应用面越来越广。尤其是在组建大中规模自动测量测试系统，以及对速度精度要求较高的场合，有其它仪器无法比拟的优势。多年来VXI被认为是虚拟仪表最理想的硬件平台。

④ PXI仪器系统构成方法。尽管VXI的稳定性和可靠性都很好，技术也非常成熟，但是由于在新型计算机中已经不存在VME总线，所以基于现行的计算机总线的新的仪器总线标准又应运而生，PXI（PCI Extensions for Instrumentation）就是建立在PCI（Peripheral Component Interconnect）上的新的仪器总线标准，PXI使运行在新型计算机上的机器视觉、运动控制等自动化装置与传统仪器又可以连接起来了。

（2）虚拟仪表的软件平台　虚拟仪表的最大特点是最大限度地用软件代替硬件。因此当虚拟仪表的硬件确定后，软件承担着实现系统功能和性能的任务。软件一般应具备三大功能：实现接口功能、驱动系统中的仪器（实现系统的功能和性能）和应用软件的开发环境。下面对软件的三大功能作简述。

① 软件的接口功能。所谓软件的接口功能是指给定的软件能在驱动相连仪器之间完成对仪器寄存器单元直接存取数据的采集，并将仪器及其驱动程序发出的指令传递到相应的仪器，即通常所说的I/O接口软件，它是开放、统一的虚拟仪表的基础与核心。

② 仪表的驱动程序。所谓仪表的驱动程序就是用于仪表操控的一个抽象函数集，通过这个函数集，软件能够通过I/O接口软件对仪表进行操作。它在虚拟仪表中起着连接上层应用程序和底层I/O接口的作用。

③ 应用软件的开发环境。虚拟仪表系统的应用软件开发环境包括面向对象的编程技术和图形编程技术两种。前者属于传统的文本语言平台，主要有NI公司的LabWindows/CVI、微软公司的VisualC＋＋、VisualBasic和Borland公司的Delphi等。后者是图形化的编程环境平台，最常用的是NI公司的LabVIEW（Laboratory Virtual Instrument Engineering Workbench，实验室虚拟仪表工程平台）。

LabVIEW是一个完全开放式的虚拟仪表开发系统应用软件，利用它组建仪器测控系统和数据采集系统可以大大简化程序设计。LabVIEW程序设计实质是设计一个个的“虚拟仪表”。在计算机显示屏幕上利用函数库和开发工具产生一个前面板；在后台则是利用图形化的编程语言编制用于控制前面板的框图程序。程序的前面板具有与传统仪器相似的界面，可接受用户的鼠标和键盘指令。

第二节　现场总线检测仪表

一、概述

20世纪末迅速发展起来的数字通信技术、网络技术和微电子技术促进了现场总线技术的发展。现场总线是一种串行的数据通信链路，它沟通了生产过程领域的基本控制设备（即现场级设备）之间以及与更高层次自动控制领域的自动化控制设备（即车间级设备）之间的联系。随着过程控制对象日益复杂，现场的模拟信号的传输已不能适应大规模工业过程控制的要求。而现场总线技术采用数字多路复用通信方式，在现场装置与计算机之间进行有效的数字通信，使检测仪表、控制器实现了测量、控制的远程操作。将现场总线系统引入到现场检测仪表，就构成了现场总线检测仪表。

1. 现场总线仪表的特点

和常规模拟检测仪表相比，现场总线仪表具有以下特点。

（1）数字化　现场总线作为一种数字式通信网络从控制室一直延伸到生产现场，使过去点到点式的模拟量信号传输变成了多点一线的串行数字传输。数字传输比模拟信号传送的距离远并且可靠性高。现场总线型变送器的全数字性能使变送器的结构更简单，其分辨率、测量速度、稳定性都比较高。

（2）多功能化和智能化　微处理器引入现场仪表，使现场仪表智能化、功能多样化。现场总线可将一些先进的功能，如控制、报警、趋势分析等赋予现场仪表，减少了D/A与A/D变换，简化上层系统。因此将大大提高现场装置的精度和可靠性。同时总线化的智能检测变送仪表不仅具有传统仪表起始值、量程、阻尼特性调整、非线性、多变量补偿等功能，而且还具有故障自诊断、PID调节和双向通信功能。

（3）开放性和互换性　现场总线仪表实现了从模拟数字混合技术向全数字化技术的转变，系统从封闭式系统向开放式系统的转变。采用现场总线完成底层通信，采用开放系统互连（OSI）参考模型建立高层通信网络；系统冗余和故障诊断与容错功能增强，系统可靠性、安全性进一步提高。这种开放性系统对用户使用、操作、维护和扩展都十分有利。

不同的现场仪表厂家的产品采用统一的国际标准，在硬件、软件、通信规程和连接方式等方面互相兼容，可以互换和通用。各厂家产品的交互操作和互换使用，给用户提供了极大的方便。

（4）多变量、多参数化　常规模拟仪表往往只能检测一种过程变量。而总线化现场仪表不仅能够向系统提供多个测量值（如流量变送器除了提供流量参数外，还可以提供被测介质的温度、压力等参数），还可以提供系统的准确状态和工况信息。这将使仪表数量比目前采用的单变量模拟仪表数量大大减少，从而减少仪表的购置、安装及维护费用。

（5）功能块化　为了支持现场总线系统将控制功能分散到现场设备一层，总线化的现场仪表内部置有常用的一些应用功能或标准化的功能块。如模拟量输入模块（AI）、数字量输出模块（DO）、PID功能块等。这些置于现场仪表内部的功能块，可以通过现场总线被调用，组成所需要的控制方案。这些现场功能块符合总线标准的行规。

2. 现场总线仪表的功能块

现场总线仪表的强大功能是依靠仪表中的功能块组合实现的。通过系统组态，现场总线仪表不但可以选择不同功能，还可以通过现场总线网络远程在线修改参数，重构仪表功能。现场总线中的功能块多是从集散控制系统（DCS）中的功能块演变而来的，它们都包括重要的参数和算法。但现场总线仪表的参数比后者更丰富，除了一些算法运算外，还有反映功能块特性和状态的参数。而且前者的算法也远比后者复杂，它是集工作方式确定、块算法实现、报警处理为一体的一种复杂算法。下面介绍现场总线仪表的两类基本功能块。

（1）输入、输出模块　输入模块按设定的采样周期定时取得通道信息（实时数据值、报警检验结果等），进行相应的处理后将结果放入实时数据库中供其它模块调用。输出模块则从数据库中取得数据信息，执行输出控制并保存输出的状态。输入、输出模块是调用最为频繁的数据处理模块。

这里的实时数据库是在I/O测控层的RAM中开辟的一个公共数据区。各输入、输出模块和控制算法模块等需要实时数据的模块都可以直接访问该区，对实时数据库中的数据进行读写。

（2）控制算法模块　控制算法模块从实时数据库中取得计算需要的输入变量的值，经过执行运算将结果写回数据库，供输入、输出模块或其它模块调用。其主要功能是要完成对采集数据进行处理，完成对生产过程的控制功能。常用的模块包括四则运算及开平方算法模块、调节模块、选择控制模块等。详细的功能组态信息应根据不同的现场总线仪表的配置来确定，但所有的现场总线仪表的功能块设置都应满足现场总线协议的相关内容。

二、现场总线仪表的原理

1. 现场总线仪表的结构

新型的现场总线仪表系统不同于以往仪器仪表系统，它的组成和功能更为复杂，在系统结构、数据处理方式和系统的控制方式等方面有了根本性的改变。它在系统编程技术、现场总线接入和嵌入式操作系统等方面将仪表应用的功能进一步扩大，使仪表不仅具有自动化测量、数据处理和模拟人工智能的功能，而且还具备了远程测量、远程下载软件、组态和硬件重构等功能。总的来说现场总线仪表一般由传感器、信号变换、信号控制处理器、存储单元、显示单元和通信控制器组成，其中至少有一个专用的嵌入式微处理器系统。下面分别从硬件和软件两个方面介绍总线仪表系统的结构。

（1）现场总线仪表的硬件结构　现场总线仪表的硬件系统是完成现场总线仪表任务的主要支撑体系。现场总线仪表的硬件系统包括传感器、信号处理、现场总线通信、CPU控制、存储器或液晶显示、控制输出接口和电源等几大模块。图5-2显示了现场总线仪表的一般硬件结构。

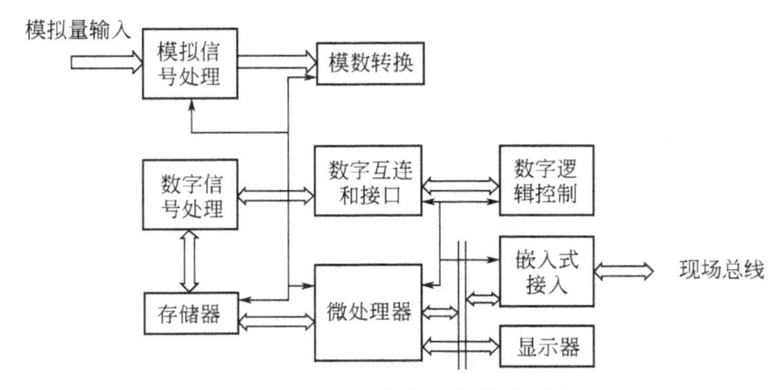

图5-2　现场总线仪表的硬件结构

各个模块功能不同，在现场总线仪表中的位置不同。检测元件将测量的物理量转换成电流、电压信号。模拟、数字信号处理是仪表采集测量数据的处理前端，由检测元件传入的信号可能是微弱信号或者受过干扰的信号，模拟处理的作用是将这些信号进行放大、滤波处理，然后进行模/数转换；数字信号处理主要实现数字的频谱、滤波等计算。现场总线仪表的控制数据可通过通常的I/O和现场总线方式输出，更为方便的是用户除了可以在现场控制、观察现场总线仪表的运行状态和数据外，还可以通过现场总线在任何现场终端来监控仪表的运行。存储器模块负责存储现场总线仪表的功能程序和仪表运行的测量数据。现场总线仪表硬件存储器分配包括CPU芯片资源分配、寄存器分配、RAM分配、定时器和中断源分配。CPU控制模块是仪表工作的核心部件，用于处理仪表工作的不同任务，如测量数据输入和仪表状态数据的显示，控制算法的计算，测量参数的存储通信等。现场总线通信模块将CPU传送的数据转换成相应的现场总线传输协议的数据帧，并实时监控现场总线的通信。现场总线通信控制器一般可根据应用环境选择不同的现场总线通信协议（如HART、PROFIBUS、FF等）芯片或软件编程实现应用。液晶显示模块将仪表状态数据显示在LCD上。

（2）现场总线仪表的软件组成　现场总线仪表系统硬件是软件设计的基础。现场总线仪表的软件是基于硬件系统基础上实现的。从硬件结构角度出发，软件系统主要由以下三部分构成。第一部分是仪表的检测信号处理前端控制软件，它主要由数字处理器来完成；第二部分是微处理器控制软件，它主要由单片机控制执行。这两个部分负责仪表系统的不同软件控制；第三部分是现场总线通信软件，可以直接利用协议芯片实现，也可以编程实现。

2. 现场总线通信协议

现场总线仪表中常用的协议有以下几种。

（1）现场总线基金会（Fieldbus Foundation）协议　现场总线基金会协议简称FF，其核心是实现现场总线信号的数字通信。为了实现通信系统的开放性，其通信模型参考了ISO/OSI参考模型，包括物理层、数据链路层和应用层并按照现场总线的实际要求，把应用层划分为两个层——总线访问层和总线报文规范子层。

（2）ControlNet现场总线协议规范　ControlNet协议采用生产者/消费者模式，允许在同一链路上有多个主控制器共存，对输入数据和对等通信数据采用多信道广播方式，将传统网络针对不同站点多次发送改为一次多点共享，以使链路上所有控制器之间实现预定的对等通信互锁，共享输入数据，从而大大减少了网络发送次数和交通量，提高了网络效率和性能。是各种工业控制底层现场总线网络中性能较为可靠的网络。

（3）PROFIBUS现场总线协议　PROFIBUS现场总线协议是德国西门子公司研发的现场总线协议，针对不同控制场合分为三个系列。其中PROFIBUS-DP用于传感器和执行器组的高速数据传输，传输速率可达12Mbps，一般构成单主站系统，主站和从站间采用循环数据传送方式；PROFIBUS-PA用于安全性要求较高的场合，将自动化系统和过程控制系统与现场设备，如温度、压力变送器等连接起来，代替4～20mA模拟信号传输技术，大大提高了系统功能和安全可靠性，是PROFIBUS过程自动化解决方案；PROFIBUS-FMS主要解决车间一级通用性通信任务，完成中等传输速度进行的循环和非循环通信任务。它主要实现系统控制器与智能现场设备间的通信和控制器间的信息交换。

（4）CAN现场总线协议　CAN总线协议是一种串行数据通信总线协议，它是一种多主总线，通信介质可以是双绞线、同轴电缆或光纤。CAN总线系统由CAN网络节点、转发器节点和上位机构成。其应用范围遍及高速网到低成本的多线路网络。

（5）HART通信协议　HART协议（可寻址远程传感器高速公路协议）是工业界广泛

认可的标准，在4～20mA智能设备的基础上增加了数字通信能力。HART采用OSI的物理层、数据链路层和应用层。该协议使用了频移键控（FSK）技术，通过信号叠加方式，成功地使模拟和数字双向通信能同时进行，且不相互干扰。

三、现场总线仪表设计

1. 现场总线仪表的设计方法

(1) 总体方案设计　现场总线系统的仪表设计首先要根据设计目标建立总体设计方案。

有两种总体设计方案可供选择。单CPU方案，即圆卡CPU不仅要完成总线通信，同时还要完成仪表的测控功能。双CPU方案，变送器由通信圆卡和仪表卡两部分构成，这两部分均含有各自的软、硬件。通信圆卡包括微处理器、通信栈软件及通信控制芯片，主要提供到总线的接口和总线通信等。仪表卡负责采集现场信号，进行信号处理，将处理完毕的信息传送到通信圆卡，并提供必要的人机接口。

研究设计目标后，即可根据技术条件和设备条件确定总体方案。

(2) 开发方案　总体方案不同，开发过程不同。这里以双CPU方案为例，介绍整个开发步骤。

双CPU方案可将现场总线仪表结构分成两部分。第一部分（仪表卡）完成仪表的测量、计算、显示等功能，是仪表的本体部分。第二部分（通信圆卡）为数据传输与控制部分，主要完成现场总线的通信任务以及各种算法。圆卡和仪表卡安装在同一仪表壳内，两卡之间的信息传输采用串行通信方式。

① 开发步骤：现场仪表的开发是一个系统工程，它涉及多方面的任务与合作，整个过程大致可分为以下几个环节。

a. 开发符合某种通信协议（由设计总体方案中的设计目标确定，这里以FF协议为例）的通信栈软件，并进行一致性测试和认证；开发通信控制芯片，设计相应的软硬件，形成圆卡。

b. 完成仪表基本监控功能的软硬件开发。

c. 编写变送模块、功能块和资源块；完成仪表的通信、控制策略，整体调试，使之构成最终产品。

d. 在形成产品的过程中，参照标准设备描述（DD），为开发的设备准备附加的DD，并送基金会登记注册，基金会定期颁发DD库光盘，发行已注册产品目录。

e. 将设备提交基金会进行可互操作性及一致性测试，获得基金会认证。

② 开发方式：根据投资成本和开发周期的要求不同，一般有以下两种开发方式。

a. 直接开发方式。现场总线协议（如FF）、通信行规和设备行规对现场总线仪表乃至整个系统的运行、通信及互操作性都作了详细规定。采用直接开发方式，开发商依据协议和对仪表的具体要求对圆卡和仪表卡分别进行开发，然后进行一致性和互操作性测试。该方式适合于比较有实力的自动化设备大公司。

b. OEM集成开发方式。采用OEM集成方式构成新的现场总线产品，该方式成本低，而且减少开发时间和自然降低风险，特别是对于开发能力有限，产品体积要求较高的情况。

③ 仪表卡的开发方案：按照总体设计架构设计目标中仪表卡的任务要求，提出仪表卡的开发方案，主要包括测量元件的选择，信号处理电路的设计，模/数转换器件、仪表卡CPU和显示模块的选择和仪表卡软件的功能设计等。

④ 圆卡应用的开发方案：圆卡是一种开发现场总线现场设备所需要的通用产品。使用

圆卡可以免除设备开发者开发现场设备时所花费的时间和精力。圆卡主要完成三个任务。

a. 接收、发送总线信号，完成总线通信功能。该任务由通信栈完成，通信栈以库形式提供，需在用户开发的最后阶段进行链接。圆卡网络可视，并可实现与总线其它仪表的连接。

b. 功能块调度、处理。在用户应用程序中开发功能块的执行动作，如AI、PID功能块被调度执行时的数据处理算法，前者可以进行输入信号滤波，后者可以进行PID等数据处理。

c. 通过串行函数实现与仪表之间的串行通信。

⑤ 仪表卡的实现。

a. 仪表卡硬件实现。圆卡提供到总线的接口。它与设备测量电子部件的连接是通过子卡适配器实现的。适配器接口完全标准化，用户可根据这些标准接口，选用合适的CPU及外围芯片、设计完成独特功能的测控电路。

b. 仪表卡软件实现。运行在总线圆卡上的通信栈协议代码已经由供应商完成。

总线圆卡接口工具中提供了功能块壳，这是一个介于应用程序和通信栈之间的接口，只需要用户有很少的现场总线通信协议知识，从而简化了总线设备开发的程序员接口。此外，还提供了一个总线协议栈的可链接库，用户应用程序在下载到圆卡前，将圆卡应用和块壳同协议栈相链接。

开发方案中除了以上部分还包括总线接口和圆卡接口等部分的选择与设计，这里就不再赘述了。

(3) 仪表软件的实现　仪表卡的软件将实现模/数转换、数据处理、液晶显示以及串行通信等功能，包括主程序、中断服务程序以及几个关键的子程序。主程序包括A/D转换器的初始化，液晶模块的初始化及读写；中断程序包括外部中断服务程序，采样及数据处理子程序，信号的非线性校正程序，串行中断程序。软件还有串行命令响应子程序等。

(4) 圆卡应用的实现　圆卡应用的实现要使用编译工具来开发，应用功能块壳、串行函数，使用设备模板，组建组态文件、用户应用文件，并且编译、链接和下载程序到圆卡芯片。

(5) 仪表调试　现场总线仪表开发完毕使用之前，要对仪表进行测试，包括仪表卡和协议通信控制器之间通信的测试，测试HART数据帧格式，圆卡数据的发送、仪表卡的接收，仪表卡数据发送，圆卡数据接收，以及对总线性能进行测试。

2. 现场总线仪表的选型

由于现场总线控制系统将控制级下移到现场级，因此，现场总线仪表的选型设计与常规的仪表选型设计有所不同，其原因如下。

① 现场总线仪表的功能由所带功能模块决定。同类型被测变量的变送装置如果所带的功能模块不同，所具有的功能也不同。因此，在现场总线仪表选型设计时，应考虑不同的应用场合选用不同的仪表。

② 不同版本的现场总线仪表所带的功能模块不同，所具有的通讯类型不同。这是在现场总线仪表选型时需要注意的问题。通常，在常规仪表选型时不必考虑仪表的版本，但现场总线仪表选型应考虑仪表的版本。由于现场总线通讯中有发布方和约定接受方之分，不同版本仪表的发布方和接受方的数量不同。因此，选型设计时应考虑仪表版本的影响。

③ 由于现场总线仪表的信号连接是通过现场总线进行，现场总线仪表所带功能模块位

置的不同，在现场总线上的通信量不同，因此，合理的现场总线仪表的选型可使通信量减少。与其他控制系统中的仪表选型比较，现场总线仪表的选型更为重要，因此，有必要进行研究。

（1）现场总线控制系统的通信　现场总线控制系统的通信是由链路主设备的链路活动调度程序（LAS）管理和执行。根据现场总线基金会规范，现场总线的通信采用宏循环周期进行，它们在通信模型的通信栈实现。其3项功能如下。

① 调度通信（Schedule Communication）：也称为周期通信。它用于现场总线设备之间的通信，即将一个现场总线设备用户应用层的数据，经通信栈和物理层的封装后，传送到现场总线的实体介质，并在另一个现场总线设备的物理层和通信栈解装后，送另一个现场总线设备的用户应用层。例如，在现场总线控制系统中，用于诸如一个现场总线设备中AI传送信号到另一个现场总线设备中的PID，或AO的反算输出（BKCAL OUT）送PID的反算输入（BKCA L IN）等需要周期通信的场合，这种通信周期进行，它占用现场总线的通信时间，是总线设备之间的通信。

② 调度执行（Schedule Execution）：也称为周期执行。它用于完成对现场总线设备输入输出硬件的采样和输出，执行现场总线设备内部的通信。例如图5-3中，AI执行用于对模拟量的输入信号进行采样、模/数转换、信号隔离和数据处理，AO执行用于将输出转换块的信号进行数/模转换、信号处理等，并送现场总线设备执行。这种通信是现场设备内部的通信，不占用现场总线的通信量，但是周期工作。因此，在宏循环周期中，它们与非周期通信可同时进行。

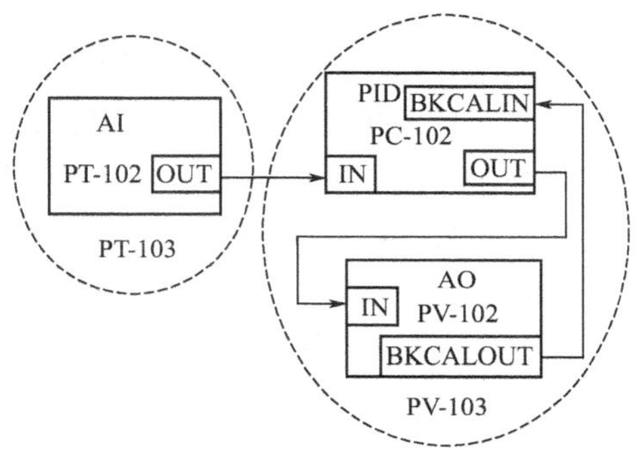

图5-3　简单控制系统的功能连接图

③ 非调度通信（Unscheduled Communication）：它用于现场总线设备功能块中一些参数的设置或修改，因此，用于不需要周期执行通信的场合，例如，对控制器模式设置、控制器参数调整或设定值改变等。它们是现场总线通信过程中不定期发生的通信，因此，称为非周期通信，它们的执行占用通信时间。这种通信是在现场总线上进行的通信，但该通信不在固定时间执行或周期进行，因此，它们被安排在调度通信外的时间段进行。图5-3显示两个现场总线仪表组成简单控制系统的信号连接。图5-3中，压力控制系统由两个现场总线设备PT-103和PV-103及现场总线、链路主设备等组成。其中，PT-103带AI功能模块，PV-103带PID和AO功能模块。为了实现手动和自动的无扰动切换，与DCS组成的单回路控制系统相似，将AO的BACKCALOUT连接到PID模块BACKCALIN端，因此，PID模块与AO模块之间的信号连接包括PID输出给AO的信号及上述的反算信号。图5-4所示是工作过程中功能块的调度和宏循环周期时间的分配。由于现场总线控制系统采用时分复用技术，它将时间分为若干时间片，对H1低速现场总线系统来说，规范规定传输速度31.25Kbps，因此，时间片的长度约为1/32ms，系统工作过程如下。

a. 根据LAS程序，先由调度执行过程采集生产过程的压力值，经传感器转换块和AI功能块，得到压力测量的标准值。如图5-3中PT-103中AI执行的过程。

b. PT-103设备的用户应用层将压力测量值所对应信号帧经通信栈和物理层的封装，传送到PV-103，并经该设备的物理层和通信栈的解装，将信息帧送达PV-103的用户应用层，这个过程如图 5-3 中 AI 通讯所示，它在 PT-10 和 PV-103 的设备中都被显示。

c. 压力信息在 PV-103 的应用层中经 PID 执行和 AO 执行两个过程，完成 PID 运算和 AO 输出。这表示在 PV-103 中完成 PID 的执行和 AO 的执行。由于，这是在现场总线设备内部的工作过程，因此，不占用通信时间。

d. 在执行上述过程中，还存在一些非周期的通信，例如，在第一循环周期时，FT-103 设备中有一个非周期的通信，例如操作人员检查压力变送器的量程；第二循环周期中，PV-103 设备中有一个非周期通信，例如操作人员对 PID 控制器的设定值进行修改。

图 5-4 是工作过程中功能块的调度和宏循环周期时间（macro cycle）的分配。功能块的工作和通信过程的进行是以 LAS 调度的绝对开始时间为依据的，用与开始时间的偏移量表示。例如，“AI 执行”的偏移量为 0，表示每次 LAS 宏循环周期开始立即对过程压力测量值进行采样。“AI 通信”的偏移量为 50，表示在 50ms 后进行周期通信。而“PID 执行”的偏移量为 100，表示在 100ms 后进行“PID 执行”过程。功能模块的执行时间在仪表出厂时已经确定，不同仪表的同一功能模块所需的执行时间也不同。典型的 AI 执行时间为 1600 时间片，即 50ms。PID 功能模块的执行时间与所具有的功能有关，约为 50～150ms。实际过程中，LAS 的宏循环周期时间可以由用户设置，一般设置为 500ms～1s。上述分析还表明，一个现场总线网段可挂接的简单控制系统通常在 2～4 个。需要指出，送到 AO 的信号被保持到下一个循环，因此控制阀等执行器在循环时间内能够保持阀门的开度。从上述分析可知，如果选用带 AI 现场总线变送器，带 PID 和 AO 现场总线执行器，则现场总线上只有一个通信任务，即 AI 通信。从图 5-3 可见两个现场总线设备之间只有一根连接线，因此只有一个通信任务。

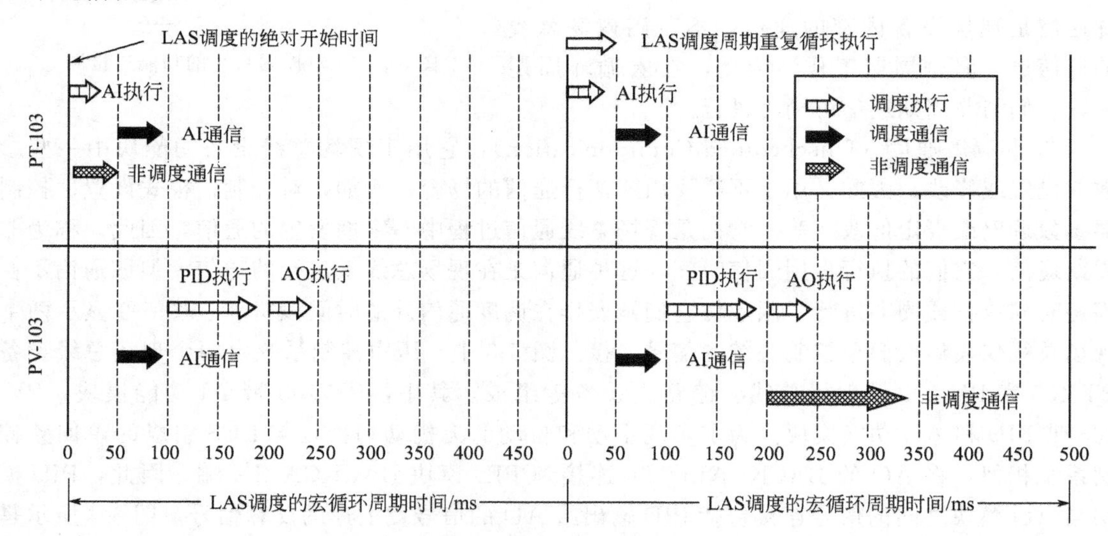

图 5-4 功能块调度和宏循环周期时间的分配

（2）现场总线仪表的选型设计　下面根据现场总线上通信量最少准则对现场总线仪表的选型设计进行分析。生产过程中，简单控制系统占大多数，因此分析简单控制系统中现场总线仪表的选型具有重要指导作用。用现场总线仪表组成简单控制系统时，根据 PID 功能模块不同设置位置可分为以下 3 种情况。

① 现场总线执行器带 AO 和 PID 功能模块，现场总线变送器带 AI，组成如图 5-3 所示的简单控制系统，其分析如上所述。可知这时现场总线上只有一个通信任务。

② 现场总线执行器带 AO 功能模块，现场总线变送器带 AI 和 PID 功能模块，组成简单控制系统。两个现场总线设备 AO 和 AI 之间有两根连接线，即变送器模块 PID 的 OUT 对应 AO 的 IN 和 AO 的反算输出（BKCALOUT）送 PID 的反算输入（BKCALIN），同前面所述相同。因此，选用上述设计方案对现场总线仪表选型，在现场总线上有两个通信任务。

③ 现场总线执行器带 AO 功能模块，现场总线变送器带 AI 功能模块，上位机带 PID 功能模块的简单控制系统。采用该控制方案，在现场总线上的通信量最多，共有 3 个通信任务。这种方案中过程参数可直接从上位机显示，但控制级上移。

综上所述，对简单控制系统，从通信量最少准则出发，现场总线仪表应选用带 AI 功能模块的变送器，带 AO 和 PID 功能模块的执行器，结构如图 5-3 所示。对于复杂控制系统中现场总线仪表的选型应具体情况具体分析。

在实际应用时，现场总线仪表的选型还需要考虑过程变量数据的显示等，操作人员的干预信号等也会使通信量增加，并影响现场总线仪表的选型。此外，虽然现场总线控制系统具有互换性和互操作性，但由于仪表所带功能模块类型的不同，因此备品备件类型和数量等的考虑也使现场总线仪表的选型变得复杂，设计时宜综合考虑。

参 考 文 献

[1] 张宏建，蒙建波．自动检测技术与装置．北京：化学工业出版社，2004.

[2] 张毅，张宝芬等．自动检测技术仪表控制系统．北京：化学工业出版社，2004.

[3] 俞金寿，刘爱伦，张克进．软测量技术及其在石油化工中的应用．北京：化学工业出版社，2000.

[4] 林玉池，测量控制与仪器仪表前沿技术及发展趋势．天津：天津大学出版社，2008.

[5] 曾孟雄．智能检测控制技术及应用．北京：电子工业出版社，2008.

[6] 常太华，李江，苏杰等．现场总线及现场总线智能仪表的发展．仪表技术与传感器，1999（2）：16-19.

[7] 何衍庆，王慧锋，俞旭波等．现场总线仪表的选型设计．石油化工自动化，2005（2）：4-7.

[8] 韩兵，火长跃．现场总线仪表．北京：化学工业出版社，2007.

附录一　热电偶的分度表

附表 1-1　铂铑 10-铂热电偶（S 型）分度表　　　参考温度：0℃

t/℃	0	1	2	3	4	5	6	7	8	9
					E/mV					
150	1.029	1.037	1.045	1.053	1.061	1.069	1.077	1.085	1.094	1.102
160	1.110	1.118	1.126	1.134	1.142	1.150	1.158	1.167	1.175	1.183
170	1.191	1.199	1.207	1.216	1.224	1.232	1.240	1.249	1.257	1.265
180	1.273	1.282	1.290	1.298	1.307	1.315	1.323	1.332	1.340	1.348
190	1.357	1.365	1.373	1.382	1.390	1.399	1.407	1.415	1.424	1.432
200	1.441	1.449	1.458	1.466	1.475	1.483	1.492	1.500	1.509	1.517
210	1.526	1.534	1.543	1.551	1.560	1.569	1.577	1.586	1.594	1.603
220	1.612	1.620	1.629	1.638	1.646	1.655	1.663	1.672	1.681	1.690
230	1.698	1.707	1.716	1.724	1.733	1.742	1.751	1.759	1.768	1.777
240	1.786	1.794	1.803	1.812	1.821	1.829	1.838	1.847	1.856	1.865
250	1.874	1.882	1.891	1.900	1.909	1.918	1.927	1.936	1.944	1.953
260	1.962	1.971	1.980	1.989	1.998	2.007	2.016	2.025	2.034	2.043
270	2.052	2.061	2.070	2.078	2.087	2.096	2.105	2.114	2.123	2.132
280	2.141	2.151	2.160	2.169	2.178	2.187	2.196	2.205	2.214	2.223
290	2.232	2.241	2.250	2.259	2.268	2.277	2.287	2.296	2.305	2.314
300	2.323	2.332	2.341	2.350	2.360	2.369	2.378	2.387	2.396	2.405
310	2.415	2.424	2.433	2.442	2.451	2.461	2.470	2.479	2.488	2.497
320	2.507	2.516	2.525	2.534	2.544	2.553	2.562	2.571	2.581	2.590
330	2.599	2.609	2.618	2.627	2.636	2.646	2.655	2.664	2.674	2.683
340	2.692	2.702	2.711	2.720	2.730	2.739	2.748	2.758	2.767	2.776
350	2.786	2.795	2.805	2.814	2.823	2.833	2.842	2.851	2.861	2.870
360	2.880	2.889	2.899	2.908	2.917	2.927	2.936	2.946	2.955	2.965
370	2.974	2.983	2.993	3.002	3.012	3.021	3.031	3.040	3.050	3.059
380	3.069	3.078	3.088	3.097	3.107	3.116	3.126	3.135	3.145	3.154
390	3.164	3.173	3.183	3.192	3.202	3.212	3.221	3.231	3.240	3.250
400	3.259	3.269	3.279	3.288	3.298	3.307	3.317	3.326	3.336	3.346
410	3.355	3.365	3.374	3.384	3.394	3.403	3.413	3.423	3.432	3.442
420	3.451	3.461	3.471	3.480	3.490	3.500	3.509	3.519	3.529	3.538
430	3.548	3.558	3.567	3.577	3.587	3.596	3.606	3.616	3.626	3.635
440	3.645	3.655	3.664	3.674	3.684	3.694	3.703	3.713	3.723	3.732
450	3.742	3.752	3.762	3.771	3.781	3.791	3.801	3.810	3.820	3.830
460	3.840	3.850	3.859	3.869	3.879	3.889	3.898	3.908	3.918	3.928
470	3.938	3.947	3.957	3.967	3.977	3.987	3.997	4.006	4.016	4.026
480	4.036	4.046	4.056	4.065	4.075	4.085	4.095	4.105	4.115	4.125
490	4.134	4.144	4.154	4.164	4.174	4.184	4.194	4.204	4.213	4.223
500	4.233	4.243	4.253	4.263	4.273	4.283	4.293	4.303	4.313	4.323
510	4.332	4.342	4.352	4.362	4.372	4.382	4.392	4.402	4.412	4.422
520	4.432	4.442	4.452	4.462	4.472	4.482	4..492	4.502	4.512	4.522
530	4.532	4.542	4.552	4.562	4.572	4.582	4..592	4.602	4.612	4.622
540	4.632	4.642	4.652	4.662	4.672	4.682	4.692	4.702	4.712	4.722

续表

t/℃	0	1	2	3	4	5	6	7	8	9
					E/mV					
550	4.732	4.742	4.752	4.762	4.772	4.782	4.793	4.803	4.813	4.823
560	4.833	4.843	4.853	4.863	4.873	4.883	4.893	4.904	4.914	4.924
570	4.934	4.944	4.954	4.964	4.974	4.984	4.995	5.005	5.015	5.025
580	5.035	5.045	5.055	5.066	5.076	5.086	5.096	5.106	5.116	5.127
590	5.137	5.147	5.157	5.167	5.178	5.188	5.198	5.208	5.218	5.228
600	5.239	5.249	5.259	5.269	5.280	5.290	5.300	5.310	5.320	5.331
610	5.341	5.351	5.361	5.372	5.382	5.392	5.402	5.413	5.423	5.433
620	5.443	5.454	5.464	5.474	5.485	5.495	5.505	5.515	5.526	5.536
630	5.546	5.557	5.567	5.577	5.588	5.598	5.608	5.618	5.629	5.639
640	5.649	5.660	5.670	5.680	5.691	5.701	5.712	5.722	5.732	5.743
650	5.753	5.763	5.774	5.784	5.794	5.805	5.815	5.826	5.836	5.846
660	5.857	5.867	5.878	5.888	5.898	5.909	5.919	5.930	5.940	5.950
670	5.961	5.971	5.982	5.992	6.003	6.013	6.024	6.034	6.044	6.055
680	6.065	6.076	6.086	6.097	6.107	6.118	6.128	6.139	6.149	6.160
690	6.170	6.181	6.191	6.202	6.212	6.223	6.233	6.244	6.254	6.265
700	6.275	6.286	6.296	6.307	6.317	6.328	6.338	6.349	6.360	6.370
710	6.381	6.391	6.402	6.412	6.423	6.434	6.444	6.455	6.465	6.476
720	6.486	6.497	6.508	6.518	6.529	6.539	6.550	6.561	6.571	6.582
730	6.593	6.603	6.614	6.624	6.635	6.646	6.656	6.667	6.678	6.688
740	6.699	6.710	6.720	6.731	6.742	6.752	6.763	6.774	6.784	6.795
750	6.806	6.817	6.827	6.838	6.849	6.859	6.870	6.881	6.892	6.902
760	6.913	6.924	6.934	6.945	6.956	6.967	6.977	6.988	6.999	7.010
770	7.020	7.031	7.042	7.053	7.064	7.074	7.085	7.096	7.107	7.117
780	7.128	7.139	7.150	7.161	7.172	7.182	7.193	7.204	7.215	7.226
790	7.236	7.247	7.258	7.269	7.280	7.291	7.302	7.312	7.323	7.334
800	7.345	7.356	7.367	7.378	7.388	7.399	7.410	7.421	7.432	7.443
810	7.454	7.465	7.476	7.487	7.497	7.508	7.519	7.530	7.541	7.552
820	7.563	7.574	7.585	7.596	7.607	7.618	7.629	7.640	7.651	7.662
830	7.673	7.684	7.695	7.706	7.717	7.728	7.739	7.750	7.761	7.772
840	7.783	7.794	7.805	7.816	7.827	7.838	7.849	7.860	7.871	7.882
850	7.893	7.904	7.915	7.926	7.937	7.948	7.959	7.970	7.981	7.992
860	8.003	8.014	8.026	8.037	8.048	8.059	8.070	8.081	8.092	8.103
870	8.114	8.125	8.137	8.148	8.159	8.170	8.181	8.192	8.203	8.214
880	8.226	8.237	8.248	8.259	8.270	8.281	8.293	8.304	8.315	8.326
890	8.337	8.348	8.360	8.371	8.382	8.393	8.404	8.416	8.427	8.438
900	8.449	8.460	8.472	8.483	8.494	8.505	8.517	8.528	8.539	8.550
910	8.562	8.573	8.584	8.595	8.607	8.618	8.629	8.640	8.652	8.663
920	8.674	8.685	8.697	8.708	8.719	8.731	8.742	8.753	8.765	8.776
930	8.787	8.798	8.810	8.821	8.832	8.844	8.855	8.866	8.878	8.889
940	8.900	8.912	8.923	8.935	8.946	8.957	8.969	8.980	8.991	9.003
950	9.014	9.025	9.037	9.048	9.060	9.071	9.082	9.094	9.105	9.117
960	9.128	9.139	9.151	9.162	9.174	9.185	9.197	9.208	9.219	9.231
970	9.242	9.254	9.265	9.277	9.288	9.300	9.311	9.323	9.334	9.345
980	9.357	9.368	9.380	9.391	9.403	9.414	9.426	9.437	9.449	9.460
990	9.472	9.483	9.495	9.506	9.518	9.529	9.541	9.552	9.564	9.576
1000	9.587	9.599	9.610	9.622	9.633	9.645	9.656	9.668	9.680	9.691
1010	9.703	9.714	9.726	9.737	9.749	9.761	9.772	9.784	9.795	9.807
1020	9.819	9.830	9.842	9.853	9.865	9.877	9.888	9.900	9.911	9.923
1030	9.935	9.946	9.958	9.970	9.981	9.993	10.005	10.016	10.028	10.040
1040	10.051	10.063	10.075	10.086	10.098	10.110	10.121	10.133	10.145	10.156

续表

t/℃	0	1	2	3	4	5	6	7	8	9
					E/mV					
1050	10.168	10.180	10.191	10.203	10.215	10.227	10.238	10.250	10.262	10.273
1060	10.285	10.297	10.309	10.320	10.332	10.344	10.356	10.367	10.379	10.391
1070	10.403	10.414	10.426	10.438	10.450	10.461	10.473	10.485	10.497	10.509
1080	10.520	10.532	10.544	10.556	10.567	10.579	10.591	10.603	10.615	10.626
1090	10.638	10.650	10.662	10.674	10.686	10.697	10.709	10.721	10.733	10.745
1100	10.757	10.768	10.780	10.792	10.804	10.816	10.828	10.839	10.851	10.863
1110	10.875	10.887	10.899	10.911	10.922	10.934	10.946	10.958	10.970	10.982
1120	10.994	11.006	11.017	11.029	11.041	11.053	11.065	11.077	11.089	11.101
1130	11.113	11.125	11.136	11.148	11.160	11.172	11.184	11.196	11.208	11.220
1140	11.232	11.244	11.256	11.268	11.280	11.291	11.303	11.315	11.327	11.339
1150	11.351	11.363	11.375	11.387	11.399	11.411	11.423	11.435	11.447	11.459
1160	11.471	11.483	11.495	11.507	11.519	11.531	11.542	11.554	11.566	11.578
1170	11.590	11.602	11.614	11.626	11.638	11.650	11.662	11.674	11.686	11.698
1180	11.710	11.722	11.734	11.746	11.758	11.770	11.782	11.794	11.806	11.818
1190	11.830	11.842	11.854	11.866	11.878	11.890	11.902	11.914	11.926	11.939
1200	11.951	11.963	11.975	11.987	11.999	12.011	12.023	12.035	12.047	12.059
1210	12.071	12.083	12.095	12.107	12.119	12.131	12,143	12.155	12.167	12.179
1220	12.191	12.203	12.216	12.228	12.240	12.252	12.264	12.276	12.288	12.300
1230	12.312	12.324	12.336	12.348	12.360	12.372	12.384	12.397	12.409	12.421
1240	12.433	12.445	12.457	12.469	12.481	12.493	12.505	12.517	12.529	12.542
1250	12.554	12.566	12.578	12.590	12.602	12.614	12.626	12.638	12.650	12.662
1260	12.675	12.687	12.699	12.711	12.723	12.735	12.747	12.759	12.771	12.783
1270	12.796	12.808	12.820	12.832	12.844	12.856	12.868	12.880	12.892	12.905
1280	12.917	12.929	12.941	12.953	12.965	12.977	12.989	13.001	13.014	13.026
1290	13.038	13.050	13.062	13.074	13.086	13.098	13.111	13.123	13.135	13.147
1300	13.159	13.171	13.183	13.195	13.208	13.220	13.232	13.244	13.256	13.268
1310	13.280	13.292	13.305	13.317	13.329	13.341	13.353	13.365	13.377	13.390
1320	13.402	13.414	13.426	13.438	13.450	13.462	13.474	13.487	13.499	13.511
1330	13.523	13.535	13.547	13.559	13.572	13.584	13.596	13.608	13.620	13.632
1340	13.644	13.657	13.669	13.681	13.693	13.705	13.717	13.729	13.742	13.754
1350	13.766	13.778	13.790	13.802	13.814	13.826	13.839	13.851	13.863	13.875
1360	13.887	13.899	13.911	13.924	13.936	13.948	13.960	13.972	13.984	13.996
1370	14.009	14.021	14.033	14.045	14.057	14.069	14.081	14.094	14.106	14.118
1380	14.130	14.142	14.154	14.166	14.178	14.191	14.203	14.215	14.227	14.239
1390	14.251	14.263	14.276	14.288	14.300	14.312	14.324	14.336	14.348	14.360
1400	14.373	14.385	14.397	14.409	14.421	14.433	14.445	14.457	14.470	14.482
1410	14.494	14.506	14.518	14.530	14.542	14.554	14.567	14.579	14.591	14.603
1420	14.615	14.627	14.639	14.651	14.664	14.676	14.688	14.700	14.712	14.724
1430	14.736	14.748	14.760	14.773	14.785	14.797	14.809	14.821	14.833	14.845
1440	14.857	14.869	14.881	14.894	14.906	14.918	14.930	14.942	14.954	14.966
1450	14.978	14.990	15.002	15.015	15.027	15.039	15.051	15.063	15.075	15.087
1460	15.099	15.111	15.123	15.135	15.148	15.160	15.172	15.184	15.196	15.208
1470	15.220	15.232	15.244	15.256	15.268	15.280	15.292	15.304	15.317	15.329
1480	15.341	15.353	15.365	15.377	15.389	15.401	15.413	15.425	15.437	15.449
1490	15.461	15.473	15.485	15.497	15.509	15.521	15.534	15.546	15.558	15.570

附表 1-2　镍铬-镍硅热电偶（K 型）分度表　　参考温度：0℃

t/℃	0	−1	−2	−3	−4	−5	−6	−7	−8	−9
					E/mV					
−90	−3.243	−3.274	−3.306	−3.337	−3.368	−3.400	−3.431	−3.462	−3.492	−3.523
−80	−2.920	−2.953	−2.986	−3.018	−3.050	−3.083	−3.115	−3.147	−3.179	−3.211
−70	−2.587	−2.620	−2.654	−2.688	−2.721	−2.755	−2.788	−2.821	−2.854	−2.887
−60	−2.243	−2.278	−2.312	−2.347	−2.382	−2.416	−2.450	−2.485	−2.519	−2.553
−50	−1.889	−1.925	−1.961	−1.996	−2.032	−2.067	−2.103	−2.138	−2.173	−2.208
−40	−1.527	−1.564	−1.600	−1.637	−1.673	−1.709	−1.745	−1.782	−1.818	−1.854
−30	−1.156	−1.194	−1.231	−1.268	−1.305	−1.343	−1.380	−1.417	−1.453	−1.490
−20	−0.778	−0.816	−0.854	−0.892	−0.930	−0.968	−1.006	−1.043	−1.081	−1.119
−10	−0.392	−0.431	−0.470	−0.508	−0.574	−0.586	−0.624	−0.663	−0.701	−0.739
0	0.000	−0.039	−0.079	−0.118	−0.157	−0.197	−0.236	−0.275	0.314	−0.353

t/℃	0	1	2	3	4	5	6	7	8	9
					E/mV					
0	0.000	0.039	0.079	0.119	0.158	0.198	0.238	0.277	0.317	0.357
10	0.397	0.437	0.477	0.517	0.557	0.597	0.637	0.677	0.718	0.758
20	0.798	0.838	0.879	0.919	0.960	1.000	1.041	1.081	1.122	1.163
30	1.203	1.244	1.285	1.326	1.366	1.407	1.448	1.489	1.530	1.571
40	1.612	1.653	1.694	1.735	1.776	1.817	1.858	1.899	1.941	1.982
50	2.023	2.064	2.106	2.147	2.188	2.230	2.271	2.312	2.354	2.395
60	2.436	2.478	2.519	2.561	2.602	2.644	2.685	2.727	2.768	2.810
70	2.851	2.893	2.934	2.976	3.017	3.059	3.100	3.142	3.184	3.225
80	3.267	3.308	3.350	3.391	3.433	3.474	3.516	3.557	3.599	3.640
90	3.682	3.723	3.765	3.806	3.848	3.889	3.931	3.972	4.013	4.055
100	4.096	4.138	4.179	4.220	4.262	4.303	4.344	4.385	4.427	4.468
110	4.509	4.550	4.591	4.633	4.674	4.715	4.756	4.797	4.838	4.879
120	4.920	4.961	5.002	5.043	5.084	5.124	5.165	5.206	5.247	5.288
130	5.328	5.369	5.410	5.450	5.491	5.532	5.572	5.613	5.653	5.694
140	5.735	5.775	5.815	5.856	5.896	5.937	5.977	6.017	6.058	6.098
150	6.138	6.179	6.219	6.259	6.299	6.339	6.380	6.420	6.460	6.500
160	6.540	6.580	6.620	6.660	6.701	6.741	6.781	6.821	6.861	6.901
170	6.941	6.981	7.021	7.060	7.100	7.140	7.180	7.220	7.260	7.300
180	7.340	7.380	7.420	7.460	7.500	7.540	7.579	7.619	7.659	7.699
190	7.739	7.779	7.819	7.859	7.899	7.939	7.979	8.019	8.059	8.099
200	8.138	8.178	8.218	8.258	8.298	8.338	8.378	8.418	8.458	8.499
210	8.539	8.579	8.619	8.659	8.699	8.739	8.779	8.819	8.860	8.900
220	8.940	8.980	9.020	9.061	9.101	9.141	9.181	9.222	9.262	9.302
230	9.343	9.383	9.423	9.464	9.504	9.545	9.585	9.626	9.666	9.707
240	9.747	9.788	9.828	9.869	9.909	9.950	9.991	10.031	10.072	10.113
250	10.153	10.194	10.235	10.276	10.316	10.357	10.398	10.439	10.480	10.520
260	10.561	10.602	10.643	10.684	10.725	10.766	10.807	10.848	10.889	10.930
270	10.971	11.012	11.053	11.094	11.135	11.176	11.217	11.259	11.300	11.341
280	11.382	11.423	11.465	11.506	11.547	11.588	11.630	11.671	11.712	11.753
290	11.795	11.836	11.877	11.919	11.960	12.001	12.043	12.084	12.126	12.167
300	12.209	12.250	12.291	12.333	12.374	12.416	12.457	12.499	12.540	12.582
310	12.624	12.665	12.707	12.748	12.790	12.831	12.873	12.915	12.956	12.998
320	13.040	13.081	13.123	13.165	13.206	13.248	13.290	13.331	13.373	13.415
330	13.457	13.498	13.540	13.582	13.624	13.665	13.707	13.749	13.791	13.833
340	13.874	13.916	13.958	14.000	14.042	14.084	14.126	14.167	14.209	14.251

续表

t/℃	0	1	2	3	4	5	6	7	8	9
					E/mV					
350	14.293	14.335	14.377	14.419	14.461	14.503	14.545	14.587	14.629	14.671
360	14.713	14.755	14.797	14.839	14.881	14.923	14.965	15.007	15.049	15.091
370	15.133	15.175	15.217	15.259	15.301	15.343	15.385	15.427	15.469	15.511
380	15.554	15.596	15.638	15.680	15.722	15.764	15.806	15.849	15.891	15.933
390	15.975	16.017	16.059	16.102	16.144	16.186	16.228	16.270	16.313	16.355
400	16.397	16.439	16.482	16.524	16.566	16.608	16.651	16.693	16.735	16.778
410	16.820	16.862	16.904	16.947	16.989	17.031	17.074	17.116	17.158	17.201
420	17.243	17.285	17.328	17.370	17.413	17.455	17.497	17.540	17.582	17.624
430	17.667	17.709	17.752	17.794	17.837	17.879	17.921	17.964	18.006	18.049
440	18.091	18.134	18.176	18.218	18.261	18.303	18.346	18.388	18.431	18.473
450	18.516	18.558	18.601	18.643	18.686	18.728	18.771	18.813	18.856	18.898
460	18.941	18.983	19.026	19.068	19.111	19.154	19.196	19.239	19.281	19.324
470	19.366	19.409	19.451	19.494	19.537	19.579	19.622	19.664	19.707	19.705
480	19.792	19.835	19.877	19.920	19.962	20.005	20.048	20.090	20.133	20.175
490	20.218	20.261	20.303	20.346	20.389	20.431	20.474	20.516	20.559	20.602
500	20.644	20.687	20.730	20.772	20.815	20.857	20.900	20.943	20.985	21.028
510	21.071	21.113	21.156	21.199	21.241	21.284	21.326	21.369	21.412	21.454
520	21.497	21.540	21.582	21.625	21.668	21.710	21.753	21.796	21.838	21.881
530	21.924	21.966	22.009	22.052	22.094	22.137	22.179	22.222	22.265	22.307
540	22.350	22.393	22.435	22.478	22.521	22.563	22.606	22.649	22.691	22.734
550	22.776	22.819	22.862	22.904	22.947	22.990	23.032	23.075	23.117	23.160
560	23.203	23.245	23.288	23.331	23.373	23.416	23.458	23.501	23.544	23.586
570	23.629	23.671	23.714	23.757	23.799	23.842	23.884	23.927	23.970	24.012
580	24.055	24.097	24.140	24.182	24.225	24.267	24.310	24.353	24.395	24.438
590	24.480	24.523	24.565	24.608	24.650	24.693	24.735	24.778	24.820	24.863
600	24.905	24.948	24.990	25.033	25.075	25.118	25.160	25.203	25.245	25.288
610	25.330	25.373	25.415	25.458	25.500	25.543	25.585	25.627	25.670	25.712
620	25.755	25.797	25.840	25.882	25.924	25.967	26.009	26.052	26.094	26.136
630	26.179	26.221	26.263	26.306	26.348	26.390	26.433	26.475	26.517	26.560
640	26.602	26.644	26.687	26.729	26.771	26.814	26.856	26.898	26.940	26.983
650	27.025	27.067	27.109	27.152	27.194	27.236	27.278	27.320	27.363	27.405
660	27.447	27.489	27.531	27.574	27.616	27.658	27.700	27.742	27.784	27.826
670	27.869	27.911	27.953	27.995	28.037	28.079	28.121	28.163	28.205	28.247
680	28.289	28.332	28.374	28.416	28.458	28.500	28.542	28.584	28.626	28.668
690	28.710	28.752	28.794	28.835	28.877	28.919	28.961	29.003	29.045	29.087
700	29.129	29.171	29.213	29.255	29.297	29.338	29.380	29.422	29.464	29.506
710	29.548	29.589	29.631	29.673	29.715	29.757	29.798	29.840	29.882	29.924
720	29.965	30.007	30.049	30.090	30.132	30.174	30.216	30.257	30.299	30.341
730	30.382	30.424	30.466	30.507	30.549	30.590	30.632	30.674	30.715	30.757
740	30.798	30.840	30.881	30.923	30.964	31.006	31.047	31.089	31.130	31.172
750	31.213	31.255	31.296	31.338	31.379	31.421	31.462	31.504	31.545	31.586
760	31.628	31.669	31.710	31.752	31.793	31.834	31.876	31.917	31.958	32.000
770	32.041	32.082	32.124	32.165	32.206	32.247	32.289	32.330	32.371	32.412
780	32.453	32.495	32.536	32.577	32.618	32.659	32.700	32.742	32.783	32.824
790	32.865	32.906	32.947	32.988	33.029	33.070	33.111	33.152	33.193	33.234
800	33.275	33.316	33.357	33.398	33.439	33.480	33.521	33.562	33.603	33.644
810	33.685	33.726	33.767	33.808	33.848	33.889	33.930	33.971	34.012	34.053
820	34.093	34.134	34.175	34.216	34.257	34.297	34.338	34.379	34.420	34.460
830	34.501	34.542	34.582	34.623	34.664	34.704	34.745	34.786	34.826	34.867
840	34.908	34.948	34.989	35.029	35.070	35.110	35.151	35.192	35.232	35.273

续表

t/℃	0	1	2	3	4	5	6	7	8	9
					E/mV					
850	35.313	35.354	35.394	35.435	35.475	35.516	35.556	35.596	35.637	35.677
860	35.718	35.758	35.798	35.839	35.879	35.920	35.960	36.000	36.041	36.081
870	36.121	36.162	36.202	36.242	36.282	36.323	36.363	36.403	36.443	36.484
880	36.524	36.564	36.604	36.644	36.685	36.725	36.765	36.805	36.845	36.885
890	36.925	36.965	37.006	37.046	37.086	37.126	37.166	37.206	37.246	37.286
900	37.326	37.366	37.406	37.446	37.486	37.526	37.566	37.606	37.646	37.686
910	37.725	37.765	37.805	37.845	37.885	37.925	37.965	38.005	38.044	38.084
920	38.124	38.164	38.204	38.243	38.283	38.323	38.363	38.402	38.442	38.482
930	38.522	38.561	38.601	38.641	38.680	38.720	38.760	38.799	38.839	38.878
940	38.918	38.958	38.997	39.037	39.076	39.116	39.155	39.195	39.235	39.274
950	39.314	39.353	39.393	39.432	39.471	39.511	39.550	39.590	39.629	39.669
960	39.708	39.747	39.787	39.826	39.866	39.905	39.944	39.984	40.023	40.062
970	40.101	40.141	40.180	40.219	40.259	40.298	40.337	40.376	40.415	40.455
980	40.494	40.533	40.572	40.611	40.651	40.690	40.729	40.768	40.807	40.846
990	40.885	40.924	40.963	41.002	41.042	41.081	41.120	41.159	41.198	41.237
1000	41.276	41.315	41.354	41.393	41.431	41.470	41.509	41.548	41.587	41.626
1010	41.665	41.704	41.743	41.781	41.820	41.859	41.898	41.937	41.976	42.014
1020	42.053	42.092	42.131	42.169	42.208	42.247	42.286	42.324	42.363	42.402
1030	42.440	42.479	42.518	42.556	42.595	42.633	42.672	42.711	42.749	42.788
1040	42.826	42.865	42.903	42.942	42.980	43.019	43.057	43.096	43.134	43.173
1050	43.211	43.250	43.288	43.327	43.365	43.403	43.442	43.480	43.518	43.557
1060	43.595	43.633	43.672	43.710	43.748	43.787	43.825	43.863	43.901	43.940
1070	43.978	44.016	44.054	44.092	44.130	44.169	44.207	44.245	44.283	44.321
1080	44.359	44.397	44.435	44.473	44.512	44.550	44.588	44.626	44.664	44.702
1090	44.740	44.778	44.816	44.853	44.891	44.929	44.967	45.005	45.043	45.081
1100	45.119	45.157	45.194	45.232	45.270	45.308	45.346	45.383	45.421	45.459
1110	45.497	45.534	45.572	45.610	45.647	45.685	45.723	45.760	45.798	45.836
1120	45.873	45.911	45.948	45.986	46.024	46.061	46.099	46.136	46.174	46.211
1130	46.249	46.286	46.324	46.361	46.398	46.436	46.473	46.511	46.548	46.585
1140	46.623	46.660	46.697	46.735	46.772	46.809	46.847	46.884	46.921	46.958
1150	46.995	47.033	47.070	47.107	47.144	47.181	47.218	47.256	47.293	47.330
1160	47.367	47.404	47.441	47.478	47.515	47.552	47.589	47.626	47.663	47.700
1170	47.737	47.774	47.811	47.848	47.884	47.921	47.958	47.995	48.032	48.069
1180	48.105	48.142	48.179	48.216	48.252	48.289	48.326	48.363	48.399	48.436
1190	48.473	48.509	48.546	48.582	48.619	48.656	48.692	48.729	48.765	48.802

附表 1-3　镍铬-铜镍合金（康铜）热电偶（E 型）分度表　　参考温度：0℃

t/℃	0	−1	−2	−3	−4	−5	−6	−7	−8	−9
					E/mV					
−90	−4.777	−4.824	−4.871	−4.917	−4.963	−5.009	−5.055	−5.101	−5.147	−5.192
−80	−4.302	−4.350	−4.398	−4.446	−4.494	−4.542	−4.589	−4.636	−4.684	−4.731
−70	−3.811	−3.861	−3.911	−3.960	−4.009	−4.058	−4.107	−4.156	−4.205	−4.254
−60	−3.306	−3.357	−3.408	−3.459	−3.510	−3.561	−3.611	−3.661	−3.711	−3.761
−50	−2.787	−2.840	−2.892	−2.944	−2.996	−3.048	−3.100	−3.152	−3.204	−3.255
−40	−2.255	−2.309	−2.362	−2.416	−2.469	−2.523	−2.576	−2.629	−2.682	−2.735
−30	−1.709	−1.765	−1.820	−1.874	−1.929	−1.984	−2.038	−2.093	−2.147	−2.201
−20	−1.152	−1.208	−1.264	−1.320	−1.376	−1.432	−1.488	−1.543	−1.599	−1.654
−10	−0.582	−0.639	−0.697	−0.754	−0.811	−0.868	−0.925	−0.982	−1.039	−1.095
0	0.000	−0.059	−0.117	−0.176	−0.234	−0.292	−0.350	−0.408	−0.466	−0.524

续表

t/℃	0	1	2	3	4	5	6	7	8	9
					E/mV					
0	0.000	0.059	0.118	0.176	0.235	0.294	0.354	0.413	0.472	0.532
10	0.591	0.651	0.711	0.770	0.830	0.890	0.950	1.010	1.071	1.131
20	1.192	1.252	1.313	1.373	1.434	1.495	1.556	1.617	1.678	1.740
30	1.801	1.862	1.924	1.986	2.047	2.109	2.171	2.233	2.295	2.357
40	2.420	2.482	2.545	2.607	2.670	2.733	2.795	2.858	2.921	2.984
50	3.048	3.111	3.174	3.238	3.301	3.365	3.429	3.492	3.556	3.620
60	3.685	3.749	3.813	3.877	3.942	4.006	4.071	4.136	4.200	4.265
70	4.330	4.395	4.460	4.526	4.591	4.656	4.722	4.788	4.853	4.919
80	4.985	5.051	5.117	5.183	5.249	5.315	5.382	5.448	5.514	5.581
90	5.648	5.714	5.781	5.848	5.915	5.982	6.049	6.117	6.184	6.251
100	6.319	6.386	6.454	6.522	6.590	6.658	6.725	6.794	6.862	6.930
110	6.998	7.066	7.135	7.203	7.272	7.341	7.409	7.478	7.547	7.616
120	7.685	7.754	7.823	7.892	7.962	8.031	8.101	8.170	8.240	8.309
130	8.379	8.449	8.519	8.589	8.659	8.729	8.799	8.869	8.940	9.010
140	9.081	9.151	9.222	9.292	9.363	9.434	9.505	9.576	9.647	9.718
150	9.789	9.860	9.931	10.003	10.074	10.145	10.217	10.288	10.360	10.432
160	10.503	10.575	10.647	10.719	10.791	10.863	10.935	11.007	11.080	11.152
170	11.224	11.297	11.369	11.442	11.514	11.587	11.660	11.733	11.805	11.878
180	11.951	12.024	12.097	12.170	12.243	12.317	12.390	12.463	12.537	12.610
190	12.684	12.757	12.831	12.904	12.978	13.052	13.126	13.199	13.273	13.347
200	13.421	13.495	13.569	13.644	13.718	13.792	13.866	13.941	14.015	14.090
210	14.164	14.239	14.313	14.388	14.463	14.537	14.612	14.687	14.762	14.837
220	14.912	14.987	15.062	15.137	15.212	15.287	15.362	15.438	15.513	15.588
230	15.664	15.739	15.815	15.890	15.966	16.041	16.117	16.193	16.269	16.344
240	16.420	16.496	16.572	16.648	16.724	16.800	16.876	16.952	17.028	17.104
250	17.181	17.257	17.333	17.409	17.486	17.562	17.639	17.715	17.792	17.868
260	17.945	18.021	18.098	18.175	18.252	18.328	18.405	18.482	18.559	18.636
270	18.713	18.790	18.867	18.944	19.021	19.098	19.175	19.252	19.330	19.407
280	19.484	19.561	19.639	19.716	19.794	19.871	19.948	20.026	20.103	20.181
290	20.259	20.336	20.414	20.492	20.569	20.647	20.725	20.803	20.880	20.958
300	21.036	21.114	21.192	21.270	21.348	21.426	21.504	21.582	21.660	21.739
310	21.817	21.895	21.973	22.051	22.130	22.208	22.286	22.365	22.443	22.522
320	22.600	22.678	22.757	22.835	22.914	22.993	23.071	23.150	23.228	23.307
330	23.386	23.464	23.543	23.622	23.701	23.780	23.858	23.937	24.016	24.095
340	24.174	24.253	24.332	24.411	24.490	24.569	24.648	24.727	24.806	24.885
350	24.964	25.044	25.123	25.202	25.281	25.360	25.440	25.519	25.598	25.678
360	25.757	25.836	25.916	25.995	26.075	26.154	26.233	26.313	26.392	26.472
370	26.552	26.631	26.711	26.790	26.870	26.950	27.029	27.109	27.189	27.268
380	27.348	27.428	27.507	27.587	27.667	27.747	27.827	27.907	27.986	28.066
390	28.146	28.226	28.306	28.386	28.466	28.546	28.626	28.706	28.786	28.866
400	28.946	29.026	29.106	29.186	29.266	29.346	29.427	29.507	29.587	29.667
410	29.747	29.827	29.908	29.988	30.068	30.148	30.229	30.309	30.389	30.470
420	30.550	30.630	30.711	30.791	30.871	30.952	31.032	31.112	31.193	31.273
430	31.354	31.434	31.515	31.595	31.676	31.756	31.837	31.917	31.998	32.078
440	32.159	32.239	32.320	32.400	32.481	32.562	32.642	32.723	32.803	32.884

续表

t/℃	0	1	2	3	4	5	6	7	8	9
					E/mV					
450	32.965	33.045	33.126	33.207	33.287	33.368	33.449	33.529	33.610	33.691
460	33.772	33.852	33.933	34.014	34.095	34.175	34.256	34.337	34.418	34.498
470	34.579	34.660	34.741	34.822	34.902	34.983	35.064	35.145	35.226	35.307
480	35.387	35.468	35.549	35.630	35.711	35.792	35.873	35.954	36.034	36.115
490	36.196	36.277	36.358	36.439	36.520	36.601	36.682	36.763	36.843	36.924
500	37.005	37.086	37.167	37.248	37.329	37.410	37.491	37.572	37.653	37.734
510	37.815	37.896	37.977	38.058	38.139	38.220	38.300	38.381	38.462	38.543
520	38.624	38.705	38.786	38.867	38.948	39.029	39.110	39.191	39.272	39.353
530	39.434	39.515	39.596	39.677	39.758	39.839	39.920	40.001	40.082	40.163
540	40.243	40.324	40.405	40.486	40.567	40.648	40.729	40.810	40.891	40.972
550	41.053	41.134	41.215	41.296	41.377	41.457	41.538	41.619	41.700	41.781
560	41.862	41.943	42.024	42.105	42.185	42.266	42.347	42.428	42.509	42.590
570	42.671	42.751	42.832	42.913	42.994	43.075	43.156	43.236	43.317	43.398
580	43.479	43.560	43.640	43.721	43.802	43.883	43.963	44.044	44.125	44.206
590	44.286	44.367	44.448	44.529	44.609	44.690	44.771	44.851	44.932	45.013
600	45.093	45.174	45.255	45.335	45.416	45.497	45.577	45.658	45.738	45.819
610	45.900	45.980	46.061	46.141	46.222	46.302	46.383	46.463	46,544	46.624
620	46.705	46.785	46.866	46.946	47.027	47.107	47.188	47.268	47.349	47.429
630	47.509	47.590	47.670	47.751	47.831	47.911	47.992	48.072	48.152	48.233
640	48.313	48.393	48.474	48.554	48.634	48.715	48.795	48.875	48.955	49.035
650	49.116	49.196	49.276	49.356	49.436	49.517	49.597	49.677	49.757	49.837
660	49.917	49.997	50.077	50.157	50.238	50.318	50.398	50.478	50.558	50.638
670	50.718	50.798	50.878	50.958	51.038	51.118	51.197	51.277	51.357	51.437
680	51.517	51.597	51.677	51.757	51.837	51.916	51.996	52.076	52.156	52.236
690	52.315	52.395	52.475	52.555	52.634	52.714	52.794	52.873	52.953	53.033

附表 1-4 工业用铂电阻温度计（Pt100）分度表 $R_0=100.00\Omega$

t/℃	0	−1	−2	−3	−4	−5	−6	−7	−8	−9
					R/Ω					
−140	43.88	43.46	43.05	42.63	42.22	41.80	41.39	40.97	40.56	40.14
−130	48.00	47.59	47.18	46.77	46.36	45.94	45.53	45.12	44.70	44.29
−120	52.11	51.70	51.29	50.88	50.47	50.06	49.65	49.24	48.83	48.42
−110	56.19	55.79	55.38	54.97	54.56	54.15	53.75	53.34	52.93	52.52
−100	60.26	59.85	59.44	59.04	58.63	58.23	57.82	57.41	57.01	56.60
−90	64.30	63.90	63.49	63.09	62.68	62.28	61.88	61.47	61.07	60.66
−80	68.33	67.92	67.52	67.12	66.72	66.31	65.91	65.51	65.11	64.70
−70	72.33	71.93	71.53	71.13	70.73	70.33	69.93	69.53	69.13	68.73
−60	76.33	75.93	75.53	75.13	74.73	74.33	73.93	73.53	73.13	72.73
−50	80.31	79.91	70.51	79.11	78.72	78.32	77.92	77.52	77.12	76.73
−40	84.27	83.87	83.48	83.08	82.69	82.29	81.89	81.50	81.10	80.70
−30	88.22	87.83	87.43	87.04	86.64	86.25	85.85	85.46	85.06	84.67
−20	92.16	91.77	91.37	90.98	90.59	90.19	89.80	89.40	89.01	88.62
−10	96.09	95.69	95.30	94.91	94.52	94.12	93.73	93.34	92.95	92.55
0	100.00	99.61	99.22	98.83	98.44	98.04	97.65	97.26	96.87	96.48

t/℃	0	1	2	3	4	5	6	7	8	9
0	100.00	100.39	100.78	101.17	101.56	101.95	102.34	102.73	103.12	103.51
10	103.90	104.29	104.68	105.07	105.46	105.85	106.24	106.63	107.02	107.40
20	107.79	108.18	108.57	108.96	109.35	109.73	110.12	110.51	110.90	111.29
30	111.67	112.06	112.45	112.83	113.22	113.61	114.00	114.38	114.77	115.15
40	115.54	115.93	116.31	116.70	117.08	117.47	117.86	118.24	118.63	119.01

续表

t/℃	0	1	2	3	4	5	6	7	8	9
					R/Ω					
50	119.40	119.78	120.17	120.55	120.94	121.32	121.71	122.09	122.47	122.86
60	123.24	123.63	124.01	124.39	124.78	125.16	125.54	125.93	126.31	126.69
70	127.08	127.46	127.84	128.22	128.61	128.99	129.37	129.75	130.13	130.52
80	130.90	131.28	131.66	132.04	132.42	132.80	133.18	133.57	133.95	134.33
90	134.71	135.09	135.47	135.85	136.23	136.61	136.99	137.37	137.75	138.13
100	138.51	138.88	139.26	139.64	140.02	140.40	140.78	141.16	141.54	141.91
110	142.29	142.67	143.05	143.43	143.80	144.18	144.56	144.94	145.31	145.69
120	146.07	146.44	146.82	147.20	147.57	147.95	148.33	148.70	149.08	149.46
130	149.83	150.21	150.58	150.96	151.33	151.71	152.08	152.46	152.83	153.21
140	153.58	153.96	154.33	154.71	155.08	155.46	155.83	156.20	156.58	156.95
150	157.33	157.70	158.07	158.45	158.82	159.19	159.56	159.94	160.31	160.68
160	161.05	161.43	161.80	162.17	162.54	162.91	163.29	163.66	164.03	164.40
170	164.77	165.14	165.51	165.89	166.26	166.63	167.00	167.37	167.74	168.11
180	168.48	168.85	169.22	169.59	169.96	170.33	170.70	171.07	171.43	171.80
190	172.17	172.54	172.91	173.28	173.65	174.02	174.38	174.75	175.12	175.49
200	175.86	176.22	176.59	176.96	177.33	177.69	178.06	178.43	178.79	179.16
210	179.53	179.89	180.26	180.63	180.99	181.36	181.72	182.09	182.46	182.82
220	183.19	183.55	183.92	184.28	184.65	185.01	185.38	185.74	186.11	186.47
230	186.84	187.20	187.56	187.93	188.29	188.66	189.02	189.38	189.75	190.11
240	190.47	190.84	191.20	191.56	191.92	192.29	192.65	193.01	193.37	193.74
250	194.10	194.46	194.82	195.18	195.55	195.91	196.27	196.63	196.99	197.35
260	197.71	198.07	198.43	198.79	199.15	199.51	199.87	200.23	200.59	200.95
270	201.31	201.67	202.03	202.39	202.75	203.11	203.47	203.83	204.19	204.55
280	204.90	205.26	205.62	205.98	206.34	206.70	207.05	207.41	207.77	208.13
290	208.48	208.84	209.20	209.56	209.91	210.27	210.63	210.98	211.34	211.70
300	212.05	212.41	212.76	213.12	213.48	213.83	214.19	214.54	214.90	215.25
310	215.61	215.96	216.32	216.67	217.03	217.38	217.74	218.09	218.44	218.80
320	219.15	219.51	219.86	220.21	220.57	220.92	221.27	221.63	221.98	222.33
330	222.68	223.04	223.39	223.74	224.09	224.45	224.80	225.15	225.50	225.85
340	226.21	226.56	226.91	227.26	227.61	227.96	228.31	228.66	229.02	229.37
350	229.72	230.07	230.42	230.77	231.12	231.47	231.82	232.17	232.52	232.87
360	233.21	233.56	233.91	234.26	234.61	234.96	235.31	235.66	236.00	236.35
370	236.70	237.05	237.40	237.74	238.09	238.44	238.79	239.13	239.48	239.83
380	240.18	240.52	240.87	241.22	241.56	241.91	242.26	242.60	242.95	243.29
390	243.64	243.99	244.33	244.68	245.02	245.37	245.71	246.06	246.40	246.75
400	247.09	247.44	247.78	248.13	248.47	248.81	249.16	249.50	249.85	250.19
410	250.53	250.88	251.22	251.56	251.91	252.25	252.59	252.93	253.28	253.62
420	253.96	254.30	254.65	254.99	255.33	255.67	256.01	256.35	256.70	257.04
430	257.38	257.72	258.06	258.40	258.74	259.08	259.42	259.76	260.10	260.44
440	260.78	261.12	261.46	261.80	262.14	262.48	262.82	263.16	263.50	263.84
450	264.18	264.52	264.86	265.20	265.53	265.87	266.21	266.55	266.89	267.22
460	267.56	267.90	268.24	268.57	268.91	269.25	269.59	269.92	270.26	270.60
470	270.93	271.27	271.61	271.94	272.28	272.61	272.95	273.29	273.62	273.96
480	274.29	274.63	274.96	275.30	275.63	275.97	276.30	276.64	276.97	277.31
490	277.64	277.98	278.31	278.64	278.98	279.31	279.64	279.98	280.31	280.64

续表

t/℃	0	1	2	3	4	5	6	7	8	9
					R/Ω					
500	280.98	281.31	281.64	281.98	282.31	282.64	282.97	283.31	283.64	283.97
510	284.30	284.63	284.97	285.30	285.63	285.96	286.29	286.62	286.95	287.29
520	287.62	287.95	288.28	288.61	288.94	289.27	289.60	289.93	290.26	290.59
530	290.92	291.25	291.58	291.91	292.24	292.56	292.89	293.22	293.55	293.88
540	294.21	294.54	294.86	295.19	295.52	295.85	296.18	296.50	296.83	297.16
550	297.49	297.81	298.14	298.47	298.80	299.12	299.45	299.78	300.10	300.43
560	300.75	301.08	301.41	301.73	302.06	302.38	302.71	303.03	303.36	303.69
570	304.01	304.34	304.66	304.98	305.31	305.63	305.96	306.28	306.61	306.93
580	307.25	307.58	307.90	308.23	308.55	308.87	309.20	309.52	309.84	310.16
590	310.49	310.81	311.13	311.45	311.78	312.10	312.42	312.74	313.06	313.39
600	313.71	314.03	314.35	314.67	314.99	315.31	315.64	315.96	316.28	316.60
610	316.92	317.24	317.56	317.88	318.20	318.52	318.84	319.16	319.48	319.80
620	320.12	320.43	320.75	321.07	321.39	321.71	322.03	322.35	322.67	322.98
630	323.30	323.62	323.94	324.26	324.57	324.89	325.21	325.53	325.84	326.16
640	326.48	326.79	327.11	327.43	327.74	328.06	328.38	328.69	329.01	329.32
650	329.64	329.96	330.27	330.59	330.90	331.22	331.53	331.85	332.16	332.48
660	332.79	333.11	333.42	333.74	334.05	334.36	334.68	334.99	335.31	335.62
670	335.93	336.25	336.56	336.87	337.18	337.50	337.81	338.12	338.44	338.75
680	339.06	339.37	339.69	340.00	340.31	340.62	340.93	341.24	341.56	341.87
690	342.18	342.49	342.80	343.11	343.42	343.73	344.04	344.35	344.66	344.97

附表 1-5　铜电阻（Cu100）分度表　　$R_0=100.00\Omega$

t/℃	0	−1	−2	−3	−4	−5	−6	−7	−8	−9
					R/Ω					
−50	78.49									
−40	82.80	82.36	81.94	81.50	81.08	80.64	80.20	79.78	79.34	78.92
−30	87.10	86.68	86.24	85.38	85.38	84.95	84.54	84.10	83.66	83.22
−20	91.40	90.98	90.54	90.12	89.68	89.26	88.82	88.40	87.96	87.54
−10	95.70	95.28	94.84	94.42	93.98	93.56	93.12	92.70	92.26	91.84
0	100.00	99.56	99.14	98.70	98.28	97.84	97.42	97.00	96.56	96.14

t/℃	0	1	2	3	4	5	6	7	8	9
0	100.00	100.42	100.86	101.28	101.72	102.14	102.56	103.00	103.43	103.86
10	104.28	104.72	105.14	105.56	106.00	106.42	106.86	107.28	107.72	108.14
20	108.56	109.00	109.42	109.84	110.28	110.70	111.14	111.56	112.00	112.42
30	112.84	113.28	113.70	114.14	114.56	114.98	115.42	115.84	116.28	116.70
40	117.12	117.56	117.98	118.40	118.84	119.26	119.70	120.12	120.54	120.98
50	121.40	121.84	122.26	122.68	123.12	123.54	123.96	124.40	124.82	125.26
60	125.68	126.10	126.54	126.96	127.40	127.82	128.24	128.68	129.10	129.52
70	129.96	130.38	130.82	131.24	131.66	132.10	132.52	132.96	133.38	133.80
80	134.24	134.66	135.08	135.52	135.94	136.38	136.80	137.24	137.66	138.08
90	138.52	138.94	139.36	139.80	140.22	140.66	141.08	141.52	141.94	142.36
100	142.80	143.22	143.66	144.08	144.50	144.94	145.36	145.80	146.22	146.66
110	147.08	147.50	147.94	148.36	148.80	149.22	149.66	150.08	150.52	150.94
120	151.36	151.80	152.22	152.66	153.08	153.52	153.94	154.38	154.80	155.24
130	155.66	156.10	156.52	156.96	157.38	157.82	158.24	158.68	159.10	159.54
140	159.96	160.40	160.82	161.26	161.68	162.12	162.54	162.98	163.40	168.84
150	164.27									

附录二　主要热电偶的参考函数和逆函数

S 型、E 型热电偶的参考函数为

$$E=\sum_{i=0}^{n} c_i t_{90}^i$$

式中，E 为热电势，mV；t_{90}^i 为 IST-90 的摄氏度；c_i 为系数，由下表给出。

K 型热电偶的参考函数的形式为

$$E=\sum_{i=1}^{n} c_i t_{90}^i+\alpha_0 e^{\alpha_1 (t_{90}-126.9686)^2}$$

式中，α_0，α_1 为系数，当 $t_{90}^i \leqslant 0$℃时，$\alpha_0=\alpha_1=0$；在 0～1372℃温区内，$\alpha_0=-1.185976\times 10^{-1}$，$\alpha_1=-1.183432\times 10^{-4}$。

由 E 计算 t 的公式称为逆函数，S 型、K 型和 E 型热电偶的逆函数的数学形式均为

$$t_{90}=\sum_{i=0}^{n} c_i' E^i$$

式中，c_i' 为系数。

S 型、K 型和 E 型热电偶的参考函数和逆函数的系数 c_i 和 c_i' 见下列各附表。

附表 2-1　S 型热电偶参考函数的系数

-50～1064.18℃	1064.18～1664.5℃	1664.5～1768.1℃
$c_0=0.00000000000$	1.32900444085	$1.46628232636\times 10^{2}$
$c_1=5.40313308631\times 10^{-3}$	$3.34509311344\times 10^{-3}$	$-2.58430516752\times 10^{-1}$
$c_2=1.25934289740\times 10^{-5}$	$6.54805192818\times 10^{-6}$	$1.63693574641\times 10^{-4}$
$c_3=-2.32477968689\times 10^{-8}$	$-1.64856259209\times 10^{-9}$	$-3.30439046987\times 10^{-8}$
$c_4=3.22028823036\times 10^{-11}$	$1.29989605174\times 10^{-14}$	$-9.43223690612\times 10^{-15}$
$c_5=-3.31465196389\times 10^{-14}$	…	…
$c_6=2.55744251786\times 10^{-17}$	…	…
$c_7=-1.25068871393\times 10^{-20}$	…	…
$c_8=2.71443176145\times 10^{-24}$	…	…

附表 2-2　S 型热电偶参考函数逆函数的系数

温度范围	-50～250℃	250～1200℃	1064～1664.5℃	1664.5～1768.1℃
热电势范围	-0.235～1.874mV	1.874～11.950mV	10.332～17.536mV	17.536～18.693mV
$c_0=0.00000000$	1.291507177×10^{1}	$-8.087801117\times 10^{1}$	5.333875126×10^{4}	
$c_1=1.84949460\times 10^{2}$	1.466298863×10^{2}	1.621573104×10^{2}	$-1.235892298\times 10^{4}$	
$c_2=-8.00504062\times 10^{1}$	$-1.534713402\times 10^{1}$	-8.536869453…	1.092657613×10^{3}	
$c_3=1.02237430\times 10^{2}$	3.145945973…	$4.719686976\times 10^{-1}$	$-4.265693686\times 10^{1}$	
$c_4=-1.52248592\times 10^{2}$	$-4.163257839\times 10^{-1}$	$-1.441693666\times 10^{-2}$	$6.247205420\times 10^{-1}$	
$c_5=1.88821343\times 10^{2}$	$3.187963771\times 10^{-2}$	$2.081618890\times 10^{-4}$	…	
$c_6=-1.59085941\times 10^{2}$	$-1.291637500\times 10^{-3}$	…	…	
$c_7=8.23027880\times 10^{1}$	$2.183475087\times 10^{-5}$	…	…	
$c_8=-2.34181944\times 10^{1}$	$-1.447379511\times 10^{-7}$	…	…	
$c_9=2.79786260$…	$8.211272125\times 10^{-9}$	…	…	

附表 2-3 K型热电偶参考函数的系数

−270～0℃	0～1372℃	0～1372℃(指数项)
$c_0=0.0000000000\cdots$	$-1.7600413686\times10^{-2}$	$\alpha_0=-1.185976\times10^{-1}$
$c_1=3.9450128025\times10^{-2}$	$3.8921204975\times10^{-2}$	$\alpha_1=-1.183432\times10^{-4}$
$c_2=2.3622373598\times10^{-5}$	$1.8558770032\times10^{-5}$	…
$c_3=-3.2858906784\times10^{-7}$	$-9.9457592874\times10^{-8}$	…
$c_4=-4.9904828777\times10^{-9}$	$3.1840945719\times10^{-10}$	…
$c_5=-6.7509059173\times10^{-11}$	$-5.6072844889\times10^{-13}$	…
$c_6=-5.7410327428\times10^{-13}$	$5.6075059059\times10^{-16}$	…
$c_7=-3.1088872894\times10^{-15}$	$-3.2020720003\times10^{-19}$	…
$c_8=-1.0451609365\times10^{-17}$	$9.7151147152\times10^{-23}$	…
$c_9=-1.9889266878\times10^{-20}$	$-1.2104721275\times10^{-26}$	…
$c_{10}=-1.6322697486\times10^{-23}$	……	…

附表 2-4 K型热电偶参考函数逆函数的系数

温度范围	−200～0℃	0～500℃	500～1372℃
热电势范围	−5.891～0.0mV	0.0～20.644mV	20.644～54.886mV
	$c_0=0.0000000\cdots$	$0.0000000\cdots$	-1.318058×10^{2}
	$c_1=2.5173462\times10^{1}$	2.508355×10^{1}	4.830222×10^{1}
	$c_2=-1.1662878\cdots$	7.860106×10^{-2}	$-1.646031\cdots$
	$c_3=-1.0833638\cdots$	-2.503131×10^{-1}	5.464731×10^{-2}
	$c_4=-8.9773540\times10^{-1}$	8.315270×10^{-2}	-9.650715×10^{-4}
	$c_5=-3.7342377\times10^{-1}$	-1.228034×10^{-2}	8.802193×10^{-6}
	$c_6=-8.6632643\times10^{-2}$	9.804036×10^{-4}	-3.110810×10^{-8}
	$c_7=-1.0450598\times10^{-2}$	-4.413030×10^{-5}	…
	$c_8=-5.1920577\times10^{-4}$	1.057734×10^{-6}	…
	$c_9=\cdots$	-1.052755×10^{-8}	…

附表 2-5 E型热电偶参考函数的系数

−270～0℃	0～1000℃
$c_0=0.0000000000\cdots$	$0.0000000000\cdots$
$c_1=5.8665508708\times10^{-2}$	$5.8665508710\times10^{-2}$
$c_2=4.5410977124\times10^{-5}$	$4.5032275582\times10^{-5}$
$c_3=-7.7998048686\times10^{-7}$	$2.8908407212\times10^{-8}$
$c_4=-2.5800160843\times10^{-8}$	$-3.3056896652\times10^{-10}$
$c_5=-5.9452583057\times10^{-10}$	$6.5024403270\times10^{-13}$
$c_6=-9.3214058667\times10^{-12}$	$-1.9197495504\times10^{-16}$
$c_7=-1.0287605534\times10^{-13}$	$-1.2536600497\times10^{-18}$
$c_8=-8.0370123621\times10^{-16}$	$2.1489217569\times10^{-21}$
$c_9=-4.3979497391\times10^{-18}$	$-1.4388041782\times10^{-24}$
$c_{10}=-1.6414776355\times10^{-20}$	$3.5960899481\times10^{-28}$
$c_{11}=-3.9673619516\times10^{-23}$	…
$c_{12}=-5.5827328721\times10^{-26}$	…
$c_{13}=-3.4657842013\times10^{-29}$	…

附表 2-6 E型热电偶参考函数逆函数的系数

温度范围	−200～0℃	0～1000℃
热电势范围	−8.825～0.0mV	0.0～76.373mV
	$c_0=0.0000000\cdots$	$0.0000000\cdots$
	$c_1=1.6977288\times10^{1}$	1.7057035×10^{1}
	$c_2=-4.3514970\times10^{-1}$	-2.3301759×10^{-1}
	$c_3=-1.5859697\times10^{-1}$	6.5435585×10^{-3}
	$c_4=-9.2502871\times10^{-2}$	-7.3562749×10^{-5}
	$c_5=-2.6084314\times10^{-2}$	-1.7896001×10^{-6}
	$c_6=-4.1360199\times10^{-3}$	8.4036165×10^{-8}
	$c_7=-3.4034030\times10^{-4}$	-1.3735879×10^{-9}
	$c_8=-1.1564890\times10^{-5}$	1.0629823×10^{-11}
	$c_9=\cdots$	-3.2447087×10^{-14}

附录三 压力单位换算表

单位	帕 Pa	巴 bar	毫巴 mbar	约定毫米水柱 mmH_2O	标准大气压 atm	工程大气压 at	约定毫米汞柱 mmHg	磅力/英寸^2 lbf/in^2
帕 Pa	1	1×10^{-5}	1×10^{-2}	1.019716×10^{-1}	0.986923×10^{-5}	1.019716×10^{-5}	0.75006×10^{-2}	1.450442×10^{-4}
巴 bar	1×10^{5}	1	1×10^{3}	1.019716×10^{4}	0.986923	1.019716	0.75006×10^{3}	1.450442×10
毫巴 mbar	1×10^{2}	1×10^{-3}	1	1.019716×10	0.986923×10^{-3}	1.019716×10^{-3}	0.75006	1.450442×10^{-2}
约定毫米水柱 mmH_2O	0.980665×10	0.980665×10^{-4}	0.980665×10^{-1}	1	0.96784×10^{-4}	1×10^{-4}	0.73556×10^{-1}	1.4224×10^{-3}
标准大气压 atm	1.01325×10^{5}	1.01325	1.01325×10^{3}	1.033227×10^{4}	1	1.03323	0.76×10^{3}	1.4696×10
工程大气压 at	0.980665×10^{5}	0.980665	0.980665×10^{3}	1×10^{4}	0.96784	1	0.73556×10^{3}	1.4224×10
约定毫米汞柱 mmHg	1.333224×10^{2}	1.333224×10^{-3}	1.333224	1.35951×10	1.3158×10^{-3}	1.35951×10^{-3}	1	1.9338×10^{-2}
磅力/英寸^2 lbf/in^2	0.68949×10^{4}	0.68949×10^{-1}	0.68949×10^{2}	0.70307×10^{3}	0.6805×10^{-1}	0.70307×10^{-1}	0.51715×10^{2}	1

附录四　节流件和管道常用材质的热膨胀系数 $\lambda \cdot 10^6$（mm/mm℃）

材质	温度范围/℃									
	20～100	20～200	20～300	20～400	20～500	20～600	20～700	20～800	20～900	20～1000
	$\lambda \cdot 10^6$									
A3钢	11.75	12.41	13.45	13.60	13.85	13.90				
A3F、B3钢	11.5									
10号钢	11.60	12.60		13.00		14.60				
20号钢	11.16	12.12	12.78	13.38	13.93	14.38	14.81	12.93	12.48	13.16
45号钢	11.59	12.32	13.09	13.71	14.18	14.67	15.08	12.50	13.56	14.40
1Cr13、2Cr13	10.50	11.00	11.50	12.00	12.00					
Cr17	10.00	10.00	10.50	10.50	11.00					
12CrMoV	0.8	11.79	12.35	12.80	13.20	13.65	13.80			
10CrMo910	12.50	13.60	13.60	14.00	14.40	14.70				
Cr6SiMo	11.50	12.00		12.50		13.00		13.50		
X20CrMoWV121 和 X20CrMoV121	10.80	11.20	11.60	11.90	12.10	12.30				
1Cr18Ni9Ti	16.60	17.00	17.20	17.50	17.90	18.20	18.60			
普通碳钢	10.60～12.20	11.30～13.00	12.10～13.50	12.90～13.90		13.50～14.30	14.70～15.00			
工业用铜	16.60～17.10	17.10～17.20	17.60	18.00～18.10		18.60				
红铜	17.20	17.50	17.90							
黄铜	17.80	18.80	20.90							

附录五　检测仪表的安装

在第二章中已经介绍了各种检测仪表的工作原理、基本结构和它的组成，本附录将对基地式检测仪表（检测元件、传递机构和显示元件都安装在同一块表中的仪表）和单元组合式仪表（即检测元件、传递机构和显示元件相互独立又连接在一起，组成一检测系统的仪表）的安装和有关问题作一介绍。关于仪表检定、安装及性能评介的具体内容参见本书第一版。

检测仪表都是利用某种工作原理而制作的，它们都要求特定的条件和环境，离开这些条件和环境，检测结果会带来很大的误差，甚至引起仪表不能正常工作，所以安装的正确与否也是一个至关重要的问题，必须认真对待，必须按有关的规程进行。

一、安装的一般原则

由于检测仪表品种繁多，工作原理差异极大。因此，安装的要求差别很大，这里仅以一般原则作一介绍。

1. 检测元件的安装应确保其检测的准确性

利用检测元件来检测某一物理量的性能，关键的关键要准确。离开准确，检测无意义存在，更谈不上计量了。那么怎样才能使检测有一定的准确性呢？一般应注意以下几点：

① 利用传热、传质原理制作的检测元件即接触式检测元件，必须使检测元件与被测介质有良好的接触，能进行充分的传热、传质过程；

② 检测元件的测量头必须顶着被测介质的流动方向，即成逆流状态，以减少测量中的误差；

③ 检测元件应安装在被测介质流速最大处，不应安装在被测介质流动死区，以免测量数据的不正确性；

④ 非接触式检测元件应安装在被测介质容易被检测到的地方。如光学高温计，应安装光线能顺利通过，并能看到被测介质。

2. 检测元件的安装应确保安全可靠

检测元件安装正确与否，关系到生产能否正常进行，人身能否确保安全，必须引起自动化工作者高度的重视。

① 凡检测高压介质参数的检测元件，应保证其有足够的机械强度；

② 检测元件的机械强度还应与其结构形式、安装方法、插入深度以及被测介质流速等因素有关，须综合考虑；

③ 凡安装承受压力的检测元件，都必须保证其密封性；

④ 凡安装在高温介质中的检测元件，必须能承受高温对检测元件的影响。

⑤ 凡安装在高速流动介质中的检测元件，必须能承受过大的冲蚀，最好能把检测元件安装于管道的弯曲处；

⑥ 凡安装在腐蚀性介质中的检测元件，必须考虑耐腐蚀的问题。

3. 检测元件的安装应便于仪表工作人员的维修、检验

为了确保检测工作的准确，对检测仪表必须定期进行检定；另外，在日常运行中，检测仪表随时也会发生故障，这就需要仪表工去维修，计量工去检定，因而就要给他们一定的环境条件，如在高空时，须装有平台、梯子等。

4. 检测元件的安装应便于仪表工的观察和记录

在工矿企业中，为了保证生产的正常运行，都建立起巡回检查制度及定时看表、记录并存档制度。一般来说，仪表工每天需2～3次去现场检查仪表运行情况，重要岗位每小时去检查一次。这就要求仪表表盘正面安装在检查时容易看到的地方，便于仪表工能正常操作。

二、热电偶（热电阻）的安装

温度检测在工农业生产中较为普遍，测温仪表的种类也很多。在使用膨胀式温度计、压力式温度计、热电偶、热电阻等接触式测温元件时，都会遇到仪表的安装问题。如不符合要求，往往会使测量不准，甚至影响生产及人身的安全，本段仅以热电偶（热电阻）为例，就安装时应注意的问题加以说明，其他温度仪表安装也可参照执行。

1. 测温元件的安装应确保检测的准确性

由于接触式测温元件是与被测介质进行热交换而测温的，因此，必须使测温元件与被测介质能进行充分热交换，测温元件放置的方式与位置应有利于热交换的进行，不应把测温元件插至被测介质的死角区域。

在管道中，测温元件的工作端应处于管道中流速最大之外，例如：热电偶（热电阻）保护管的末端应越过流束中心线径向约5～10mm。

安装时，测温元件应迎着介质流向插入，至少须与被测介质流向成90°角。非不得已时，切勿与被测介质形成顺流，否则容易产生测温误差。

在温度较高介质检测中，应尽量减小被测介质与壁表面（设备的壁）之间的温度差，以避免热辐射所产生的测温误差。在安装测温元件的地方，如器壁暴露于空气中，应在其外表面包一绝热层（如石棉等），以减小热量损失，使器壁温度接近介质温度。必要时，可在测温元件与器壁之间加装防辐射罩，以消除测温元件与器壁间的直接辐射作用。

避免测温元件外露部分的热损失所产生的测温误差。例如用热电偶测量500℃左右的介质温度时，当热电偶的插入深度不足（插入深度应为热电偶总长度的$\frac{4}{5}$以上），且外露部分置于空气流通之处，由于热量的散失，所测出的温度值往往会比实际值低3～4℃。

用热电偶测量炉膛温度时，应避免热电偶与火焰直接接触，否则必然会使测量值偏高。同时，应避免把热电偶装置在炉门旁或加热物体距离过近之处，其接线盒不应碰到被测介质的器壁，以免热电偶自由端温度过高。

测温元件安装于负压管道（设备）中，如烟道测量温度，必须保证有密封性，以免外界冷空气袭入，而降低测量指示值。也可用绝热物质（如耐火泥或石棉绳）堵塞空隙。

热电偶、热电阻的接线盒出线孔应向下，以防因密封不良而使水汽、灰尘与脏物等落入接线盒中影响测量精度。

在具有强的电磁场干扰源的场合安装测温元件时，应防止引入干扰。例如热处理车间用电阻炉加热升温，形成了较强的电磁场，热电偶应采取从绝缘层孔中插入炉内，与金属壳体及炉砖“悬空”的措施。

2. 测温元件的安装应确保安全、可靠

为避免测温元件的损坏，应保证其具有足够的机械强度。可根据被测介质的工作压力、温度及材质的特性，合理地选择测温元件保护套管的壁厚与材质。通常把被测介质的工作压力分为低压（$p \leqslant 1.6$MPa）、中压（$1.6\text{MPa} \leqslant p \leqslant 6.4$MPa）与高压（$p \geqslant 6.4$MPa），测量元件在不同的压力范围工作，有着不同的安装要求。此外，测量元件的机械强度还与其结构形式、安装方法、插入深度以及被测介质的流速等诸因素有关，亦必须予以考虑。

凡安装承受压力的测温元件，都必须保证其密封性。

高温下工作的热电偶，其安装位置应尽可能保持热电偶垂直向下安装，以防止保护套管在高温下产生变形。倘必须水平安装时，则插入深度不宜过长，且应配套安装耐火黏土或耐热合金制成的支架。

在介质具有较大流速的管道中，安装测温元件时，必须倾斜安装，以免受到过大的冲蚀，最好能把测温元件安装于管道的弯曲处。

如被测介质中有尘粉、粉物，为保护测温元件不受磨损起见，应加装有保护屏（如煤粉输送管中）或加装保护管（如硫酸厂熔烧沸腾炉），在热电偶外再加装高铬铁保护外套管。

在安装具有瓷和氧化铝这一类保护套管的热电偶时，应避免急冷急热，以免保护管的破裂。

在薄壁管道上安装测温元件时，须在连接头处加装加强板。在小口径管道上安装测温元件时，须加装扩大管。

当介质工作压力超过 10MPa 时，必须加装保护外套，确保安全。

在有色金属管道上安装时，凡与工艺管道接触（焊接）以及被测介质直接接触的部分，（如连接头、保护外套等）均须与工艺管道同材质，以符合生产的要求。在有衬里管道上安装，与在有色金属管道上的安装相同，其保护外套则须与所处管道同材质和涂料。

3. 测温元件的安装应便于仪表工作人员的维修、校验和抄表等日常工作

尤其对于重要的测温点，若在高空时，须装有平台、梯子等建筑物。当在设备底部需要安装很长的热电偶时，设备的测温点处须留有较大口径的缩颈法兰，以便于拆装。

4. 在加装保护外套时，为减小测温的滞后，可在套管之间加装传热良好的填充物

当温度低于 150℃时，可充入变压器油；当温度高于 150℃时，可充填铜屑或石英砂，以使传热良好。

接触式温度计在管道、设备上安装图例见附图 5-1～附图 5-4 等所示。

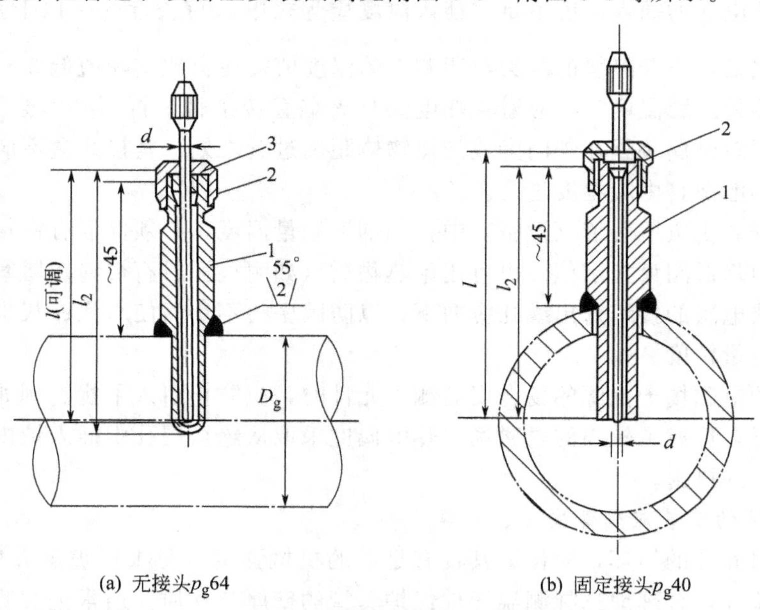

(a) 无接头p_g64　　(b) 固定接头p_g40

附图 5-1　铠装热电偶在管道上的安装图

（a）1—热电偶连接头 M12×1.25；2—压紧螺母 M12×1.25；3—套垫

（b）1—热电偶连接头 M14×1；2—垫片

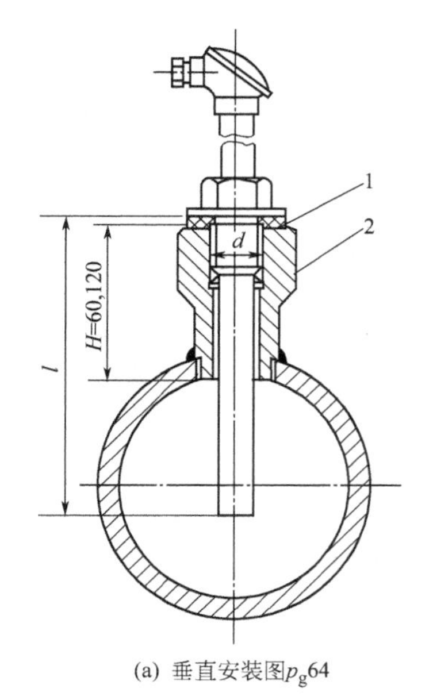

(a) 垂直安装图p_g64

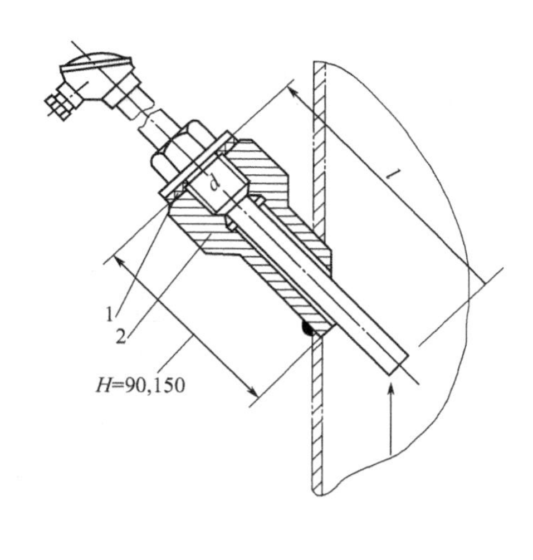

(b) 45° 安装图p_g64

附图 5-2 热电偶、热电阻在钢管道上的安装图

1—垫片；2—直形连接头

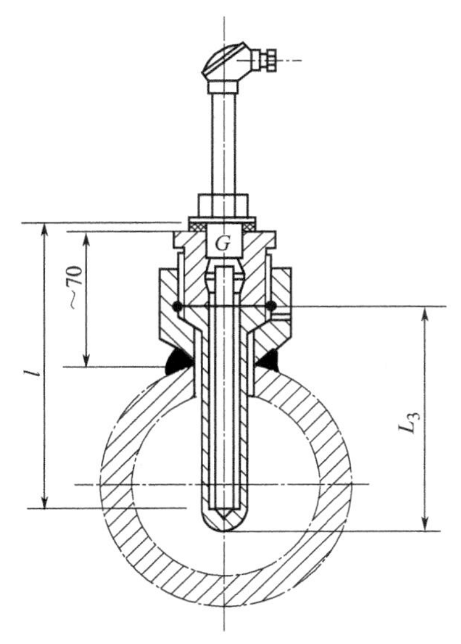

附图 5-3 热电偶、热电阻在高压钢管道上的安装图（套管可换）p_g220、320

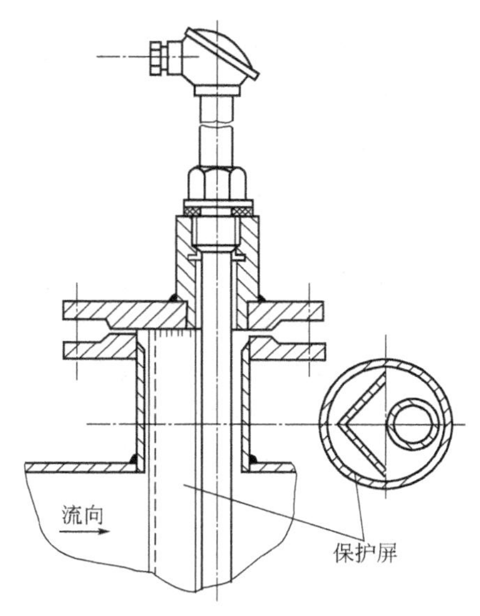

附图 5-4 加装保护屏的热电偶、热电阻的安装图

三、压力表的安装

压力表有就地式和控制室安装两种。就地式安装是将压力表安装在工艺管道或设备的附近；控制室安装是通过导压管道或导线（电气压力表）将压力信号传递到控制室，而压力表安装在控制室中的仪表盘上。

就地安装比较简单，只要将压力表直接装在取压装置引出管线上的接头上或固定在附近支架上。压力表安装在仪表盘上，需开孔嵌入固定。开孔尺寸应按压力表外形尺寸放大 2～3mm。有环边的压力表按环边上三个孔在盘上钻孔，用螺钉固定即可；无环边的压力表须制作圆环和三爪压板或三角压板，加以固定，如附图 5-5 所示。

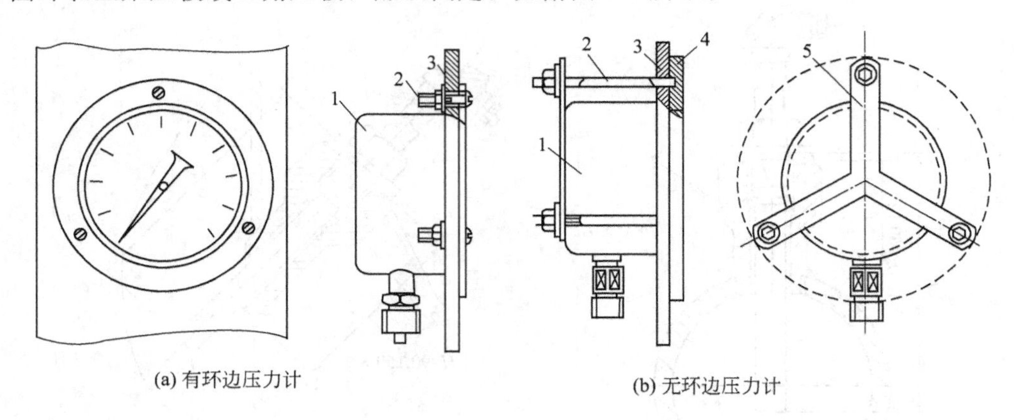

附图 5-5　压力表在表盘上的安装

1—压力计；2—螺丝；3—板壁；4—圆环；5—三爪压板

1. 一般压力表的安装

压力表无论采取哪种方式安装都应注意以下几点。

① 压力表必须经检定合格后才能安装。

② 压力表尽可能安装在温度为 0～40℃，相对湿度小于 80%，振动小、灰尘少、没有腐蚀性物质的地方。对电气式压力表还要求安装在电磁干扰最小的地方。

③ 压力表要安装在光线充足或具有良好照明的地方。以便于操作人员能清楚地观察仪表的示值和确保安全。压力表必须垂直安装。在一般情况下，安装高度与一般人的视线平行；对于高压压力表，为了安全起见，应安装得高于一般人的头部。

④ 安装在表盘上的压力表力求整齐美观。对测量液体和蒸汽介质的压力表一定要装在表盘的下部，以免液体介质、冷凝水滴在其他仪表上。

⑤ 测量液体或蒸汽介质压力时，为避免液柱产生的误差，压力表应安装在与取压口同一水平的位置上，若不在同一高度，压力表的示值应进行修正。

⑥ 装在室外露天的压力表，应加置保护罩、专门的保护箱等。

⑦ 各种压力表安装好后，须有明显的标志，注明位号、被测介质名称及属于哪种检定类型的压力表等。

2. 测量特殊介质时压力表的安装

① 测量高温（60℃以上）流体介质的压力时，为避免温度变化对测量精度和弹性元件的影响，应防止热介质与弹性元件直接接触。压力表之前要加装 U 形管或盘旋管等形式的冷凝器，如附图 5-6 所示。

② 测量腐蚀性介质的压力时，除选择具有防腐性能的压力表外，还可以装置隔离罐，用隔离罐中的隔离液将被测介质与测压元件隔离开来。当被测介质的密度小于隔离液的密度时，采用附图 5-7(a) 所示的形式；当被测介质的密度大于隔离液密度时，可采用附图 5-7(b) 所示的形式。

③ 测量波动剧烈和频繁的压力（如泵、压缩机出口压力）时，应在压力表前装设针形阀、缓冲器，必要时还应装设阻尼器，如附图 5-8 所示。

④ 测量黏性或易结晶的介质压力时，应在取压装置上装隔离罐，使罐内和导压管内充

满隔离液，必要时可用夹套保温。如附图 5-9 所示。

⑤ 测量含尘介质压力时，最好在取压装置后设置一个除尘器，如附图 5-10 所示。

(a) U形管　　(b) 盘旋管

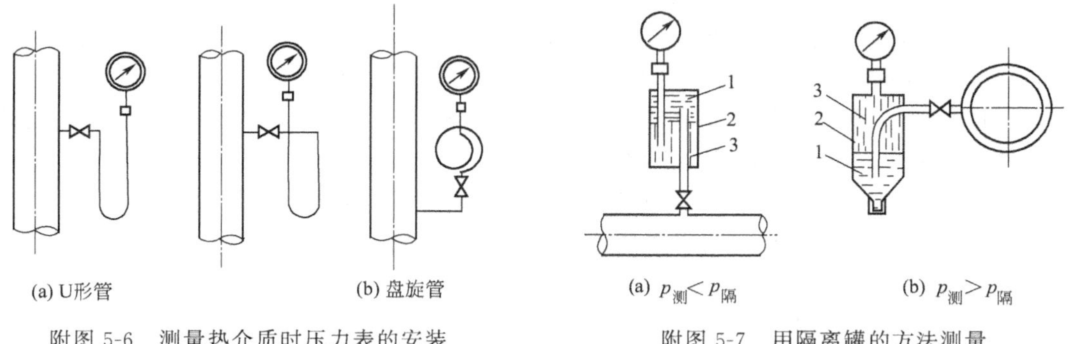

附图 5-6　测量热介质时压力表的安装

(a) $p_{测}<p_{隔}$　　(b) $p_{测}>p_{隔}$

附图 5-7　用隔离罐的方法测量腐蚀性介质的压力

1—测量介质；2—隔离罐；3—隔离介质

缓冲罐　　缓冲罐加装阻尼螺丝

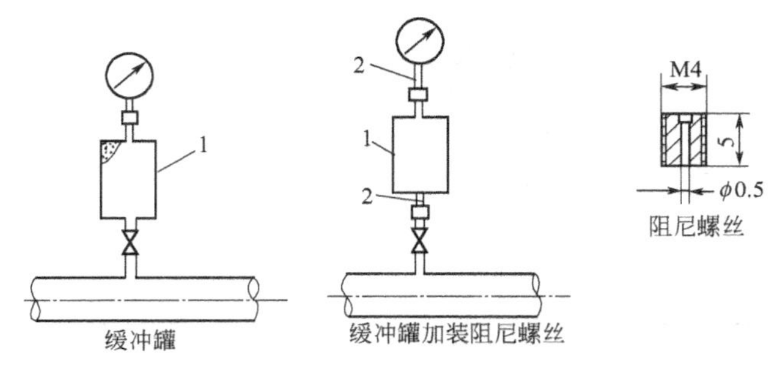

附图 5-8　测量波动剧烈压力表的安装

1—缓冲罐；2—阻力螺丝

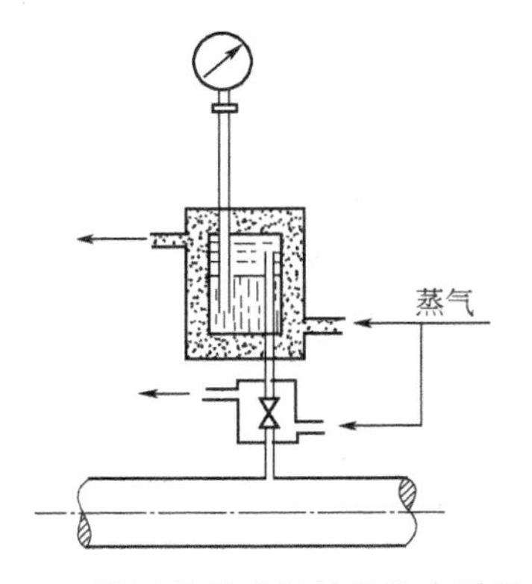

附图 5-9　测量黏性或易结晶的介质压力表的安装

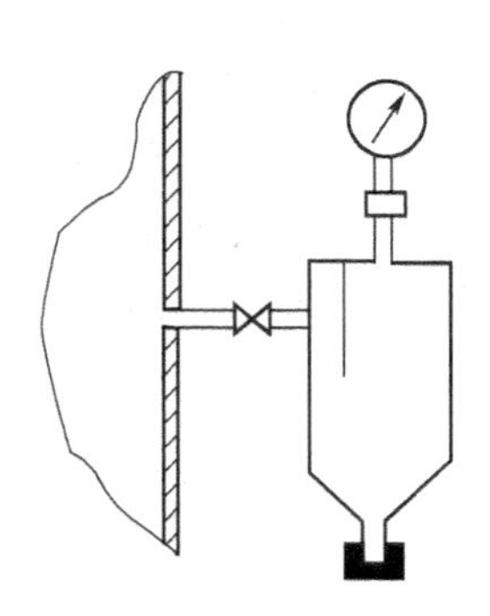

附图 5-10　除尘器

四、静压式液位计的安装

在压力检测一节中曾介绍过压力可用液柱高度来表示。反之，液柱高度（液位）也可用压力（差压）来表示。静压式液位计就是以这一原理为基础的液位检测仪表。

由上述可知，利用静压原理测量液位，实质上是压力或差压的测量。因此，压力式液位计或差压式液位计的安装规则基本上与压力表或差压计的要求相同。压力表的安装前面已作介绍，本段主要介绍差压计的安装。

1. 差压引压导管的安装

取压口至差压计之间必须由引压导管连接，才能把被测压力正确地传递到差压计的正、负测量室。引压导管的安装也要引起高度重视。

① 引压导管应按最短距离敷设，它的总长度应不大于 50m，但不得小于 3m。管线的弯曲处应该是均匀的圆角，拐弯曲率的半径不小于管外径的 10 倍。

② 引压导管的管路应保持垂直或与水平之间成不小于 1∶10 的倾斜度，并加装气体、凝液、微粒的收集器和沉淀器等，定期进行排除。

③ 引压导管应既不受外界热源的影响，又应注意保温、防冻。

④ 对有腐蚀作用的介质，为了防腐应加装充有中性隔离液的隔离罐；对测量汽包水位时，则应加装冷凝罐。

⑤ 全部引压管路应保证密封，而无渗漏现象。

⑥ 引压管路中应装有必要的切断、冲洗、排污等所需要的阀门，安装前必须将管线清理干净。

⑦ 导压管内径的选择与导压管长度有关，参照附表 5-1 执行。

附表 5-1　导压管长度和最小内径

导压管内径/mm　导压管长度/m　被测流体	<1.6	1.6～4.5	4.5～9
水、水蒸气、干气体	7～9	10	13
湿气体	13	13	13
低中黏度的油品	13	19	25
脏液体或气体	25	25	33

2. 差压计的安装

差压计的安装主要是安装地点周围条件（例如温度、湿度、腐蚀性气体、振动环境等）的选择。如果现场安装的周围条件与差压计使用时规定中的要求有明显差别时，应采取相应的预防措施，否则应改换安装地点。

五、差压式流量计的安装

一套差压式流量计的安装应包括：节流装置、差压引压导管和差压计三个部分，见附图 5-11 所示。如果安装不能符合规定的各项技术要求，将会对差压式流量计的测量精度和使用带来很大的影响，因此，必须十分重视安装工作。

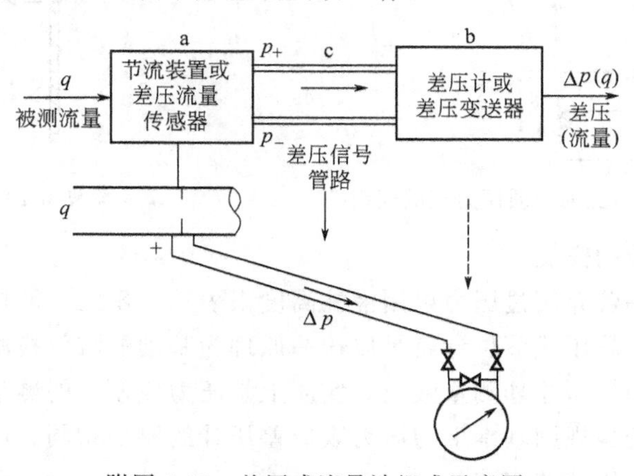

附图 5-11　差压式流量计组成示意图

由于差压引压导管及差压计的安装已在静压式液位计的一般安装中作过介绍，这里仅以节流装置的安装作一介绍。

1. 节流装置的安装

（1）安装地点　流体在节流装置前后，应始终保持单相流体。在蒸汽流量测量中，节流装置前后不应含有水。

流体在节流装置前后有足够的直管段。一般孔板前为 $10D\sim20D$，孔板后为 $5D$（D 为管道内径）。

（2）安装前的检查

管道直径是否符合设计要求。

节流装置孔径须与设计相符。

节流装置加工精度必须符合要求。

节流装置用的垫圈内径不得小于管径，可比管径大 2～3mm。

节流装置用的法兰焊接后必须与管道垂直，不得歪斜。法兰中心与管道中心应重合，焊缝必须平趋光滑。

节流装置的管道前后，至少有 2 倍以上管道直径的距离内无明显不光滑的凸块，无电、气焊的熔渣，露出的管接头，铆钉等。

环室取压时，环室内径不得小于管道的直径，可比管道直径稍大些。

孔板、环室及法兰等在安装前应清除积垢和油污，并注意保护开孔锐边不得碰伤。节流装置安装应在管道吹洗干净后及试压前进行，以免管道内污物将节流装置损坏或将取压口堵塞。

（3）安装　节流装置安装的方向必须使孔板的圆柱形锐孔和喷嘴的喇叭形曲面部分对着流体的流向。

节流装置取压口的方位应符合下列规定，如附图 5-12 所示。

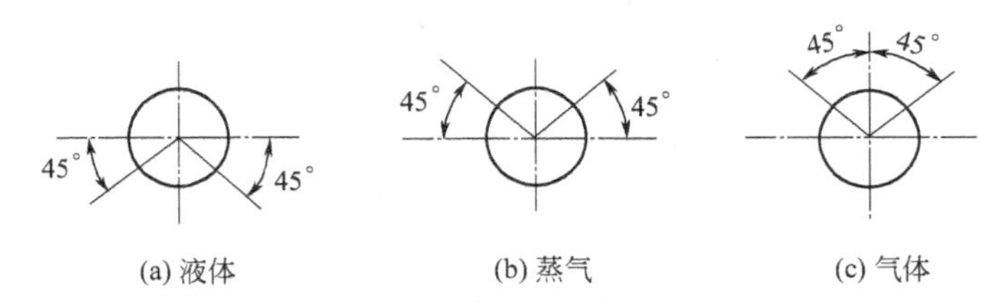

附图 5-12　测量不同介质时节流装置取压口方位规定示意图

测量液体流量时，取压孔应位于管道的下半部与管道水平线成 0°～45°角内［附图5-12(a)］。

测量蒸汽流量时，取压孔应位于管道上半部与管道水平线成 0°～45°角范围内，一般取压口位于管道水平中线上［附图 5-12(b)］。

测量气体流量时，取压孔应位于管道上半部与管道垂直中心线成 0°～45°夹角范围内［附图 5-12(c)］。

在垂直管道上，两个差压取压口可在管道的同一侧或分别位于两侧。

节流装置与垫圈的中心必须与管道的中心重合，其偏心度不得超过以下规定。

当 d/D 大于 0.6 时，应小于 $0.01D$。

当 d/D 大于 0.4 时，应小于 $0.015D$。

当 d/D 小于 0.4 时，应小于 $0.02D$。

其中 d 为节流装置开孔内径。

在靠近节流装置的引压短管上，必须安装切断阀。此阀门不得装在隔离器或冷凝器的后面。

节流装置安装好后，应在管径，孔径等作安装记录。

节流装置的设计及变更的计算数据应有完整的原始资料。

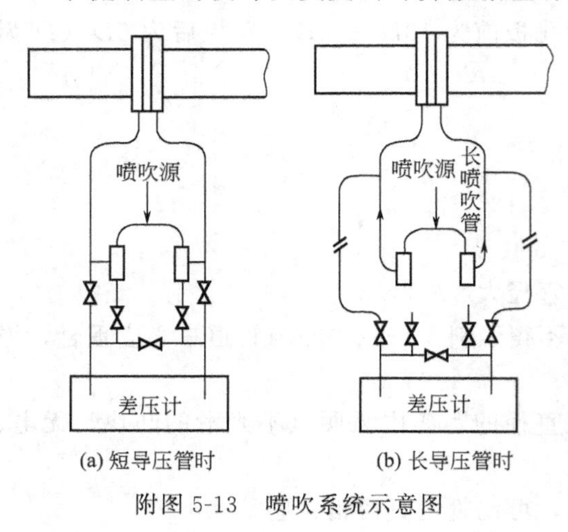

(a) 短导压管时　(b) 长导压管时

附图 5-13　喷吹系统示意图

2. 安装示例

如附图 5-13～附图 5-17 所示。

六、分析仪器安装、使用中有关问题

气体成分分析仪器的本体是解决成分分析主要部分，但要得到预期的分析结果，除了解决本体外，还须解决测量系统中的其他部分，如气样中灰尘、有害成分等的除去；气样压力、温度和流量等符合仪器本体设计要求（即上述参数的大小和稳定性等）。如不确当，会使仪器运行不正常并且带来较大的检测误差。因此要得到正确的分析结果，不可忽视安装、使用及辅助装置的选择问题。一般在仪器出厂时，都带有必要的说明书。

由于每一类分析仪器对使用、安装和辅助装置的要求并不相同，为了使分析气样进入分析仪器之前达到该仪器设计时所要求的状态。为了保证仪器的正常运行，这里仅对一些共同性的问题作简单介绍。

1. 取样系统

在气体成分分析仪器中的取样系统主要考虑取样地点的选择，取样装置和辅助装置的选择。

（1）取样地点的选择　要求气样能够代表工艺流程中气体成分。因此取样地点应选择在气流有规则的流动区，而不是在有回流，呆滞的地区，并且还应远离局部阻力的地区。

如果分析燃烧生成物的气体成分，则取样点应选在燃烧作用终了之处。

在负压操作工艺流程中取样，则在取样点附近不应该有漏气现象。

（2）取样装置　取样装置就是插入工艺设备内部抽取气样的部分，对不同的工艺情况采用不同形式的取样装置，一般要求取样装置具有下列性能。

① 在取样点的温度下，有足够的机械强度。

② 与气样不产生化学作用。

③ 不发生堵塞现象，并且容易清洗和更换。

常用的取样装置见附图 5-18 所示。

对于无尘、无杂质的气样，采用直接抽取方法。

对于有尘、有杂质的，但颗粒不大者，采用陶瓷过滤器及流线型抽取装置。

在高温区取样，则采用有水冷套的方式。

还有带蒸汽冷却夹套的和喷水冷却式等，视具体情况选择不同的取样装置。

当取样点的压力低于仪器要求的压力时，则还须借抽吸装置从流程引出气样，送入分析

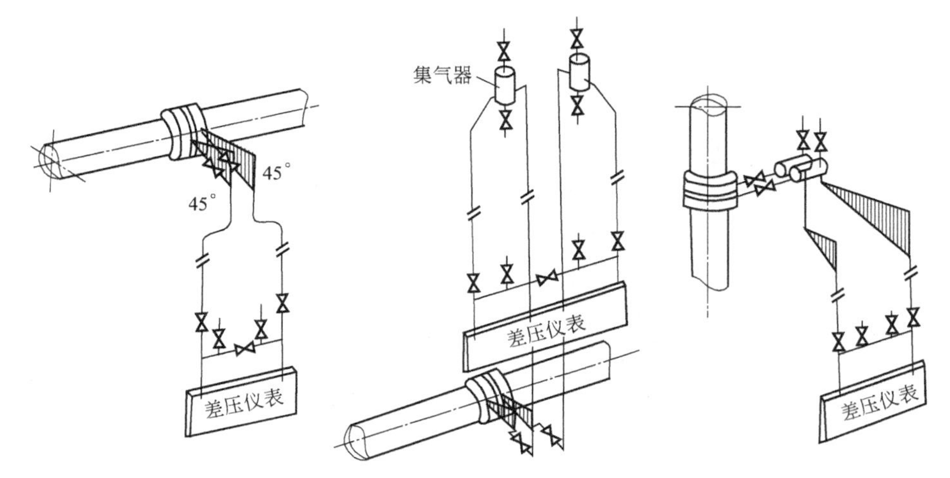

(a) 仪表在管道下方　(b) 仪表在管道上方　(c) 垂直管道，被测流体为高温液体

附图 5-14　被测流体为清洁液体时，信号管路安装示意图

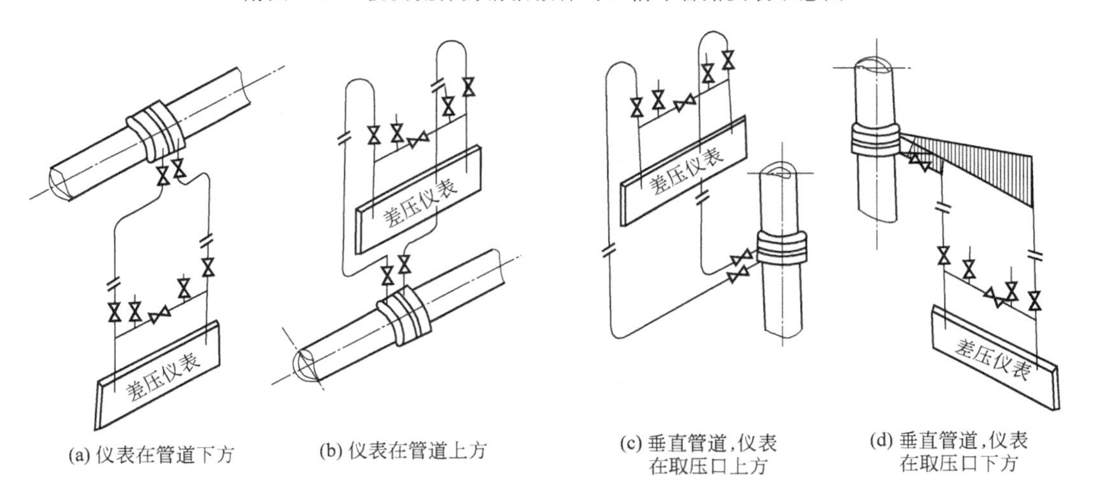

(a) 仪表在管道下方　(b) 仪表在管道上方　(c) 垂直管道，仪表在取压口上方　(d) 垂直管道，仪表在取压口下方

附图 5-15　被测流体为清洁干气体时，信号管路安装示意图

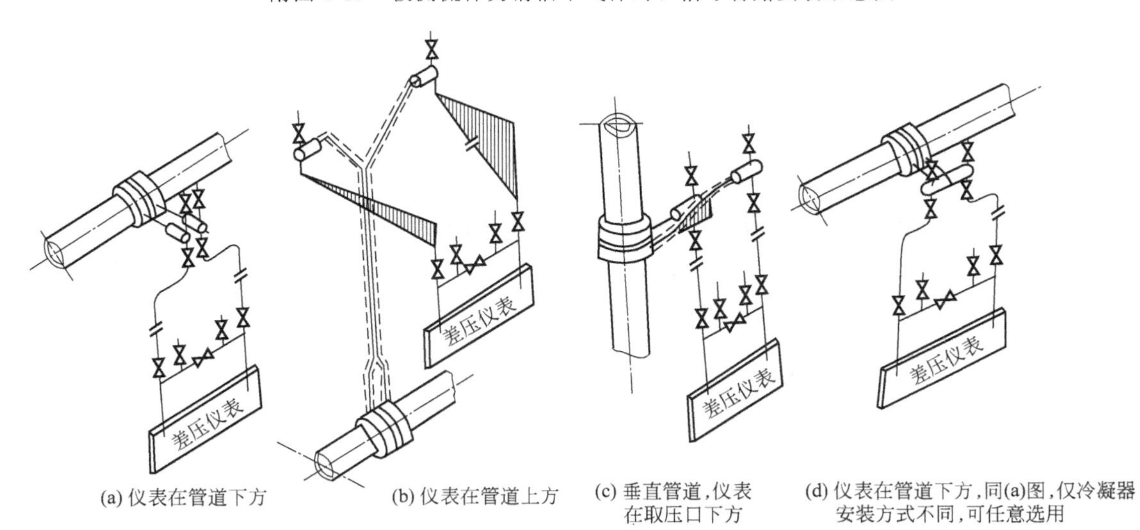

(a) 仪表在管道下方　(b) 仪表在管道上方　(c) 垂直管道，仪表在取压口下方　(d) 仪表在管道下方，同(a)图，仅冷凝器安装方式不同，可任意选用

附图 5-16　被测流体为水蒸气时，信号管路安装示意图

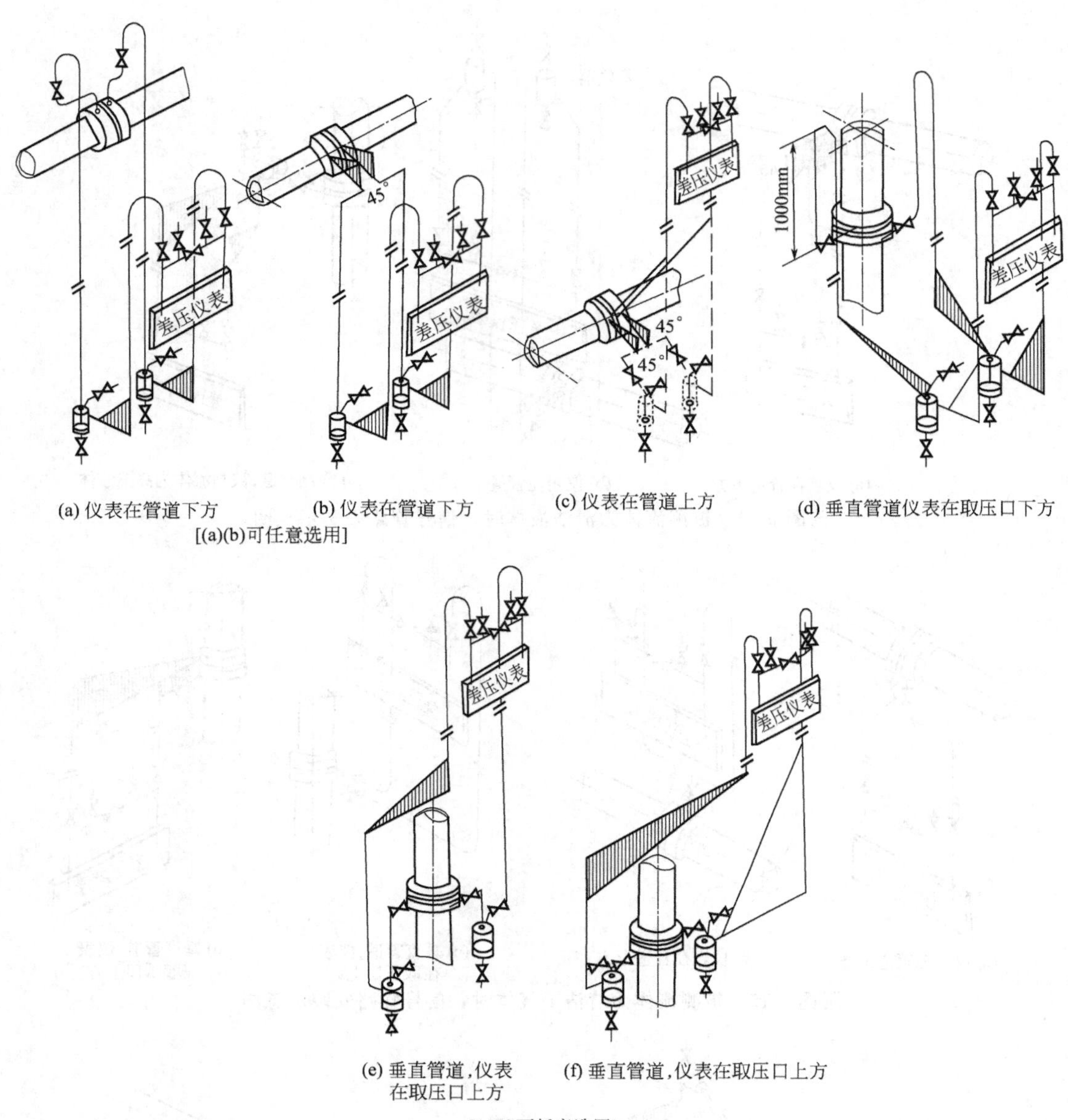

附图 5-17　被测流体为湿气体时，信号管路的安装示意图

仪器中，现在用的水力抽吸式及膜式定量泵。其原理见附图 5-19 所示。

当取样点压力高于仪器要求的压力时，则需要降压和稳压装置，压力较高时，可采用稳压阀，普通不高的压力则用水封式稳压装置。

2. 气样的预处理

由取样装置来的试样，加以适当的处理，使其能符合分析仪器的要求。一般必须除尘，除湿，除去有害成分及影响分析结果的其他成分。因此要有气样预处理装置。

常用的预处理装置有过滤器，干燥器和冷却器等。如附图 5-20、附图 5-21 所示。气样中含尘小时的可采用附图 5-20(a)、(b) 过滤器除尘。含尘量大的则采用附图 5-20(c) 离心力或惯性力除尘。

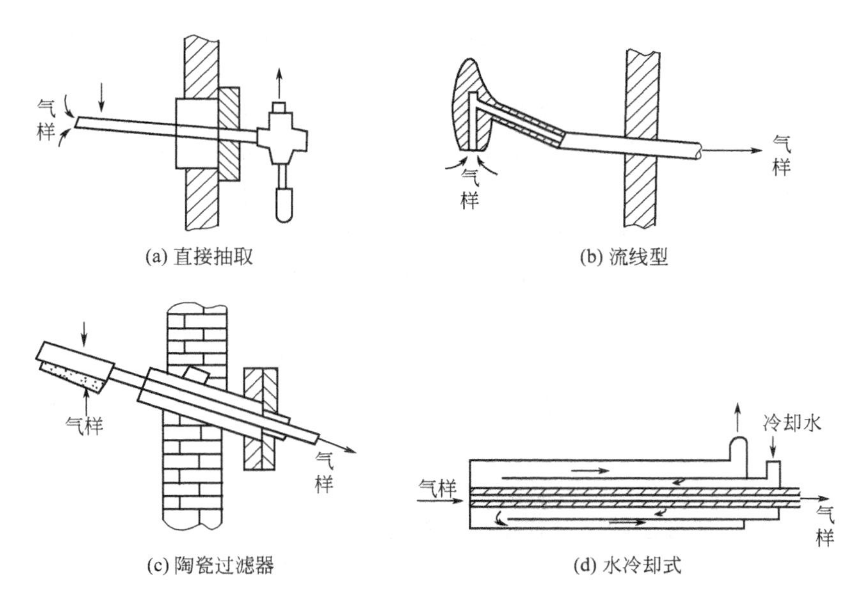

(a) 直接抽取　(b) 流线型

(c) 陶瓷过滤器　(d) 水冷却式

附图 5-18　取样装置形式

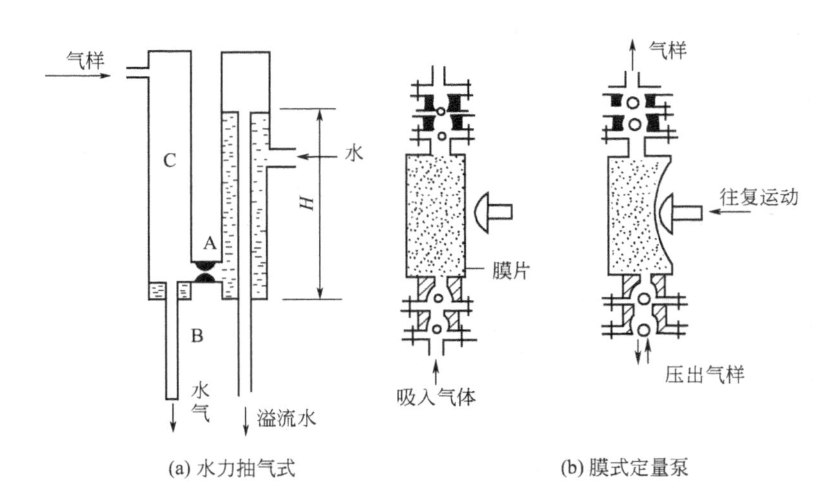

(a) 水力抽气式　(b) 膜式定量泵

附图 5-19　抽吸装置示意图

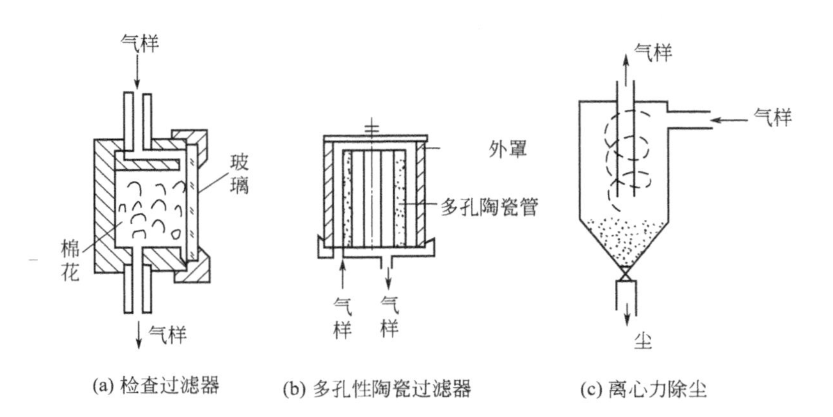

(a) 检查过滤器　(b) 多孔性陶瓷过滤器　(c) 离心力除尘

附图 5-20　除尘方法原理示意图

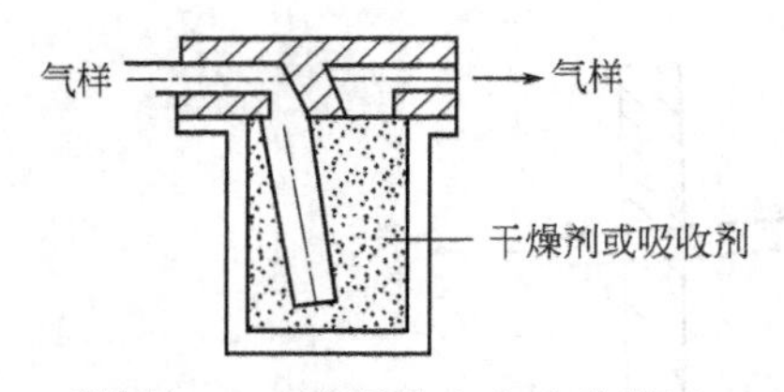

附图 5-21 除湿除有害成分装置原理示意图

在附图 5-21 装置内充填干燥剂就可以除去气样中水分，以达到气样干燥。常用干燥剂有氯化钙、硅胶，五氧化二磷、生石灰、氢氧化钾等。若试样对干燥剂起化学反应，则不能应用。如果在附图 5-21 装置中充填相应的吸收剂，就可以除去气样中相应某种有害气体，如吸收剂用褐铁矿或铁屑，就可以除去气样中 H_2S 及 HCN 有害成分。常用吸收剂见附表 5-2。

附表 5-2 常用吸收剂

吸收剂	被吸收成分	吸收剂	被吸收成分
玻璃棉	H_2SO_4，SO_2	褐铁矿	H_2S，HCN
活性炭	油，溶剂，蒸汽	碱石灰	SO_2，CO_2

此外尚有利用燃烧的方法除去气样中对分析有不利影响的组分，如氢燃烧室等。

如试样温度过高，则需要用冷却器。由于各种分析仪器本体工作条件不同，及被分析气体组分不同，对气样预处理装置要求也各不相同。因此只能根据具体情况选择各种预处理装置，设计各种方法排除试样中对分析有害的成分。

在组成一个分析系统时，除考虑上述问题之外，还必须考虑取样系统的迟延问题。由于从取样点到分析仪器之间有辅助装置和连接管道，并且分析仪器一般要求气量较小，大约 100nL/min～1mL/min。这样，气样从取样到分析仪器需要一段时间，这段时间就是管路延长时间，为了达到反应迅速，迟滞小，连接管道直径要细些，管路尽量短，有时为进一步减少迟延，取样要采用有旁路的形式，一般气体分析系统流程示意图见附图 5-22 所示。

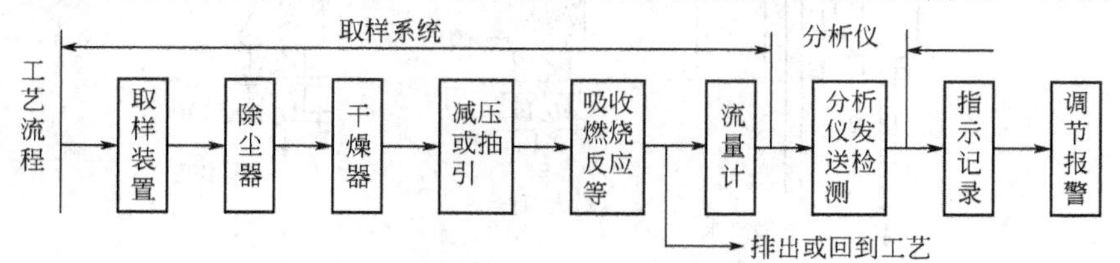

附图 5-22 气体分析系统方框图

必须重复说明一下：各种不同原理的分析仪器，对于各种不同的分析对象，往往会有不同的具体要求，因此整个取样及辅助装置，连接系统均应按照实际需要选择组合。